高等学校计算机专业规划教材

操作系统本质

陈　鹏　编著

清华大学出版社
北　京

内 容 简 介

本书是一本关于操作系统概念与基础原理的教材。全书围绕现代操作系统的处理器管理、存储管理、设备管理和文件管理等几个重要组件展开,介绍进程、线程、并发、处理器调度、死锁、竞争条件、上下文切换、系统调用、临界区、信号量、分页、分段、地址映射、设备独立性、设备驱动、SPOOLing、磁盘调度、虚拟存储、请求分页、抖动、存储空间管理、文件和目录等主要和核心的操作系统概念,同时也涵盖进程调度算法、互斥算法、银行家算法、经典的进程间通信算法、磁盘调度算法、存储空间管理算法和页面置换算法等常见的操作系统核心算法。

本书共 11 章,第 1 章和第 2 章主要从宏观层面介绍操作系统的概念、特征及其分类,并结合计算机体系结构介绍操作系统的体系结构;第 3~5 章以进程为核心,介绍进程的概念、进程的并发和进程间通信;第 6~11 章对处理器管理、存储管理、设备管理和文件管理等操作系统核心管理组件进行了介绍。

本书不仅可以作为高等院校计算机相关专业的操作系统课程教材,而且涵盖了全国研究生招生考试操作系统课程考试大纲的全部知识点,非常适合作为考研的复习辅导用书。

图书在版编目(CIP)数据

操作系统本质/陈鹏编著. —北京:清华大学出版社,2021.1
高等学校计算机专业规划教材
ISBN 978-7-302-57374-6

Ⅰ.①操… Ⅱ.①陈… Ⅲ.①操作系统-高等学校-教材 Ⅳ.①TP316

中国版本图书馆 CIP 数据核字(2021)第 012212 号

责任编辑:龙启铭
封面设计:何凤霞
责任校对:徐俊伟
责任印制:沈 露

出版发行:清华大学出版社
       网   址:http://www.tup.com.cn,http://www.wqbook.com
       地   址:北京清华大学学研大厦 A 座   邮   编:100084
       社 总 机:010-62770175   邮   购:010-83470235
       投稿与读者服务:010-62776969,c-service@tup.tsinghua.edu.cn
       质量反馈:010-62772015,zhiliang@tup.tsinghua.edu.cn
       课件下载:http://www.tup.com.cn,010-83470236
印 装 者:三河市龙大印装有限公司
经   销:全国新华书店
开   本:185mm×260mm   印   张:24.25   字   数:561 千字
版   次:2021 年 3 月第 1 版   印   次:2021 年 3 月第 1 次印刷
定   价:59.00 元

产品编号:088982-01

前言

自从 20 世纪 40 年代第一台电子计算机发明与应用以来,计算机器与装备逐步从原先的国家重器进入寻常百姓家。伴随着个人智能手机和穿戴设备的进一步普及,计算机器与装备已经无处不在。它们之所以能够广泛应用,一方面得益于硬件技术的发展,尤其是摩尔定律所表达的 CPU 性能的快速增长;另一方面也归功于软件技术的飞跃,尤其是操作系统的不断演化。

纵观操作系统的发展历史,不难发现,操作系统的发展是在人与计算机的矛盾中产生的,究其本质,操作系统是计算机器与装备嵌入现实世界的一个界面。从进入太空的人造卫星和太空探索飞船到口袋中的智能手机,从适用于大型机器的作业批处理到适用于个人桌面终端的办公娱乐,从安装在千家万户的电表和水表到上千万分子化合物的模拟,操作系统部署、应用和服务与计算机器一道星罗棋布般地分布在世界的每一个角落,出现在人类社会生活的方方面面。

现代操作系统的一个标志是进程的创建,它为丰富软件与应用生态的繁荣奠定了最关键的基础。抽象出进程的概念和实体,是操作系统领域最重要的发明之一。通过进程,操作系统可以实现统一的程序管理。试想一下,如果没有进程,每个程序其实都是五花八门的,要管理这些程序是很复杂的,甚至是不可能的。基于进程,每个在运行时的程序都有基本的进程状态信息和一个规范的生存周期(从创建到终止),并且都服从统一的调度。

基于进程的概念,现代操作系统将计算机运行时完全映射为一个进程"王国"。读者可以将手边一台正在运行的笔记本电脑想象成一个忙碌的世界,里面同时(并发)运行着成百上千个进程,这些进程共享同样的物理 CPU 和内存。不难想象,如此众多的进程共处同一个"世界"中,那就一定存在需要相互协调的问题,这些问题即为进程间通信。

操作系统最基础性的功能是对计算机资源的管理,而处理器、内存、设备与文件是计算机中最核心的几类软硬件资源。

处理器管理的本质是时间管理,可以把它转化为围绕进程的处理器时间的调度问题,即在某个时刻应该调度哪个进程运行(占用处理器)。需要强调的一点是,这里提到的"时刻"与我们日常语言中的时刻的内涵有所区别,这里的时刻是以 CPU 的时钟周期作为最小的计算单位。何时调度,如何调度?这些在具体的实现中,针对不同的侧重点有不同的策略。另外,在处理器调度过程中,进程间无缝和透明地切换是一个技术性要求很高的操作,这可以说是操作系统这个魔法师变的一个戏法。

内存管理的本质是空间(地址)管理。其目标是将一个连续的地址空间合理且有效地划分给多个进程同时使用,一方面要保障内存空间的充分利用,另一方面要确保进程间不会出现相互干扰。朴素的内存管理,无论是分段、分页,或者是段页式内存管理,通常是通过映射将地址空间从一维转换为二维或三维(多维),从而更有效、更精准地管理内存空间。此外,更进一步,为缓解物理内存空间不足的问题,现代操作系统通过虚拟手段,将部分辅助存储空间从逻辑上扩充为内存空间的一部分。当然,这个存储虚拟化过程实现起来技术性也极强,这可以说是操作系统变的第二个戏法。

操作系统领域素来有微内核和单内核的路线之争。如果采用微内核,那么在内核中主要涉及的部分就是处理器管理和内存管理的部分功能。如果采用单内核,那么在内核中还要再包含设备管理和文件管理的内容。

设备管理的关键是如何统一管理类型繁杂、特性各异的设备。设备的类型是非常复杂的,有高速设备,也有低速设备;有块设备,也有字节设备;有共享设备,也有独占设备。操作系统创新地抽象出设备独立软件这一个软件层次,将设备通用与设备特性相关进行分离。与设备特性无关的通用操作包装到这个设备独立软件层次中,而与设备特性相关的操作放到设备驱动模块中,交由设备厂商来处理。设备管理要处理的一个核心问题还包括如何协调高速 CPU 与低速设备之间的矛盾,这个矛盾一直伴随着计算机的发展,可以说是操作系统面临的主要矛盾之一。事实上,从某种意义上而言,现代操作系统的另一个标志是 CPU 与设备之间在关系上发生的一场"哥白尼式"的革命。

文件管理的关键是一种透明映射,是将适用于人(用户)的目录和文件管理方式映射到计算机存储设备所擅长处理的串行 0 与 1 的码。文件管理主要涉及文件的逻辑结构和物理组织两个大的方面:逻辑结构是从数据组织的角度讨论文件逻辑组织的方式;物理组织是从物理存储的角度讨论如何将文件存储到存储设备中。此外,一般的文件管理还涉及目录管理与文件命名等问题。

抛开具体的技术细节,操作系统在设计和架构方面的关键是并发、虚拟、抽象与映射。其中,抽象在操作系统中是极其普遍的,包括从进程的抽象到设备的抽象,抽象是操作系统能够处理复杂多变的软件生态的关键;虚拟是操作系统的核心特征之一,将内存从物理内存推动到虚拟内存,还将计算机操作系统的多道程序推动到多操作系统范式(云计算);并发对于操作系统至关重要,它是现代操作系统的标志性特征;映射是操作系统最重要的逻辑,虚拟地址到物理地址需要通过映射,设备操作也是从抽象设备到物理设备的映射。

编　者

2021 年 1 月

目录

第1章

操作系统初识

1936 年,图灵在《论可计算数及其在判定性问题上的应用》[①]一文中提出了现代计算机的理论模型,1945 年,冯·诺依曼在《关于 EDVAC 的第一份设计报告草稿》(*First Draft of a Report on EDVAC*)[②]中提出了二进制、存储程序原理以及冯·诺依曼体系架构,将图灵机的理论模型具体化为一个可以运行的计算装置。自此,人类正式迈向了一个新的时代,一个由计算机和人类共生的时代,以及一个以计算机、通信与网络技术为核心的信息与智能文明时代。

在以往的文明形态中,人与人的交流与沟通都是其中的关键,而在信息与智能文明时代,人与计算机这两类"主体"之间的交流与沟通显得非常重要,人机通信、交互与耦合尤为关键。在这个过程中,操作系统这一特殊形态的软件在人机交流环境中占据着核心地位。

1.1 操作系统简介

对于大众而言,操作系统是一个"既熟悉又陌生"的事物。它实际上已经出现在我们每个人的日常生活中,在手机上安装有手机操作系统,在小汽车上安装有汽车操作系统,在办公计算机中安装有桌面操作系统,在电视上也安装有电视操作系统。然而,对于普通大众而言,操作系统又显得极其陌生。在大多数设备中都已经预安装了操作系统,这使得普通用户完全察觉不到它们的存在。

从技术的角度而言,操作系统是强大的,也是神秘的。如果将一个运行中的计算设备比喻为一个"计算世界",那么其中就有着众多的运行程序(进程),这些运行的程序从物理上共享着一个 CPU、一条内存和一块硬盘,然而它们彼此有条不紊、有序和谐地共存,同时还能进行有效的交互和共享,这一切都归功于操作系统。正是操作系统统一地管理着所有运行的程序,才能够让众多程序共存于一个"计算世界"中。

1.1.1 操作系统的定义

要给操作系统下一个定义似乎是非常困难的,换言之,对于"什么是操作系统"这一问

---

① Turing A. *On computable numbers, with an application to the Entscheidungs problem*[J]. Proc. of London Math. Soc. 1937, 43(1): 13-115.

② Neumann J V. *First Draft of a Report on the EDVAC*[J]. IEEE Annals of the History of Computing, 2002, 15(4): 27-75.

题,难以给出一个科学的、精确的答案。

直观而言,操作系统是配置在硬件平台上的第一层软件,是一组系统软件。它是软件和硬件资源的控制中心,既为计算机管理软件资源,同时又组织这些资源以方便用户使用。一个新的操作系统往往融合了计算机发展中的一些传统的技术和新的研究成果。在计算机系统中,处理器、内存、磁盘、终端和网卡等硬件资源通过主板连接,构成了看得见、摸得着的计算机硬件系统。为了使这些硬件资源能够高效地、尽可能并行地供用户程序使用以及给用户提供通用的使用方法,就必须为计算机配备操作系统。

下面从系统软件、资源管理器和界面三个方面介绍操作系统。

1. 操作系统是最重要的系统软件

硬件系统是指构成计算机系统所需配置的硬件设备。现代计算机系统一般都包含一个或多个处理器、内存、磁盘驱动器、光盘驱动器、打印机、时钟、鼠标、键盘、显示器、网络接口以及其他输入/输出设备。计算机硬件系统构成了计算机本身和用户作业赖以运行的物质基础。只有硬件系统而没有软件系统的计算机称为裸机。用户直接使用裸机不仅不方便,而且系统效率极低。

软件系统是一个为计算机系统配置的程序和数据的集合。软件系统有应用软件和系统软件之分。应用软件是为解决某一具体应用问题而开发的软件,如财务软件、字处理软件等。系统软件是专门为计算机系统配置的软件,操作系统便是一种典型的系统软件。

操作系统是以硬件为基础的系统软件,是硬件层的第一次扩充,在这一层上实现了操作系统的全部功能,并提供了相应的接口。其他应用软件层都是在操作系统的基础上开发出来的。在应用软件层,用户可以使用各种程序设计语言,在操作系统的支持下,编写并运行满足用户需要的各种应用程序。

所以说,操作系统属于计算机软件系统中最重要的系统软件。

什么是系统软件?

直观上讲,软件分为系统软件与应用软件。所谓系统软件就是与硬件关系紧密的软件,而应用软件主要与人的操作相关。这种区别与界限非常模糊。从技术角度来看,系统软件与应用软件的区别与处理器的特权级有关。系统软件比一般意义上的应用软件具有更高的权限,有些特定的任务只有操作系统的代码才可以完成。

以 x86 处理器为例,处理器的特权级总共有 4 个,编号从 0(最高特权)到 3(最低特权)。有 3 种主要的资源受到保护:内存、输入/输出(I/O)端口以及执行特殊机器指令的能力。在任一时刻,x86 的中央处理器(CPU)都是在一个特定的特权级下运行的,从而决定了代码可以做什么以及不可以做什么。如图 1.1 所示,这些特权级经常被描述为保护环(Protection Ring),最内层的环对应于最高特权。即使是最新的 x86 内核也只用到其中的两个特权级:Ring 0 和 Ring 3。

在诸多机器指令中,大约有 15 条指令被 CPU 限制为只能在 Ring 0 中执行。如果尝试在 Ring 0 以外运行这些指令,就会导致一个一般保护异常(general-protection exception),如同某个程序使用了非法的内存地址一样。类似地,对内存和 I/O 端口的访问也受特权级的限制。

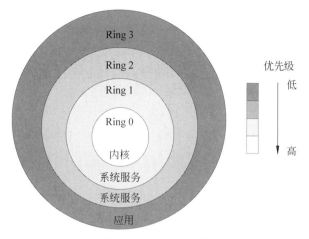

图 1.1　x86 的保护环

2. 操作系统是用户(应用程序)与计算机硬件系统之间的界面

通常,用户(应用程序)使用计算机,指的并不是直接去操纵计算机的硬件(俗称"裸机"),而是采用如下三种方式使用计算机。

(1) 命令方式:用户可通过键盘输入由操作系统提供的一组命令来操纵计算机系统。

(2) 系统调用方式:用户可在自己的应用程序中,通过调用操作系统提供的一组系统调用来操纵计算机系统[①]。

(3) 图形与窗口方式:用户通过屏幕上的窗口和图标来操纵计算机系统,运行自己的程序。

对多数计算机而言,在机器语言级的体系架构(包括指令系统、存储组织、I/O 和总线结构)上编程是相当困难的。为了让用户和程序员在使用计算机时不涉及硬件细节,需要将它们通过某种方式封装起来。通过上述几种方式,用户就可以不涉及硬件的实现细节,方便而有效地取得操作系统所提供的各种服务,合理地组织计算机工作流程。

事实上,将用户(应用程序)的一个操作转化为一条硬件指令要经过几层转换,每一层都是一个抽象。在一般的计算机系统中,通常包含三个层次的抽象,如图 1.2 所示。在这三个层次中,硬件是最底层,操作系统处于应用软件与计算机硬件之间,用户或者应用程序则通过操作系统来间接操纵计算机。通过这种层次化抽象,操作系统作为虚拟机为用户使用计算机提供了方便。用户不必了解计算机硬件工作的细节,即可通过操作系统来使用计算机。这样,操作系统就构成了用户和计算机之间的界面。

在各抽象层次之间,都有交互界面。硬件与操作系统之间的交互界面是指令集,即与硬件机器语言相关的指令集合。操作系统与应用程序之间的交互界面是系统调用。而应用软件展示给用户的交互界面是程序接口与用户界面。从界面的角度讲,用户操作计算机的三种方式(命令方式、系统调用方式以及图形和窗口方式)本质上可以归结为一种,即

---

① 系统调用是操作系统对外提供服务的唯一接口。关于系统调用的详细介绍请参考 2.2.1 节。

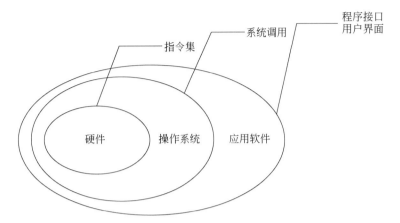

图 1.2　操作系统作为应用软件与硬件之间的界面

系统调用方式。

因此可以说,操作系统是用户(应用程序)与计算机硬件系统之间的接口(界面)。操作系统实际上提供了硬件机器语言与用户(应用程序)之间的翻译,保证了应用程序与底层硬件机器语言之间的语言透明性,从而辅助用户更便捷地与机器进行交流。

关于接口(界面)

迈克尔·海姆在《从界面到网络空间》一书中写道:

"什么是界面?界面便是两种或多种信息源面对面交互之处。人作为使用者与系统相连,而计算机则成为交互式的。比照一下工具,它们是没有这种连接的。我们使用工具,拿起和放下。它们不迎合我们的意图,这里讲的自然不包括最原始的体例意义上的迎合。扳手很合手而且可以调整扳头的宽窄,电动螺丝刀有不同的速度。然而,扳手不能成为螺丝刀,而螺丝刀也拧不动螺帽。但软件却相反,一个软件能让我们弄出适应不同工作的多样工具。"

3. 操作系统是资源管理器

计算机系统的资源包括硬件资源和软件资源。从资源管理的角度,可以把计算机系统资源分为 4 大类:处理器、存储器、设备和信息,前 3 类为硬件资源,最后一类为软件与数据资源。

操作系统的任务就是使整个计算机系统的资源得到充分、有效的利用,并且在相互竞争的程序之间合理有序地控制系统资源的分配,从而实现对计算机系统工作流程的控制。作为资源管理器,操作系统要完成以下工作。

(1) 跟踪资源状态:操作系统需要时刻维护系统资源的全局信息,掌握系统资源的种类和数量以及已分配和未分配的情况。

(2) 分配资源:操作系统需要处理对资源的使用请求,协调请求之间的冲突以及确定资源分配算法。当有多个程序争用某个资源时,需要进行裁决。同时,根据资源分配的条件、原则和环境,来决定是立即分配还是暂缓分配。

(3) 回收资源:用户程序在资源使用完毕之后要释放资源。此时,操作系统应及时回收资源,以便重新分配。

（4）保护资源：操作系统负责对资源进行保护,防止资源被有意或无意地破坏或滥用。

系统资源的使用方法和管理策略决定了操作系统的规模、类型、功能与实现方法。基于这一点,可以把操作系统看成是由一组资源管理器(即资源管理程序)组成的。根据资源的分类情况,可以为操作系统建立相应的 4 类管理组件：处理器管理、存储器管理、设备管理和文件管理。

操作系统与教务系统

我们可以做一个类比：操作系统好比是学校的教务系统,它负责分配教室与师资。每个学期,每个学院的每个年级都有很多的课程,这些课程需要使用不同大小的教室,教室(资源)与师资的分配和管理就是教务处的一项重要工作。在这个意义上,教务处其实就是学校的课程操作系统。

综上所述,我们可以给操作系统下个定义：

操作系统是一组控制和管理计算机系统硬件与软件资源的管理器,它是具有一定特权的系统软件,通过合理地组织计算机工作流程,旨在为用户或应用程序使用计算机提供方便。在计算机系统中设置操作系统的目的在于提高系统的效率,增强系统的处理能力,提高系统资源的利用率,并且方便用户使用。

1.1.2　操作系统的功能

从资源管理的角度来说,操作系统的主要功能包括处理器管理、存储管理、设备管理和文件管理。

1. 处理器管理

多道程序设计

在使用笔记本电脑或者智能手机的过程中,我们可以一边听着音乐,一边下载文件,还可以浏览网页。计算机给我们的感觉是"一心多用",它是如何做到这一点的呢？

在多道程序或多用户的环境下,要组织多个作业同时运行,就要解决处理器管理的问题。在多道程序系统中,处理器的分配和运行都是以进程为基本单位的,因而对处理器的管理可归结为对进程的管理[①]。进程管理包括以下几方面。

（1）进程控制：多道程序并发创建和执行进程,并为之分配必要的资源。当进程运行结束时,撤销该进程,回收该进程所占用的资源,同时还要控制进程在运行过程中的状态转换。

（2）进程同步：为使系统中的进程有条不紊地运行,进程管理要设置进程的同步机制,协调多个进程实现有效运行。

（3）进程通信：进程管理促进系统中各进程间的合作与信息交换。

---

① 进程是操作系统的核心概念之一,关于进程的详细介绍请参考第 3 章。

（4）进程调度：进程管理从进程的就绪队列中,按照一定的策略选择一个进程,把处理器分配给它,并为它设置运行环境,使之投入运行。

思考题：进程和程序

进程和程序的概念有什么区别？

2. 存储管理

存储管理的主要任务是为多道程序的运行提供运行空间,方便用户使用存储器,并提高内存的利用率。存储管理包括以下几个方面。

（1）内存分配：在多道程序设计环境下,计算机中同时（同一时间段）会运行多道程序。存储管理需要为每道程序分配各自独立的内存空间,并使内存得到充分利用,在程序结束时收回其所占用的内存空间。

（2）内存保护：在多道程序设计环境下,每道程序都在自己的内存空间中运行,各道程序彼此之间互不侵犯、互不干扰。存储管理需要保障每道程序自身的代码与数据的安全,不受非法访问且不能被篡改。尤其是操作系统的数据和代码,绝不允许用户程序非法访问与干扰。

（3）地址映射：在多道程序设计环境下,每道程序都是动态加载进内存的。此外,为便于管理和提高内存的使用效率,每道程序都具有逻辑地址空间与物理地址空间。在程序运行过程中,必须将进程代码和数据的逻辑地址转换为内存的物理地址,这种逻辑地址空间到物理地址空间的转换称为地址映射。

（4）内存扩容：内存的容量是有限的。为满足用户的需要,可以通过建立虚拟存储系统来实现内存容量的逻辑扩充。与此同时,要保证虚拟存储对于用户和应用程序而言基本上是透明的。

地 址 映 射

从物理层面来看,可以对存储设备（例如,内存）进行编址,从用户（应用程序）来看,它们所分配的地址可能是非常零散和不规则的。为了保证从用户视角看到的地址是连续或者说有规则的,就需要增加一层地址映射机制。在现实生活中,其实每个区域都有它的物理地址。比方说,用经纬度来标识地理位置,北京语言大学的中心点纬度为39.993066,经度为116.340979,但是这些古怪而不规则的数字对于邮政系统而言是非常不友好的。因此,邮政系统使用邮政编码来对北京语言大学所在的这片区域进行编码,其邮政编码为100080。对于送信的邮递员,他只需要根据邮政编码,然后将邮政编码对应到北京语言大学GPS坐标,就可以驾驶汽车投递邮件了。这个过程就是将邮政编码映射为GPS坐标的过程,与地址映射类似。

3. 设备管理

设备管理的复杂性

操作系统需要能够接入各种异构的设备。有些设备需要能够无缝地接入到系统中。这些设备可能是游戏手柄,也可能是电子画板,还可能是各种传感装置。设备的功能、接入方式各异,如何能够做到统一地接入到操作系统中？

在计算机系统的硬件中,除了 CPU 与内存,其余几乎都属于外部设备。外部设备种类繁多,物理特性相差很大。因此,操作系统的设备管理往往很复杂。设备管理主要包括以下几个方面。

(1) 缓冲管理:输入/输出(I/O)操作通常具有较高的延迟,I/O 进程从启动到完成可能需要花费数百万个处理器时钟周期。这种延迟主要是由于硬件本身造成的。例如,在磁盘旋转到目标扇区且直接位于读/写头下方之前,无法从硬盘读取信息或将信息写入硬盘(使用 7200 rpm 硬盘驱动器,此过程可能需要 10 余毫秒才能完成)。由于 CPU 与 I/O 设备的速度相差极大,为缓和这一矛盾,通常在设备管理中建立 I/O 缓冲,从而提高输入与输出操作的吞吐量。对缓冲区进行有效管理是设备管理的任务之一。

(2) 设备分配:根据用户程序提出的 I/O 请求和系统中设备的使用情况,设备管理按照一定的策略,将所需设备分配给申请者,并在设备使用完毕后及时回收。

(3) 设备驱动:对于未设置通道的计算机系统,设备驱动的基本任务通常是实现 CPU 与设备控制器之间的通信,即由 CPU 向设备控制器发出 I/O 指令,要求它完成指定的 I/O 操作,并能接收由设备控制器发来的中断请求,给予及时的响应和相应的处理。对于设置了通道的计算机系统,设备驱动还应能根据用户的 I/O 请求,自动构造通道程序。

(4) 设备独立性:设备独立性是指应用程序应独立于具体的物理设备,从而使用户编程与实际使用的物理设备无关。无论使用哪种设备型号,设备独立组件都能使其正常工作。例如,如果某图形文件格式与设备无关,则输出图形的程序应该是设备独立的,即无论是使用惠普 DeskJet 打印机,或者 Apple LaserWriter 打印机,还是高分辨率的 Linotronic 图像设置器进行打印,在最终输出纸上看到的结果都将大致相同(可以使用打印机兼容的任何分辨率进行打印)。

(5) 设备虚拟化:设备虚拟化旨在针对设备性能瓶颈,将低速的独占设备改造为高速的共享设备。设备虚拟化涉及 I/O 请求在虚拟设备与物理设备之间进行消息路由。

4. 文件管理

文 件 管 理

我们可能都见过一片一片的内存,或者也看到过一块一块的硬盘。在使用计算机的过程中,我们所能够感觉到的存储空间类似一个组织有序的目录树,例如,某个文档就存储在 D:\Work\OS 下。计算机是如何将一块硬盘展示出如此的逻辑结构?

处理器管理、存储管理和设备管理都属于硬件资源的管理。软件资源的管理称为信息管理,即文件管理。

文件是由其创建者定义的相关信息集合,通常包含程序文件与数据文件。现代计算机系统通过管理大容量存储介质及相应控制设备来实现文件的抽象概念。文件管理的主要任务是创建与删除文件,创建与删除组织文件的目录,支持操纵文件与目录的各类系统调用,能够帮助用户创建文件,并将文件映射到辅助存储设备中。文件管理包括以下内容。

(1) 文件存储空间管理:所有的系统文件和用户文件都存放在存储器上。文件存储空间管理的任务是为新建文件分配存储空间,在一个文件被删除后应及时释放所占用的空间。文件存储空间管理的目标是提高文件存储空间的利用率,并提高文件系统的工作速度。

（2）目录管理：为方便用户在文件存储器中找到所需文件,通常由系统为每个文件建立一个目录项,包括文件名、属性以及存放位置等,若干目录项又可构成一个目录文件。目录管理的任务是为每个文件建立其目录项,并对目录项加以有效的组织,以方便用户按名存取。

（3）文件读写管理：文件读写管理是文件管理的最基本功能。文件系统根据用户给出的文件名去查找文件目录,从中得到文件在存储器上的位置,然后利用文件读写函数,对文件进行读写操作。

（4）文件存取控制：为了防止系统中的文件被非法窃取或破坏,文件管理应建立有效的保护机制,以保证文件系统的安全性。

1.1.3 操作系统的主要特征

现代操作系统具有并发性、共享性、虚拟性和异步性等主要特征。

1. 并发性

并发性(Concurrency)是指两个或多个事件在同一时间间隔内发生。在多道程序环境下,并发性是指在一段时间内,宏观上有多个程序在同时运行,但在单处理器系统中,每一时刻仅能有一道程序执行,故而微观上这些程序只能是分时地交替执行。倘若在计算机系统中有多个处理器,便可将这些可以并发执行的程序分配到多个处理器上,实现并行执行。

两个或多个事件在同一时刻发生称为并行,而在同一时间间隔内发生则称为并发。在操作系统中存在着许多并发或并行的活动,注意区分并发和并行的概念。

为使并发活动有条不紊地进行,操作系统就要对其进行有效的管理与控制,例如保护一个活动不受另一个活动的影响,以及实现相互制约活动之间的同步。

"同一时刻"是什么意思? 0.1 秒,还是 10^{-9} 秒?

这涉及时间是连续的或是离散的问题,我想这个问题仍然未解。但是这里的时刻概念应该是一个相对的概念,对于人而言,我们能感知的时刻单位通常是 10^{-2} 秒以内,而对于 CPU 而言,时刻就是以 CPU 的频率为单位的概念,例如,将 10^{-9} 秒作为一个时刻单位。这也正是我们要强调操作系统时空观的原因所在。

2. 共享性

共享(Sharing)是指系统中的资源可供内存中多个并发执行的程序共同使用。由于资源属性的不同,对资源共享的方式也不同,目前主要有以下两种资源共享方式。

（1）互斥共享方式：系统中的某些资源,如打印机、磁带机,虽然它们可以提供给多个用户程序使用,但为使所打印或记录的结果不致造成混淆,应规定在同一时间段内只允许一个用户程序访问该资源。这种资源共享方式称为互斥式共享。

（2）同时访问方式：系统中还有另一类资源,允许在同一时间段内由多个用户程序"同时"对它们进行访问。这里所谓的"同时"往往是宏观上的,而在微观上,这些用户程序可能是交替地对该资源进行访问。例如对磁盘设备的访问。

并发和共享

并发和共享是操作系统的两个最基本的特征,它们又互为对方存在的条件。一方面,资源共享是以程序的并发执行为条件的,若系统不允许程序并发执行,自然不存在资源共享问题;另一方面,若系统不能对资源共享实施有效管理,协调好多个程序对共享资源的访问,也必然影响到程序并发执行的程度,甚至根本无法并发执行。

3. 虚拟性

虚拟(Virtual)是指将一个物理实体映射为若干个逻辑实体。前者是客观存在的,后者则是虚构的,是一种感性的存在,即主观上的一种想象。例如,在多道程序系统中,虽然只有一个CPU,每次只能执行一道程序,但采用多道程序技术后,在一段时间间隔内,宏观上有多个程序在运行。在用户看来,就好像有多个CPU在各自运行自己的程序。这就是将一个物理CPU虚拟为多个逻辑CPU,逻辑CPU又称为虚拟处理器。类似的还有虚拟存储器和虚拟设备等。

虚　拟　性

在现实生活中,银行储蓄就是一种虚拟技术。每个人将自己的钱存储到银行中,而银行并不会把每个人的钱"封存"上,而是整合起来加以利用(例如,投资等)。

虚拟处理器是指通过多道程序设计技术,让多道程序并发执行,从而分时使用一个处理器。此时,虽然只有一个处理器,但它能同时为多道程序服务,使得每个终端用户都认为有一个中央处理器在为其服务。利用多道程序设计技术,把一个物理上的CPU虚拟为多个逻辑上的CPU。

类似地,可以通过虚拟存储器技术,将机器上的物理存储器虚拟为虚拟存储器,从逻辑上来扩充存储器的容量。

还可以通过虚拟设备技术,将一台物理I/O设备虚拟为多台逻辑I/O设备,并允许每个用户占用一台逻辑I/O设备,这样便可使原来在一段时间内只能由一个用户访问的独占设备转变为在一段时间内允许多个用户同时访问的共享设备。

操作系统的虚拟技术可划分为时分复用技术和空分复用技术。

4. 异步性

在多道程序环境下,允许多个程序并发执行,但程序只有在获得所需的资源后方能执行。在单处理器环境下,由于系统中只有一个处理器,因而每次至多只允许一个程序执行,其余程序只能等待。当正在执行的程序提出某种资源要求(如打印请求)时,如果此时打印机正在为其他程序打印,由于打印机属于互斥资源,因此正在执行的程序必须等待且放弃处理器,直到打印机空闲,并再次把处理器分配给该程序时,该程序方能继续执行。内存中的每个程序在何时能获得处理器运行,何时又因提出某种资源请求而暂停,以及程序以怎样的速度向前推进,每道程序总共需要多少时间才能完成,等等,都是不可预知的。由于资源等因素的限制,使程序的执行通常都不是"一气呵成",而是以"停停走走"的方式运行,我们将上述特性称为异步性(Asynchronism)。

1.1.4　时空与逻辑关系

操作系统是人机交互的关键界面,从人机交互的角度讲,操作系统的关键在于人机关系的调适。要调适人机关系,首先必须明白人的时空与机器的"时空"关系。

1. 时间

以目前主流的 Intel Core i5-4310U 处理器为例,它的主频为 2.0 GHz,其时钟周期约为 47 μs。精简指令集 CPU 执行一条指令只需要零点几纳秒,内存(RAM)取数据或指令则需要 25～50 ns。对于 7200rpm 的硬盘,平均存取时间约为 14 ms。人眼不能分辨超过每秒 30 帧的画面,因此处于 10^{-1}s 的精度。

表 1.1　时间的尺度

时 间 度 量	具 体 量	对应的物理事件
分秒	10^{-1} 秒	人眼的分辨
毫秒(ms)	10^{-3} 秒	硬盘存取时间
微秒(μs)	10^{-6} 秒	处理器主频
纳秒(ns)	10^{-9} 秒	执行一条指令
皮秒(ps)	10^{-12} 秒	天文学专有名词
飞秒(fs)	10^{-15} 秒	光的振荡周期

根据上述描述,不难发现人类与计算机在时间观念上存在巨大的鸿沟(大约 10^9)。操作系统正是利用其中存在的巨大"势差"进行转换,从而让人类与计算机之间的交互更加高效、方便和友好。

2. 逻辑关系

一种典型的计算机系统架构如图 1.3 所示,其中最关键的部分就是 CPU 的指令执行过程,该过程通常包括如下几个步骤。

(1) 加载(Load)。从内存中复制字节或者字到寄存器中,覆盖寄存器此前的内容。

(2) 存储(Store)。从寄存器中将字节或者一个字复制到内存中某个位置,覆盖该位置此前的内容。

(3) 运算(Operate)。将两个寄存器的内容复制到算术与逻辑单元(ALU)中,在两个字上进行运算,并将结果存储到寄存器上,覆盖寄存器此前的内容。

(4) 跳转(Jump)。从指令自身抽取一个字,并将该字复制到程序计数器(Program Counter,PC)中,覆盖 PC 此前的值。

假设某个执行文件 hello 存储在计算机磁盘中。当在 Shell 程序中输入./hello 时,Shell 程序将所输入的"./hello"加载到寄存器中,当输入回车键之后,Shell 程序知道我们已经完成命令的输入。Shell 通过执行复制代码和数据的一系列指令,将可执行文件 hello 中的代码和数据从磁盘加载到内存中。一旦将 hello 目标代码和数据加载到内存中,处理器便执行 hello 程序中 main 函数所对应的机器码语言指令。

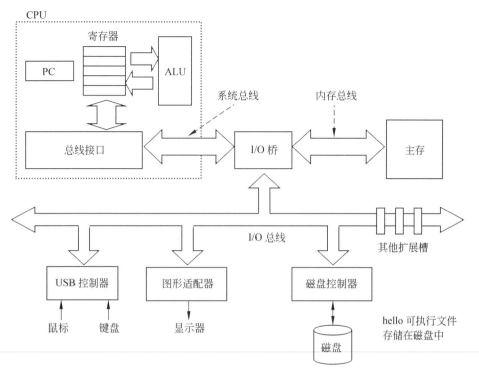

图 1.3 典型的计算机系统架构

借助操作系统与应用程序,人机间构建出一种新的逻辑关系。你会想当然地认为在使用计算机上的一个打字程序(例如,Word 程序)时,如果在键盘上按下一个键,比如说"Z",那么在打字程序的窗口屏幕上就会出现一个字母"Z",这好像在如下两个事件之间"联结"了因果关系。

(a) 在键盘上输入一个字母。

(b) 在打字程序的窗口屏幕上显示出该字母。

即由于事件(a)导致了事件(b)的"因果关系"。实际上,这个因果关系并不像看上去那么直接和"当然",实际的过程是比较复杂的。在键盘上按下一个键到在屏幕上显示一个字符,在这个过程中计算机中会发生许多操作。

Windows 的隐喻

Microsoft 公司是国际上知名的操作系统厂商,它应该是最早从事个人桌面操作系统研究和开发的企业。Microsoft 公司最早的桌面操作系统名为 DOS(桌面操作系统),之后,它便将桌面操作系统的名字更改为 Windows。可以将 Windows 视为一种隐喻,将屏幕视为有"图标"的"桌面",甚至将心灵视为计算机。

在 Andrew S. Tanenbaum 的《现代操作系统》一书中,从作为扩展机器和作为资源管理两个角度阐述了操作系统。操作系统是管理软件的"国王",它不仅仅是软件系统中的一颗明珠,蕴含着非常重要和精妙的编程技巧,同时也蕴含着非常丰富的管理艺术:以时间换空间、以空间换时间、并行和虚拟等。

1.2　操作系统的起源

操作系统并非是在计算机诞生之日起就随之诞生的。第一台计算机 ENIAC[①] 于 1946 年在美国诞生之时,其上并没有安装任何操作系统,也没有预安装任何其他系统。然而,随着计算机的发展,计算硬件不断升级,人们在使用计算机过程中不断出现各类矛盾,尤其是人机速度与 CPU 和其他设备之间的速度差异,成为制约计算机应用的主要矛盾。正是基于对这类矛盾的不断解决,逐步产生出现代意义上的操作系统。

总体来看,从计算机诞生到现代意义上的操作系统诞生的过程中共经历了 5 个阶段,分别为手工操作阶段、联机批处理系统阶段、脱机批处理系统阶段、执行系统阶段与多道批处理系统阶段,具体如表 1.2 所示。

表 1.2　操作系统的发展阶段

阶　　段	解　决　问　题	主　要　矛　盾
手工操作	大量烦琐的数学计算	作业之间(纸带)需要手动过渡装载
联机批处理系统	作业的输入/输出由 CPU 处理	I/O 与 CPU 的速度无法匹配
脱机批处理系统	脱机输入/输出技术	容错机制以及系统稳定和保护问题
执行系统	支持主机与通道、主机与外设的并行操作,提高了系统的安全性	并行是有限度的,未充分利用资源
多道批处理系统	缩短作业之间的交接时间,减少 CPU 的空闲等待,提高了系统效率	对用户的响应时间较长

1.2.1　手工操作阶段

在计算机刚刚出现时,由于计算机的存储容量小,运算速度慢,输入/输出设备只有纸带输入机、卡片阅读机、打印机和控制台。人们只能采用手工操作方式使用这样的计算机,根本没有操作系统。

在手工操作情况下,用户一个接一个地轮流使用计算机。每个用户的使用过程大致如下:先把手工编写的程序(用机器语言编写的程序)穿成纸带(或卡片)装上输入机,然后经手工操作把程序和数据输入计算机,接着通过控制台开关启动程序运行。待计算完毕,用户拿走打印结果,并卸下纸带(或卡片)。在这个过程中需要手工装纸带、手工控制程序运行以及手工卸纸带等一系列的"手工干预"。

这种由一道程序独占机器的情况,在计算机运算速度较慢的时候是可以容忍的,因为

---

① 第一台电子计算机 ENIAC 使用了 18 000 个电子管,占地 170 平方米,重达 30 吨,耗电功率约 150 千瓦,每秒钟可进行 5 000 次运算。

此时计算所需的时间相对较长,手工操作时间所占比例还不算很大。随着计算机技术的发展,计算机的速度、容量、外设的功能和种类等方面都有了很大的发展,因此手工操作的慢速度和计算机运算的高速度之间形成了一对矛盾,即所谓的人机矛盾。为了解决这一矛盾,就需要设法去掉手工干预,实现作业的自动过渡,这样就出现了批处理技术。

1.2.2　联机批处理系统阶段

为了实现作业创建和作业过渡的自动化,引入了批量监督程序(常驻内存的核心代码)。语言翻译程序(汇编语言或高级语言的编译程序)或链接程序都是监督程序的子例程。

监督程序的工作对象是以作业流形式提供的。每个用户将需要计算机解决的计算工作均组织成一个作业。每个作业有一个和程序分开的说明文件,即作业说明书,它提供了用户标识、用户要使用的编译程序以及所需要的系统资源等基本信息。每个作业还包含一个程序和一些原始数据,最后是该作业的终止信息。终止信息给监督程序一个信号,表示此作业已经结束,应为下一个用户作业做好服务准备。

用户把自己的作业交给机房,由操作员把一批作业装到输入设备上(如果输入设备是纸带输入机,则这一批作业在一盘纸带上;若输入设备是读卡机,则该批作业在一叠卡片上),然后在监督程序控制下送到外部存储器,如磁带、磁鼓或磁盘上。为了执行一个作业,批处理监督程序将解释这个作业的说明书,若系统资源能满足其要求,则将该作业调入内存,并从外部存储器(如磁带)上输入所需要的编译程序。编译程序将用户源程序翻译成目标代码,然后由链接装配程序把编译后的目标代码及其所需的子程序装配成一个可执行的程序,接着开始执行。计算完成后输出该作业的计算结果。只有在一个作业处理完毕后,监督程序才可以自动地调度下一个作业进行处理,依次重复上述过程,直到该批作业全部处理完毕。

在这种批处理系统中,作业的输入/输出是联机的,也就是说作业从输入机到磁带,由磁带调入内存,以及结果的输出打印都是由 CPU 直接控制的。随着 CPU 速度的不断提高,CPU 和输入/输出设备之间的速度差距就形成了一对矛盾。因为在进行输入/输出时,CPU 是空闲的,高速的 CPU 要等待慢速的输入/输出设备的工作,从而不能发挥CPU 应有的效率。

1.2.3　脱机批处理系统阶段

为了克服联机批处理存在的缺点,在批处理系统中引入了脱机输入/输出技术,从而形成了脱机批处理系统。脱机批处理系统由主机和卫星机组成,卫星机又称外围计算机,它不与主机直接连接,只与外部设备打交道。作业通过卫星机输入到磁带上,当主机需要输入作业时,就把输入带连接到主机上。主机从输入带上把作业调入内存,并予以执行。作业完成后,主机负责把结果记录到输出带上,再由卫星机负责把输出带上的信息打印输出。这样,主机摆脱了慢速的输入/输出工作,可以较充分地发挥它的高速计算能力。同时,由于主机和卫星机可以并行操作,因此脱机批处理系统与早期的联机批处理系统相比,大大提高了系统的处理能力。

脱机批处理系统是在解决人机矛盾以及高速的 CPU 和低速的 I/O 设备间矛盾的过程中发展起来的。它的出现改善了 CPU 和外设的使用情况,实现了作业的自动定序和自动过渡,从而使整个计算机系统的处理能力得以提高。然而,脱机批处理系统仍存在着许多缺陷,如卫星机与主机之间的磁带装卸仍需手工完成,操作员需要监督机器的状态等。如果一个程序进入死循环,系统就会踏步不前,只有当操作员提出请求并要求终止该作业时,删除它并重新启动,系统才能恢复正常运行。当目标程序执行一条引起停机的非法指令时,机器就会错误地停止运行。此时,只有操作员进行干预,即在控制台上按"启动"按钮后,程序才会重新启动运行。并且,由于系统没有任何保护自己的措施,无法防止用户程序破坏监督程序和系统程序。系统保护的问题亟待解决。

1.2.4　执行系统阶段

20 世纪 60 年代初期,计算机硬件获得了两方面的发展:一是通道的引入,二是中断技术的出现,这两项重大成果使操作系统的发展进入执行系统阶段。通道是一种输入/输出专用处理器,它能控制一台或多台外设工作,负责外部设备与内存之间的信息传输。它一旦启动,就能独立于 CPU 运行,这样就可使 CPU 和通道并行操作,而且 CPU 和各种外部设备也能并行操作。中断是指当 CPU 接收到外部硬件(如 I/O 设备)发来的信号时,马上停止原来的工作,转去处理这一事件。在处理完毕后,CPU 又回到原来的工作点继续工作。借助于通道与中断技术,输入/输出工作可以在 CPU 控制之下完成。这时,原有的监督程序不仅要负责调度作业自动地运行,而且还要提供输入/输出控制功能(即用户不能直接使用启动外设的指令,它的输入/输出请求必须通过系统去执行),它比原有的功能增强了。这个扩展后的监督程序常驻内存,称为执行系统。

执行系统比脱机批处理系统前进了一步,它节省了卫星机,降低了成本,而且同样能支持主机与通道、主机与外设的并行操作。在执行系统中用户程序的输入/输出工作是委托给执行系统实现的,由执行系统检查其命令的合法性,提高了系统的安全性,可以避免由于非法的输入/输出命令造成对系统的威胁。批处理系统和执行系统的普及发展了标准文件管理系统和外部设备的自动调节控制功能。在 20 世纪 50 年代末期到 60 年代初期开发了许多成功的批处理操作系统,比较著名的有 FMS(FORTRAN Monitor System)和 IBSYS(IBM 公司为 7094 机配备的操作系统)。

1.2.5　多道批处理系统阶段

中断和通道技术出现以后,输入/输出设备和 CPU 可以并行操作,初步解决了高速 CPU 和低速外部设备的矛盾,提高了计算机的工作效率。但不久就发现,这种并行是有限度的,并不能完全消除 CPU 对外部传输的等待。例如,一个作业在运行过程中请求输入一批数据,当纸带输入机花 1000ms 输入 1000 个字符后,CPU 只需花 300ms 就处理完了,而这时,第二批输入数据还需等待 700ms 的时间才能输入完毕。因此,尽管 CPU 具有和外部设备并行工作的能力,但是在这种情况下无法完全发挥其效能。

在输入操作未结束之前,CPU 处于空闲状态,其原因是输入/输出操作与本道程序相关。商业数据处理和文献情报检索等任务涉及的计算量比较少,而输入/输出量比较大,所以需要较多地调用外部设备。当由慢速的机械传动读卡机和纸带输入机或从磁带和磁盘等设备输入数据到存储器时,CPU 不得不等待。在处理结束后,又有很多时间被耗费在处理器等待通道将结果送到磁带和磁盘或用机械打印机打印在纸上。而对于科学和工程计算任务,主要涉及的是计算量大而使用外部设备较少的作业,因而当 CPU 运算时,外部设备经常处于空闲状态。此外,计算机在处理一些小任务时,存储器空间也未能得到充分利用。以上种种情况说明了单道程序工作时,计算机系统各部件的效能没有得到充分发挥。那么,为了提高设备的利用率,能否在系统内同时存放几道程序呢? 为此引入了多道程序的概念。

多道程序设计技术(Mulitprogramming)是在计算机内存中同时存放几道相互独立的程序,使它们在管理程序控制之下,相互交替地运行。当某道程序因某种原因不能继续运行下去(如等待外部设备传输数据)时,管理程序便将内存中的另一道程序投入运行,这样可以使 CPU 及各外部设备尽量处于工作状态,从而大大提高计算机的使用效率。

要想理解多道程序运行,可以通过与单道程序运行进行对比。一般的单道程序运行情况如图 1.4(a)所示。所谓的"单道",可以简单将其理解为单个程序的运行。在图 1.4(a)中的 t_1 时刻之前,用户程序一直在运行,到了 t_1 时刻,用户发起一个 I/O 请求,这样就产生中断。中断处理由监督程序来负责,它启动 I/O 操作。在 t_2 和 t_3 时间段内,执行 I/O 操作,这个时间段中 CPU 处于空闲。图 1.4(b)展示的是一个多道程序运行的示例。与"单道"不同,"多道"程序运行中有多个程序同时运行,包括程序 A、B、C 与 D。在 t_1 时刻之前程序 A 在 CPU 上运行,到了 t_1 时刻,程序 A 发出一个 I/O 请求,例如它需要从光电机(即纸带输入机)输入新的数据,此时它的请求发起中断,而由调度程序来处理中断。调度程序在 t_1 和 t_2 时间之内进行中断处理,并进行程序调度,将 CPU 调度给程序 B 运行。这样从 t_2 时刻起,程序 B 便在 CPU 上运行,而此时程序 A 则进行 I/O 操作。当程序 B 在 t_3 时刻发起 I/O 请求后,调度程序如法炮制,将 CPU 调度给程序 C 运行。这样从 t_4 开始,程序 C 便在 CPU 上运行。如此这般,到 t_6 时刻,调度程序又将 CPU 调度给程序 D 运行。通过上述对比不难发现,多道程序运行能够极大地提高 CPU 利用率。在理解多道程序运行的过程中,可以进一步深入了解中断机制的作用。如果没有中断机制,就不能把握调度的契机,也无法有效实现多道程序运行。

多道程序设计技术使得几道程序在系统内并发工作。但在冯·诺依曼型计算机结构中(在单 CPU 情况下),CPU 严格地按照程序计数器的内容顺序地执行每一个操作,即一个时刻至多只能有一个程序在处理器上执行。那么,如何理解多道程序的并行执行呢?多道程序设计技术可以实现同时被接受进入计算机内存的若干道程序相互交替地运行,即当一个正在 CPU 上运行的程序因为要进行输入/输出操作而不能继续运行下去时,就把 CPU 让给另一道程序。所以,从微观上看,一个时刻只有一个程序在 CPU 上运行。但从宏观上看,几道程序都处于执行状态(因为都已存放在内存中),有的正在 CPU 上运行,有的在打印结果,有的正在输入数据,它们的工作都在向前推进。我们把多道程序在单处理器上的逻辑并行称为并发执行。

综上所述,多道程序设计技术的特征如下:

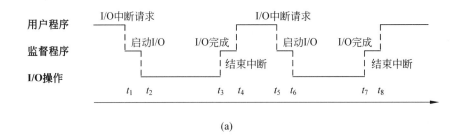

(a)

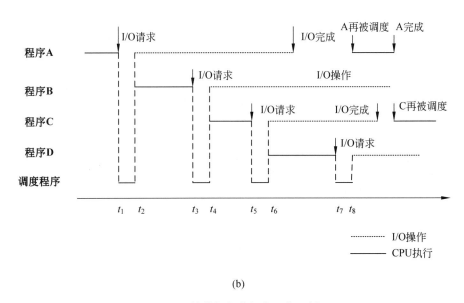

(b)

图 1.4   单道与多道程序工作示例

（a）单道程序运行情况；（b）多道程序运行情况

（1）多道。即计算机内存中同时存放几道相互独立的程序。

（2）宏观上并行。同时进入系统的几道程序都处于运行过程中，即它们先后开始了各自的运行，但都未运行完毕。

（3）微观上串行。从微观上看，内存中的多道程序轮流地或分时地占有处理器，交替执行（单处理器情况）。

在批处理系统中采用多道程序设计技术就形成了多道批量处理操作系统，简称多道批处理系统。多道批处理系统把用户提交的作业（相应的程序、数据和处理步骤）成批送入计算机，然后由作业调度程序自动选择作业运行。这样能缩短作业之间的交接时间，减少 CPU 的空闲等待，从而提高系统效率。在多道批处理系统中，一批作业由输入机转储到辅存设备上，等待运行。当需要调入作业时，作业调度程序按一定的调度原则选择一个或几个作业装入内存，内存中的几个作业交替运行，直到某个作业完成计算任务，输出其结果，收回该作业占用的全部资源。在多道批处理系统中，作业的输入和调度等完全由系统控制，并允许几道程序同时投入运行，只要合理搭配作业，例如把计算量大的作业和输入/输出量大的作业合理搭配，就可以充分利用系统的资源。

多道批处理的优点是系统的吞吐量高,缺点是对用户的响应时间(用户向系统提交作业到获得系统的处理这一段时间为响应时间)较长,用户不能及时了解自己程序的运行情况并加以控制。

总结而言,操作系统的诞生与发展就是人机交互不断融洽的结果。起初对计算机的操作,都是采取手工的方式。人(技师)将事先穿孔的纸带(或卡片)装入输入机中,再启动输入机,将纸带(或卡片)上的程序和数据输入计算机的中央处理器(CPU)。在这个阶段,手工操作与计算机在速度上的巨大差异(差距为 $10^3\sim10^4$ 倍)成为人机之间的主要矛盾,从某种意义上来讲,人受计算机的"支配"。为促进人机交互,人类发明并引入了通道技术[1],通过通道技术,在监督程序(可以视为操作系统的雏形)的协调下,使得输入/输出与计算并行形成所谓的单道批处理系统,这一方面提高了整个系统的效率,另一方面在一定程度上缓和了人与计算机之间的矛盾。然而,在单道程序运行的过程中,由于涉及非计算的操作,因此,CPU 仍然有较大部分的时间处于空闲状态。CPU 的速度足以实现多道程序的并发运行,中断技术[2]的发明使现代意义下的操作系统的诞生[3]成为可能。操作系统通过进程调度和系统资源管理,促进多道程序交替并发运行,实现了多道批处理系统。以操作系统为人机交互的界面,人与计算机相互协调,使用现代的操作系统,尤其是桌面操作系统(例如,Windows 和 Ubuntu 等)和移动终端操作系统(例如,Android 和 iOS 等),人类可以一边听着音乐(MP3 播放程序),一边上网下载资料(浏览器程序),还可以一边编辑文档(Microsoft Office Word 程序)。

1.3　操作系统的分类

根据用户界面的使用环境和功能特征的不同,一般可以将操作系统分为三种基本类型,即批处理系统、分时系统和实时系统。随着计算机体系架构的发展,又出现了许多种操作系统,例如嵌入式操作系统、个人计算机操作系统、网络操作系统和分布式操作系统。另外,从内核技术架构上,可以将操作系统划分为单内核操作系统和微内核操作系统,具体如表 1.3 所示。

表 1.3　操作系统的分类

划 分 维 度	具 体 类 型	举　　例
按使用环境与功能特征划分	批处理操作系统	OS/390、BKS
	分时操作系统	UNIX、Multics
	实时操作系统	VxWorks、eCos、FreeRTOS

[1]　通道是一个用来控制外部设备工作的硬件机制,相当于一个功能简单的处理器。通道是独立于 CPU 的专门负责数据输入/输出工作的处理器,它对外部设备实现统一管理,代替 CPU 对 I/O 操作进行控制,从而使 I/O 操作可以与 CPU 并行工作。

[2]　简单来讲,中断就是让 CPU 中断当前的正常指令而转去执行另一处特定代码的一种机制。

[3]　IBM 的 OS/360 操作系统是第一个能运行多道程序的批处理系统。

续表

划 分 维 度	具 体 类 型	举　　例
按体系架构划分	嵌入式操作系统	Android、iOS、VxWorks、QNX、TinyOS
	个人桌面操作系统	Windows 10、Ubuntu
	网络操作系统	OS/2、OpenBSD、Solaris
	分布式操作系统	UNIX
按内核机构划分	微内核操作系统	Minix、L4
	单内核操作系统	Linux

1.3.1　按使用环境与功能特征划分

1. 批处理操作系统

批处理(Batch Processing)操作系统的工作方式是用户将作业交给系统操作员,系统操作员将许多用户的作业组成一批作业,之后输入到计算机中,在系统中形成一个自动转接的连续作业流。然后启动操作系统,系统自动执行每个作业,最后由操作员将作业结果交给用户。

批处理操作系统的特点是多道与成批处理。用户自己不能干预自己作业的运行,一旦发现错误不能及时改正,所以这种操作系统只适用于成熟的程序。

批处理操作系统的优点是作业流程自动化、效率高、吞吐率高,缺点是无交互手段、调试程序困难。典型的批处理器操作系统有 OS/390、BKS 等。

2. 分时操作系统

分时(Time Sharing)操作系统的工作方式是一台主机连接若干个终端,每个终端由一个用户使用。用户向系统提出命令请求,系统接受每个用户的命令,采用时间片轮转方式处理服务请求,并通过交互方式在终端上向用户显示结果。用户根据上一步的处理结果发出下一道命令。

分时操作系统将 CPU 的运行时间划分成若干个片段,称为时间片。操作系统以时间片为单位,轮流为每个终端用户服务。由于时间片非常短,所以每个用户感觉不到其他用户的存在。

分时系统具有多道性、交互性、独占性和及时性的特征。多道性是指同时有多个用户使用一台计算机,宏观上看是多个作业同时使用一个 CPU,微观上是多个作业在不同时刻轮流使用 CPU。交互性是指用户根据系统响应结果进一步提出新请求(用户直接干预每一步)。独占性是指用户感觉不到计算机为其他人服务,就像整个系统为其所独占。及时性是指系统对用户提出的请求及时响应。典型的分时操作系统有 UNIX、Multics 等。

常见的通用操作系统是分时系统与批处理系统的结合。其原则是分时优先,批处理在后。前台响应需频繁交互的作业,如终端的要求,后台则处理时间性要求不强的作业。

3. 实时操作系统

实时操作系统(Real Time Operating System,RTOS)是指使计算机能及时响应外部事件的请求,在严格规定的时间内完成对事件的处理,并控制所有实时设备和实时任务协调一致地工作的操作系统。实时操作系统追求的主要目标是对外部请求在严格时间范围内做出反应,具有高可靠性和完整性。

典型的实时操作系统有 VxWorks、eCos 和 FreeRTOS 等。

1.3.2　按体系架构划分

1. 嵌入式操作系统

嵌入式操作系统(Embedded Operating System)是运行在嵌入式系统环境中的系统软件,对整个嵌入式系统及其所操作、控制的各种部件装置等资源进行统一协调、调度、指挥和控制。嵌入式操作系统负责嵌入式系统的全部软件和硬件资源的分配和任务调度,并且控制和协调并发活动。常见的嵌入式操作系统包括 Android、iOS 等。

一种特定的嵌入式操作系统是传感器节点操作系统。微型传感器节点的网络被部署用于多种目的。这些节点是微型计算机,它们之间通过无线通信与基站通信。传感器网络用于保护建筑物的外围、检测森林大火、测量温度和降水量以进行天气预报、收集有关战场上敌方行动的信息等。传感器是带有内置无线电的小型电池供电计算机。它们的功率有限,可以在无人值守的户外长时间工作,并且经常在环境恶劣的条件下使用。传感器网络必须足够健壮,以容忍单个节点的故障,随着电池开始耗尽,这种故障的频率越来越高。每个传感器节点都是一台真正的计算机,具有 CPU、RAM、ROM 以及一个或多个环境传感器,其上运行一个小型的操作系统,通常是事件驱动的操作系统,可对外部事件做出响应或基于内部时钟定期进行测量。这种操作系统必须小而简单,因为节点的 RAM 很少,电池寿命也较短。与其他嵌入式系统一样,所有程序都预先加载。TinyOS 是一个典型的传感器节点操作系统。

2. 个人桌面操作系统

个人桌面操作系统是一种单用户、多任务的操作系统。个人计算机操作系统主要供个人使用,可以在几乎任何计算机上安装使用。它能满足一般的操作、学习、游戏等方面的需求。个人桌面操作系统的主要特点是计算机在某一时间内为单个用户服务,它采用图形界面进行人机交互,界面友好且使用方便。

常见的个人桌面操作系统包括 Windows 10 和 Ubuntu 等。

3. 网络操作系统

网络操作系统是基于计算机网络的,是在各种计算机操作系统上按网络体系架构协议标准开发的系统软件,包括网络管理、通信、安全、资源共享和各种网络应用。网络操作系统的主要目标是实现网络通信及资源共享。

网络操作系统可以构架于不同的操作系统之上,也就是说它可以在不同的主机操作系统上,通过网络协议实现网络资源的统一配置,在大范围内构成网络操作系统。

常见的网络操作系统包括 OS/2、OpenBSD 和 Solaris 等。

4. 分布式操作系统

通过高速互连网络将许多台计算机连接起来形成一个统一的计算机系统,可以获得极高的运算能力及广泛的数据共享。这种系统称为分布式操作系统(Distributed

Operating Systems）。

分布式操作系统的特征是统一性、共享性、透明性与自治性。统一性指的是一个统一的操作系统。共享性指的是所有的分布式操作系统中的资源是共享的。透明性指的是用户并不知道分布式操作系统是运行在多台计算机上，在用户眼里整个分布式系统像是一台计算机，对用户来讲是透明的。自治性指的是处于分布式系统中的多个主机都可独立工作。

与网络操作系统相比较，分布式操作系统比较强调单一性，它是由一种操作系统构架的。在这种操作系统中，网络的概念在应用层被淡化了。所有资源（本地资源和异地资源）都用同一方式管理与访问，用户不必关心资源在哪里，或者资源是怎样存储的。UNIX 是一种典型的分布式操作系统。

1.3.3　按内核划分

内核（Kernel）又称核心，是操作系统最基本的部分，主要负责管理系统资源。内核是为众多应用程序提供对计算机硬件安全访问的一部分软件，这种访问是有限制的，并由内核决定一个程序在什么时候对某部分硬件操作多长时间。直接操作硬件是非常复杂的，内核通常提供一种硬件抽象的方法，来完成这些操作。通过进程间通信机制及系统调用，应用进程可间接控制所需的硬件资源（特别是处理器及 I/O 设备）。内核大致可以划分为两大类：微内核和单内核。由此，操作系统亦可以分为微内核操作系统与单内核操作系统。

1. 微内核操作系统

微内核的设计思路就是，除了必须放在内核空间中运行的，尽可能将操作系统的功能与服务置于用户空间。内核只做最简单的工作：访问硬件以及进行进程间通信。微内核结构（见图 1.5）由一个非常简单的硬件抽象层和一组比较关键的原语或系统调用组成。这些原语仅仅包括了创建一个系统必需的几个部分，如线程管理、地址空间管理和进程间通信等。

微内核采用"解耦"，其目标是将系统服务的实现和系统的基本操作规则分离开来。例如，进程的

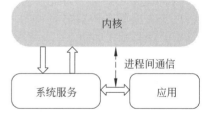

图 1.5　微内核结构示意

输入/输出锁定服务可以由运行在微内核之外的一个服务组件来提供。这些非常模块化的用户态服务器用于完成操作系统中比较高级的操作，这样的设计使内核中最核心部分的设计更简单。一个服务组件的失效并不会导致整个系统崩溃。

常见的微内核操作系统包括 AIX、BeOS、L4 微内核系列、Mach（用于 GNU Hurd）、Minix、MorphOS、QNX、RadiOS 和 VSTa 等。

2. 单内核操作系统

单内核的设计思路是，既然都是与硬件有关的方面，那么就要尽量减少进程间通信的额外开销，所以把它们都放在内核空间中。单内核结构（如图 1.6 所示）在硬件之上定义了一个高阶的抽象界面，应用一组原语（或者称为系统调用）来实现操作系统的功能，例如

进程管理以及文件系统和存储管理等,这些功能由多个运行在核心态的模块来完成。

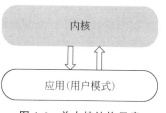

图 1.6　单内核结构示意

很多现代的单内核结构内核(如 Linux 和 FreeBSD 内核)能够在运行时将模块调入执行,这就可以使内核的功能变得更简单,也可以使内核的核心部分变得更简洁。

常见的单内核操作系统包括 UNIX、Linux、MS-DOS 和 Windows 系列(Windows 95、Windows 98 和 Windows 10 等)。

思 考 题

请列举出几个操作系统名称(在本书中未提及过),并简单描述一下这些操作系统的类型与特征。

本 章 小 结

一项技术成熟的表象包括我们已经完全忽略它的存在。操作系统可能对于大家而言已经几乎感觉不到它的存在,或许这是操作系统成熟的标志。

在现代的信息社会中,操作系统作为一个最基础、最核心的软件系统之一,已经和很多现代社会的基础设施(如水电站)一样完全地融入人类生活中,并且已经变得完全"不可见"。

然而,回顾操作系统的起源与发展,不难发现操作系统并不是在计算机诞生那一刻就随之诞生的,而是在人与计算机的不断"磨合"过程中逐步发展起来的。仔细研究操作系统的发展过程,可以找到很多人与计算机关系的本质。

现代意义的操作系统的主要特征可以归纳为并发性、共享性、虚拟性和异步性。掌握这 4 个特征对于理解计算机给人类社会带来的重大影响有着非常重要的意义。

操作系统的主要功能包括处理器管理(进程管理)、存储管理、设备管理和文件管理。这 4 个管理功能将会是我们研究操作系统的主要方面。

习 题

1. 简述操作系统的概念和功能。

2. 我们通常强调需要一个操作系统来有效利用计算机硬件资源。操作系统何时可以放弃这一原则并"浪费"资源?为什么这样的系统并不是真正的浪费?

3. 给出操作系统的定义。考虑一下,操作系统是否应包含 Web 浏览器和邮件程序等应用程序?给出你的答案,应该或不应该?并给出你的论据。

4. 一些早期的计算机通过将操作系统放置在无法由用户作业或操作系统本身修改的内存分区中来保护操作系统。描述你认为这种方案可能产生的两个困难。

5. 简述笔记本计算机所固有的权衡(例如在能耗及功能的折衷)。

6. 简述多道程序设计技术的概念。

7. 假设我们有一台多道程序的计算机,每个作业有相同的特征。在一个计算周期 T 中,一个作业有一半时间花费在 I/O 上,另一半用于处理器的活动。每个作业一共运行 N 个周期。假设使用简单的循环法调度,并且 I/O 操作可以与处理器操作重叠。定义以下量:

(a) 时间周期＝完成任务的实际时间。

(b) 吞吐量＝每个时间周期 T 内平均完成的作业数目。

(c) 处理器使用率＝处理器活跃(不是处于等待)的时间的百分比。

当周期 T 分别按下列方式分布时,对 1 个、2 个和 4 个同时发生的作业,请计算上述量。

(1) 前一半用于 I/O,后一半用于处理器。

(2) 前四分之一和后四分之一用于 I/O,中间部分用于处理器。

8. 如何认识操作系统?

提示:

(1) 管理角度:操作系统作为计算机资源管理者,计算机的核心资源包括哪些?从管理角度来看,需要思考资源使用效率和公平性折衷。

(2) 技术角度:操作系统需要解决的主要问题是什么?操作系统应该管理组织的软硬件有哪些?

9. 请叙述操作系统的时空观。如何理解时空观?怎么理解并发的概念?时段和时刻的区别是什么?

第2章

操作系统的架构

可以说,操作系统开发是人类迄今为止最复杂、最精密的协作工程。以开源操作系统 Linux 为例,Linux 最初是由李纳斯·托沃兹(Linus Benedict Torvalds)开发的,其最初的版本发布于 1991 年。迄今为止,Linux 一直还处于不断开发和完善状态,其内核版本已经为 5.9.12(截至 2020 年 12 月 2 日)。据 Linux 基金会在 2017 年发布的《Linux 内核开发报告》,自 2005 年到 2017 年,参与到 Linux 内核开发的可统计程序员数量已经超过 15 637 名,而参与的公司数量也超过 1400 家。如此大规模的人类协作或许只有埃及金字塔和中国长城才能与之媲美。此外,Linux 内核代码数量已经超过 2500 万行,其复杂度应该已经超越了历史上任何单体工程的复杂程度。操作系统如此复杂与精巧,其灵魂在于其体系架构。

2.1　计算机体系架构

操作系统的架构要依托具体的计算机体系架构。针对每一种不同的计算机体系架构,操作系统都需要开发与之相对应的硬件依赖部分,尤其在操作系统引导和启动时需要将硬件作为起始环境进行初始化,并准备好操作系统运行的各种环境。在我们常见的计算机体系架构中,桌面计算机使用得更多的是 x86,嵌入式或者手持终端设备使用的硬件体系架构是 ARM,此外还有 MIPS 和 RISC 等。

2.1.1　冯·诺依曼体系架构

冯·诺依曼体系架构也称为普林斯顿体系架构,是基于《关于 EDVAC 的第一份报告草稿》[①]一文中所描述的计算机体系架构发展而来。冯·诺依曼体系架构如图 2.1 所示,其包含中央处理单元、内存单元以及输入与输出设备,其中中央处理单元和内存单元是其核心部件。

1. 中央处理单元

中央处理单元(CPU)是负责执行计算机程序指令的电路,也称为微处理器或者处理器。CPU 包含算术和逻辑单元(ALU)、控制单元(CU)以及各种寄存器。寄存器是 CPU 中的高速存储区域。主要的寄存器如表 2.1 所示。

[①]　von Neumann, John (1945). *First Draft of a Report on the EDVAC* (PDF). archived from the original (PDF) on 2013-03-14,retrieved 2011-08-24.

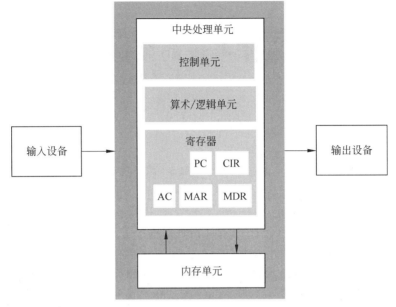

图 2.1　冯·诺依曼体系架构

表 2.1　主要寄存器

缩　　写	全　　称	功　　能
MAR	内存地址寄存器	保持需要访问的数据内存位置
MDR	内存数据寄存器	保持从内存或者置入内存传送的数据
AC	累加器	中间的算术和逻辑结果存储的位置
PC	程序计数器	包含下一个执行的指令地址
CIR	当前指令寄存器	包含处理过程中当前的指令
CR	控制寄存器	控制和确定处理器的操作模式以及当前执行任务的特性。通常包括 CR0、CR1、CR2、CR3 和 CR4
IA32_EFER	扩展功能激活寄存器	与扩展 64 位内存技术相关的一些功能的控制
SS	堆栈段寄存器	存放栈顶的段地址
SP	堆栈指针寄存器	存放栈顶的偏移地址
EFLAGs	标志寄存器	提供程序状态及进行相应控制

　　算术和逻辑单元执行算术运算(加、减等)和逻辑运算(合取、析取、取反等)。

　　控制单元控制计算机的算术和逻辑单元以及输入和输出设备,告诉它们对刚从内存单元中读取和解释的程序指令如何做出响应。控制单元也为其他部件提供定时和控制信号。

　　总线是数据从机器的一个部件传输到另一个部件的方法,它连接 CPU 和内存的主要部件。通常一个标准的 CPU 系统总线包括一个控制总线、数据总线和地址总线。地址总线在处理器和内存之间传输数据的地址(而非数据)。数据总线在处理器、内存单元以及输入与输出设备之间传输数据。控制总线从 CPU 中传输信号或者命令(也会从其他设备中传输状态信号),从而在计算机内存单元内协调各类行为。

2. 内存单元

内存单元包含随机访问存储(RAM),通常也称为主存。与一般硬盘不同,内存更快速,且可由 CPU 直接访问。RAM 被分成区,每个区包含一个地址和它的内容(以二进制形式),地址唯一标识内存中的每个位置,从持久存储中加载数据到更快、可直接访问的临时存储(RAM),这样使得 CPU 运行更快捷。

在 CPU 的寄存器中,程序计数器(PC)是一个非常特别的寄存器,它指向下一个要执行的指令。在每个时钟周期中,CPU 加载指令并执行。执行指令包括将指令的运算数从内存中复制到 CPU 的寄存器上,使用 ALU 对相应的值进行操作,同时将结果存储到另一个寄存器中(见图 2.2)。

硬件也为操作系统提供了一些特定的支持。其中的一个支持便是内存映射,这意味着在某个特定时间,CPU 并不能够访问所有的内存区域(见图 2.3)。这使得操作系统能够防止某个应用程序非法修改另一个应用程序的内存,同时也包含操作系统自身。

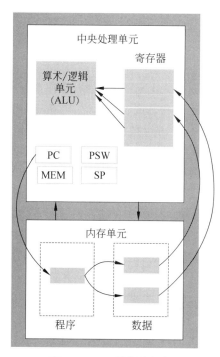

图 2.2　CPU 的指令运行

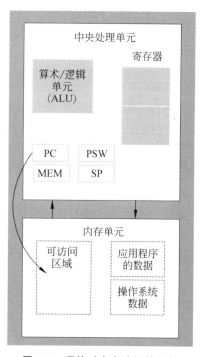

图 2.3　硬件对内存访问的保护

除了提供基本的指令(例如,加、减、乘)之外,硬件还为程序的运行提供特定的支持。其中的一个典型的例子便是使用 call 和 ret 指令进行过程调用和返回。在硬件中支持这类操作的原因是需要一次性地完成多个操作。正如被调用的过程并不知道调用它的上下文,一般它也不知道当前在寄存器中究竟存储着什么内容。因此,需要将这些值在调用之前便存储在一个安全的位置,允许被调用的过程在一个"干净"的环境下运行。同时在过程结束之后,恢复相应寄存器的值(见图2.4)。

call指令完成第一部分,具体过程如下:

(1)它将寄存器的值存储在栈中,具体位置由栈指针(一个特殊的寄存器SP)所指向。

(2)它将返回地址(即call指令执行完毕后的地址)存储在栈中。

(3)它将被调用过程的入口地址加载到程序计数器(PC)中。

(4)它增加栈指针,使之指向新的栈顶,以备另外的过程调用使用。

当过程执行完毕,ret指令恢复之前的状态,具体过程如下:

(1)它从栈中恢复寄存器的值。

(2)它把存储在栈中的返回地址加载到程序计数器(PC)中。

(3)它减少栈指针使之指向此前栈帧。

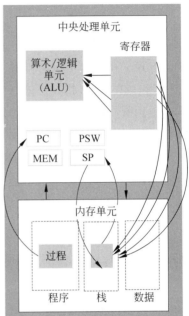

图2.4　过程调用的执行过程

2.1.2　系统的自举

操作系统被称为"第一个程序",所有其他程序都在它之上运行。然而,操作系统作为存储在持久存储设备中的一些二进制码流,如何进入运行状态呢?换言之,当按下计算机的开机按钮之后,计算机如何将操作系统加载到内存中并运行操作系统呢?上述过程通常称为自举(bootstrap)。

自举一词来自于谚语"提着鞋带把自己提起来"(to pull oneself up by his bootstraps)。这个谚语蕴含着某个人自给自足,不需要来自其他人的帮助。同样地,在计算机世界中,自举描述一个自动加载和执行命令的过程。最常见的自举是在开启计算机时所发生的启动过程。实际上启动(boot)一词就是来源于自举(bootstrap)。当开机时,机器自动加载一段指令,对系统进行初始化,检查硬件并加载操作系统。这个过程并不需要任何的用户输入,因此也称之为自举过程。

如图2.5所示,以一个32位的Intel架构(IA-32)CPU为例。一台基于IA-32的个人桌面计算机具有一个基本输入/输出系统(BIOS)。BIOS包含一些访问基本系统设备的低层功能,例如进行磁盘输入/输出、从键盘读取、访问视频显示器等。当然,BIOS还包含加载第一阶段启动加载器。

当CPU在启动阶段时重置,程序计数器指向内存0xFFFF0(在IA-32架构中,采用段偏移的地址结构,代码段设置为0xF000,指令指针设置为FFF0)。处理器初始时处于实模式,它只允许访问20位内存地址空间,并可以直接访问I/O、中断以及内存。0xFFFF0这个位置实际上是BIOS ROM的结束之处,同时包含一个跳转指令,跳转到包含BIOS起始代码的区域。

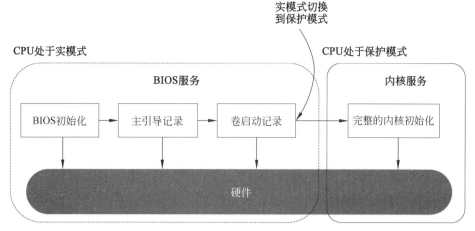

图 2.5　计算机启动过程示意

在启动时,BIOS 将经历如下过程:

(1) 上电自检(Power-on self-test (POST))。

(2) 探测显卡的 BIOS,并执行它的代码,对视频硬件进行初始化。

(3) 探测其他设备的 BIOS,调用其初始化函数。

(4) 显示 BIOS 启动界面。

(5) 进行简单的内存测试(识别系统中有多少内存)。

(6) 设置内存和驱动器参数。

(7) 配置即插即用设备(一般都是 PCI 总线设备)。

(8) 指派资源(DMA 通道以及 IRQ)。

(9) 识别启动设备。

当 BIOS 识别出启动设备(一般都是将其中的一个磁盘标记为可引导磁盘)时,它就从该设备中读取第 0 块到内存的 0x7C00 位置,并跳转到该位置。启动设备的引导过程通常包含主引导记录和卷启动记录两个阶段。

阶段 1:主引导记录(Master Boot Record)

第一个磁盘块的第 0 个块称为主引导记录(MBR),它包含第一阶段引导加载器。由于标准的块长为 512 字节,整个启动加载器必须容纳于该空间中。MBR 包含的内容包括:

(1) 第一阶段启动加载器(≤ 440 字节)。

(2) 磁盘签名(4 字节)。

(3) 磁盘分区表,它标识磁盘的不同区域(每个分区 16 字节,共 4 个分区,总共 64 字节)。

阶段 2:卷启动记录(Volume Boot Record)

一旦 BIOS 将控制权转移到装入内存的 MBR 起始位置,MBR 的代码将扫描分区表,并将卷启动记录(VBR)加载到内存中。VBR 是所指定的分区的第一个磁盘块所起始的连续块。VBR 的第一个块识别分区类型和大小,同时也包含初始程序加载器(Initial

Program Loader，IPL)，它加载包含第二阶段启动器的其他块的代码。在 Windows NT 派生的系统(例如 Windows Server 2012、Windows 8)中，IPL 加载一个称为 NTLDR 的程序，它再加载操作系统。

低层启动加载器要加载一个完整的操作系统(包含多个文件)有困难的一个原因是，它需要能够解析一个文件系统架构。这意味着理解目录和文件名的布局，以及如何发现对应某个文件的数据块。没有这样的代码，只能读取连续块。高层启动加载器(例如 Microsoft 公司的 NTLDR)能够读取 NTFS、FAT 以及 ISO 9660(CD)文件格式。

经过上述两个阶段后，将加载操作系统并将计算机的控制权转交给操作系统，从而完成了自举过程。

2.1.3　保护模式与实模式

从 80386 开始，CPU 有三种工作方式，即实模式、保护模式和虚拟 8086 模式。只有在刚刚启动的时候 CPU 处于实模式，等到操作系统运行起来以后就运行在保护模式下(所以存在一个启动时的模式转换问题)。

1. 环结构与段

80386 有 4 层保护环结构，每一个环都有不同的特权。第 0 环(Ring 0)是特权级最高的环，操作系统内核在运行时，其特权级处于该环中，如图 2.6 所示。

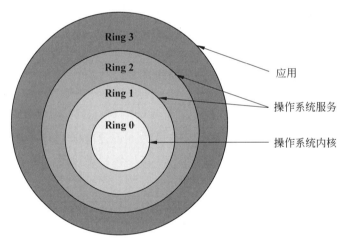

图 2.6　80386 的保护环结构

当采用强制访问控制策略时，需要知道访问主体和访问客体的环标签。而访问主体的标签是通过当前特权级别(CPL)来体现的，其中 CPL 存储在寄存器中(CS 和 SS 段寄存器的第 0 位和第 1 位)。CPL 表示当前所执行的程序或者过程的特权级别。通常，CPL 抓取指令代码段的特权级别。当程序控制转移到具有不同特权级别的代码段的时候，处理器将变更 CPL。

访问客体的标签是通过描述符特权级别(DPL)来体现的。DPL 是客体的特权级别，在当前执行的代码段尝试访问一个客体时，DPL 会与 CPL 进行比对。在 80386 中，DPL 存储在段描述符中。

控制寄存器 CR0 的低 5 位包含用于确定系统功能的 5 个标志。这个状态寄存器中有一个标记：使能保护模式（Protected Mode Enable，PE）。进入保护模式的一般步骤如下：

（1）创建一个有效的全局描述符表（Global Descriptor Table，GDT）。

（2）创建一个 6 字节的伪描述符指向 GDT。

（3）如果准备启用分页，那么使用一个有效的页表 PDBR 或者 PML4 加载到 CR3 中。

（4）如果使用物理地址扩展（PAE），设置 CR4.PAE＝1。

（5）如果切换到长模式，设置 IA32_EFER.LME＝1。

（6）禁用中断（Clear Interrupt，CLI）。

（7）加载一个中断描述表（IDT）伪描述符，其具有一个 null 界限，用于阻止实模式的 IDT 在保护模式下使用。

（8）设置 CR0 寄存器的 PE 位。

（9）执行一个 FAR JUMP（切换到长模式，即使目标代码段是一个 64 位的代码段，偏移必须超过 32 位，这是因为 FAR JUMP 指令在兼容模式下运行）。

（10）加载带有有效选择子的数据段寄存器，以防止当中断发生时出现异常。

（11）加载具有有效栈的 SS：（E）SP。

（12）加载一个指向 IDT 的 IDT 伪描述符。

（13）启用中断（Set Interrupt，STI）。

2. 逻辑地址到线性地址的转换

实模式只能访问地址在 1MB 以下的内存（地址空间为 20 位，通过地址线 A0～A19），这部分内存称为常规内存，1MB 以上的内存也称为扩展内存。在实模式下，分页单元被禁用，因此实地址与物理地址相同。

在保护模式下，32 条地址线全部有效，可寻址高达 4GB 的物理地址空间。扩充的存储器分段管理机制和可选的存储器分页管理机制不仅为存储器共享和保护提供了硬件支持，而且为实现虚拟存储器提供了硬件支持，支持多任务，能够快速地进行任务切换和保护任务环境。4 个特权级和完善的特权检查机制，既能实现资源共享，又能保证代码和数据的安全和保密及任务的隔离。

保护模式最基本的组成部分是围绕着地址转换方式的变化增设了相应的机制。

（1）数据段。实模式下的各种代码段、数据段、堆栈段和中断服务程序仍然存在，将它们统称为"数据段"。

（2）描述符。保护模式下引入描述符来描述各种数据段，所有的描述符均为 8 字节（0～7），由第 5 个字节说明描述符的类型，类型不同，描述符的结构也有所不同。若干个描述符集中在一起组成描述符表，而描述符表本身也是一种数据段，也使用描述符进行描述。"地址转换"由描述符表来完成，从这个意义上说，描述符表是一张地址转换表。

（3）选择子。选择子是一个 2 字节的数，共 16 位，最低 2 位表示 RPL（请求特权级别），第 3 位表示查表是利用 GDT（全局描述符表）还是 LDT（局部描述符表）进行，最高 13 位给出了所需的描述符在描述符表中的地址（注：13 位正好足够寻址 $2^{13}＝8K$ 项）。

各段寄存器仍然给出一个"段值",只是这个"伪段值"到真正的段地址的转换不再是"左移 4 位",而是利用描述符表来完成。但仍然存在一个问题是系统如何知道 GDT/LDT 在内存中的位置呢?

为了解决这个问题,在 80x86 系列中引入了两个新寄存器 GDR 和 LDR,其中 GDR 用于表示 GDT 在内存中的段地址和段限,GDR 是一个 48 位的寄存器,其中 32 位表示段地址,16 位表示段限(最大 64K,每个描述符 8 字节,故最多有 64K/8＝8K 个描述符)。LDR 用于表示 LDT 在内存中的位置,但是因为 LDT 本身也是一种数据段,它必须有一个描述符,且该描述符必须放在 GDT 中。因此 LDR 使用了与 DS、ES、CS 等相同的机制,其中只存放一个"选择子",通过查 GDT 表获得 LDT 的真正内存地址。

在保护模式下,逻辑地址转换为线性地址的过程如图 2.7 所示。

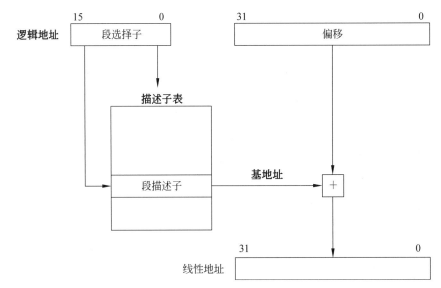

图 2.7　逻辑地址转换为线性地址

其中,段选择子(Segment Selector)包括索引(index)、表指示器和 RPL。处理器将索引乘以 8,并将所生成的结果加上 GDT 或者 LDT 的基址。RPL 说明选择子的特权级。段选择子的组成如图 2.8 所示。

图 2.8　段选择子

80386 在段寄存器中存储描述子信息,从而避免每次访问内存的时候都要查找描述子表。段寄存器包括 CS(代码段)、DS(数据段)、SS(堆栈段)、ES(附加段寄存器)、FS 和 GS。对于每个程序访问某个段,段选择子必须加载在某个段寄存器中。

每个段寄存器都有一个"可见"部分和隐藏"部分,其中"可见"部分为段选择子。"隐藏"部分为描述子缓存,包括基地址、界限和访问信息。所缓存的信息允许处理器在不消耗额外总线周期的情况下转换地址。通过段选择子可以找到段描述子(Segment Descriptor)。段描述子的组成如图 2.9 所示。

31　　　　　　24	23	22	21	20	19　　　16	15	14　13	12	11　　　8	7　　　　　　0
基址	G	D/B	0	AVL	段限	P	DPL	S	类型	基址

31　　　　　　　　　　　　16	15　　　　　7　　　　0
基址	段限

图 2.9　段描述子

2.1.4　中断

提起中断,或许我们会想到许多种不同类型的中断,例如:

(1)程序检查中断。程序检查中断是由程序执行期间可能发生的一些问题引起的,例如除零、算术溢出或下溢、尝试引用超出实际内存限制的内存位置,以及尝试引用受保护资源等。许多系统允许用户指定在程序检查中断发生时要执行的自己的例程。

(2)超级管理者调用中断。超级管理者调用中断由运行进程发起,用于执行超级管理者调用指令。这类中断是用户生成的对特定系统服务的请求,例如用于 I/O 操作等。

(3)时钟中断。时钟中断是由 CPU 内的时钟产生的。时钟中断允许操作系统定期执行某些功能,例如进程调度等。

(4)I/O 中断。I/O 中断是由 I/O 控制器产生的。I/O 中断向 CPU 发信号通知设备状态已更改,例如,输入/输出操作完成、发生输入/输出错误或输入/输出设备准备就绪等。

(5)外部中断。外部中断可以是从多处理器系统上的另一个处理器接收到的信号,也可以是按下控制台的中断键等操作所引起。

(6)机器检查中断。机器检查中断是由硬件故障引起的,例如内存奇偶校验错误等。

上述各种类型的"中断"其实内涵有所不同。事实上中断的概念已经不断扩展,尤其是在 x86 中,通过引入 INT(软中断)指令使得中断的概念内涵更加丰富。它们经常与异常(exception)、故障(fault)与陷阱(trap)等概念混淆,中断(interrupt)的概念至今仍没有一个统一的共识和说法。一般而言,在 x86 架构中有三类事件被称为中断,即陷阱、异常和中断(特指硬件中断)。

(1)陷阱一般由程序员发起,期望将控制权转移到特定处理过程(例程)。在许多时候,陷阱只是一个特定的过程调用。很多时候,陷阱也称为软中断。在 x86 中,INT 指令是执行陷阱的主要方式。值得注意的是,陷阱通常是无条件,即当执行 INT 指令时,控制总是会转移到与该陷阱相关联的过程中。由于陷阱通过一个明确的指令来执行,很容易确定程序中的哪个指令将引发陷阱处理过程。

（2）异常是一个当出现某个异常条件的时候自动产生的陷阱(强制产生的,而非请求产生)。通常,不存在与异常相关的特定指令。反之,异常出现的条件包括执行了除 0 的操作、执行一个非法指令与访问非法地址等。只要这类条件出现,CPU 将立即挂起当前指令的执行,并将控制权转移到异常处理例程中。这个例程能够判定如何处理异常条件,它也尝试修正问题或者终止程序并打印错误信息。

（3）硬件中断是基于外部硬件事件而发生的程序控制中断。这些中断通常与当前的指令无关,而是与某些事件相关,例如在键盘上按键、定时器芯片上的时间到达或通知 CPU 某个设备需要处理等。CPU 中断当前执行的程序,进行中断某些服务,然后将控制权返回给程序。

因此,需要区分广义中断概念和狭义中断概念。广义中断概念涵盖所谓的陷阱、异常和硬件中断,而狭义中断概念指的就是硬件中断。按广义中断概念,常见的中断事件分类如表 2.2 所示。

表 2.2　常见的中断事件和类型

事　　件	中断类型	事　　件	中断类型
程序检查中断	异常	I/O 中断	中断
超级管理者调用中断	陷阱	外部中断	中断
时钟中断	中断	机器检查中断	中断

对 80386 而言,中断是由异步的外部事件引起的。外部事件及中断响应与正执行的指令没有关系。与 8086/8088 一样,80386 有两根引脚 INTR 和 NMI 接受外部中断请求信号。INTR 接受可屏蔽中断请求。NMI 接受不可屏蔽中断请求。在 80386 中,标志寄存器 EFLAGS 中的 IF 标志决定是否屏蔽可屏蔽中断请求。

1. 中断描述符表

中断描述符表(Interrupt Descriptor Table,IDT)将每个异常或中断向量分别与它们的处理过程相关联。与 GDT 和 LDT 表类似,IDT 也是由 8 字节长的描述符组成的一个数组。与 GDT 不同的是,表中第 1 项可以包含描述符。为了构成 IDT 表中的一个索引值,处理器把异常或中断的向量号乘以 8。因为最多只有 256 个的中断或异常向量,所以 IDT 无需包含多于 256 个的描述符。IDT 中可以含有少于 256 个的描述符,因为只有可能发生的异常或中断才需要描述符。不过 IDT 中所有空描述符项应该设置其存在位(标志)为 0。

IDT 表可以驻留在线性地址空间的任何地方,处理器使用 IDTR 寄存器来定位 IDT 表的位置。这个寄存器中含有 IDT 表 32 位的基地址和 16 位的长度(限长)值,如图 2.10 所示。IDT 表基地址应该对齐在 8 字节边界上以提高处理器的访问效率。限长值是以字节为单位的 IDT 表的长度。

LIDT 和 SIDT 指令分别用于加载和保存 IDTR 寄存器的内容。LIDT 指令用于把

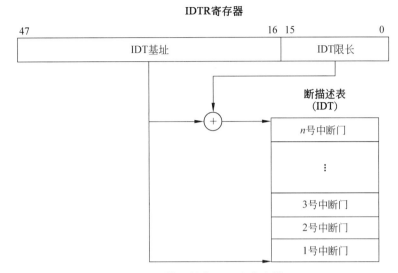

图 2.10 中断描述符表 IDT 和寄存器 IDTR

内存中的限长值和基址操作数加载到 IDTR 寄存器中。该指令仅能由当前特权级 CPL 为 0 的代码执行，通常用于创建 IDT 时的操作系统初始化代码中。SIDT 指令用于把 IDTR 中的基址和限长内容复制到内存中。该指令可在任何特权级上执行。如果中断或异常向量引用的描述符超过了 IDT 的界限，处理器会产生一个一般保护性异常。

2. IDT 描述符

IDT 表中可以存放 3 种类型的门描述符：中断门（Interrupt gate）描述符、陷阱门 （Trap gate）描述符和任务门（Task gate）描述符。

图 2.11 给出了这三种门描述符的格式。中断门和陷阱门含有一个长指针（即段选择符和偏移值），处理器使用这个长指针把程序执行权转移到代码段中异常或中断的处理过程中。这两个段的主要区别在于处理器如何操作 EFLAGS 寄存器的 IF 标志。IDT 中任务门描述符的格式与 GDT 和 LDT 中任务门的格式相同。任务门描述符中含有一个任务 TSS 段的选择符，该任务用于处理异常或中断。

3. 中断处理

处理器对异常和中断处理过程的调用操作方法与使用 CALL 指令调用处理过程和任务的方法类似。当响应一个异常或中断时，处理器使用异常或中断的向量作为 IDT 表中的索引。如果索引值指向中断门或陷阱门，则处理器使用与 CALL 指令操作调用门类似的方法调用异常或中断处理过程。如果索引值指向任务门，则处理器使用与 CALL 指令操作任务门类似的方法进行任务切换，执行异常或中断的处理任务。

异常或中断门引用运行在当前任务上下文中的异常或中断处理过程，如图 2.12 所示。门中的段选择符指向 GDT 或当前 LDT 中的可执行代码段描述符。门描述符中的偏移字段指向异常或中断处理过程的开始处。

当处理器执行异常或中断处理过程调用时，根据处理过程与被中断程序的特权级关系，进行相应处理。

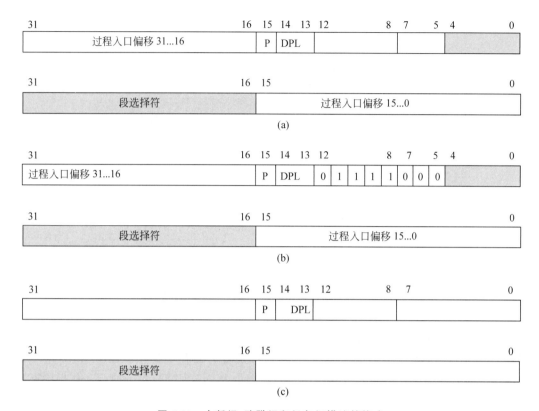

图 2.11　中断门、陷阱门和任务门描述符格式

（a）中断门描述符；（b）陷阱门描述符；（c）任务门描述符

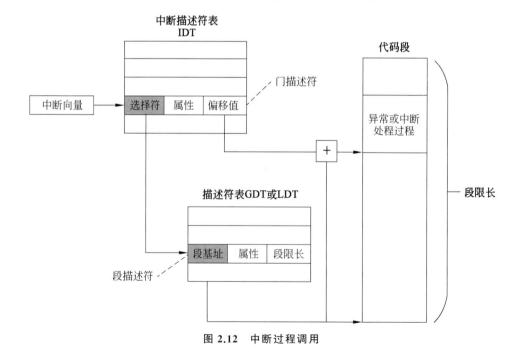

图 2.12　中断过程调用

　　如果处理过程与被中断程序处于同一个特权级,那么处理器把 EFLAGS、CS 和 EIP 寄存器(80386 中存储 CPU 要读取指令的地址)的当前值保存在当前堆栈上。如果异常会产生一个错误号,那么最后将该错误号压入新栈中,如图 2.13(a)所示。

　　如果处理过程的特权级比被中断程序的特权级更高,执行时就会发生堆栈切换操作。堆栈切换过程如图 2.13(b)所示。处理器从当前执行任务的任务状态段(Task State Segment,TSS)中得到中断或异常处理过程使用的堆栈的段选择符和栈指针(例如 tss.ss0、tss.esp0)。然后处理器会把被中断程序(或任务)的栈选择符和栈指针压入新栈中。接着处理器会把 EFLAGS、CS 和 EIP 寄存器的当前值也压入新栈中。如果异常会产生一个错误号,那么该错误号最后也会被压入新栈中。

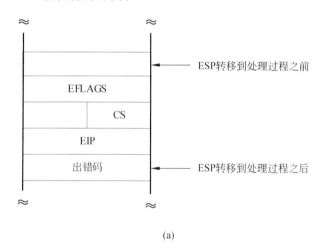

(a)

(b)

图 2.13　转移到中断处理过程时堆栈的使用方法

(a) 特权级不发生变化时中断过程使用当前被中断程序的堆栈;

(b) 特权级发生变化时中断过程使用新的堆栈

2.2 操作系统的界面

硬件与操作系统之间的界面是硬件体系架构所提供的指令集,每一种体系架构都有自己的一套"语言系统",即指令集。操作系统与用户和应用之间的界面是操作系统所提供的系统调用,系统调用是操作系统对外提供服务的唯一方式,也是操作系统的"语言系统"。

2.2.1 系统调用

操作系统的主要功能是管理软硬件资源,为应用程序开发人员提供友好环境,使应用程序具有更好的兼容性。为了达到这些目的,操作系统内核提供一系列具备预定功能的内核函数,通过一组称为系统调用(System Call)的接口(界面)呈现给用户。系统调用把应用程序的请求传递给内核,调用相应的内核函数完成所需的处理,然后将处理结果返回给应用程序。

现代操作系统基于进程实现多道程序处理。由于操作系统在各进程间快速地切换执行,所以多道程序看起来就像是同时运行。然而,这也带来了很多安全问题,例如,一个进程可以轻易地修改进程内存空间中的数据来使另一个进程异常或实现一些企图,因此操作系统必须保证每一个进程都能安全地执行。这一问题的解决方法是在处理器中加入基址寄存器和界限寄存器。这两个寄存器中的内容用硬件限制了对存储器的存取指令所访问的存储器的地址。这样就可以在进程切换过程将分配给该进程的地址范围写入这两个寄存器的内容,从而防范恶意软件。

为了防止用户程序修改基址寄存器和界限寄存器中的内容来达到访问其他内存空间的目的,这两个寄存器必须通过一些特殊的指令来访问。通常,处理器设置两种模式,一种是"用户模式"(又称为"用户态"或者"目态"),另一种是"内核模式"(又称为"内核态"或者"管态")。通过一个标志位来鉴别当前正处于什么模式。一些诸如修改基址寄存器内容的指令只有在内核模式中才可以执行,而处于用户模式的时候硬件会直接跳过这个指令并继续执行下一个指令。

同样,出于安全考虑,一些 I/O 操作的指令都被限制为只有在内核模式下才可以执行,因此操作系统有必要为应用程序提供一些访问硬件的接口,诸如读取磁盘某位置的数据。这些接口也属于系统调用。此外常见的系统调用还包括进程控制类(例如,进程创建、进程等待、进程终止)、信号量类、文件操作类(例如,文件创建、文件打开、文件关闭等)等,具体如表 2.3 所示。

当操作系统接收到应用程序发出的系统调用请求后,会使处理器切换到内核模式,并执行诸如 I/O 操作、修改基址寄存器内容等指令。而当处理完系统调用内容后,操作系统会将相关数据返回给应用程序,应用程序则将继续执行。系统调用通常包含如下过程:

表 2.3 常见的一些系统调用

系 统 调 用		描 述
进程管理	fork	克隆当前进程
	exec(ve)	取代当前进程
	wait(pid)	等待子进程终止
	exit	终止进程并返回状态
文件管理	open	打开文件并返回描述子
	close	关闭一个已经打开的文件
	read	将文件读取到缓冲区中
	write	从缓冲区中写入到文件中
	lseek	移动文件指针
	stat	获取状态信息
目录与文件管理系统	mkdir	创建新目录
	rmdir	移除目录
	link	创建一个目录链接
	unlink	移除一个目录链接
	mount	挂载一个文件系统
	umount	卸载一个文件系统
其他	chdir	改变当前的工作目录
	chmod	改变某个文件的权限许可
	kill	杀死某个进程
	time	获取时间

（1）当 CPU 执行到一条系统调用指令时,通常是以陷阱指令出现,会引起一个中断,称为陷阱。

（2）处理器会保存中断点的程序执行上下文,具体包括程序状态字、程序计数器和其他一些寄存器里面的内容,然后 CPU 的状态切换到内核模式。换而言之,从目态到管态的转换,不是通过指令来修改 CPU 的状态标志位,而是由 CPU 在中断时自动完成的。

（3）处理器会把控制权转移到相应的中断处理程序,然后调用相应的中断处理程序,即调用相应的系统服务。

（4）当中断处理结束后,CPU 会恢复被中断程序的上下文,因此将 CPU 恢复为目态,并且回到中断点继续执行用户代码。

不难发现,系统调用的过程属于一类中断处理过程。另外,值得一提的是,需要注意系统调用与一般过程调用的区别。过程调用通常是应用程序自身内部的过程调用,即调用者是一个用户程序,而被调用者也是该用户程序(只是内部的不同过程而已)。而系统调用中调用者通常是一个用户程序,但是被调用者是操作系统。一般过程调用使用的是CALL指令,通常不发生CPU模式的转换。而系统调用通常用陷阱(TRAP)指令,并且通常会引起CPU模式的转换。TRAP指令执行CALL指令的所有操作,并且设置处理器状态字(PSW)寄存器中的模式位。重要的是,当TRAP指令设置该位的时候,它将操作系统入口地址加载到程序计数器(PC)中。进入陷阱之后,CPU开始在内核模式下执行操作系统代码。从系统调用返回将会把处理器状态字(PSW)中的模式位重置,从而保障用户代码不会在内核模式下运行。

2.2.2 内核态(管态)与用户态(目态)

1. 特权级

在Linux系统中,创建一个新进程(fork)的工作实际上是以系统调用的方式完成相应功能的,具体的工作由sys_fork负责实施。其实对于任何操作系统来说,创建一个新的进程都是属于核心功能,因为它要做很多底层的细致工作,消耗系统的物理资源,例如分配物理内存,从父进程复制相关信息以及设置页目录和页表等,这些显然不是随便某个程序就能完成的,因为这里涉及特权级的概念。显然,最关键的权力必须由高特权级的程序来执行,这样才可以做到集中管理,减少有限资源的访问和使用冲突。

特权级显然是非常有效的管理和控制程序执行的手段,因此在硬件上对特权级做了很多支持。对于Linux系统来说,只使用了0级特权级和3级特权级。一条工作在0级特权级的指令具有了CPU能提供的最高权力,而一条工作在3级特权级的指令具有CPU提供的最低或者说最基本的权力。

可以从特权级的调度来理解用户态和内核态。当程序运行在3级特权级上时,就可以称之为运行在用户态,因为这是最低特权级,是普通的用户进程运行的特权级,大部分用户直接面对的程序都是运行在用户态。当程序运行在0级特权级上时,就可以称之为运行在内核态。

虽然在用户态下和内核态下工作的程序有很多差别,但最重要的差别就在于特权级的不同,即权力的不同。运行在用户态下的程序不能直接访问操作系统内核数据结构和程序。当在系统中执行一个程序时,大部分时间是运行在用户态下的,在其需要操作系统帮助完成某些它没有权力和能力完成的工作时就会切换到内核态,例如testfork()最初运行在用户态进程下,当它调用fork()最终触发sys_fork()的执行时,就切换到了内核态。

内核态(管态)与用户态(目态)

内核态又称为管态、核心态或特权状态,用户态又称为目态。当CPU处理系统程序的时候,CPU会转换为管态。CPU在管态下可以执行指令系统的全集(包括特权指令与非特权指令)。目态是应用程序运行时的状态,管态就是操作系统运行时的状态。

2. 用户态和内核态的转换

用户态切换到内核态包括系统调用、异常和硬件中断这三种方式。

（1）系统调用。这是用户态进程主动要求切换到内核态的一种方式，用户态进程通过系统调用申请使用操作系统提供的服务程序完成工作，例如 fork() 实际上就是执行了一个创建新进程的系统调用。而系统调用机制的核心还是使用了操作系统为用户特别开放的一个中断来实现，例如 Linux 的 INT 80h 中断。

（2）异常。当 CPU 执行在用户态下运行的程序时，发生了某些事先不可知的异常，这时会触发由当前运行进程切换到处理此异常的内核相关程序中，也就转到了内核态，例如缺页异常。

（3）硬件中断。当外围设备完成用户请求的操作后，会向 CPU 发出相应的中断信号，这时 CPU 会暂停执行下一条即将要执行的指令，转而去执行与中断信号对应的处理程序。如果先前执行的指令是用户态下的程序，那么这个转换过程自然也就发生了由用户态到内核态的切换。例如硬盘读写操作完成后，系统会切换到硬盘读写的中断处理程序中以执行后续操作等。

以上三种方式是系统在运行时由用户态转换到内核态的最主要方式，其中系统调用可以认为是用户进程主动发起的，异常和外围设备中断则是被动的。实际上，这三种方式也是前面提到的广义中断的三种类型，因此可以说，用户态和内核态的转换主要通过广义中断来实现。

从触发方式上看，可以认为存在上述三种不同的类型，但是从最终实际完成由用户态到内核态的切换操作上来说，涉及的关键步骤是完全一致的，都相当于执行了一个中断响应的过程，因为系统调用实际上最终是中断机制实现的，而异常和中断的处理机制基本上也是一致的。用户态到内核态的切换是一种上下文切换（Context Switch）过程，其核心在于现场保护和恢复。

2.3　操作系统的设计

摆脱纯粹的技术层面，操作系统作为一个复杂的系统，其设计本身就是一项艺术。一个好的操作系统设计在于取舍与折衷，及其对于未来不可预知的灵活性和扩展性。

2.3.1　操作系统的设计哲学

操作系统种类繁多，根据其不同的应用场景，可以采取不同的设计方案。然而，从宏观层面来讲，大多数现代操作系统的设计都遵从将机制与策略分离开的准则，尤其是对于通用的操作系统，更需要将机制与策略进行分离，解耦操作系统中的各种设计决策问题，从而提高操作系统的灵活性。

机制与策略分离

机制与策略分离[①]是计算机科学的一个核心设计策略,它指的是机制不应该主宰或者约束策略。机制用于控制操作的授权和资源的分配,而策略是进行决策的依据,这样的决策包括授权哪些操作以及分配哪些资源等。

在安全机制环境中,经常会讨论到机制与策略分离,但是在许多资源分配问题上和对象抽象问题上其实都可以应用这个设计策略,例如 CPU 调度、内存分配、服务质量等。

佩尔·汉森(Per Brinch Hansen)在 RC 4000 多道程序系统中的操作系统设计上引入了机制与策略分离[②]。阿缇(Artsy)和丽芙妮(Livny)在 1987 年的一篇论文中,讨论了一种具有"机制和策略极端分离"的操作系统设计[③]。切尔维纳克(Chervenak)等人在 2000 年的一篇文章中描述了机制中立性和策略中立性原则[④]。

此外,在操作系统的设计过程中,充分使用了抽象与映射的设计方法。抽象与具象相对应,在操作系统中,从进程的概念开始,完全是抽象的产物。可以说,操作系统在设计过程中是一项极其抽象的思维过程。从计算哲学的视角而言,抽象是语义化过程。映射是一个最基础、最本质的逻辑过程,在操作系统中,映射扮演了架接抽象与具象之间的桥梁。从计算哲学的角度而言,映射是一个"查表"和自动机的过程。

2.3.2 操作系统的逻辑层次

可以将操作系统看成介于硬件和用户以及应用程序之间。在操作系统内部,最底层是一些处理设备服务的程序,通常以中断服务例程(ISR)的方式提供。在操作系统的最外层,以内核接口例程方式对外提供服务。整个操作系统就是夹在这两个例程之间的"汉堡包",通常称其为操作系统内核部分。操作系统的逻辑层次示意如图 2.14 所示。

在操作系统的内核部分,如果从逻辑上来划分,还可以抽象出两个层次。一个层次是与操作系统最紧密相关的概念,即进程抽象,进程作为操作系统的主体,实现进程管理和进程间通信。另一层次是设备管理、内存管理和文件目录管理。

---

① Butler W. Lampson and Howard E. Sturgis. *Reflections on an Operating System Design* [1] Communications of the ACM 19(5): 251-265 (May 1976).

② Per Brinch Hansen (2001). *The evolution of operating systems* (PDF). Retrieved 2006-10-24. included in book: Per Brinch Hansen, ed. (2001) [2001]. "1" (PDF). *Classic operating systems: from batch processing to distributed systems*. New York: Springer-Verlag. pp. 1-36. ISBN 978-0-387-95113-3. (p.18).

③ Artsy, Yeshayahu, and Livny, Miron. *An Approach to the Design of Fully Open Computing Systems* (University of Wisconsin / Madison, March 1987) Computer Sciences Technical Report #689.

④ Chervenak, et al. *The data grid*.Journal of Network and Computer Applications, Volume 23, Issue 3, July 2000, Pages 187-200.

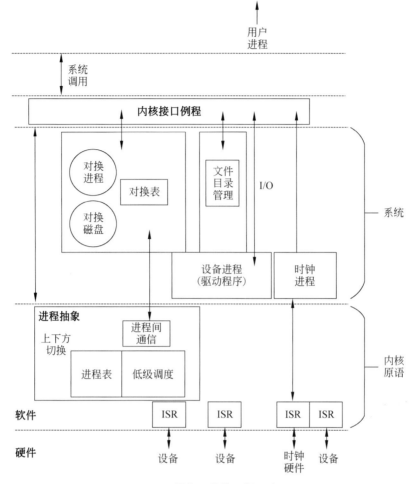

图 2.14　操作系统的逻辑层次图

本 章 小 结

从操作系统的架构设计而言,首先它基于计算机硬件体系,因此操作系统的架构必须依赖于计算机体系架构,并依托计算机硬件体系所提供的各种支持与服务。例如 CPU 的保护机制、地址模式和中断机制等。

此外,操作系统面向上层用户与应用来提供封装和抽象的计算机资源,通常它们都是以系统调用的形式提供。系统调用过程从保护机制上存在一个从管态到目态的转换,从功能实现上是操作系统将资源整合以提供给上层应用使用。

在大多数操作系统的(尤其是通用操作系统)设计中,通常会采用机制与策略分离的原则,以保证操作系统的灵活性。

戴克斯特拉在《操作系统设计文集》(*My recollections of operating system design*)[①]中提出:

"要让中央处理器能够对各种不同通信设备做出反应,而这些通信设备的速率差异如此之大,这就产生了许多新的问题。这些问题如此之新,使得我们不能够真正了解如何思考和讨论它们,使用何种隐喻。举个例子,人们习惯于将整个系统安装的控制定位在中央处理器上:难道不就是那个部件向通信设备发布命令吗?难道大多数文献不都将其称为'计算机'吗?现在,突然似乎中央处理器必须努力争取服务于外围设备!难道我们不是从一个一主多仆模式切换到一仆多主(不同的主人会发布不兼容的命令)模式吗?人们感觉自己面临着一次他们并不理解的革命。毋庸置疑,拟人化术语的广泛使用只会加剧这种情况。"

戴克斯特拉所提出的一种转向其实是操作系统的一场哥白尼式的革命。这次革命的本质就是将中央处理器与外围设备之间关系的倒置,以往操作系统的设计是以中央处理器为核心,所有外围设备都如同"卫星"一般围绕着中央处理器转,而之后的操作系统设计发生了转向,中央处理器围绕着各外围设备转。在多道批处理系统出现之前,操作系统的设计以中央处理器为核心,旨在如何更好地使用中央处理器的计算资源,所有的外围设备,包括内存、硬盘以及其他输入与输出设备等,都是围绕着中央处理器(CPU)转。然而随着中断和通道技术的引入,尤其是中断技术的引入,使得中央处理器与外围设备之间的"主仆关系"发生逆转,外围设备可以随时打断高速中央处理器的运行。

习　　题

1. 系统调用通常通过使用( )来调用。
   A. 软件中断　　　　B. 轮询　　　　　　C. 间接跳转　　　　D. 特权指令
2. 下面的指令中只允许出现在内核模式下的是( )。
   A. 禁用所有中断　　　　　　　　　B. 读取时钟的日期
   C. 设置时钟的日期　　　　　　　　D. 改变内存映射
3. 以下指令应享有特权的是( )。
   A. 设定定时器的值　　　　　　　　B. 读取时钟
   C. 清除内存　　　　　　　　　　　D. 发出陷阱指令
   E. 关闭中断　　　　　　　　　　　F. 修改设备状态表中的条目
   G. 从用户切换到内核模式　　　　　H. 访问 I/O 设备
4. 中断的目的是什么?中断与陷阱的区别在哪里?陷阱可以由用户程序有意地产生吗?如果可以,其目的是什么?
5. 一些计算机系统并不提供操作硬件的特权模式。对于这些计算机系统能够构造

[①]　Edsger W. Dijkstra. http://www.cs.utexas.edu/users/EWD/transcriptions/EWD13xx/EWD1303.html[EB/OL]. April 2001.

一个安全的操作系统吗？无论能否,都给出相关的论证。

6. 计算机可以在两个操作系统 OS1 和 OS2 下运行。程序 P 在 OS1 下总能成功执行。在 OS2 下执行时,它有时会因错误"资源不足以继续执行"而中止,但在其他时间成功执行。为什么会出现程序 P 的这种行为,可以修复吗？ 如果是这样,请解释怎么修复并描述其后果(提示：考虑资源管理策略)。

7. 假设一个操作系统提供用于请求内存分配的系统调用。一位经验丰富的程序员提供以下建议："如果你的程序包含许多内存请求,你可以通过组合所有这些请求并进行单个系统调用来加快执行速度。"解释为什么？

8. 假设一个操作系统支持两个用于执行 I/O 操作的系统调用。系统调用 init_io 启动 I/O 操作,系统调用 await_io 确保程序只有在 I/O 操作完成后才能进一步执行。解释程序执行这两个系统调用时发生的所有操作。

(提示：当操作系统中的所有程序都无法在 CPU 上执行它时,操作系统可以将 CPU 置于无限循环中,在该循环中它不执行任何操作。当发生中断时,它将退出循环。)

9. 为了在分布式系统中获得计算加速,将应用程序编码为三个部分,在分布式操作系统的控制下将这三个部分分布在三个计算机系统上执行。但是,其获得的加速比小于 3 倍。列出加速不佳的所有可能的原因。

10. 将如下两个模块合并的后果是什么？

(a) 用户界面

(b) 内核

11. 列出在单内核和微内核中使用动态可加载模块的差异。

第3章

进程的抽象

操作系统中最核心的概念是进程。进程是对正在运行的程序的一种抽象,是资源分配和独立运行的基本单位。进程是操作系统世界的一等公民。

3.1 多道程序设计与进程的引入

在现在使用的计算机上,我们经常会一边听着音乐,一边从网上下载文件,同时还编辑文档等。

假设计算机为单处理器的,在计算机的内存中有音乐播放(M)、文件下载(F)和文档编辑(W)三道运行中的程序,这三道运行程序在处理器上交替运行,如图 3.1 所示。当然,每次切换的时间对处理器而言是不可忽略的,而对我们而言实在太短暂,短到完全可忽略。这就是我们前面提到过的"并发"。

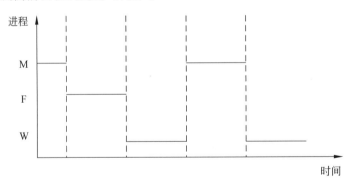

图 3.1 多道程序并发运行

在早期的计算机系统中,一次只有一个程序在计算机中运行。该程序能够完全地控制系统,访问计算机的所有资源。在多道程序设计的环境下,程序的并发执行代替了程序的顺序执行,使得程序活动不再处于一个封闭系统中,而出现了许多新的特征,即:间断性、失去封闭性和不可再现性。在此情形下,严格且准确地区分静态的程序和动态的(运行中的)程序就非常必要。

我们引入"进程"(Process)来刻画程序的动态执行,计算机上所有可运行的软件(通常包括操作系统)被组织成若干顺序进程。一个进程就是一个正在执行的程序,包括程序计数器、寄存器和变量的当前值。进程是可并发执行的程序在一个数据集合上的运行过程,是系统进行资源分配和调度的一个独立单位。单个处理器被若干进程共享,它使用某种调度算法决定何时停止一个进程的工作，并转而为另一个进程提供服务。

程序与进程概念的区分

程序是静态的概念，而进程是动态的，是程序的动态执行。做一个类比：程序好比是一本书，而进程好比是对这本书的阅读过程。

直观而言，在硬盘上会存储很多的程序，但是仅当运行它时，它才成为进程。此外，同一个程序可以对应多个进程。

3.2　进程结构与进程控制

3.2.1　进程控制块

如果将操作系统比喻为计算机世界的国王，就可以将进程看作是这个计算机世界的一等公民。如此说来，管理计算机世界首先就要归结到对进程的管理，要对进程进行管理，首先需要建立一个专用数据结构来描述进程的相关信息，我们称这个数据结构为进程控制块（Process Control Block，PCB）。PCB 也称为任务控制块、进程表项、任务结构体或者切换框（Switch Frame），它是操作系统内核中的一个数据结构，包含管理进程所需的信息。可以说，PCB 是进程在操作系统中的显现（the manifestation of a process in an operating system）[①]。

PCB 在进程管理中扮演核心的角色，它被大多数操作系统部件所访问和修改，涉及调度、内存与 I/O 资源访问和性能监控等。可以说 PCB 定义操作系统的当前状态。PCB 存储许多不同的数据项，尽管这些结构的细节与特定系统相关，我们还是能够标识出一些通用的部分，并将其分为进程标识信息、进程状态信息与进程控制信息三大类，具体内容如表 3.1 所示。

表 3.1　进程控制块的相关信息

大　　类	项	可能的用途
进程标识信息	进程 ID	用于操作系统唯一所指称
	父进程	用于 CPU 时间和 I/O 时间的记账
	用户标识符	用于解析进程的所有权
	用户组标识符	用在组内成员之间的进程共享
进程状态信息	进程可见的寄存器组	在进程运行过程中存储临时值
	位置计数器	当进程开始运行时，用作连续点
	标识的条件码	反映以前执行的指令的状态
	栈指针	指向过程和系统调用的栈，以跟踪调用序列的轨迹

---

① Deitel，Harvey M.（1984）［1982］. *An introduction to operating systems*（revisited first ed.）. Addison-Wesley. p. 673. ISBN 0-201-14502-2. pages 57-58.

续表

大 类	项	可能的用途
进程控制信息	状态	进程状态(例如,就绪、运行等)
	优先级	某个进程相对于其他进程的先导关系,用于调度
	进程起始时间	用于记账和调度
	所用的 CPU 时间	用于响应时间的计算和调度
	子进程所用的 CPU 时间	用于响应时间的计算和调度
	调度参数	用于调度进程中所需的资源和 CPU
	链接	进程的列表、队列或栈,以考虑未来的使用和它接收的顺序
	进程特权	能够指派特定的许可给特定的进程以使用系统资源
	内存指针	跟踪指派给进程的内存位置
	进程间通信信息	跟踪来自或指向其他进程所挂起的信号量、消息等,以便之后使用
	分配给进程的设备	在进程终止之前,释放进程所占有的所有资源
	打开的文件	在进程终止之前,将所有未写入的数据刷新到文件中,并关闭文件
	标志	用于不同用途,例如中断标志将通知系统未来必须要处理的一个挂起的中断信号

1. 进程标识信息

进程标识信息通常包含进程的唯一标识符,在多用户、多任务系统中,还会包括父进程标识符、用户标识符、用户组标识符等。

2. 进程状态信息

进程状态信息定义进程状态相关的信息,当进程挂起的时候,允许操作系统在之后重启进程,而进程还能正确执行。进程状态信息通常包含 CPU 中通用寄存器的内容、CPU进程状态字、栈和帧指针等。当发生进程调度时,操作系统必须能够将硬件寄存器的值复制到 PCB 中。

3. 进程控制信息

进程控制信息是操作系统管理进程所用的信息,通常包括:

(1)进程调度状态:进程调度状态与其他调度信息,例如优先级、进程获得 CPU 的运行时间。同时,对于挂起的进程,尚需记录进程所等待事件的标识。

(2)进程结构化信息:包含子进程标识符或者与当前进程有关联的其他进程的标识符。这些信息可以队列、环或者其他数据结构来表征。

(3)进程间通信信息:与进程间通信有关的各种标志、信号量或者消息。

(4)其他信息:包含授权许可系统资源访问的特权级、进程执行所用的 CPU 数量、时间限制和执行标识符等记账信息,以及分配给进程的 I/O 设备列表等的 I/O 状态信息等。

由于 PCB 包含进程的关键信息,它必须保存在被保护的内存区域,防止普通用户非法访问。在某些操作系统中,PCB 置于进程内核栈的起始位置。

值得强调的是,进程的现场信息都保留在 PCB 中。PCB 保存了进程调度过程中进程恢复所需用到的许多信息。由于多个进程并发执行,轮流使用处理器,当某进程不在处理器上运行时,必须保留其被中断的进程现场。进程现场信息包括断点地址、程序状态字、通用寄存器的内容、堆栈内容、程序当前状态、程序的大小和运行时间等信息。保存进程现场信息,可以使得进程再次获得处理器时能够正确执行。

现场保护与还原

进程并发执行中非常重要的一个技术环节是进程运行环境的无缝切换。好比说,我们的教室上一节课上的是外语听力课,下一节课是化学实验课,那么当外语听力课结束后,教室管理人员就必须将课堂内的听力设备换成化学实验的设备,而且最好是能够保持上一次化学实验课结束后的状态。

现场保护与还原是操作系统实现过程中非常重要且富有技巧性的一步。

进程控制块是进程存在的唯一标志,它跟踪进程执行的情况,表明了进程在当前时刻的状态以及与其他进程和资源的关系。当创建一个进程时,实际上就是为其创建一个进程控制块。

【例 3.1】 xv6 操作系统的 PCB。

xv6 是美国麻省理工学院(MIT)为操作系统工程的课程(课程编号 6.828)开发的一个教学操作系统。图 3.2 是 xv6 中 PCB 的数据结构描述。

```
//xv6保存和恢复的寄存器组,用于停止并恢复进程的运行
struct context {
    int eip;
    int esp;
    int ebx;
    int ecx;
    int edx;
    int esi;
    int edi;
    int ebp;
};
//进程的状态(枚举值)
enum proc_state { UNUSED, EMBRYO, SLEEPING,RUNNABLE, RUNNING, ZOMBIE };
//xv6跟踪每个进程的相关信息,包括寄存器上下文与状态
struct proc {
    char * mem;              //Start of process memory 进程内存的初始状态
    uint sz;                //Size of process memory 进程内存的大小
    char * kstack;          //Bottom of kernel stack 内核栈的栈底
//for this process
    enum proc_state state;  //Process state 进程状态
    int pid;                //Process ID 进程 ID
    struct proc * parent;   //Parent process 父进程
```

图 3.2 xv6 进程结构

```
    void * chan;          //If non-zero, sleeping on chan 如果非零,则在该 chan 上睡眠
    int killed;           //If non-zero, have been killed 如果非零,则已被杀死
    struct file * ofile[NOFILE];      //Open files 所打开的文件
    struct inode * cwd;               //Current directory 当前目录
    struct context context;           //Switch here to run process 上下文(现场)
    struct trapframe * tf;            //Trap frame for the 陷阱帧
//current interrupt
};
```

图 3.2　(续)

可以看出,xv6 的 PCB 是一个比较简化版的 PCB,其中核心包含的内容有进程编号 pid、内存地址 mem 以及内存栈栈底 kstack。此外还会记录进程的状态 state、所打开的文件列表 ofile[NOFILE]以及与进程的当前目录相关的 i 节点信息 cwd。最后包括涉及进程切换的上下文,包含保存寄存器组的 context 和陷阱帧 tf 等信息。

3.2.2　进程的创建

操作系统需要一种创建进程的方法。一些简单的系统,例如微波炉控制器,或许在系统启动的时候,所需的进程都已经就绪。然而,在通用系统中,就需要在运行过程中动态创建或者撤销进程。

通常引发进程创建的事件包括:

(1) 系统初始化。

(2) 运行的进程执行了创建进程的系统调用。

(3) 用户请求创建一个新进程。

(4) 初始化一个批处理作业。

从技术上来看,上述 4 种情形都是由一个已经存在的进程执行一个创建进程的系统调用来创建一个新进程。创建进程的系统调用通知操作系统创建一个新进程,并直接或间接指定新进程所运行的程序。

创建进程的系统调用一般过程如下:

(1) 申请 PCB 空间,根据建立的进程名字查找 PCB 表,若找到了则非正常终止(即已有同名进程),否则申请分配一块 PCB 空间。

(2) 为新进程分配资源,若进程的程序或数据不在内存中,则应将它们从外存调入分配的内存中,然后把有关信息(如进程名字、信号量和状态位等)分别填入 PCB 的相应栏目中。

(3) 最后把 PCB 插入到就绪队列中。

创建进程的系统调用在不同的操作系统中实现有所不同,例如在 Linux 系统中,通常使用 fork(),而在 Windows 中,则会使用一个 CreateProcess 系统调用。在调用 fork()时,操作系统会创建一个与调用进程完全相同的副本。这样,两个进程(父进程和子进程)拥有相同的内存映像以及同样的环境字符串。

【例 3.2】　Linux 中调用 fork()创建进程。

如图 3.3 所示,在 Linux 中调用 fork()创建进程。父进程在执行 fork()之后,将克隆出一个子进程(如果没有发生错误的话)。

```
#include<sys/types.h>
#include<stdio.h>
#include<unistd.h>
int main()
{
    pid_t pid;
/* 创建一个子进程 */
    pid=fork();
    if (pid<0) { /* 发生错误 */
        fprintf(stderr, "Fork Failed");
        return 1;
    }
    else if (pid==0) { /* 表明是子进程 */
        execlp("/bin/ls","ls",NULL);
    }
    else { /* 表明是父进程 */
        /* 父进程等待子进程运行结束 */
        wait(NULL);
        printf("Child Complete");
    }
    return 0;
}
```

图 3.3   Linux 中调用 fork ()创建进程

其中 fork()函数生成当前运行进程的一个副本。副本中还包含父进程的进程栈、数据区域和堆。在 fork 语句之后开始执行。

fork()函数包含在头文件<unistd.h>中,其函数原型如下:

```
#include<unistd.h>
pid_t fork(void);
```

其中函数的返回值说明如表 3.2 所示。

表 3.2   fork()函数的返回值

返回值	含　　义
>0	子进程的 ID,父进程可以通过该 ID 来跟踪子进程
0	返回的是子进程
<0	发生一个错误。没有创建子进程,错误号标识具体的问题

3.2.3　进程的终止

进程完成了其"历史使命"之后,应当退出系统而消亡,系统及时收回它占有的全部资源以供其他进程使用。引起进程终止的事件通常包括：

（1）进程的正常退出（自愿）。

（2）进程的出错退出（自愿）。

（3）进程出现严重错误（非自愿）。

（4）被其他进程杀死（非自愿）。

进程的终止对于操作系统而言需要回收进程的各种资源，一般的终止过程如下：

（1）根据提供的欲终止进程的名字（ID），在 PCB 链中查找对应的 PCB，若找不到要终止的进程或该进程尚未停止，则转入异常终止处理程序，否则从 PCB 链中撤销该进程及其所有子孙进程（因为仅撤销该进程可能导致其子进程与进程家族隔离开来，而成为难以控制的进程）。

（2）检查此进程是否有等待读取的消息，如果有，则释放所有缓冲区。

（3）最后释放该进程的工作空间、PCB 空间以及其他资源。

3.3　进程状态转换与上下文切换

3.3.1　进程的状态及其转换

既然进程是程序的动态执行，那就可以用动态的观点分析进程的状态变化及相互制约关系。假设进程具有三种基本状态：运行状态、阻塞状态与就绪状态。这三种状态构成了最简单的进程生命周期模型，进程在其生命周期内处于这三种状态之一，其状态将随着自身的推进和外界环境的变化而变化，由一种状态变迁到另一种状态。

（1）运行状态：进程正处于 CPU 上运行的状态，这表明该进程已获得必要的资源。在单 CPU 系统中，至多只有一个进程处于运行状态，在多 CPU 系统中，可以有多个进程处于运行状态。

（2）阻塞状态：进程等待某个事件完成（例如，等待输入/输出操作的完成）而暂时不能运行的状态。处于该状态的进程不能参与竞争 CPU，因为此时即使分配给它 CPU，它也不能运行。

（3）就绪状态：进程处于等待 CPU 的状态，这表明该进程已经获得了除 CPU 之外的一切运行所需的资源。由于 CPU 个数少于进程个数，所以该进程不能运行，而必须等待分配 CPU 资源，一旦获得 CPU 就立即投入运行。在一个系统中，处于就绪状态的进程可能有多个，排成一个队列，称为就绪队列。

进程的状态转换如图 3.4 所示。

（1）从就绪状态转换到运行状态（就绪态→运行态）：处于就绪状态的进程已具备了运行条件，但由于未能获得 CPU，故仍然不能运行。对于单 CPU 系统而言，因为处于就绪状态的进程往往不止一个，同一

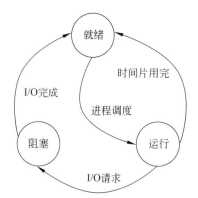

图 3.4　三态式进程状态转换图

时刻只能有一个就绪进程获得 CPU。进程调度程序根据调度算法把 CPU 分配给某个就绪进程,把它由就绪状态变为运行状态,并把控制转到该进程,这样进程就投入运行。即就绪状态的进程一旦被调度进程选中,获得 CPU,便发生此状态转换。触发此状态转换的事件通常包括进程调度。

（2）从运行状态转换到阻塞状态（运行态→阻塞态）:处于运行状态的进程申请新资源而又不能立即被满足时,进程状态便由运行状态转换为阻塞状态。例如,运行中的进程需要等待文件的输入,系统便自动转入系统控制程序进行文件输入,在文件输入过程中该进程进入阻塞状态。而系统将控制转给进程调度,进程调度根据调度算法把 CPU 分配给处于就绪状态的其他进程。触发此状态转换的事件通常包括 I/O 请求等。

（3）从阻塞状态转换到就绪状态（阻塞态→就绪态）:被阻塞的进程在其被阻塞的原因获得解除后,并不能立即投入运行,于是将其状态由阻塞状态转换为就绪状态继续等待 CPU。仅当进程调度程序把 CPU 再次分配给它时,才可恢复曾被中断的现场继续运行。触发此状态转换的事件通常包括阻塞进程的 I/O 请求完成等。

（4）从运行状态转换到就绪状态（运行态→就绪态）:对于一个正在运行的进程,由于规定运行时间片用完而将该进程的状态修改为就绪状态,并根据其自身的特征而插入就绪队列的适当位置,同时保存进程现场信息,CPU 开始运行进程调度。触发此状态转换的事件通常包括时间片用完等。

思　考　题

请列举什么事件会触发如下的状态转换:

(1) 进程从运行态转换到阻塞态。

(2) 进程从运行态转换到就绪态。

(3) 进程从阻塞态转换到就绪态。

(4) 进程从就绪态转换到运行态。

在许多系统中,进程除了具有上述三种基本状态以外,又增加了一些新状态,其中最常见的是因为挂起（Suspend）而使得阻塞态和就绪态这两个状态分裂为 4 个状态,即阻塞态、阻塞挂起态、就绪态与就绪挂起态。挂起的主要原因是内存资源不足,其中涉及虚拟内存管理（参考第 10 章）的一些问题。此外,与挂起对偶的操作是恢复（Resume）。在引入挂起后,进程的状态转换如图 3.5 所示。

（1）从就绪状态转换到就绪挂起状态（就绪态→就绪挂起态）:当处于就绪状态的进程被挂起后,该进程便转换为就绪挂起状态,处于该状态的进程不再被调度执行。

（2）从阻塞状态转换到阻塞挂起状态（阻塞态→阻塞挂起态）:当处于阻塞状态的进程被挂起后,该进程便转换为阻塞挂起状态,处于该状态的进程在其所期待的事件出现后,将从阻塞挂起状态转换为就绪挂起状态。

（3）从就绪挂起状态转换到就绪状态（就绪挂起态→就绪态）:对于处于就绪挂起状态的进程,若恢复后,该进程将转换为就绪状态。

（4）从阻塞挂起状态转换到阻塞状态（阻塞挂起态→阻塞态）:对于处于阻塞挂起状

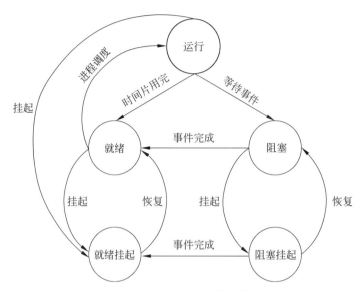

图 3.5　引入挂起的进程状态转换图

态的进程,若恢复后,该进程将转换为阻塞状态。

阻塞和挂起的区别是什么?

阻塞是因为要等待某个资源而无法运行,而挂起是进程暂时被调离出内存,当条件允许的时候会被操作系统再次调回内存。挂起依赖于操作系统存储管理中的虚拟存储,即将部分硬盘虚拟化为内存。挂起的进程实际上是被挪置于虚拟存储上。

3.3.2　上下文切换

所谓的并发,其核心就是多个进程在同一时间段内"同时"运行。这意味着任何一个进程从微观角度讲都是"走走停停"的状态,即经常性地出现进程切换。这种进程上下文切换(Context Switch)可以是在操作系统从当前运行进程中获得控制权的任何时刻发生的。

图 3.6 展示了两个进程 P_1 和 P_2 交替执行的场景。起初 CPU 控制权是在进程 P_1 手中,当进程 P_1 由于中断被打断运行后,控制权转移给操作系统。此时,操作系统按照算法决策切换进程 P_2 执行,首先将进程 P_1 的 PCB_1 保存起来,然后从 PCB_2 获取进程 P_2 的运行上下文,并恢复现场。操作系统在完成这一系列"魔法"之后,把控制权交给进程 P_2,然后 P_2 运行。在一段时间后,进程 P_2 也由于中断被打断运行,如法炮制,操作系统将上下文信息保存到 P_2 的 PCB_2 中,然后从 P_1 的 PCB_1 中获取运行上下文并恢复现场,P_1 便继续运行。

进程切换有时候也称为上下文切换,此处的上下文是指进程运行的环境,一般包括 CPU 寄存器的内容和程序计数器。上下文切换指的是将 CPU 切换到另一个进程需要执行当前进程的状态保存和不同进程的状态恢复。典型的上下文切换步骤如下:

(1) 保存处理器的上下文,包括程序计数器和其他寄存器。

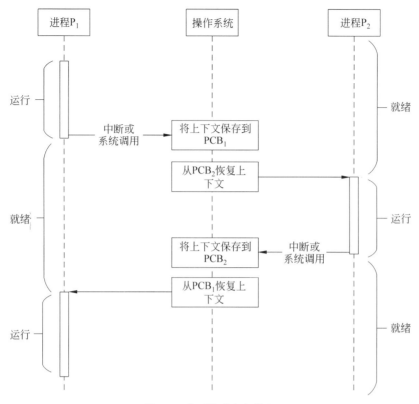

图 3.6　典型的进程切换图

（2）更新当前处于运行态进程的进程控制块。这包括将进程的状态置于其他状态（例如，就绪态、阻塞态等）。同时更新其他相关的数据，例如离开运行态的原因和记账信息等。

（3）将该进程的进程控制块移到合适的队列中（例如就绪队列或者阻塞队列等）。

（4）通过某种调度算法选择另外一个进程运行。

（5）更新被选中进程的进程控制块，同时将该进程的状态置于运行态。

（6）更新内存管理的数据结构，这依赖于地址映射等管理方式。

（7）通过加载程序寄存器或其他寄存器的值，将处理器的上下文恢复到被选中进程上次被切换出运行态时的状态。

之所以称之为上下文切换，其中一个含义便是进程运行的上下文（环境）发生改变与切换，由进程 P_1 的运行上下文切换到进程 P_2 的运行上下文。

此外，需要将上下文切换与模式切换区分开，模式切换指的是内核态和用户态之间的切换。上下文切换只出现在内核模式中。内核模式是 CPU 的特权模式，只有内核才能在此模式下运行，它有权对所有内存位置和所有其他系统资源进行访问。其他程序（包括应用程序）通常都是在用户模式下运行，但是可以通过系统调用来运行部分内核代码。上下文切换必然会伴随模式切换，而模式切换则不一定涉及上下文切换。模式切换并不需要改变当前处于运行态的进程状态。

当发生上下文切换时,内核将旧进程的上下文保存在其 PCB 中,并加载计划运行的新进程的上下文。上下文切换的时间是纯粹的开销,因为系统在切换时没有做任何有用的工作。它的速度因机器而异,具体取决于内存速度、必须复制的寄存器数量以及是否存在特殊指令(例如加载或存储所有寄存器的单条指令)。此外,操作系统越复杂,在上下文切换期间必须完成的工作就越多。例如,当操作系统引入高级内存管理技术之后,它可能需要在每个上下文中切换额外的数据,涉及当前进程地址空间的保留问题,需要考虑如何保留地址空间以及保存多少地址空间等问题。

上下文切换通常是计算密集型的。也就是说,它需要一定的处理器时间,大致是在纳秒级。这样,上下文切换对于 CPU 的时间而言是一个可观的数量,实际上是成本很高的操作。通常,操作系统设计的重点之一便是尽可能地避免不必要的上下文切换。然而,这并不容易实现。事实上,尽管就所消耗的 CPU 时间的绝对数量而言,上下文切换的开销一直在减少,然而这仅仅是因为 CPU 时钟速度的提升而非上下文切换效率的改进。

3.4   线   程

3.4.1   线程的引入

在操作系统中引入进程的目的,是为了使多个进程并发执行,以改善资源利用率及提高系统的吞吐量。在此基础上,操作系统中再引入线程一方面是为了进一步地促进系统的并发,另一方面则是为了减少进程并发执行时所付出的时空开销。

从进一步促进系统并发的角度来看,对于多道程序设计而言,进程的并发使得多个进程能够“同时”运行,然而对于单个进程内部而言,只能串行。从程序员的视角来看,他们所开发的程序以进程的方式运行时,也希望能够“同时”进行多项任务与工作。例如,一个文字编辑与排版的 Word 进程,该进程的一个任务是能够进行文档的编辑与排版,另一个任务是能够在后台定期地对所编辑的文档进行自动保存。这两个任务必须“同时”完成,这要求在一个进程内部能有多个执行序列。通过引入线程,将进程的执行转换为进程内的多个线程的执行,从而实现进程内的并发执行。

此外,线程的引入也有助于操作系统应对进程并发过程中上下文切换所带来的开销。为了说明这一点,我们首先回顾进程的两个基本属性:

(1) 进程是一个拥有资源的独立单位。

(2) 进程同时又是一个独立调度和分配的基本单位。

正是由于进程具有这两个基本属性,才使之成为一个能独立运行的基本单位,从而构成了进程并发执行的基础。

由于进程是一个资源拥有者,因而在进程的创建、撤销和切换中,系统必须为之付出较大的时空开销。也正因为如此,在系统中所设置的进程数目不宜过多,进程切换的频率也不宜过高,但这也就限制了并发度。

如何能使多个进程更好地并发执行,同时又尽量减少系统的开销,已成为设计操作系统时所追求的重要目标。于是,操作系统的研究学者们想到,可否将进程的上述属性分开,由操作系统"分而治之"。即将 CPU 调度和资源分配针对不同的活动实体进行,以使之轻装运行。而对拥有资源的基本单位,又不频繁地对其进行切换。正是在这种思想的指导下,操作系统引入了线程的概念。

在引入线程的操作系统中,线程是进程中的一个实体,是被系统独立调度的基本单位。线程自己基本上不拥有系统资源,只拥有一些在运行中必不可少的资源(如程序计数器、一组寄存器和栈),但它可与同属一个进程的其他线程共享进程所拥有的全部资源。一个线程可以创建和撤销另一个线程,同一进程中的多个线程之间可以并发执行。由于线程之间的相互制约,致使线程在运行中也呈现出间断性。相应地,线程也同样有就绪、阻塞和运行三种基本状态,有的系统中线程还有终止状态。

与进程类似,线程控制块(Thread Control Block,TCB)是操作系统内核管理线程相关信息的数据结构。在 TCB 中通常包含:

(1) 线程标识符。它是指派给每个线程的唯一标识符。

(2) 栈指针。它指向进程中的线程栈的指针。

(3) 程序计数器。它是指向线程的程序指令。

(4) 线程的状态。它通常包括就绪态、阻塞态和运行态等。

(5) 线程的寄存器值。

(6) 指向线程所在进程的进程控制块 PCB 的指针。

3.4.2 进程与线程的关系

线程具有许多传统进程所具有的特征,故又称为轻量型进程(Light-Weight Process)或进程元,而把传统的进程称为重型进程(Heavy-Weight Process),它相当于只有一个线程的任务。在引入了线程的操作系统中,通常一个进程都有若干个线程,至少需要有一个线程。为了更加清晰地辨析进程与线程的关系,我们从调度、并发性、拥有资源和系统开销等方面将两者加以比较,对比情况如表 3.3 所示。

表 3.3 进程与线程的对比

	进　　程	线　　程
调度	跨进程时,会涉及调度	调度的基本单位
并发性	多进程并发	并发粒度更高,进程内仍可并发
资源拥有	资源拥有的基本单位	拥有寄存器组等运行所需的最少资源
系统开销	进程切换的开销较大	线程切换的开销较小

1. 调度

在传统的操作系统中,拥有资源的基本单位和独立调度的基本单位都是进程。而在引入线程的操作系统中,则把线程作为调度的基本单位,而进程只是作为拥有资源的基本单位,这使传统进程的两个属性分开,线程便能轻装运行,从而可显著地提高系统的并发程度。在同一进程中,线程切换不会引发进程切换,只有当从一个进程中的线程切换到另一个进程中的线程时,才会引发进程切换。

2. 并发性

在引入线程的操作系统中,不仅进程之间可以并发执行,而且在一个进程中的多个线程之间亦可并发执行,因而使操作系统具有更好的并发性,从而能更有效地使用系统资源和提高系统吞吐量。例如,在一个未引入线程的单 CPU 操作系统中,若仅设置一个文件服务进程,当它由于某种原因被阻塞时,便没有其他的文件服务进程来提供服务。在引入了线程的操作系统中,可以在一个文件服务进程中设置多个服务线程。当第一个线程等待时,文件服务进程中的第二个线程可以继续运行;当第二个线程阻塞时,第三个线程可以继续执行,以此类推,从而显著地提高了文件服务的质量以及系统吞吐量。

3. 资源拥有

无论是传统的操作系统,还是设有线程的操作系统,进程都是拥有资源的一个独立单位,它可以拥有自己的资源。一般地说,线程自己不拥有系统资源(只有一些必不可少的运行资源),但它可以访问其所在进程的资源,包括进程的代码段、数据段以及系统资源,如已打开的文件、I/O 设备等,这些资源可供同一进程的所有线程共享。

4. 系统开销

由于在创建或撤销进程时,系统都要为之分配或回收资源,如内存空间、I/O 设备等,因此操作系统所付出的开销将显著地大于创建或撤销线程时的开销。类似地,在进行进程切换时,涉及当前进程上下文的保存以及被调度运行进程的上下文设置。而线程切换只需保存和设置少量寄存器的内容,并不涉及存储器管理方面的操作。在有的系统中,线程的切换、同步和通信都无需操作系统内核的干预。

更进一步,图 3.7 展示了没有线程的进程模型和多线程进程模型的直观差异。在一个多线程环境中,进程是资源的分配和保护的单元,与进程相关的部分包括:

(1) 容纳进程镜像的虚拟地址空间。

(2) 对处理器、其他进程和进程内的文件及 I/O 资源的访问保护。

在进程内,可以有一个或者多个线程,每个线程包括:

(1) 线程执行状态(运行态、就绪态等)。

(2) 当不处于运行态的时候,具有被保存的线程上下文。

(3) 执行栈。

(4) 每个线程都有自己独立的局部变量存储空间。

在没有线程的进程模型中,进程模型包括进程控制块、用户地址空间以及管理进程执行中的调用或返回行为的用户栈与内核栈。在多线程的模型中,仍然有单独的进程控制块,以及与进程相关的用户地址空间,但是对于每个线程具有各自的栈以及各自的控制块,线程控制块包含寄存器的值、优先级以及其他与线程相关的信息。

一个进程中的所有线程共享进程的状态和资源。它们栖居在同一个地址空间,访问同样的数据。如果一个线程修改内存中的某个数据项,那么其他线程访问该数据项的时候,将看到修改后的结果。如果一个线程用读权限打开一个文件,那么同一个进程中的其他线程仍可以读取该文件。

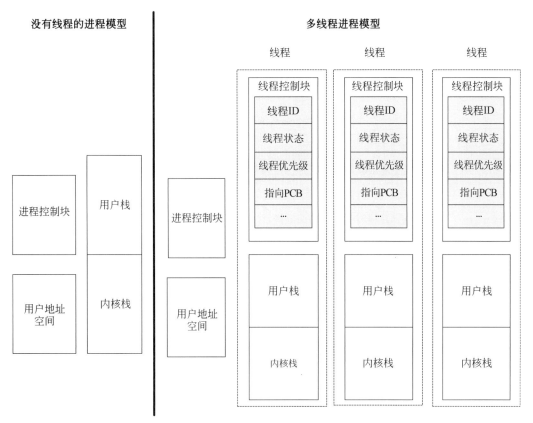

图 3.7　没有线程的进程模型和多线程进程模型

3.4.3　POSIX 线程

POSIX 线程(POSIX Threads,简写为 Pthreads)是 POSIX 的线程标准,定义了创建和操纵线程的一套应用程序接口(API)。实现 POSIX 线程标准的库常被称为 Pthreads,一般用于 UNIX 类型的 POSIX 系统,如 Linux、Solaris 等。但是 Microsoft Windows 上也有相应的实现。Pthreads 定义了一套 C 语言的类型、函数与常量,它以 pthread.h 头文件和一个线程库实现。Pthreads API 中大致共有 100 个函数调用,全都以"pthread_"开头。

在 Pthreads 中包含的主要数据类型包括:

(1) pthread_t：pthread_t 指代线程句柄,使用函数 pthread_self()获取自身所在线程 id。

(2) pthread_attr_t：pthread_attr_t 指代线程属性。主要包括 scope 属性、detach 属性、堆栈地址、堆栈大小和优先级。

在 Pthreads 中包含的主要函数如下。

(1) 创建一个线程,函数原型如下：

```
#include<pthread.h>
```

```
int  pthread_create(pthread_t * thread,
                    pthread_attr_t * attr,
                    void * ( * start_routine)(void * ),
                    void * arg);
```

形参说明如表 3.4 所示。

表 3.4 pthread_create 的形参说明

形　　参	说　　明
thread	指向新创建线程句柄的指针。如果函数出现错误,该值则为未定义
attr	指向新创建线程所继承的属性指针。如果该参数为 NULL,那么继承默认的属性
start_routine	指向新创建线程所执行的函数指针
arg	传递给 start_routine 的参数。只能传递一个参数,如果希望传递多个参数,则需要将参数打包到一个结构体,并将结构体的地址作为参数

创建线程将为当前进程增加一个新的线程。一个新创建的线程与进程中的其他线程共享进程的全局数据,同时它具有自身的属性集合以及私有的执行栈。新的线程继承调用线程的信号量掩码,也有可能继承调度优先级。新创建的线程的挂起信号量不会继承其调用线程,其值为空。

(2) 获取线程标识符,函数原型如下:

```
#include<pthread.h>
pthread_t pthread_self( void );
```

pthread_self()获取调用线程的线程句柄。

(3) 让出线程的执行,函数原型如下:

```
#include<pthread.h>
void pthread_yield( void );
```

pthread_yield()使得当前线程让出 CPU 给具有相同或者更高优先级的其他线程。

(4) 终止一个线程,函数原型如下:

```
#include<pthread.h>
void pthread_exit( void * status );
```

pthread_exit()函数终止调用线程,释放所有与线程相关的绑定数据。

(5) 等待线程的结束,函数原型如下:

```
#include<pthread.h>
int pthread_join( pthread_t wait_for, void **status );
```

pthread_join()函数阻塞调用线程,直到所等待的线程终止。所等待的线程必须处于当前进程。当参数 status 不为 NULL 时,那么当 pthread_join()成功返回时,它会指向终止线程的退出状态。

【例 3.3】　使用 POSIX 线程库创建线程。

使用 POSIX 线程库创建线程的一个典型方式如图 3.8 所示。在创建线程之前,需要首先定义两个变量:一个是 pthread_t 类型的变量,用来存储线程标识符;另一个是 pthread_attr_t 类型的变量,它存储线程属性集合,同时该变量需要通过函数 pthread_attr_init 进行初始化。然后,调用 pthread_create()函数创建线程,函数的实参除了上述两个参数之外,还需要一个指向函数的指针作为实参,这个函数指针所指向的函数是线程的执行体。在图 3.8 的示例中,线程体名为 runner,其主要操作是对所输入的参数值做累加赋值给 sum,即如果输入参数为 N,那么:

$$sum = 1 + 2 + 3 + \cdots + N$$

```c
#include<pthread.h>
#include<stdio.h>
int sum;                          /* 该数据由所有线程共享 */
void * runner(void * param);      /* 线程体 */
int main(int argc, char * argv[])
{
    pthread_t tid;                /* 线程标识符 */
    pthread_attr_t attr;          /* 线程属性集合 */
    if (argc !=2) {
        fprintf(stderr,"usage: a.out<integer value>\n");
        return -1;
    }
    if (atoi(argv[1])<0) {
        fprintf(stderr,"%d must be>=0\n",atoi(argv[1]));
        return -1;
    }
/* 获得默认参数 */
    pthread_attr_init(&attr);
/* 创建线程 */
    pthread_create(&tid,&attr,runner,argv[1]);
/* 等待线程退出 */
    pthread_join(tid,NULL);
    printf("sum=%d\n",sum);
}
/* 线程体 */
void * runner(void * param)
{
    int i, upper=atoi(param);
    sum=0;
    for (i=1; i<=upper; i++)
        sum +=i;
    pthread_exit(0);
}
```

图 3.8　使用 POSIX 线程库创建线程

本 章 小 结

操作系统具有 4 个主要的管理功能：处理器管理、存储管理、设备管理和文件管理，这些管理的核心在于对计算机资源的管理，那么问题在于究竟是谁在使用计算机的资源呢？可能有人会说是用户，是我们人类在使用计算机资源，那我们怎么使用计算机资源呢？应该是应用程序，进程便是程序在计算机运行时的显现。在操作系统设计中抽象出进程的概念是开创性的。进程（或者此后的线程）是整个操作系统王国的一等公民，是多道程序设计的核心。进程也是计算机资源调度和分配的一个基本单位，计算和存储等资源都是以进程为单位进行调度和分配的。

操作系统对进程的管理以进程控制块（PCB）为主要数据结构，PCB 中包含了与进程切换、进程调度和管理相关的各类信息。要理解与掌握进程的概念，必须将其与程序的概念进行对比和分析。

所有进程犹如钟表中的齿轮一般，在操作系统的调度下，繁忙而有序地工作着。进程在整个生命周期中，会处于不同的状态，各种状态之间会相互转换。转换过程中会涉及上下文切换，这种切换是操作系统所施展的一个戏法，整个过程非常精确且富有技巧性，此外这个过程要求效率极高，它的时延是操作系统性能的一个重要指标。

此外，随着并发度需求的进一步提升，为了进一步促进并发，同时减少进程切换所引发的系统开销，操作系统进一步引入了线程。在设计线程的过程中，操作系统实质上解耦了进程的资源分配和调度两个基本单位，即保留进程作为资源分配和拥有的基本单位，而将调度的基本单位赋予了线程，从而提高了并发度且降低系统因过度进行进程切换所带来的开销。

在研究领域，由于进程应该算是一个经典概念，因此针对进程本身的研究已经不太多了。线程相对而言是比进程更新的概念，不过它也被反复咀嚼过了。现在还略有一些研究，例如塔姆（Tam）等人在 2007 年开展了在多处理器上进行线程集群的研究[①]，博伊德·维克泽（Boyd-Wickizer）等人在 2010 年对多线程和多核下的 Linux 操作系统的扩展性进行了研究[②]。

习　　题

1. 现代操作系统中为什么要引入进程的概念？它与程序有什么区别？
2. 进程的含义是什么？试简述进程控制块的组成。
3. 一个应用程序包括几个进程：一个主进程和一些子进程。如果（　　　），这种安排便能够加速计算。

---

① Tam D，Azimi R，Stumm M. *Thread clustering：sharing-aware scheduling on SMP-CMP-SMT multiprocessors*.[J]. Acm Sigops Operating Systems Review，2007，41(3)：47-58.

② Boyd-Wickizer S，Clements A T，Mao Y，et al. *An Analysis of Linux Scalability to Many Cores*[C]// Usenix Symposium on Operating Systems Design & Implementation. DBLP，2010.

A. 计算机系统具有多个 CPU　　　　B. 一些进程受 I/O 限制

C. 某些进程受 CPU 限制　　　　　　D. 以上都不是

4. 判定以下陈述哪些为真,哪些为假。

    A. 如果两个用户执行相同的程序,则操作系统会创建一个进程

    B. 由于请求某个资源被阻塞的进程,当获得资源的时候,进程将改变为运行状态

    C. 终止的进程和挂起的进程之间没有区别

    D. 处理完事件后,如果没有任何进程状态发生更改,则内核无需在分发之前执行调度

    E. 当进程的用户级线程执行导致阻塞的系统调用时,进程的所有线程都将被阻塞

    F. 无论是在单处理器还是多处理器系统中,内核级线程都能比用户级线程提供更好的并发性

    G. 当进程终止时,应记住其终止代码,直到其父进程终止

5. 描述内核对进程之间的上下文切换所采取的操作。

6. 某系统的进程状态转换如下图所示,请回答如下问题。

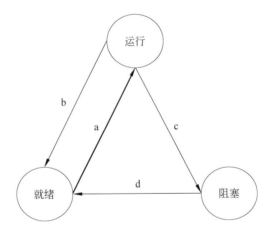

（1）引起各种状态转换的典型事件有哪些?

（2）当我们观察系统中某些进程时,能够看到某一进程产生的一次状态转换能引起另一进程进行一次状态转换。在什么情况下,当一个进程发生转换 c 时能立即引起另一个进程发生转换 a?

7. 下述特征能够充分地表征某个操作系统为多道程序操作系统的是（　　　）。

Ⅰ. 不止一个程序能够装载到内存中同时执行。

Ⅱ. 如果一个程序等待某些事件,例如 I/O,另外一个程序能够立即被调度执行。

Ⅲ. 如果程序的执行结束,另一个程序立即被调度执行。

    A. Ⅰ　　　　　B. Ⅰ 和 Ⅱ　　　　　C. Ⅰ 和 Ⅲ　　　　　D. Ⅰ、Ⅱ 和 Ⅲ

8. 进程的以下状态转换可能导致一个或者多个其他进程从阻塞态转换成就绪态的是（　　　）。

    A. 进程启动 I/O 操作并阻塞　　　　B. 一个进程终止

    C. 进程发出资源请求并阻塞　　　　D. 进程发送消息

E. 进程从阻塞态转换为阻塞挂起状态

9. 当进程为下述目的进行系统调用时,请描述内核行为。

    A. 请求接收消息   B. 请求执行 I/O 操作

    C. 请求有关进程的状态信息   D. 请求创建进程

    E. 请求终止子进程

10. 进程当前处于阻塞挂起状态。

    A. 给出一个状态转换序列,通过它可以达到这种状态

    B. 给出一系列状态转换,通过它可以达到就绪状态

在这些情况下,是否可能有多个状态转换序列?

11. 对比以下应用中内在的并发性。

    A. 一个在线银行应用,允许用户通过基于 Web 的浏览器进行银行交易

    B. 基于 Web 的航空预订系统

12. 为何引入线程?线程与进程的关系是什么?

13. 一个航空预订系统并发使用集中式数据库为用户请求提供服务。在此系统中是否最好使用线程而不是进程?解释你的回答。

14. 如果在用户级别实现了线程,给出线程应该避免使用的两个系统调用,并解释你的原因。

15. 评论计算机系统中以下应用程序的计算速度,这些计算机系统具有(i)单个 CPU 和(ii)多个 CPU。

    A. 在服务器中创建许多线程,以高速方式处理用户请求,其中用户请求的服务涉及 CPU 和 I/O 行为

    B. 表达式 $z := a*b + c*d$ 的计算是通过产生两个子进程来计算 $a*b$ 和 $c*d$ 来执行的

    C. 服务器创建一个新线程来处理收到的每个用户请求,每个用户请求的服务涉及对数据库的访问

    D. 两个矩阵有 m 行和 n 列,其中 m 和 n 都非常大。进程通过创建 m 个线程来获得两个矩阵相加的结果,每个线程执行一行矩阵的相加

16. 假设父进程和子进程的进程标识 pid 分别为 2600 和 2603,请给出 A、B、C 和 D 这 4 行的输出结果。

```
#include<sys/types.h>
#include<stdio.h>
#include<unistd.h>
int main()
{
    pid t pid, pid1;
    /* fork a child process */
    pid=fork();
    if (pid<0) {                                    /* error occurred */
        fprintf(stderr, "Fork Failed");
```

```
            return 1;
        }
        else if (pid==0) {                          /* child process */
            pid1=getpid();
            printf("child: pid=%d",pid);            /* A */
            printf("child: pid1=%d",pid1);          /* B */
        }
            else {                                  /* parent process */
                pid1=getpid();
                printf("parent: pid=%d",pid);       /* C */
                printf("parent: pid1=%d",pid1);     /* D */
                wait(NULL);
            }
        return 0;
}
```

17. 注释中的第 X 行和第 Y 行的输出是多少?

```
#include<sys/types.h>
#include<stdio.h>
#include<unistd.h>
#define SIZE 5
int nums[SIZE]={0,1,2,3,4};
int main()
{
    int i;
    pid t pid;
    pid=fork();
    if (pid==0) {
        for (i=0; i<SIZE; i++) {
            nums[i] *=-i;
            printf("CHILD: %d ",nums[i]);           /* X 行 */
        }
    }
    else if (pid>0) {
        wait(NULL);
        for (i=0; i<SIZE; i++)
            printf("PARENT: %d ",nums[i]);          /* Y 行 */
    }
    return 0;
}
```

18. 多线程进程中的线程之间共享的程序状态组件有(　　　)。
    A. 寄存器值　　　　B. 堆内存　　　　C. 全局变量　　　　D. 堆栈内存
19. 系统调用通常使用(　　　)调用。

A. 一个软件中断   B. 轮询

C. 一个间接跳转指令   D. 一个特权指令

20. 当操作系统从进程 A 切换到进程 B 时,通常不会执行的行为有( )。

A. 保存当前寄存器的值,并恢复进程 B 所保存的寄存器的值

B. 改变地址转换表

C. 将进程 A 的内存镜像交换到磁盘上

D. 清除地址转换快表缓冲

21. ( )在进程的上下文切换过程中并不需要保存。

A. 通用寄存器   B. 地址映射的快表缓冲

C. 程序计数器   D. 以上所有都需要

22. 一个进程执行如下代码:

```
fork ();
fork ();
fork ();
```

所创建的子进程的总数为( )。

A. 3   B. 4   C. 7   D. 8

23. 一个进程执行下述代码:

```
for (i=0; i<n; i++)
    fork();
```

所创建子进程的数量是( )。

A. n   B. 2^n-1 C. 2^n D. $2^{n+1}-1$

24. 考虑下述代码:

```
if (fork()==0)
{
    a=a+5;
    printf("%d,%d\n", a, &a);
}
else
{
    a=a-5;
    printf("%d,%d\n", a, &a);
}
```

令 u 和 v 分别是父进程打印出来的值,x 和 y 是子进程打印出来的值。下述说法正确的是( )。

A. u=x+10 并且 v=y   B. u=x+10 并且 v!=y

C. u+10=x 并且 v=y   D. u+10=x 并且 v!=y

25. 下图为单处理器系统的进程状态转换图,假定总有一些进程处于就绪状态。

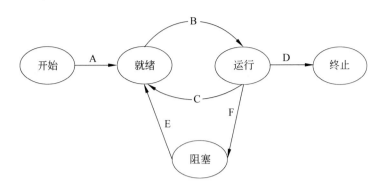

现在考虑下述陈述：

Ⅰ. 如果一个进程进行转换 D,它将导致另一个进程立即进行转换 A。

Ⅱ. 当进程 P_1 处于运行态时,一个处于阻塞状态的进程 P_2 进行转换 E。

Ⅲ. OS 使用抢占式调度。

Ⅳ. OS 使用非抢占式调度。

上面陈述为真的是(   )。

    A. Ⅰ和Ⅱ   B. Ⅰ和Ⅲ   C. Ⅱ和Ⅲ   D. Ⅱ和Ⅳ

第 4 章

进程的并发

4.1 并发的问题

进程的并发可以带来如下两方面的益处：

(1) 进程的并发能够提升系统的使用效率。即使系统只有一个处理器，当某个进程因等待 I/O 而发生阻塞时，其他进程可以利用处理器，这样便能够提升处理器的利用率。一个典型的场景发生在系统的启动阶段，当系统启动时，许多进程都需要时间为运行做准备，这个过程采用并发执行便能够缩短整个系统的启动时间。

(2) 进程的并发也有助于提升系统的可控性。例如，通过并发，某项功能可以由其他功能来启动和关闭，甚至在运行过程中进行调控。

1961 年初，汤姆·基尔伯恩(Tom Kilburn)和大卫·豪沃斯(David Howarth)在开发 Atlas 监督程序(the Atlas Supervisor)时使用中断例程(Interrupt Routine)模拟多个程序的并发运行，在此之后并发进程得到较为广泛的应用。然而在不到十年的时间，多道程序操作系统就已经变得非常庞大且不可靠，甚至引发了不少学者开始谈及"软件危机"。[①]正如詹姆斯·哈文德(J.M.Havender)所言：

"最初多任务概念所设想的是一个相对无约束的资源竞争，并发执行多个任务。然而随着系统的演化，揭示出了多个任务死锁的情形。"

埃利奥特·奥尼克(Elliott Organick)也指出，在 Burroughs B6700 系统中的任务终止可能会引发它的后代任务失去其栈空间。

这正是硬币的另一面。进程的并发在更有效地利用系统资源的同时，也引发了一些需要处理的问题。并发所引发的问题主要涉及竞争性、公平性、复杂性和不确定性 4 个方面。

1. 竞争性问题

进程的并发会引起对共享资源的争用。并发行为可能会依赖于一些进程之间共享的稀有资源。典型的例子包括 I/O 设备。如果一个行为需要一个资源而该资源正在被其他行为所使用，那么它必须等待。

在资源的竞争中，会导致一类非常典型的并发问题：死锁(Deadlock)。死锁可以描述为："一个进程集合是死锁的，如果集合中的每个进程都在等待某一事件的发生，而只

---

① Naur P，Randell B，Committee N S. *Software engineering*：report on a conference sponsored by the NATO Science Committee，Garmisch，Germany，7th to 11th October 1968[M]. NATO，Scientific Affairs Division，1969.

有集合中的另一个进程才能导致该事件的发生。"[1]

2. 公平性问题

与竞争性问题相关的一个问题是公平性问题。一般认为,在处于相同状态的进程之间存在竞争,应该努力确保进程能够获得均等的推进,即在满足进程需求的过程中,确保没有明显的不公平。

3. 复杂性问题

从复杂性的角度而言,并发似乎存在一个悖论:一方面它有助于降低程序的复杂性,另一方面它又增加了程序的复杂性。降低程序的复杂性指的是并发程序设计通过关注点分离(Separation of Concern)为复杂问题提供一个更简单的解决方案。而增加程序的复杂性指的是并发所引起的交互行为,异步行为之间的交互必然会涉及某种形式的信号或者信息交换。并发的控制线索引发了并发系统所独有的一些问题。

4. 不确定性问题

进程的并发可能会引发无限期推迟(Indefinite Postponement)。如果一个进程等待一个可能不会出现的事件,那么就称该进程被无限期推迟,也称为饥饿(Starvation)。当资源请求的管理算法没有将进程的等待时间纳入考虑,则可能会出现无限期推迟。避免这个问题的一种方法是为竞争进程指派一个优先级顺序,使得进程等待时间越长,它的优先级就越高。

进程的并发还可能会出现瞬态错误(Transient Error)。并发进程中的错误可能是瞬态错误,即错误的出现取决于所采取的执行路径。定位瞬态错误的原因是非常困难的,这是由于错误发生的状态不容易复现,在错误发生之前的时间也不可知,并且错误的来源在实验中发现不了。

与不确定性相关的一个非常典型的问题是竞争条件(Race Condition)。

4.2 竞 争 条 件

并发进程可能同时操作同一个文件,如例 4.1 所示。

【例 4.1】 两个进程同时读取一个文件。

图 4.1 展示了两个进程同时读取一个文件的示例。进程首先以只读方式打开文件 alphabet.txt,在文件 alphabet.txt 中存储了"CHINA"5 个字符。然后读取文件中的第一个字符,即 C,随后调用 fork 创建一个子进程,根据 fork 的系统功能,此时子进程完全克隆父进程的程序、数据和堆栈等信息,并且父进程与子进程并发运行。根据 pid 的值来确定究竟是父进程或子进程,如果 pid 的值为 0,表示为子进程,那么读取文件的一个字符,并输出。如果 pid 的值大于 0,表示为父进程,那么读取文件的一个字符,并输出。

---

①   Andrew S. Tanenbaum,Herbert Bos. *Modern Operating Systems*(4th Edition). Prentice Hall,2014.P439.

```
#include<unistd.h>
#include<stdio.h>
#include<stdlib.h>
#include<fcntl.h>
#include<sys/types.h>
#include<sys/stat.h>
int main(void)
{
    int file;
    char c;
    file=open("alphabet.txt", O_RDONLY);
    if (file<=0) {
        printf("Could not open file.\n");
        return 1;
    }
    //读取文件的第一个字符
    read(file, &c, 1);
    pid_t pid;
    pid=fork();
    if (pid<0) {
        perror("Could not fork\n");
    } else if (pid==0) {
    //这是子进程
        read(file, &c, 1);
        printf("Child: %c\n", c);
    } else {
    //这是父进程
        read(file, &c, 1);
        printf("Parent: %c\n", c);
    }
    return 0;
}
```

图 4.1 两个进程出现竞争条件的示例

进程运行的示意如图 4.2 所示。

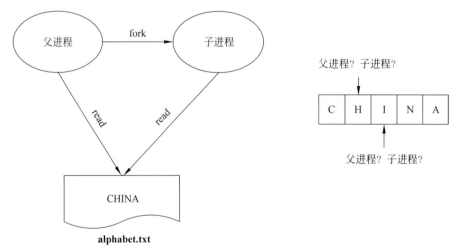

图 4.2 父进程和子进程并发访问同一个文件的示意图

在上述例子中,进程的运行会出现一个不确定性的问题,即究竟是父进程读取到字符 'H',而子进程读取到字符'I',还是子进程读取到字符'H',而父进程读取到字符'I',这两种情形是不确定的,取决于父进程和子进程的调度顺序。

再举一个线程的例子,如例 4.2 所示。

【例 4.2】 两个线程同时操纵一个共享变量。

如图 4.3 所示,假设某个进程创建了两个线程,而线程的核心操作是对某个共享变量进行加 1 操作。

```c
#include<stdio.h>
#include<pthread.h>
int counter=0;
void * compute()
{
    counter++;
    printf("Counter value: %d\n", counter);
}
int main()
{
    pthread_t thread1, thread2;
    pthread_create(&thread1, NULL, compute, NULL);
    pthread_create(&thread2, NULL, compute, NULL);
    pthread_join( thread1, NULL);
    pthread_join( thread2, NULL);
    return 0;
}
```

图 4.3 两个线程同时操纵一个共享变量

假定两个线程希望对某个全局整型变量加 1。理想情况下,操作顺序应该如下:

线程 1	线程 2		整 数 值
			0
读取值		←	0
对值加 1			0
回写		→	1
	读取值	←	1
	对值加 1		1
	回写	→	2

在上述情形中,最终的结果值是 2,与预期的结果一致。然而如果两个线程没有锁定或同步,那么运行的结果可能会是错误的。例如如下的操作顺序:

线程 1	线程 2		整 数 值
			0
读取值		←	0
	读取值	←	0
对值加 1			0
	对值加 1		0
回写		→	1
	回写	→	1

在这种情形下,最终的值为 1 而不是所预期的 2。

不难看出,上述例子都是由于并发所带来的不确定性。我们把这类情形称为竞争条件(Race Condition)。竞争条件也称为竞争危害(Race Hazard),它指的是电子、软件或者其他系统的行为,其结果依赖于推进的顺序或者其他不可控事件的时机。

在现实生活中,有不少由于竞争条件所引发的软件故障。

(1) Therac-25 医疗事故。Therac-25 是加拿大原子能有限公司所生产的一款放射线疗法机器,在 1985—1987 年,由于系统的故障,导致 6 名患者被过度辐射,其中有部分患者死亡。其中,竞争条件便是系统故障的原因之一。设备控制任务与操作员界面任务都访问同样的一些共享变量。如果操作员太快速地改变设置,便会出现竞争条件,此时控制任务便不能读取操作员所设定的新设置,从而导致故障。

(2) 2003 年美加大停电。2003 年美加大停电事故波及 265 个电厂,共有 508 个机组跳脱,其停电量高达 61 800MW。该事故正是因为第一能源公司(FirstEnergy)所采用的 XA/21 能源管理系统的竞争条件所引起的。当触发竞争条件之后,系统漏洞使得控制室的警报系统陷阱僵局达一个小时,系统管理员并没有意识到这个故障,因为故障使得针对系统状态变化的音视频报警都失效。这个竞争条件是有几个进程共享一个通用数据结构,并且通过其中一个进程中的编码错误,它们都能够同时获得对数据结构的写入访问权限。这个竞争条件就导致警报事件进程陷阱无限循环。

(3) NASA 的火星探测器故障。美国宇航局(NASA)的火星探测器(Spirit)遭遇到了一种竞争条件,即初始化模块进程无法获得对变量的写访问权限。初始化模块进程准备对一个计数器做加 1 的操作来跟踪初始化的次数,为此初始化模块进程必须获取访问计数器所在的内存区域的写权限。非常不巧的是,此时另一个进程已经被授权访问使用同一块内存区域。这使得初始化模块进程产生致命异常,该异常还导致传回给 NASA 地面的数据丢失,并最终导致探测器连续数天处于暂停状态。另一起竞争条件故障涉及图像服务模块进程。当 NASA 团队请求探测器发送数据的时候,图像服务模块便启动了停用状态。此时图像服务模块进程从内存中读取周期过程中突然被停用进程所中断,停用进程尝试将与图像服务模块进程读取任务相关的内存都关闭。这就导致返回地面数据失效。

此外,神经科学家发现在哺乳动物(例如,老鼠)的大脑中也会出现竞争条件。[1][2]

竞争条件有积极的应用吗?

竞争条件对于程序员而言通常是避而远之的。但是也有一些研究人员尝试表明可以使用竞争条件来生成随机数[3]或者物理不可克隆功能(Physical Unclonable Function,PUF)。

4.3 死 锁

在并发进程的操作系统环境下,死锁指的是一种状态,即一个进程组中的每个进程都在等待进程组中另外一个进程采取行动。死锁还可以定义为相互竞争或相互通信的一组进程的永久性阻塞。在阻塞的一组进程中,每个进程都在等待该组进程中另一个被阻塞的进程才能触发的事件。永久性阻塞是因为进程所等待的事件都不会发生。死锁是一种僵局(戴特克斯特拉称之为"致命拥抱"(Deadly Embrace)[4])。当进程处于这种僵持状态时,若无外力作用,它们都将无法再向前推进。

死锁是进程的并发中面临的一个非常典型的问题,至今还没有一个通用的、有效的死锁处理方法。下面我们给出一些死锁的典型例子。

【例 4.3】 交通死锁。

图 4.4 展现了在交通中的一个死锁示例。其中有 4 辆车在同一时间到达一个十字路口的 4 个方向的路口上(如图 4.4(Ⅰ)所示)。十字路口的 4 个岔口是需要抢占的资源。当这 4 辆车都想直接通过十字路口时,资源的需求如下:

(1)车甲,继续向北行驶则需要 a 和 b 岔口。

(2)车乙,继续向西行驶则需要 b 和 c 岔口。

(3)车丙,继续向南行驶则需要 c 和 d 岔口。

(4)车丁,继续向东行驶则需要 d 和 a 岔口。

在正常的交通秩序下,图 4.4(Ⅰ)只是潜在地会出现死锁,但并不处于死锁状态,4 辆车所需要的资源目前都还处于可用状态。然而,当出现某种特殊情形时,例如,当南北方向处于放行状态(绿灯)过程中,车甲和车丙分别获得 a 和 c 岔口资源,但并没有通过岔口,此时,交通灯进行了切换,东西方向处于放行状态,此时,车乙和车丁分别获得 b 和 d 岔口资源。这样,十字路口的交通便出现了图 4.4(Ⅱ)所示的情形,此时便处于死锁状态。

---

① *How Brains Race to Cancel Errant Movements*. Neuroskeptic. Discover Magazine. 2013-08-03.

② chmidt,Robert;Leventhal,Daniel K;Mallet,Nicolas;Chen,Fujun;Berke,Joshua D (2013). *Canceling actions involves a race between basal ganglia pathways*. Nature.

③ Colesa,Adrian;Tudoran,Radu;Banescu,Sebastian (2008). *Software Random Number Generation Based on Race Conditions*. 2008 10th International Symposium on Symbolic and Numeric Algorithms for Scientific Computing:439-444. doi:10.1109/synasc.2008.36. ISBN 978-0-7695-3523-4.

④ Edsger W. Dijkstra. Cooperating sequential processes. http://www.cs.utexas.edu/users/EWD/transcriptions/EWD01xx/EWD123-2.html♯6. The Problem of the Deadly Embrace.[EB/OL]

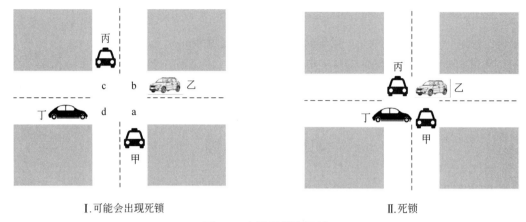

Ⅰ.可能会出现死锁　　　　　　　　　　　Ⅱ.死锁

图 4.4　交通死锁的示例

【例 4.4】　进程推进顺序不当产生死锁。

图 4.5 展现了两个进程 P_1 和 P_2 竞争使用两个资源 R_1 和 R_2 的情形。该图基于《操作系统：精髓与设计原则》一书中图 6.2 死锁的例子。[①]

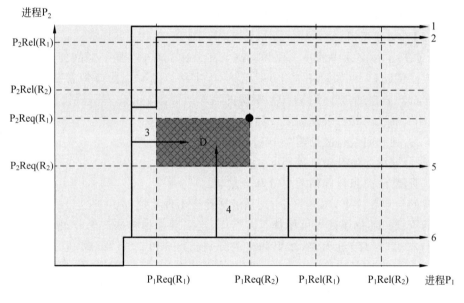

▨　死锁区

●　死锁点

图 4.5　进程推进顺序不当所引发的死锁

进程 P_1 和 P_2 的执行情况如下，其中 Req( ) 表示请求某个资源，Rel( ) 表示释放某个资源。

---

①　William Stallings. *Operating Systems：Internals and Design Principles*(6th Edition). Prentice Hall. 2008.

```
Procedure P₁                          Procedure P₂
{                                     {
    //一些操作                            //一些操作
    Req(R₁) //请求资源 R₁                 Req(R₂) //请求资源 R₂
    //一些操作                            //一些操作
    Req(R₂) //请求资源 R₂                 Req(R₁) //请求资源 R₁
    //一些操作                            //一些操作
    Rel(R₁) //释放资源 R₁                 Rel(R₂) //释放资源 R₂
    //一些操作                            //一些操作
    Rel(R₂) //释放资源 R₂                 Rel(R₁) //释放资源 R₁
    //一些操作                            //一些操作
}                                     }
```

图 4.5 中,横轴代表进程 P_1 的执行,纵轴代表进程 P_2 的执行。图中的折线代表两个进程的联合推进序列。在单处理器系统中,在任意时刻只有一个进程执行。图中的折线由竖线和横线组成,其中竖线表示进程 P_2 的执行(进程 P_1 处于等待状态),而横线则表示进程 P_1 的执行(进程 P_2 处于等待状态)。图中所展现的 6 条折线分别反映 6 个进程推进序列。

（1）进程推进序列 1 的情形：进程 P_1 获取资源 R_1 和 R_2,然后分别释放资源 R_1 和 R_2,此后 R_1 和 R_2 都处于可用状态。具体的执行顺序以及资源占用情况如图 4.6 所示。

进程 P_1	调度	进程 P_2	R_1	R_2
执行一些操作			可用	可用
	→		可用	可用
		Req(R₂)	可用	可用
		执行一些操作	可用	占用
		Req(R₁)	可用	占用
		执行一些操作	占用	占用
		Rel(R₂)	占用	占用
		执行一些操作	占用	可用
		Rel(R₁)	占用	可用
	←		可用	可用
Req(R₁)			可用	可用
执行一些操作			占用	可用
Req(R₂)			占用	可用
执行一些操作			占用	占用
Rel(R₁)			占用	占用
执行一些操作			可用	占用
Rel(R₂)			可用	占用
执行一些操作			可用	可用

图 4.6　序列 1 的调度情形

（2）进程推进序列 2 的情形：推进序列 2 是在进程 P_2 请求并获取资源 R_2 之后，调度进程 P_1，此时 P_1 调用 $Req(R_2)$。由于 R_2 此时被进程 P_2 所占用，那么进程 P_1 便挂起，等待资源 R_2 的释放。继续调度进程 P_2。具体的执行顺序以及资源占用情况如图 4.7 所示。

进程 P_1	调度	进程 P_2	R_1	R_2
执行一些操作			可用	可用
	→		可用	可用
		$Req(R_2)$	可用	可用
		执行一些操作	占用	可用
		$Req(R_1)$	占用	可用
	←		占用	占用
$Req(R_1)$			占用	占用
	→		可用	占用
		执行一些操作	可用	占用
		$Rel(R_2)$	可用	占用
		执行一些操作	可用	占用
		$Rel(R_1)$	可用	占用
	←			可用
$Req(R_2)$				可用
执行一些操作				占用
$Rel(R_2)$			占用	占用
执行一些操作			占用	可用
$Rel(R_1)$			占用	可用
执行一些操作			可用	可用

图 4.7   序列 2 的调度情形

（3）进程推进序列 3 的情形：推进序列 3 在进程 P_2 请求并获取资源 R_2 之后，调度进程 P_1，P_1 请求并获取资源 R_1，此时 R_1 和 R_2 都处于占用状态。具体的执行顺序以及资源占用情况如图 4.8 所示。此后推进序列无论如何，持续调度最终都会走向死锁。

进程 P_1	调度	进程 P_2	R_1	R_2
执行一些操作			可用	可用
	→		可用	可用
		$Req(R_2)$	可用	可用
	←		可用	占用
$Req(R_1)$			可用	占用
执行一些操作			占用	占用

图 4.8   序列 3 的调度情形

(4) 进程推进序列 4 的情形：在推进序列 4 中，进程 P_1 首先申请并获取资源 R_1，然后，调度进程 P_2 执行，进程 P_2 申请并获取了资源 R_2。具体的执行顺序以及资源占用情况如图 4.9 所示。此后推进序列无论如何，持续调度最终都会走向死锁。

进程 P_1	调度	进程 P_2	R_1	R_2
执行一些操作			可用	可用
Req(R_1)			可用	可用
	→		占用	可用
		Req(R_2)	占用	可用
	←		占用	占用

图 4.9 序列 4 的调度情形

(5) 进程推进序列 5 的情形：推进序列 5 与推进序列 2 的情形是对偶的。在推进序列 5 中，在进程 P_1 申请并获取资源 R_1 和 R_2 之后，调度进程 P_2，P_2 请求资源 R_2，由于此时资源 R_2 已经被 P_1 占用，因此进程 P_2 阻塞，等待资源 R_2。重新调度进程 P_1，执行对资源 R_1 和 R_2 的释放。具体的执行顺序以及资源占用情况如图 4.10 所示。

进程 P_1	调度	进程 P_2	R_1	R_2
执行一些操作			可用	可用
Req(R_1)			可用	可用
执行一些操作			占用	可用
Req(R_2)			占用	可用
	→		占用	占用
		Req(R_2)	占用	占用
	←		占用	占用
执行一些操作			占用	占用
Rel(R_1)			占用	占用
执行一些操作			可用	占用
Rel(R_2)			可用	占用
执行一些操作			可用	可用

图 4.10 序列 5 的调度情形

(6) 进程推进序列 6 的情形：推进序列 6 与推进序列 1 的情形是对偶的。在进程推进序列 6 中，进程 P_1 申请并获取资源 R_1 和 R_2，然后释放资源 R_1 和 R_2。此后 R_1 和 R_2 都处于可用状态。具体的执行顺序以及资源占用情况如图 4.11 所示。

在图 4.5 中，有一个死锁区域和一个死锁点，一旦进程推进序列进入死锁区时，持续推进最终都会走入死锁点而处于死锁状态。

进程 P₁	调度	进程 P₂	R₁	R₂
执行一些操作			可用	可用
Req(R₁)			可用	可用
执行一些操作			占用	可用
Req(R₂)			占用	可用
执行一些操作			占用	占用
Rel(R₁)			占用	占用
执行一些操作			可用	占用
Rel(R₂)			可用	占用
执行一些操作			可用	可用

图 4.11   序列 6 的调度情形

【例 4.5】   现实生活中的一些死锁情形。

事实上,死锁在现实生活中经常出现。

(1) 法律条文中的死锁。在《操作系统概念》①中,给出一个死锁例子。堪萨斯州立法机构在 20 世纪初通过这样一条法律:"当两列火车行驶到一个十字路口时,两列火车都应该完全停下来,直到另一列火车离开时才能重新启动。"

(2) 钥匙的死锁。我把我家里的钥匙放在侣庆同学的家里,而侣庆一同学家的钥匙又放在我的家里。

(3) 文章关注量死锁。如果没有 10 万以上的用户关注我的公众号上的一篇关于"死锁"的文章,那么我就不会追加一些对死锁的示例说明。如果我不在我的公众号上的一篇关于"死锁"的文章后面追加一些示例说明,那么此文便得不到 10 万以上的用户关注量。

(4) 注销账户死锁。某一天,我前往银行注销我的个人账户,下面是我和银行经理的一段对话。

我:先生,我想注销我的账户。

银行经理:哦,我想知道原因。

我:先生,我对贵银行的业务并不满意。

银行经理:我知道了,按您所说的,我个人希望能够提升我们的服务,为您提供您所需的服务。请让我知道,您所期望的服务是什么?

我:先生,我希望能够注销我的账户。

(5) 赚钱的死锁。你需要用钱来赚钱。

(6) 工作经验的死锁。如果你没有经验,你不能得到工作。如果你得不到工作,你就不能获取经验。

(7) 麻将死锁。打麻将的时候,4 个人手上都拿了一张"二饼",也都在听同一张牌才能胡,因此所有人都不会打出这张牌,从而导致了死锁。

---

① Abraham Silberschatz, Peter B. Galvin, Greg Gagne. *Operating system concepts*(sixth edition). John Wiley & Sons. 2002. P243.

（8）挤地铁死锁。挤上地铁和挤下地铁的人。

（9）缴费死锁。某日，我从北京前往长沙，路上发现我的手机由于未及时缴费而被停机，并禁止使用移动数据服务。为了缴费，我需要用手机上网使用支付宝缴费，而为了使手机能够上网，我需要能使用移动数据服务。

另外，需要对死锁和饥饿（Starvation）的概念做一个区分。所谓饥饿，指的是某个运行中的进程总不能获得它继续运行所需要的资源。这些资源总是在饥饿进程获得之前被分配给其他进程了。有时候，饥饿也称为"不确定性阻塞"（Indefinite Blocking），表示进程不确定什么时候能获得它所需资源的情形。

4.4　优先级反转

所谓的优先级反转问题（Priority Inversion Problem）指的是两个具有不同优先级的进程，其中一个高优先级任务被低优先级任务间接抢占，从而将两个进程的相对优先级做了一个反转。

假设存在两个进程，分别为 H 和 L，其中 H 具有高优先级且 L 具有低优先级，两个进程对共享资源 R 排他性使用。如果在 L 已经占用 R 的情形下，H 尝试获取 R，那么 H 会阻塞直到 L 释放资源。在一个设计良好的系统中共享一个排他性的资源通常会让 L 尽快地释放资源 R，使得高优先级的 H 不会过长时间处于阻塞状态中。然而，尽管如此，仍有可能会出现第三个进程 M，它的优先级处于 H 和 L 之间，即 $p(L)<p(M)<p(H)$，其中 $p(x)$ 表示进程 x 的优先级。在 L 占用 R 的过程中，有可能 M 会处于就绪态。此时，M 的优先级要比 L 的优先级更高，并抢占 L 的运行，这导致 L 不能够立即释放 R，反过来也导致 H（在 L、M 和 H 中优先级最高的任务）一直处于阻塞状态而不能运行。这种情形就是一种典型的优先级反转。

【例 4.6】 火星探路者号的优先级反转。

1997 年 7 月登陆火星的探路者号（Pathfinder）软件给出了一个优先级反转的示例。在探路者号开始启动运行的不久之后，它不断重启计算机。每次重启，都对硬件和软件进行重新初始化。

火星探路者号使用 IBM RS6000 处理器和风河 vxWorks 实时操作系统，其硬件架构如图 4.12 所示。探路者号的功能和装置使用两个总线整合起来，分别为 VME 和 MIL-STD-1553。VME 总线连接 CPU、无线电（用于通信）和摄像头。MIL-STD-1553 总线连接 VME 总线、着陆器组件和巡航组件。着陆器组件包含 ASI/MET、雷达高度表和加速度仪，巡航组件包含推进器、阀门和恒星扫描器。着陆器和巡航组件与 CPU、无线电以及摄像头的通信是通过 1553 总线进行的。

探路者号上安装的操作系统是风河 vxWorks 实时操作系统。vxWorks 提供了抢占式的固定优先级调度方式。为了传回地面，来自于着陆器组件的数据必须通过 1553 总线传输到无线电。另一方面，来自 CPU 的命令信号必须通过 1553 总线才能传达给巡航和着陆器组件。vxWorks 采用了 8 Hz 速率的周期调度（即每 0.125s 就重复一次的调度）。探路者号上面运行的进程情况如下：

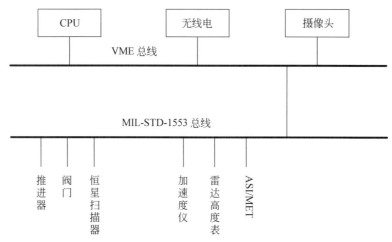

图 4.12　火星探路者号的硬件架构

（1）bc_sched：总线调度任务，确定在下一个周期中谁传输数据。

（2）bc_dist：总线分发任务，确定谁接收数据。

（3）communication_task：将数据传输回地球。

（4）ASI/MET：科学功能。

其中，每个进程的优先级都是固定的，其优先级顺序如下：

$$P(bc\_sched) \rightarrow P(bc\_dist) \rightarrow P(communication\_task) \rightarrow P(ASI/MET)$$

即 bc_sched 优先级最高，bc_dist 优先级第二，communication_task 优先级第三，而 ASI/MET 优先级最低。

bc_sched 在开始执行时，利用看门狗定时器检查 bc_dist 任务是否完成其执行。bc_dist 调用 select()函数来使用 vxWork 的 pipe()函数将数据发布到 ASI/MET 任务。换言之，bc_dist 任务使用 pipe()向 ASI/MET 任务提供命令，告诉它下一步执行的科学任务。同样地，ASI/MET 任务使用 pipe()通过 1553 总线向地球提供科学数据。与读取和写入管道相关的数据结构（例如 waitlist 文件描述符）是通过互斥保护的资源。换言之，bc_dist（一个高优先级任务）和 ASI/MET（一个低优先级任务）都共享 pipe()的数据结构。

事故发生的一个具体的事件序列如图 4.13 所示。

（1）ASI/MET 在时刻 t_1 调用 select()，获取 mutex 来更新共享的 waitlist。

（2）在时刻 t_2，在释放互斥信号量之前，ASI/MET 被高优先级任务抢占。

（3）在时刻 t_3，当 bc_dist 希望与 ASI/MET 进行进程间通信的时候，它不能够获得互斥信号量，因此阻塞。

（4）持有互斥信号量的 ASI/MET 被其他几个中间优先级的任务所抢占（例如，通信任务等）。

（5）在时刻 t_4，bc_sched 被激活，在 t_5 时刻它使用看门狗定时器探测到 bc_dist 任务并没有完成。

（6）探路者号对这个事件的反映是在时刻 t_5 重置计算机。bc_sched 通过重新初始化探路者硬件和软件，终止所有的地面命令行为。

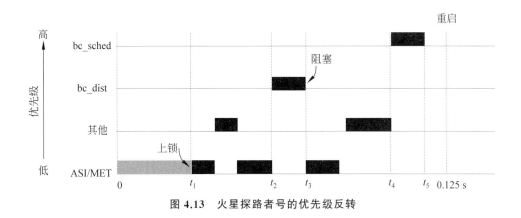

图 4.13　火星探路者号的优先级反转

不难看出,事故的原因是一个高优先级的任务 bc_dist 要花费比预期更长的时间来完成其工作。这个任务被迫等待一个被低优先级的 ASI/MET 任务所持有的共享资源,它被多个中间优先级的任务所抢占。bc_dist 任务仍然等待共享资源,bc_sched 任务发现该问题并进行重启。这样就导致系统不断重启。

4.5　再 谈 死 锁

4.5.1　产生死锁的必要条件

虽然进程在运行过程中可能发生死锁,但死锁的发生必须具备互斥、请求与保持、不剥夺与循环等待 4 个必要条件。我们以例 4.3 的交通死锁为例,介绍这 4 个必要条件。

1. 互斥条件

互斥(Mutual Exclusion)指进程对所分配到的资源进行排它性使用,即在一段时间内资源只能由一个进程占用。如果此时还有其他进程请求该资源,则请求者必须等待,直到占有该资源的进程用完后释放。

在例 4.3 中,a、b、c、d 这 4 个岔口作为资源就是互斥的,即在某个时刻不允许同时有两辆车在同一个岔口上。如果资源可以共享,那么甲、乙、丙、丁 4 辆车便可以同时在同一个岔口上,则不可能出现死锁。

2. 请求与保持条件

请求与保持(Hold and Wait)指进程已经持有了至少一个资源,但又提出了新的资源请求,而新请求的资源又被其他进程所占有,此时请求进程阻塞,其对自己已获得的其他资源保持不放。

在例 4.3 中,甲、乙、丙、丁 4 辆车每一辆都占着一个岔口,分别为 a、b、c、d,然后又分别申请 b、c、d、a 岔口。如果甲、乙、丙、丁没有都占着岔口,并提出新的岔口申请,就不会出现死锁。

3. 不剥夺条件

不剥夺(No Preemption)指进程已获得的资源在未使用完之前,不能被剥夺或者抢占,只能在使用完时由自己释放。

在例 4.3 中,不能够将甲、乙、丙、丁 4 辆车直接强制拖出岔口,否则便不会出现死锁。

4. 循环等待条件

循环等待(Circular Wait)指在发生死锁时,必然存在一个(进程、资源)的环形链,即进程集合 $\{P_0,P_1,P_2,\cdots,P_n\}$ 中的 P_0 正在等待 P_1 占用的资源,P_1 正在等待 P_2 占用的资源,$\cdots$,P_n 正在等待 P_0 占用的资源。

在例 4.3 中,甲在等待乙占的岔口,乙在等待丙占的岔口,丙在等待丁占的岔口,丁在等待甲占的岔口。这样便形成了一个循环等待。假设没有形成循环等待,便不会出现死锁。

4.5.2　处理死锁的基本方法

当出现死锁时,进程将不能顺利结束,同时阻碍系统资源的使用,并阻止其他进程的执行,导致系统的资源利用率下降。处于死锁状态的进程得不到所需的资源,不能向前推进,故得不到结果。处于死锁状态的进程不释放已占有的资源,以至于这些资源不能被其他进程利用,故系统资源利用率降低。此外,死锁还会导致产生新的死锁。其他进程因请求不到死锁进程已占用的资源而无法向前推进,所以也会发生死锁,这样进程死锁便出现多米诺骨牌效应,最终会导致操作系统崩溃。

为保证系统中诸进程的正常运行,应事先采取必要的措施,来预防发生死锁。在系统中已经出现死锁后,应及时检测到死锁的发生,并采取适当措施来解除死锁。目前,处理死锁的方法可归结为预防死锁、避免死锁、检测死锁和解除死锁等。

1. 预防死锁

预防指的是预先做好防范措施,杜绝死锁发生。预防死锁是通过设置某些限制条件,去破坏产生死锁的 4 个必要条件中的一个或几个,来预防死锁的发生。

预防死锁是一种较易实现的方法,已被广泛使用。但由于所施加的限制条件往往太严格,因而可能会导致系统资源利用率和系统吞吐量降低。

2. 避免死锁

避免指的是设法使死锁不发生。避免死锁并不须事先采取各种限制措施去破坏产生死锁的 4 个必要条件,而是在资源的动态分配过程中,用某种方法去防止系统进入不安全状态,从而避免死锁的发生。由于避免死锁只需事先施加较弱的限制条件,便可获得较高的资源利用率和系统吞吐量,目前在较完善的系统中常用此方法来避免发生死锁。相比于预防死锁方法而言,避免死锁方法在实现上会更复杂一些。

3. 检测死锁

检测死锁方法并不事先采取任何限制性措施,也不必检查系统是否已经进入不安全区,而是允许系统在运行过程中发生死锁。通过系统所设置的检测机构,及时地检测出死锁的发生,并精确地确定与死锁有关的进程和资源。然后采取适当措施,从系统中将已发生的死锁清除掉。

4. 解除死锁

解除死锁是与检测死锁相配套的一种措施。当检测到系统中已发生死锁时,须将进程从死锁状态中解脱出来。常用的解除死锁方法是撤销或挂起一些进程,以便回收一些资源,再将这些资源分配给处于阻塞状态的进程,使之能够继续运行。

与预防和避免死锁相比较,死锁的检测与解除方法有可能使系统获得较好的资源利用率和吞吐量,但在方法实现上难度也最大。

4.5.3　预防死锁

哈文德(J. W. Havender)在为 IBM OS/360 系统设计资源排序模式的时候,分析并提出了一些预防死锁的方法[①]。总体而言,预防死锁就是阻隔死锁的必要条件。互斥、请求与保持、不剥夺与循环等待是死锁的 4 个必要条件,只需要破坏其中任意一个条件,那么死锁就不能发生。在 4 个必要条件中,由于互斥条件是设备所固有属性,因此该条件不能摒弃,而其余的 3 个必要条件都可以进行改变。

1. 摒弃"请求与保持"条件

为摒弃"请求与保持"条件,系统规定所有进程在开始运行之前,都必须一次性地申请其在整个运行过程所需的全部资源。此时,若系统有足够的资源分配给某进程,便可把其需要的所有资源分配给该进程,这样该进程在整个运行期间便不会再提出资源要求,从而摒弃了请求条件。但在分配资源时,只要有一种资源不能满足某进程的要求,即使其他所需的各资源都空闲,也不分配给该进程,而让该进程等待。在该进程的等待期间,它并未占有任何资源,因而也摒弃了保持条件,从而可以避免发生死锁。

通过摒弃"请求与保持"条件来预防死锁的方法简单,易于实现且很安全。然而也存在一些问题。其一是资源被严重浪费,因为一个进程是一次性地获得其整个运行过程所需的全部资源的,且独占资源,其中可能有些资源利用率极低,甚至在整个运行期间都未使用,这就严重地降低了系统资源的利用率。其二是使进程延迟运行,只有当进程获得了其所需的全部资源后,才能开始运行。然而有些资源已长期被其他进程占用,这可能致使等待该资源的进程迟迟不能运行。其三是有些进程是交互式的,它在运行之前并不能够完全确定所需要的所有资源。

2. 摒弃"不剥夺"条件

为摒弃"不剥夺"条件,系统规定进程逐个提出对资源的请求。当一个已经保持了某些资源的进程再提出新的资源请求而不能立即得到满足时,必须释放它已经保持了的所有资源,待以后需要时再重新申请。这意味着某一进程已经占有的资源在运行过程中会被抢占或者剥夺,从而摒弃了"不剥夺"条件。

摒弃"不剥夺"条件虽然可以预防死锁,然而也存在一些问题。首先,这种预防方法实现起来比较复杂且要付出很大的代价。因为一个资源在使用一段时间后,被迫释放可能会造成前段工作的失效,即使是采取了某些防范措施,也还会使进程前后两次运行不连续。其次,这种策略还可能因为反复地申请和释放资源,致使进程的执行被无限地推迟,这不仅延长了进程的周转时间,而且也增加了系统开销,降低了系统吞吐量。

3. 摒弃"循环等待"条件

为摒弃"循环等待"条件,系统规定将所有资源按类型进行排序,并赋予不同的序号。

---

① J. W. Havender. *Avoiding Deadlock in Multitasking Systems*. IBM Systems Journal,Volume 7,Number 2 (1968),pages 74-84.

例如,令输入机的序号为 1,打印机的序号为 2,磁带机为 3,磁盘为 4 等。所有进程对资源的请求必须严格按照资源序号递增的次序提出,这样,进程与资源的请求序列不可能出现环路,因而摒弃了"循环等待"条件。

通过采用摒弃"循环等待"条件的预防方法,使得总有一个进程占据了较高序号的资源,此后它继续申请的资源必然是空闲的,因而进程可以一直向前推进。这种预防死锁的策略与其他策略相比较,其资源利用率和系统吞吐量都有较明显的改善。不过,该方法仍然存在一些问题。一方面,为系统中各类资源所分配的序号必须相对稳定,这就限制了新类型设备的增加。另一方面,尽管在为资源的类型分配序号时,已经考虑到大多数进程在实际使用这些资源时的顺序,但如果进程使用各类资源的顺序与系统规定的顺序不同,也会造成对资源的浪费。例如,某进程先用磁带机,后用打印机,但按系统规定,该进程应先申请打印机而后申请磁带机,从而致使打印机长时间闲置。

4.5.4　避免死锁

与预防死锁的方法所不同,避免死锁不会施加过多的限制条件,也不太干涉系统的正常运行,从而有可能获得令人满意的系统性能。避免死锁的方法通常将系统的状态划分为安全状态和不安全状态,只要能使系统始终都处于安全状态,便可避免发生死锁。

1. 系统安全状态

在避免死锁的方法中,允许进程动态地申请资源,但系统在进行资源分配之前,应先计算此次资源分配的安全性。若此次分配不会导致系统进入不安全状态,则将资源分配给进程。否则对于不满足进程的资源请求,就令进程等待。

所谓安全状态,是指系统能按某种进程顺序 P_1, P_2, …, P_n,为每个进程 P_i 分配其所需资源,直至满足每个进程对资源的最大需求,使每个进程都可顺利完成,将 $<P_1$, P_2, …, $P_n>$ 序列称为安全序列。如果系统无法找到这样一个安全序列,则系统处于不安全状态。当系统进入不安全状态后,便有可能进入死锁状态。反之,只要系统处于安全状态,系统便可避免死锁。因此,避免死锁的实质在于系统在进行资源分配时,如何使系统不进入不安全状态。

【例 4.7】　系统安全性检测与安全序列。[①]

假定系统中有三个进程 P_1、P_2 和 P_3,共有 12 台磁带机。进程 P_1 总共要求 10 台磁带机,P_2 和 P_3 分别要求 4 台和 9 台。假设在 T_0 时刻,进程 P_1、P_2 和 P_3 已分别获得 5 台、2 台和 2 台磁带机,尚有 3 台空闲未分配,资源分配情况如图 4.14 所示。

进程	最大需求	已分配	资源可用
P_1	10	5	3
P_2	4	2	
P_3	9	2	

图 4.14　资源分配情况

---

① 汤小丹、梁红兵、哲凤屏、汤子瀛,《计算机操作系统(第四版)》,西安电子科技大学出版社,2014 年,第 111 页.

此时,假设将可用的资源即 3 台磁带机分配给 P_2,那么 P_2 便能顺利完成,然后回收资源,可用资源便成 5 台,将这 5 台分配给 P_1,这样 P_1 也能顺利完成,最后回收资源,此时可用资源变成 10 台,这样就能使得 P_3 顺利完成,通过这种调度,形成了 $P_2 \rightarrow P_1 \rightarrow P_3$ 的安全序列,即 $<P_2,P_1,P_3>$。

2. 银行家算法

戴克斯特拉(Dijkstra)银行家算法是最有代表性的避免死锁算法。该算法因可用于银行系统现金贷款的发放而得名。

1) 数据结构

假设系统中有 n 个进程,记为 $P_1,P_2,\cdots,P_n$,m 类资源,记为 $R_1,R_2,\cdots,R_m$。为实现银行家算法,系统中必须设置若干数据结构。

(1) 可利用资源向量 Available。可利用资源向量 Available 是一个 m 元数组,其中的每一个元素代表一类可利用的资源数目,其初始值是系统中所配置的该类全部可用资源的数目,其数值随该类资源的分配和回收而动态地改变。如果 Available$[j]=K$,则表示系统中现有可用的 R_j 类资源数目为 K。

(2) 最大需求矩阵 Max。最大需求矩阵 Max 是一个 $n \times m$ 的矩阵,它定义了系统中 n 个进程中的每一个进程对 m 类资源的最大需求。如果 Max$[i][j]=K$,则表示进程 i 需要 R_j 类资源的最大数目为 K。

(3) 分配矩阵 Allocation。分配矩阵 Allocation 是一个 $n \times m$ 的矩阵,它定义了系统中每一类资源当前已分配给每一进程的资源数。如果 Allocation$[i][j]=K$,则表示进程 P_i 当前已分得 R_j 类资源的数目为 K。

(4) 需求矩阵 Need。需求矩阵 Need 是一个 $n \times m$ 的矩阵,用以表示每一个进程尚需的各类资源数。如果 Need$[i][j]=K$,则表示进程 P_i 还要 K 个 R_j 类资源,才能完成其任务。

最大需求矩阵 Max、分配矩阵 Allocation 与需求矩阵 Need 间存在下述关系:

$$\text{Need}[i][j]=\text{Max}[i][j]-\text{Allocation}[i][j]$$

2) 资源分配

假设 Request 是 $n \times m$ 的矩阵,它定义了系统中 n 个进程中每个进程对 m 类资源的请求情况。其中 Request$[i]$ 表示进程 P_i 的请求向量,如果 Request$[i][j]=K$,表示进程 P_i 请求 K 个 R_j 类型的资源。当 P_i 发出资源请求后,系统按下述步骤进行检查:

步骤一:如果 Request$[i][j] \leqslant$ Need$[i][j]$,便转向步骤二。否则认为出错,因为它所需要的资源数已超过它所需的最大值。

步骤二:如果 Request$[i][j] \leqslant$ Available$[j]$,便转向步骤三。否则,表示尚无足够资源,P_i 须等待。

步骤三:系统尝试把资源分配给进程 P_i,并修改下面数据结构中的数值:

$$\text{Available}[j] := \text{Available}[j] - \text{Request}[i][j]$$
$$\text{Allocation}[i][j] := \text{Allocation}[i][j] + \text{Request}[i][j]$$
$$\text{Need}[i][j] := \text{Need}[i][j] - \text{Request}[i][j]$$

步骤四:系统执行安全性检测过程,检查此次资源分配后系统是否处于安全状态。

若安全,才正式将资源分配给进程 P_i,以完成本次分配。否则,取消本次的尝试分配,恢复原来的资源分配状态,并让进程 P_i 等待。

3）安全性检测算法

步骤一:初始化。系统在执行安全性检测时需要增加两个数据结构,并进行相应初始化工作。

(i)工作向量 Work。工作向量 Work 是 m 元数组,它表示系统可提供给进程继续运行所需的各类资源数目。在执行安全算法的初始化过程中将 Available 向量赋予 Work 向量,即 Work:=Available。

(ii)完成向量 Finish。完成向量 Finish 是一个 n 元的布尔数组,它表示系统是否有足够的资源分配给进程,使之运行完成。初始化时将数组中所有元素赋值为 False,即 Finish[i]:=False。当有足够资源分配给进程时,再令 Finish[i]:=True。

步骤二:从进程集合中找到一个能满足下述条件的进程:

$$(\text{Finish}[i]==\text{False}) \wedge (\text{Need}[i][j] \leqslant \text{Work}[j])$$

若找到,执行步骤三;否则执行步骤四。

步骤三:当进程 P_i 获得资源后,可顺利执行,直至完成,并释放出分配给它的资源,因此执行:

$$\text{Work}[j]:=\text{Work}[j]+\text{Allocation}[i][j]$$
$$\text{Finish}[i]:=\text{True}$$

执行完后,转向步骤二。

步骤四:如果所有进程的 Finish[i] 都为 True,则表示系统处于安全状态,否则,系统处于不安全状态。

【例 4.8】 银行家算法示例。[①]

假设系统中有 5 个进程,分别为 P_0、P_1、P_2、P_3 与 P_4,此外还有三类资源,分别为 A、B 与 C,A、B、C 三类资源的数量分别为 10、5、7,在 T_0 时刻的资源分配情况如图 4.15 所示。

资源 进程	Max			Allocation			Need			Available		
	A	B	C	A	B	C	A	B	C	A	B	C
P_0	7	5	3	0	1	0	7	4	3	3	3	2
P_1	3	2	2	2	0	0	1	2	2			
P_2	9	0	2	3	0	2	6	0	0			
P_3	2	2	2	2	1	1	0	1	1			
P_4	4	3	3	0	0	2	4	3	1			

图 4.15 T_0 时刻系统的状态

那么,请回答如下问题($T_0 < T_1 < T_2 < T_3$)。

(1) 请检测 T_0 时刻系统的安全性。

---

① 汤小丹、梁红兵、哲凤屏、汤子瀛,《计算机操作系统(第四版)》[M]. 西安:西安电子科技大学出版社,2014年,第113-114页.

（2）在 T_1 时刻，P_1 发出请求向量（1，0，2），请问系统是否应该响应该请求（提示：根据银行家算法进行判定，如果响应后系统仍处于安全状态，便响应，否则不予响应）？

（3）在 T_2 时刻，P_4 发出请求向量（3，3，0），请问系统是否应该响应该请求？

（4）在 T_3 时刻，P_0 发出请求向量（0，2，0），请问系统是否应该响应该请求？

【答】

（1）请检测 T_0 时刻系统的安全性。

利用安全性算法对 T_0 时刻的资源分配情况进行分析，具体情形见图 4.16。通过图 4.16，可以发现在 T_0 时刻存在着一个安全序列 $P_1 \rightarrow P_3 \rightarrow P_4 \rightarrow P_2 \rightarrow P_0$（< P_1，P_3，P_4，P_2，P_0 >），故系统是安全的。

资源 进程	Work			Need			Allocation			Work＋Allocation			Finish
	A	B	C	A	B	C	A	B	C	A	B	C	
P_1	3	3	2	1	2	2	2	0	0	5	3	2	True
P_3	5	3	2	0	1	1	2	1	1	7	4	3	True
P_4	7	4	3	4	3	1	0	0	2	7	4	5	True
P_2	7	4	5	6	0	0	3	0	2	10	4	7	True
P_0	10	4	7	7	4	3	0	1	0	10	5	7	True

图 4.16　T_0 时刻系统的安全性状态

（2）在 T_1 时刻，P_1 发出请求向量（1，0，2），请问系统是否应该响应该请求？

根据银行家算法，首先判定其资源请求是否合理，由于

$$（Request[1] \leqslant Need[1]） \wedge （Request[1] \leqslant Available）$$

因此，资源请求在所需求和可用的资源范围内。

然后，系统先尝试可为 P_1 分配资源，并修改 Available、Allocation 和 Need 矩阵，由此形成的资源变化情况如图 4.17 所示。

资源 进程	Max			Allocation			Need			Available		
	A	B	C	A	B	C	A	B	C	A	B	C
P_0	7	5	3	0	1	0	7	4	3	2	3	0
P_1	3	2	2	3	0	2	0	2	0			
P_2	9	0	2	3	0	2	6	0	0			
P_3	2	2	2	2	1	1	0	1	1			
P_4	4	3	3	0	0	2	4	3	1			

图 4.17　T_1 时刻系统尝试资源分配的状况图

利用安全性检测算法检测此时系统是否安全。T_1 时刻系统的安全性状态如图 4.18 所示。

资源 进程	Work			Need			Allocation			Work＋Allocation			Finish
	A	B	C	A	B	C	A	B	C	A	B	C	
P_1	2	3	0	0	2	0	3	0	2	5	3	2	True
P_3	5	3	2	0	1	1	2	1	1	7	4	3	True
P_4	7	4	3	4	3	1	0	0	2	7	4	5	True
P_0	7	4	5	7	4	3	0	1	0	7	5	5	True
P_2	7	5	5	6	0	0	3	0	2	10	5	7	True

图 4.18 T_1 时刻系统的安全性状态

由所进行的安全性检测可知,可以找到一个安全序列 $P_1 \rightarrow P_3 \rightarrow P_4 \rightarrow P_0 \rightarrow P_2$ ($<P_1$, P_3, P_4, P_0, $P_2>$)。因此系统是安全的,可以立即将 P_1 所申请的资源分配给它。

(3) 在 T_2 时刻, P_4 发出请求向量(3,3,0),请问系统是否应该响应该请求?

在 T_2 时刻,资源的状况图应该如图 4.17 所示。根据银行家算法,首先判定其资源请求是否合理。

Request[4]≤Need[4],然而 Request[4]＞Available。由于 P_4 请求的资源已经超出了系统可用的资源,因此不能满足 P_4 的请求, P_4 进入等待。

(4) 在 T_3 时刻, P_0 发出请求向量(0,2,0),请问系统是否应该响应该请求?

根据银行家算法,首先判定其资源请求是否合理。由于

$$(Request[0]≤Need[0]) \wedge (Request[0]≤Available)$$

P_0 请求在所需求和可用的资源范围内。

系统暂时先尝试为 P_0 分配资源,并修改有关数据,如图 4.19 所示。

资源 进程	Max			Allocation			Need			Available		
	A	B	C	A	B	C	A	B	C	A	B	C
P_0	7	5	3	0	3	0	7	2	3	2	1	0
P_1	3	2	2	3	0	2	0	2	0			
P_2	9	0	2	3	0	2	6	0	0			
P_3	2	2	2	2	1	1	0	1	1			
P_4	4	3	3	0	0	2	4	3	1			

图 4.19 T_3 时刻系统尝试资源分配的状况图

利用安全性检测算法检测此时系统是否安全。在安全性检测中发现可用资源 Available 已不能满足任何进程的需要,故系统进入不安全状态,此时系统不响应 P_0 请求, P_0 进入等待。

4.5.5 死锁的检测和恢复

如果不采取预防或者避免方法,系统便有可能出现死锁。为此,系统应该提供如下两个算法:第一个是用于检查并判定系统是否出现死锁的算法;第二个是从死锁中恢复的

算法。

1. 死锁检测

【**定义 4.1**】 资源分配图 G。

资源分配图 G＝＜V，E＞，其中 V 代表顶点集合，E 代表边集合。

顶点集合 V＝＜P，R＞，其中 P＝{P_1，P_2，…，P_n} 是系统的资源分配单位（例如，进程或线程），R＝{R_1，R_2，…，R_m} 是系统的资源。

边集合 E＝＜RE，AE＞，所有的边都是有向边，其中 RE 表示请求边，是由 P 中的成员指向 R 中的成员。AE 是分配边，是由 R 中的成员指向 P 中的成员。

对于某个资源分配图 G_1，如果图中不包含任何闭环（环路），那么系统中的进程并没有死锁。如果图中包含闭环，那么系统中可能存在死锁。

如果每个资源类型只有一个实例，那么闭环的存在蕴含着出现了死锁。如果闭环中所涉及的资源都是单实例的，那么也出现了死锁。在闭环中所有的进程都死锁。在这种情形下，资源分配图中的闭环是死锁存在的充要条件。

如果每个资源类型有多个实例，那么闭环的出现并不一定蕴含着死锁的出现。在这种情形下，资源分配图中的闭环是死锁出现的必要但非充分条件。

【**例 4.9**】 单实例资源分配图示例。

在图 4.20 中，P＝{P_1，P_2，P_3，P_4}，R＝{R_1，R_2，R_3，R_4}，RE＝{(P_2，R_1)，(P_3，R_2)，(P_4，R_3)}，AE＝{(R_1，P_2)，(R_2，P_3)，(R_3，P_4)}。

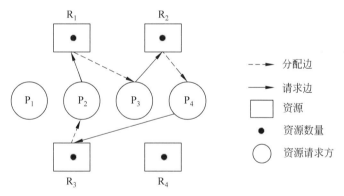

图 4.20 资源分配图示例

由于每个资源类型都只有一个实例，在资源分配图中，存在一个 $P_2 \rightarrow R_1 \rightarrow P_3 \rightarrow R_2 \rightarrow P_4 \rightarrow R_3 \rightarrow P_2$ 闭环。因此，该系统存在死锁，同时 P_2、P_3 和 P_4 都处于死锁状态。

【**例 4.10**】 多实例资源分配图示例。

一个系统具有 4 个进程，分别为 P_1、P_2、P_3 和 P_4，两类资源 R_1 和 R_2，同时资源 R_1 有 2 个实例，R_2 有 3 个实例。假定：

(1) P_1 请求 R_2 的 2 个实例和 R_1 的 1 个实例。

(2) P_2 持有 R_1 的 2 个实例和 R_2 的 1 个实例。

(3) P_3 持有 R_2 的 1 个实例。

(4) P_4 请求 R_1 的 1 个实例。

请给出系统的资源分配图。并回答系统处于死锁吗？如果是，涉及哪些进程？

系统的初始资源分配如图 4.21 所示。

由于 P_2 不再请求任何资源，因此假设 P_2 顺利执行完毕后，系统的资源分配如图 4.22 所示。

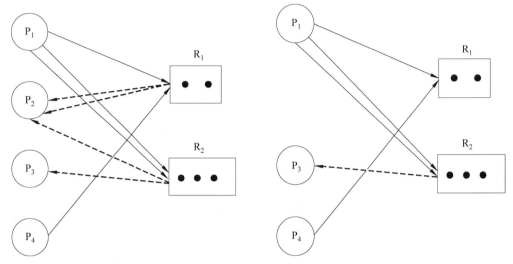

图 4.21　系统的初始资源分配图　　　　图 4.22　P_2 执行完毕后的资源分配图

同理，P_3 也可以完成执行。当 P_3 执行完毕后，系统的资源分配如图 4.23 所示。

此时，系统只剩下 P_1 和 P_4 两个进程。P_1 请求 1 个 R_1、2 个 R_2，而 P_4 请求 1 个 R_1。随着 P_2 和 P_3 执行完毕，顺利将资源返回，那么此时 R_1 的资源数为 2，R_2 的资源数为 3。因此，如果让 P_1 先执行，它能够获得它所需要的资源，因此，P_1 也能够顺利执行完毕。当 P_1 执行完毕后，系统的资源分配如图 4.24 所示。

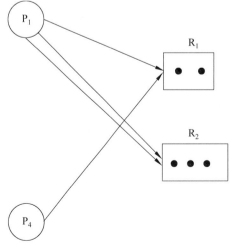
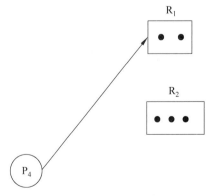

图 4.23　P_3 执行完毕后的资源分配图　　　　图 4.24　P_1 执行完毕后的资源分配图

显然，P_4 能够获得所需资源并顺利执行完毕。因此，系统不处于死锁状态。

2. 死锁的恢复

当检测算法发现存在进程死锁时，有几种处理方式：一种方式是将死锁通知管理员，由管理员手动解除死锁并进行相应的恢复操作；另一种方式便是系统自动从死锁中恢复。解除死锁也有两种方式：一种方式是终止一个或者多个死锁的进程，从而解除循环等待；另一种方式便是从一个或者多个死锁进程中剥夺资源。

（1）终止进程。当出现死锁时，可以终止进程来解除死锁。终止进程可采取两种方式。一种是终止所有死锁的进程。这种方法将解除死锁，但是代价有些大。死锁的进程可能已经运算了很长的时间，必须丢弃已经产生的部分结果，且需要重新计算。另一种方式是一次终止一个死锁进程，直到解除了死锁的环路为止。这种方法也会带来一些额外的开销，因为每终止一个进程，都需要使用死锁检测算法来判定系统中是否还存在死锁闭环。

终止一个进程可能并不那么容易。如果进程正处于更新一个文件的过程中，那么终止该进程将使得该文件处于一个不正确的状态中。同样地，如果进程正处于在打印机上打印数据的过程中，那么打印机在打印下一个任务之前必须重置。

如果采用部分终止的方法，那么必须确定应该终止哪个死锁的进程。这种判定是一个决策过程。决策的依据应该是选择终止的进程对系统带来的代价最小。不幸的是，最小代价并不精确，其中还需要考量其他因素，例如：

- 进程的优先级是多少？
- 进程已经进行了多长时间的计算，完成指定任务还需要花费多长时间？
- 进程已经使用了多少资源，使用了什么类型的资源（例如，资源是否易于剥夺）？
- 为了完成运行，进程尚需要多少资源？
- 需要终止多少进程？
- 进程是交互式的，还是批处理式的？

（2）剥夺资源。使用剥夺资源来解除死锁，就必须从进程中连续剥夺资源，并将所剥夺的资源分配给其他进程，直到解除死锁闭环为止。

如果需要采用剥夺资源来解除死锁，需要处理三方面的问题。

- 选择一个牺牲者。应该抢占或者剥夺哪个进程的哪个资源？正如在终止进程中所考量的一样，必须确定剥夺的顺序从而使得代价最小。代价因素包括死锁进程所保持的资源数量以及进程所消耗的时间等。
- 回滚。如果从某个进程中剥夺资源，那么对该进程仍需做些什么？显然，进程不能够正常运行，它缺少了一些所需的资源。必须将进程回滚到某个安全状态，并从该状态开始重启。然而一般而言，要确定安全状态是非常困难的，简单的办法是完全回滚，即终止进程，并重启进程。尽管将进程回滚到解除死锁即可的状态是最有效率的，然而这种方法需要系统保存关于所有进程状态的更多信息。
- 饥饿。如何确保不会出现饥饿？即如何保证并不总是从同一个进程那里抢占或者剥夺资源？

　　在一个系统中,牺牲者的选择主要基于代价因素,有可能出现总是选择同一个进程作为牺牲者的情形。如果这样的话,进程将不能完成它的任务,这就出现了饥饿情形。显然,必须确保一个进程能够作为牺牲者的次数是有限的。最常用的方法是在代价因素中考虑回滚次数。

　　总结前面提到的各种处理死锁的方法,可以将预防、避免以及检测死锁的三类方法做一个优劣势对比分析,具体如表 4.1 所示。

表 4.1　不同死锁处理方式的优劣势对比分析

方法	资源分配策略	具体模式	主 要 优 势	主 要 劣 势
预防	资源预留; 不承诺资源	摒弃"请求与保持"条件	对于单个行为模式的进程而言非常有效; 不需要抢占与剥夺	效率低; 延迟进程初始化; 必须提前知道进程的未来需求
		摒弃"不剥夺"条件	对于状态能够保存并易于恢复的资源而言是有效的	过多的抢占; 容易出现循环重启
		摒弃"循环等待"条件	可在编译时进行检测; 不需要进行运行时计算,在系统设计时就能解决	资源可能未充分利用; 不允许增量式资源请求
避免	介于预防与检测中间	发现至少存在一个安全序列	没有不必要的抢占	必须提前知道未来的资源需求; 进程可能长时间阻塞
检测	非常自由; 尽可能满足资源的请求	周期性调用死锁检测	不耽误进程的初始化; 便于在线处理	抢占资源所产生的内在损耗

　　从资源分配策略上来看,预防死锁方法在资源分配策略上最为严格,而死锁检测方法在资源分配策略上最为自由。预防死锁通常需要提前预留资源,并对资源有着比较强的约束,而死锁检测通常是在可能的情况下都尽可能地满足进程资源请求。在资源分配策略方面,避免死锁的方法介于预防死锁和死锁检测中间,采取审慎分配的方式。

　　从优劣势来看,摒弃"请求与保持"条件的预防方法的最大优势是不需要抢占与剥夺,而其主要劣势是效率低下。摒弃"不剥夺"条件的预防方法的最大优势是处理死锁的方式简单,而其主要劣势是过多的抢占容易导致进程反复重启。摒弃"循环等待"条件的预防方法的最大优势是编译时便可进行检测,而其主要劣势是资源利用率不高。避免方法的最大优势是不会出现不必要的抢占,而其主要劣势是进程可能会出现长时间阻塞的情况。检测方法的最大优势是完全不干涉系统的正常运行,而其主要劣势是剥夺资源会产生一些内在损耗。

本 章 小 结

现代操作系统的一个典型特征是进程的抽象,在操作系统中抽象出进程的一个核心目的在于实现多道程序设计,而多道程序设计关键特性在于进程的并发。

进程并发所带来的益处不用多说,然而一个硬币总有其两面。并发在带来效率提升的同时,也引发了一些问题,例如竞争性、公平性、复杂性和不确定性等。这些问题中比较典型的现象包括竞争条件、死锁和优先级反转等。

竞争条件指的是电子、软件或者其他系统的行为,其结果依赖于推进的顺序或者其他不可控事件的时机。在历史上,由于竞争条件已经引发了多起重大的事故,有的涉及重大经济损失,有的甚至导致人员伤亡。可以说,识别并尽可能地避免竞争条件是现代软件工程中必须认真且严肃对待的一个问题。

优先级反转问题指的是两个具有不同优先级的进程,其中一个高优先级任务被低优先级任务间接抢占,从而将两个进程的相对优先级做了一个反转。

相比于竞争条件和优先级反转,死锁则是一个更为普遍的现象。死锁的研究涉及其必要条件以及预防、避免和检测与恢复死锁的方法。预防死锁通过摒弃一个或者多个必要条件来实现。避免死锁则主要采用银行家算法进行操作。检测与恢复死锁关键在于死锁的发现以及通过剥夺资源来恢复进程的运行。

在研究领域,死锁的研究应该是一个经典问题。近期对死锁问题的研究包括死锁免疫[1]。死锁免疫的主要思想是当死锁出现的时候,应用程序探测到死锁,然后保存死锁的"签名",从而在未来运行过程中避免出现同样的死锁。另外,也有研究使用并发控制来确保死锁不会出现[2]。另一个研究方向是尝试并探测死锁。皮拉(Pyla)和瓦拉达拉金(Varadarajan)等人提出新的死锁探测方法[3]。邢科义等人描述了对于自动制造系统的死锁控制系统[4]。他们使用 Petri 网为系统建模,从而寻找允许死锁控制的充要条件。此外,还有很多关于分布式死锁探测的研究,尤其是在高性能计算领域。例如,在基于死锁探测的调度领域有丰富的研究。希尔布里希(Hilbrich)等人描述了信息传递接口(MPI)的运行时死锁探测方法[5]。

---

① Jula H, Tozun P, Candea G. *Communix*: *A framework for collaborative deadlock immunity* [C]// Dependable Systems & Networks (DSN), 2011 IEEE/IFIP 41st International Conference on. IEEE, 2011.

② Marino D, Hammer C, Dolby J, et al. *Detecting deadlock in programs with data-centric synchronization* [C]//International Conference on Software Engineering. IEEE, 2013.

③ Pyla H K, Varadarajan S. *Transparent runtime deadlock elimination* [C]//International Conference on Parallel Architectures & Compilation Techniques. IEEE, 2012.

④ Wu Y, Xing K, Luo J, et al. *Robust deadlock control for automated manufacturing systems with an unreliable resource* [J]. Information Sciences, 2016: S0020025516000839.

⑤ Hilbrich T, Supinski B R D, Nagel W E, et al. *Distributed wait state tracking for runtime MPI deadlock detection* [J]. 2013.

习　题

1. 有以下陈述："并发性不会对应用程序提供任何加速,因此它只会增加调度开销。"你是否同意? 请给出你的理由。

2. 一个并发程序包含一个共享变量 x,它出现在如下代码段中:

```
if(x<c)
    y=x;
else
    y=x+10;
printf("%d,%d",x, y);
```

该程序具有竞争条件吗? 给出你的理由。

3. 两个并发进程共享一个数据项 sum,它初始值为 0。每个进程包含一个执行 50 次的循环,循环体为:

$$sum = sum + 1$$

如果 sum 上没有其他的操作,请给出当两个进程执行完毕后,sum 可能的值的上限和下界。

4. 竞争条件在许多计算机系统中都有可能出现。考虑一个银行系统,它有两个函数来维护账户余额:deposit(amout)和 withdraw(amout)。这两个函数分别执行存款和取款操作,参数为具体的额度。假设一对夫妇共享一个银行账号。丈夫调用存款操作 withdraw(amout),而妻子调用取款操作 deposit(amout)。请问在这种情形下是否会出现竞争条件? 如果会出现,请描述具体的场景以及如何避免竞争条件的发生。

5. 何谓死锁? 产生死锁的原因和必要条件是什么?

6. 请列出书上未提及的 5 个以上的死锁例子。

7. 某计算机系统中有 8 台打印机,有 K 个进程竞争使用,每个进程最多需要 3 台打印机。该系统可能会发生死锁的 K 的最小值是( )。

A. 2 B. 3 C. 4 D. 5

8. 假设 n 个进程 $P_1,\cdots,P_n$ 共享 m 个相同的资源,一次只能够保留或者释放 1 个单元的资源。进程 P_i 最大的资源需求为 S_i,其中 $S_i>0$。下述确保死锁不会发生的充分条件是( )。

A. $\forall i, S_i < m$ B. $\forall i, S_i < n$

C. $\sum_{i=1}^{n} S_i < (m+n)$ D. $\sum_{i=1}^{n} S_i < (m * n)$

9. 某系统有 R_1、R_2 和 R_3 共 3 种资源,在 T_0 时刻 P_1、P_2、P_3 和 P_4 这 4 个进程对资源的占用和需求情况如下表所示,此刻系统的可用资源向量为(2,1,2)。

	最大需求			当前已分配		
	R_1	R_2	R_3	R_1	R_2	R_3
P_1	3	2	2	1	0	0
P_2	6	1	3	4	1	1
P_3	3	1	4	2	1	1
P_4	4	2	2	0	0	2

请回答下述问题。

（1）将系统中各种资源总数和此刻各进程对各资源的需求数目用向量或矩阵表示出来。

（2）如果此时 P_1 和 P_2 均发出资源请求向量 Request(1，0，1)，为了保持系统安全性，应该如何分配资源给这两个进程？说明你所采用策略的原因。

（3）如果（2）中两个请求立刻得到满足后，系统此刻是否处于死锁状态？

10. 假设一个计算机系统每个月会运行 5000 个作业，同时没有任何死锁预防和死锁避免措施。每个月平均会出现 2 次死锁，每次死锁操作员必须终止并重新运行大约 10 个作业。每个作业价值 20 元（以 CPU 算力计算），当作业被强制终止的时候，大约执行了一半。

一个系统程序员做了一个估算，在系统上安装一个死锁避免算法（例如，银行家算法）会为每个作业增加 10% 的执行时间。由于当前计算机 30% 的时间处于空闲状态，因此每个月仍然能够运行 5000 个作业，平均周转时间增加 20% 左右。

（1）支持安装死锁避免算法的论点是什么？

（2）反对安装死锁避免算法的论点是什么？

系统能够检测到它的进程正处于饥饿吗？如果能，请解释原因。如果不能，解释系统如何处理饥饿问题？

11. 考虑下述资源分配策略。允许进程随时请求或者释放资源。如果资源不可获得，从而不能满足资源请求，便会检测所有因等待资源而阻塞的进程。如果一个阻塞的进程具有所期望的资源，那么便从它那里剥夺这些资源，并分配给请求资源的进程。阻塞进程所等待的资源向量中会增加它刚才被剥夺的资源。

例如，一个系统具有三种资源类型，向量 Available 初始化为（4，2，2）。如果进程 P_0 请求（2，2，1），它获得相应资源。如果进程 P_1 请求（1，0，1），它也获得相应资源。然后进程 P_0 请求（0，0，1），它便阻塞了（没有可用的资源）。如果 P_2 现在请求（2，0，0），它获得可用的（1，0，0），并从阻塞的 P_0 那里获得（1，0，0）。同时，P_0 的分配向量修改为（1，2，1），而需求矩阵增加为（1，0，1）。

（1）这种分配策略会出现死锁吗？如果回答"会"，请给出一个例子。如果回答"不会"，请描述原因。

（2）这种分配策略会出现饥饿吗？请给出你的理由。

12. 有可能出现只涉及一个单线程进程的死锁吗？请给出你的理由。

13.考虑下面的一个系统,当前不存在未满足的请求。

当前可用矩阵如下:

R_1	R_2	R_3	R_4
2	1	0	0

当前资源分配状况如下:

资源\n进程	当前分配				最大需求				仍需求			
	R_1	R_2	R_3	R_4	R_1	R_2	R_3	R_4	R_1	R_2	R_3	R_4
P_1	0	0	1	2	0	0	1	2				
P_2	2	0	0	0	2	7	5	0				
P_3	0	0	3	4	6	6	5	6				
P_4	2	3	5	4	4	3	5	6				
P_5	0	3	3	2	0	6	5	2				

请回答下述问题:

(1) 计算每个进程仍然可能需要的资源,并填入标为"仍需求"的列中。

(2) 系统当前处于安全状态还是不安全状态?请给出理由。

(3) 系统当前是否处于死锁状态,为什么?

(4) 哪个进程(如果存在)是死锁的或可能变成死锁的?

(5) 如果 P_3 的请求(0,1,0,0)到达,是否可以立即安全地同意该请求?在什么状态(死锁、安全、不安全)下可以立即同意系统剩下的全部请求?如果立即同意全部请求,哪个进程(如果有)是死锁的或可能变成死锁的?

14. 考虑下列处理死锁的方法:

(1) 银行家算法。

(2) 死锁检测并杀死线程,释放所有资源。

(3) 事先保留所有资源。

(4) 如果线程需要等待,则重新启动线程并且释放所有的资源。

(5) 资源排序。

(6) 重新执行检测死锁并退回线程的动作。

评价解释死锁的不同方法使用的一个标准是哪种方法允许最大的并发。换言之,在没有死锁时,哪种方法允许最多数目的线程无需等待即可继续前进?对所列出的6种处理死锁的方法,给出从1到6的一个排序(1表示最大的程序并发数量),并解释你的排序。

另一个标准是效率,哪种方法需要最小的处理器开销?假设死锁很少发生,从1到6给出各种方法的一个排序(1表示最高效),并解释这样排序的原因。如果死锁发生得很频繁,你的顺序需要改变吗?

第5章

进程间通信

在并发程序设计环境下,不影响其他进程也不被其他进程所影响的进程称为独立进程(Independent Process),反之,影响其他进程或者被其他进程影响的进程则称为合作进程(Cooperating Process)。如果进程之间各自为政,老死不相往来,那么计算机世界将会完全不同。合作进程需要有一种进程之间的数据和信息交换方式。例如,在一个 shell 管道中,第一个进程的输出必须传送到第二个进程,这样沿着管道传递下去。类似这种数据和信息交换方式称为进程间通信(Inter-Process Communication,IPC)机制。

在 IPC 中,主要会涉及三类问题:第一,一个进程如何能够将信息传递给另一个进程。第二,如何确保两个或者多个进程彼此互不干扰。第三,当出现了一些依存性的时候,如何确保进程之间遵从合理的顺序执行。例如,如果进程 A 产生数据,进程 B 将这些数据打印出来,那么进程 B 必须等到进程 A 已经产生完数据之后才开始打印。

总体来说,可以将 IPC 大致划分为三类,即互斥、同步与消息传送。

第一类要保证两个或多个进程在涉及临界活动时不会彼此影响。这一类问题也称为互斥问题。

第二类涉及存在依赖关系时进行适当的排序。如果进程 A 产生数据,进程 B 打印数据,则 B 在开始打印之前必须等到 A 产生了一些数据为止。这一类问题也称为同步问题。

第三类是一个进程如何向另一个进程传送信息。这一类问题也称为消息传送。在消息传送中,又可以分为异步消息传送与同步消息传送。所谓"异步消息传送"指的是发送者将信息发送给接收者,但并不考虑接收者是否准备好接收。当发送者发送信息之后,就继续执行它的其他工作。如果接收者还没有准备好接收信息,那么便将所发送的信息放置于一个队列中供接收者以后来检索。发送者和接收者彼此异步运行,也对彼此的状态不做任何预设。所谓"同步消息传送"指的是发送者和接收者除信息交换之外,彼此还进行同步。发送者和接收者彼此同步,并彼此免于同步冲突。如果某个行为 a 需要在另一个行为 b 之后发生,那么行为 a 便会挂起,直到行为 b 完成之后。

5.1 临界区与互斥

系统中同时存在许多进程,它们共享各种资源,然而有许多资源在某一时刻只能允许一个进程使用。为了避免两个或多个进程同时访问打印机和磁带机等硬件设备以及变量和队列等数据结构这类资源,必须将它们保护起来。我们把某个时刻至多只能允许一个进程使用的资源称为临界资源(Critical Resource)。而访问临界资源的代码部分称为临界区(Critical Region)或临界段(Critical Section)①。

互斥与进程并发紧密相关。正如第 4 章所介绍的,竞争条件是进程并发的一个典型问题,它也是互斥所要面对的典型问题之一。

【例 5.1】 一个典型的竞争条件示例。

图 5.1 所示的程序是一个竞争条件的典型示例。程序创建了两个线程 p 和 q,两个线程的操作是相同的,都是对一个共享变量 cnt 做加 1 操作,该操作循环 1 百万次。共享变量 cnt 的初值为 0,如果正常运行,那么等待两个线程都运行结束之后,cnt 的值应该为 2 百万。然而,运行之后,我们发现结果并非如此。

```
#include<pthread.h>
#include<semaphore.h>
#include<stdio.h>
#include<stdlib.h>
#define NITER 1000000
int cnt=0;
void * criticalSection()
{
    int tmp;
    tmp=cnt;      /* 将全局变量 cnt 局部复制到 tmp 中 */
    tmp=tmp+1;    /* 增加局部变量 tmp 值 */
    cnt=tmp;      /* 将局部变量的值存储到全局变量 cnt 中 */
}
void * p(void * a)
{
    int i;
    for(i=0;i<NITER;i++)
        criticalSection();
}
void * q(void * a)
{
    int i;
    for(i=0;i<NITER;i++)
        criticalSection();
}
int main(int argc, char * argv[])
{
  pthread_t tid1, tid2;
  if(pthread_create(&tid1, NULL, p, NULL)){
    printf("\n ERROR creating thread 1");
    exit(1);
  }
  if(pthread_create(&tid2, NULL, q, NULL)){
    printf("\n ERROR creating thread 2");
    exit(1);
  }
```

图 5.1　一个具有竞争条件的程序示例

---

①　临界段的概念最早由艾兹赫尔·韦伯·戴克斯特拉(Edsger Wybe Dijkstra)在《合作顺序进程》一文中提出。此后,霍尔(Hoare)将其重命名为临界区。

```
if(pthread_join(tid1, NULL){   /*等待第一个线程结束*/
  printf("\n ERROR joining thread");
  exit(1);
}
if(pthread_join(tid2, NULL)){   /*等待第二个线程结束*/
  printf("\n ERROR joining thread");
  exit(1);
}
if (cnt<2 * NITER)
  printf("\n BOOM! cnt is [%d], should be %d\n", cnt, 2 * NITER);
else
  printf("\n OK! cnt is [%d]\n", cnt);
pthread_exit(NULL);
return 0;
}
```

图 5.1 （续）

程序的运行结果之所以与我们所预想的完全不同,原因在于程序出现了竞争条件,可能出现的竞争条件如图 5.2 所示。

cnt 的值	线程 1	状态	线程 2	状态
50		运行		就绪
50	tmp＝cnt;	运行		就绪
50	tmp＝tmp＋1;	运行		就绪
50	中断;切换	就绪		就绪
50		就绪	tmp＝cnt;	运行
50		就绪	tmp＝tmp＋1;	运行
50		就绪	中断;切换	就绪
51	cnt＝tmp;	运行		就绪
51	中断;切换	就绪		就绪
51		就绪	cnt＝tmp;	

图 5.2　线程的跟踪：共享 cnt 产生的问题

例 5.1 中的共享变量 cnt 就是一种典型的临界资源,而使 cnt 变量进行加 1 操作的代码是典型的临界区,如图 5.1 中的 criticalSection()函数所示。

```
tmp=cnt;        /*将全局变量 cnt 局部复制到 tmp 中*/
tmp=tmp+1;      /*增加局部变量 tmp 值*/
cnt=tmp;        /*将局部变量的值存储到全局变量 cnt 中*/
```

当涉及临界区访问时,合作进程需要遵从以下三个准则:[①]

---

① Edsger W. Dijkstra. 2002. *Cooperating sequential processes*. In the origin of concurrent programming, Per Brinch Hansen (Ed.). Springer-Verlag New York, Inc., New York, NY, USA 65-138.

（1）互斥准则：在任意时刻,至多有一个进程在临界区中。

（2）公平性准则：究竟哪个进程先进入临界区的决策不能够被无限期地推迟。

（3）速度独立性准则：不同的进程各自的运行速度是彼此独立的,不能对进程的速度做任何预设。

基于合作进程的准则,临界区问题的解决方案必须满足如下三个需求：

- （RCS1）互斥（Mutual Exclusion）：如果一个进程在临界区中运行,那么其他进程就不能够进入临界区。

- （RCS2）前进（Progress）：如果没有进程在临界区中运行,而有一些进程希望能够进入临界区,那么只有那些未在非临界区运行的进程才能参与究竟哪个进程能够进入临界区的决策,同时,该选择不能够被无限期拖延。

- （RCS3）有界等待（Bounded Waiting）：在一个进程发出进入临界区的请求之后并在该请求获得授权之前,允许其他进程进入临界区的次数是有界的,或者说是有限的。

由于对临界资源的使用必须互斥进行,所以进程在进入临界区时,首先判断是否有其他进程在使用该临界资源。如果有,则该进程必须等待;如果没有,该进程才能进入临界区,执行临界区代码。同时,关闭临界区,以防其他进程进入。当进程用完临界资源时,要开放临界区,以便其他进程进入。基于临界资源和临界区的概念,进程间互斥可以描述为禁止两个或两个以上的进程同时进入并访问同一临界资源的临界区。

显然,要避免竞争条件,满足临界区问题各种需求,可以采用进程间互斥方案。一个好的进程间互斥方案应该满足如下 4 个条件（Principle of Mutual Exclusion）：

- （PME1）任何两个进程不能同时处于临界区。
- （PME2）不应对 CPU 的速度和数目做任何假设。
- （PME3）临界区外的进程不得阻塞申请进入临界区的进程。
- （PME4）不得使进程在临界区外无休止地等待。

进程间互斥方案有硬件方面的,也有软件方面的,下面列举一些主要的互斥方案。

5.1.1　禁用中断

为保证多个并发进程互斥使用临界资源,只需保证一个进程在执行临界区代码时不被中断即可,这个能力可以通过系统内核为启用和禁用中断定义的原语提供。进程可以通过下面的方法实现互斥,其示意如图 5.3 所示。

```
while(TRUE)
{
    Disable_Interrupt();        //禁用中断
    critical_region();          //临界区
    Enable_Interrupt();         //启用中断
    noncritical_region();       //非临界区
}
```

图 5.3　禁用中断的互斥方案

由于进程在临界区内不能被中断,故可保证互斥。直觉上,禁用中断的互斥方案过于
"强硬",如同孙悟空念了一个"定"的咒语一般,其他进程乃至操作系统都被"定"住了,该
方法代价太高,禁用中断即意味着禁用操作系统的进程调度功能,从而废除了进程的并
发,降低了系统的效率。此外,禁用中断指令是特权级最高的指令,原则上一般应用进程
是没有权限调用该指令的。

5.1.2　锁变量

令系统有一个单独的、共享的变量,称为锁变量,其初始值为 0。当一个进程想要进
入临界区时,它需要首先测试锁。如果锁变量的值为 0,那么进程将它设置为 1,并进入临
界区。如果锁变量的值已经为 1,那么进程等待,直到锁变量变为 0。这样,锁变量为 0 表
示在临界区中没有进程,锁变量为 1 表示在临界区中有某个进程。锁变量实现的示意代
码如图 5.4 所示。

```
int lock=0;
if (lock==0){
    lock=1;
    critical_region();          //临界区
}
```

图 5.4　锁变量的互斥方案

由于存在竞争条件,锁变量方案有先天的缺陷,并不能实现真正的互斥。假设进程
P_1 读取锁变量,并发现它为 0。在它将锁变量置于 1 之前,进程切换,调度了进程 P_2 运
行,并设置锁变量为 1。当进程 P_1 再次运行时,它将锁变量再次设置为 1,这样两个进程
同时都进入临界区。进程的调度序列如图 5.5 所示。

进程 P_1		进程 P_2	锁变量
if (lock==0) //条件成立			0
	→	if (lock==0)//条件成立	0
		lock=1	1
		critical_region();	1
	←		1
lock=1			1
critical_region();			1

图 5.5　锁变量互斥方案的进程调度序列示意

实际上,锁变量的互斥方案无异于"抱薪救焚"。互斥方案旨在解决因临界资源所引
发的竞争条件问题,而锁变量自身又引发了新的竞争条件。

5.1.3　严格轮转法

要解决多进程的互斥问题是有一定难度的,现在我们将问题进行限制,只考虑两个进
程的互斥问题。令系统有一个共享变量 turn,用于标识与跟踪轮到哪个进程进入临界

区。假设需要互斥的进程为进程 P_1 和进程 P_2，其采用严格轮转法的互斥方案示意如图 5.6 所示。

进程 P_1	进程 P_2
| ```
while(TRUE)
{
//判定 turn 是否为 0,否则一直等待
    while(turn !=0);
    critical_region();      //临界区
    turn=1;
    noncritical_region1();  //非临界区
}
``` | ```
while(TRUE)
{
//判定 turn 是否为 1,否则一直等待
    while(turn !=1);
    critical_region();
                          //临界区
    turn=0;
    noncritical_region2();  //非临界区
}
``` |

图 5.6　严格轮转法的互斥方案

假设 turn 初值为 0，一开始进程 P_1 检查 turn，发现它是 0，于是进入临界区。进程 P_2 同样也发现它是 0，于是执行一个等待循环，不停地检测它是否变成了 1。当进程 P_1 离开临界区时，它将 turn 置为 1，以允许进程 P_2 进入其临界区。然后进程 P_2 进入临界区，执行完毕后，进程 P_2 重新将 turn 置为 0，从而再次允许进程 P_1 进入临界区，如此反复。可以看出，如图 5.6 所示的互斥方案是一种严格的轮转，即当 turn 值为 0 时表示轮到进程 P_1 可以进入临界区，而当 turn 值为 1 时表示轮到进程 P_2 可以进入临界区。而将 turn 置 0 的权限在于进程 P_2，将 turn 置 1 的权限在于进程 1，这样进程 P_1 和进程 P_2 之间就严格地按照交替顺序进入临界区，从而实现互斥。

然而，严格轮转法的互斥方案存在如下不足：

(1) 进程的忙等待造成 CPU 资源的浪费。

当进程判断 turn 变量的值时，如果符合进入临界区的条件则退出循环，否则就一直循环，反复检测 turn 变量的值，我们将这类行为称为忙等待(Busy Waiting)。忙等待其实就是在空转，没有执行任何有价值的计算，因此浪费 CPU 时间。

(2) 当轮转的两个进程执行周期时间相差较大时，执行较快的进程将长时间等待。

在图 5.6 所示的例子中，假设进程 P_1 的非临界区执行非常快，而进程 P_2 的非临界区执行非常慢。存在某个执行序列如图 5.7 所示。当进程 P_1 执行完临界区之后，将 turn 的值置为 1，这样进程 P_2 就可以很快进入临界区执行，在离开临界区后，turn 的值被置为 0。然后进程 P_1 很快便执行完了其整个循环，它再次执行到非临界区的部分，并将 turn 置为 1。此时，进程 1 结束了其非临界区的操作并回到循环的开始，但此时由于 turn 的值仍为 1，因此它不能进入临界区，只能忙等待，而进程 P_2 还在忙于非临界区的操作。此时，进程 P_1 就必须一直等到进程 P_2 的非临界区执行完毕，并再进入一次临界区，才能将 turn 变量重新置为 0。

进程 P_1		进程 P_2	turn
while(TRUE)			0
while(turn !=0);			0
critical_region()			0
turn=1			1
	→	while(TRUE)	1
		while(turn !=1);	1
		critical_region()	1
		turn=0	0
noncritical_region1()	←		0
while(TRUE)			0
while(turn !=0);			0
critical_region()			0
turn=1			1
	→	noncritical_region2()	1
noncritical_region1()	←		1
while(TRUE)			1
while(turn !=0);			1
	→	noncritical_region2()	1
while(turn !=0);	←		1

图 5.7　严格轮转法互斥方案的示例执行序列

上述情形还违反了一个好的互斥方案(PME3)条件,即临界区外的进程 P_2 阻塞申请进入临界区的进程 P_1。

5.1.4　Dekker 算法

Dekker 算法是第一个真正解决两个并发进程互斥问题的解决方案。戴克斯特拉将该算法归功于荷兰数学家德克尔(T. J. Dekker)。

严格轮转法最大的问题在于在临界区外的进程会阻止申请进入临界区的进程。为了克服这个问题,Dekker 算法增加了一个变量来表达想进入临界区的意愿。当进程从临界区出来后,除了将轮转变量翻转之外,还将自己的意愿变量置为 FALSE。Dekker 算法的伪代码如图 5.8 所示。

```
变量定义:
    wants_to_enter: array of 2 booleans    //布尔型数组,代表进程进入临界区的意愿
    turn: integer                          //整数
    wants_to_enter[0]←FALSE
    wants_to_enter[1]←FALSE
    turn←0                                 //或者 1,代表轮到哪个进程
```

图 5.8　Dekker 算法的伪代码

```
进程 P₁:                                    进程 P₂:
wants_to_enter[0]←TRUE                     wants_to_enter[1]←TRUE
while wants_to_enter[1] {                  while wants_to_enter[0] {
    if turn≠0 {                                if turn≠1 {
        wants_to_enter[0]←FALSE                    wants_to_enter[1]←FALSE
        while turn≠0 {                             while turn≠1 {
            //忙等待                                    //忙等待
        }                                          }
        wants_to_enter[0]←TRUE                     wants_to_enter[1]←TRUE
    }                                          }
}                                          }
critical_region();//临界区                  critical_region();//临界区
turn←1                                     turn←0
wants_to_enter[0]←false                    wants_to_enter[1]←false
noncritical_region1();//非临界区             noncritical_region2();//非临界区
```

图 5.8 （续）

在图 5.8 中,描述了两个进程的互斥方案。我们采用一个布尔数组 wants_to_enter 以及 1 个轮转变量 turn,其中前者用于来标识进程进入临界区的意愿。在进程 1 和进程 2 进入临界区之前,首先将自己意愿变量的值置为 TRUE,然后进入判定循环。判定的逻辑是首先判断一下是否对方进程希望进入临界区,如果是,便进入判定循环。在判定循环体中,首先进行条件判定,判定轮转变量是否指示轮到对方进程进入,如果是,则将自身的意愿进行调整,将意愿变量置为 FALSE,然后进入一个忙等待中直到轮转变量翻转位置。否则再次进入判定循环。

【例 5.2】 用 Dekker 算法解决例 5.1 的竞争条件问题。

例 5.1 中的程序中的竞争条件主要是因为没有对临界区访问进行互斥,我们采用 Dekker 算法实现临界区的互斥。具体代码实现如图 5.9 所示。其中函数 p 和函数 q 分别为两个线程执行体,wantp 与 wantq 代表意愿,彼此通过 Dekker 算法实现互斥。

```
#include<pthread.h>
#include<stdio.h>
#include<stdlib.h>
#define NITER 1000000
#define false 0
#define true 1
int cnt=0;
typedef int bool; //or #define bool int
pthread_t tid[2];
bool wantp=false;
bool wantq=false;
int turn=1;
void * criticalSection()
{
    int tmp;
    tmp=cnt;                /* copy the global cnt locally */
    tmp=tmp+1;              /* increment the local copy */
```

图 5.9 Dekker 算法的 C 语言实现

```
        cnt=tmp;                    /* store the local value into the global cnt */
}
void * p(void * a)
{
    int i;
    for(i=0;i<NITER;i++){
        wantp=true;
        while(wantq) {
            if(turn==2) {
                wantp=false;
                pthread_yield();
                while(turn !=1) {
                }
                wantp=true;
            }
        }
        criticalSection();
        turn=2;
        wantp=false;
    }
}
void * q(void * a)
{
    int i;
    for(i=0;i<NITER;i++){
        wantq=true;
        while(wantp) {
            if(turn==1) {
                wantq=false;
                pthread_yield();
                while(turn !=2) {
                }
                wantq=true;
            }
        }
        criticalSection();
        turn=1;
        wantq=false;
    }
}
int main(int argc, char * argv[])
{
    pthread_t tid1, tid2;
    if(pthread_create(&tid1, NULL, p, NULL)){
        printf("\n ERROR creating thread 1");
        exit(1);
    }
    if(pthread_create(&tid2, NULL, q, NULL)){
        printf("\n ERROR creating thread 2");
        exit(1);
    }
```

图 5.9　（续）

```
if(pthread_join(tid1, NULL)){      /* wait for the thread 1 to finish */
    printf("\n ERROR joining thread");
    exit(1);
}
if(pthread_join(tid2, NULL)){      /* wait for the thread 2 to finish */
    printf("\n ERROR joining thread");
    exit(1);
}
if (cnt<2 * NITER)
    printf("\n BOOM! cnt is [%d], should be %d\n", cnt, 2 * NITER);
else
    printf("\n OK! cnt is [%d]\n", cnt);
pthread_exit(NULL);
return 0;
}
```

图 5.9 （续）

5.1.5 Peterson 算法

1981 年,加里・彼得森(Gary L. Peterson)发现了实现两个进程间互斥的更简便方法[①]。与 Dekker 算法类似,Peterson 算法使用一个变量来表达想进入临界区的意愿,使用变量 turn 来代表轮到哪个进程进入临界区。然而,Peterson 算法与 Dekker 算法不同的是,首先 turn 变量并不是在离开临界区时翻转的,而是在每次希望进入临界区之前,进程将 turn 变量置给对方(从某种意义上而言,Peterson 算法是一种更"绅士"的算法)。Peterson 算法的伪代码如图 5.10 所示。

变量定义:
    wants_to_enter : array of 2 booleans
    turn : integer
	//布尔型数组,代表进程进入临界区的意愿
	//整数

进程 P₁:
wants_to_enter[0] ←TRUE
turn ← 1;
while (wants_to_enter[1]=TRUE ∧ turn=1) {
    //忙等待
}
critical_region();   //临界区
wants_to_enter [0] ←FALSE;
noncritical_region1(); //非临界区
	进程 P₂:
	wants_to_enter[1] ←TRUE
	turn ← 0;
	while (wants_to_enter [0]=TRUE ∧ turn=0) {
	    //忙等待
	}
	critical_region(); //临界区
	wants_to_enter [1] ←FALSE;
	noncritical_region2(); //非临界区

图 5.10 针对两个进程互斥的 Peterson 算法的伪代码

---

① G. L. Peterson. *Myths About the Mutual Exclusion Problem*. Information Processing Letters 12(3) 1981,115-116.

Peterson 算法采用一个布尔数组 wants_to_enter 以及 1 个轮转变量 turn,其中前者用于标识进程进入临界区的意愿。在进程 P_1 和进程 P_2 在进入临界区之前,首先将自己意愿变量的值置为 TRUE,同时将轮转变量的值置给对方。然后进入判定循环。判定的逻辑是如果如下两个条件同时成立则进行忙等待:对方进程希望进入临界区,且轮转变量指示为对方进程。否则,便可直接进入临界区。在离开临界区之后,将意愿变量的值置为 FALSE。

直观而言,当进程 P_1 进入临界区,要么进程 P_2 没有进入临界区的意愿(wants_to_enter[1]的值为 FALSE),要么进程 P_2 也希望进入临界区,但是进程 P_2 的谦让成功了,即 turn 的值为 0,这样进程 2 则一直在忙等待中。因此,只有一个进程能进入临界区。

【例 5.3】　用 Peterson 算法解决例 5.1 的竞争条件问题。

与例 5.2 相似,图 5.11 展示使用 Peterson 算法解决互斥问题的示例。其中,p 与 q 代表两个需互斥线程的执行体,flag 数组描述意愿,turn 变量代表轮转值。

```
#include<pthread.h>
#include<stdio.h>
#include<stdlib.h>
#define NITER 1000000
int cnt=0;
int flag[2]={0};
int turn=0;
void * criticalSection()
{
    int tmp;
    tmp=cnt;           /* copy the global cnt locally */
    tmp=tmp+1;         /* increment the local copy */
    cnt=tmp;           /* store the local value into the global cnt */
}
void * p(void * a)
{
    int i;
    for(i=0;i<NITER;i++){
        flag[0]=1;
        turn=1;
        while(flag[1]==1 && turn==1)
            pthread_yield();
        criticalSection();
        flag[0]=0;
    }
}
void * q(void * a)
{
    int i;
    for(i=0;i<NITER;i++){
        flag[1]=1;
        turn=0;
        while(flag[0]==1 && turn==0)
            pthread_yield();
        criticalSection();
```

图 5.11　针对两个线程互斥的 Peterson 算法的 C 语言实现

```
        flag[1]=0;
    }
}
int main(int argc, char * argv[])
{
    pthread_t tid1, tid2;
    if(pthread_create(&tid1, NULL, p, NULL)){
        printf("\n ERROR creating thread 1");
        exit(1);
    }
    if(pthread_create(&tid2, NULL, q, NULL)){
        printf("\n ERROR creating thread 2");
        exit(1);
    }
    if(pthread_join(tid1, NULL)){    /* wait for the thread 1 to finish */
        printf("\n ERROR joining thread");
        exit(1);
    }
    if(pthread_join(tid2, NULL)){    /* wait for the thread 2 to finish */
        printf("\n ERROR joining thread");
        exit(1);
    }
    if (cnt<2 * NITER)
        printf("\n BOOM! cnt is [%d], should be %d\n", cnt, 2 * NITER);
    else
        printf("\n OK! cnt is [%d]\n", cnt);
    pthread_exit(NULL);
    return 0;
}
```

图 5.11　（续）

此外,加里·彼得森提出可以将上述的互斥算法泛化为 N 个进程的互斥方案。其伪代码如图 5.12 所示,C 语言下的一个实现如图 5.13 所示。

```
变量:
    level[N]={ -1 };        //current level of processes 0...N-1
    waiting[N-1]={ -1 };    //the waiting process of each level 0...N-2

进程 Pᵢ
for(j=0; j<N-1; ++j) {
    level[i]=j;
    waiting[j]=i;
    while(waiting[j]==i &&(k≠i, level[k]≥1)) {
        //忙等待
    }
}
critical_region();        //临界区
level[i]=-1;              //exit section
```

图 5.12　N 个进程互斥的 Peterson 算法的伪代码

```
#include<stdio.h>
#include<stdlib.h>
#include<unistd.h>
#include<pthread.h>
#include<stdint.h>
#include<time.h>
int N;              //user input
int* level;         //the values ranges from 0 to N-1
int* last_to_enter;
//N-1 waiting rooms..
//processes travel form one waiting to the another
//until they have made through all the N-1 waiting rooms
int check2(int id, int i){
    //checks if some other process is at a greater level than the current process
    int k;
    for(k=0;k<N;++k)
        if(k!=id && level[k]>=i)
            break;
    return k!=N;
}
void _lock_(int id){
    printf("Thread %d requested the lock\n", id);
    int i;
    for(i=0;i<N;++i){
        level[id]=i;
        last_to_enter[i]=id;
        while(last_to_enter[i]==id && check2(id, i));
    }
    printf("Thread %d obtained the lock\n", id);
}
void _unlock_(int id){
    level[id]=-1;
    printf("Thread %d released the lock\n", id);
}
void* on_thread_start(void* _arg){
    int id=(intptr_t)_arg;
    srand(time(NULL));
    //some work
    usleep(rand() / 1000);
    //critical section
    _lock_(id);
    printf("Thread %d is inside the critical seciton\n", id);
    _unlock_(id);
    //rest of the work
    usleep(rand() / 1000);
    pthread_exit(NULL);      //no value returned to the main thread
}
int main(int argc, char const * argv[])
{
```

图 5.13　N 个线程互斥的 Peterson 算法的 C 语言实现

```
    int i;
    printf("N: ");
    scanf("%d", &N);                    //N-number of processes
    level=calloc(N, sizeof(int));
    last_to_enter=calloc(N-1, sizeof(int));
    pthread_t threads[N];
    for(i=0;i<N;++i){
        pthread_create(&threads[i], NULL, on_thread_start, (void*)(intptr_t)i);
    }
    for(i=0;i<N;++i){
        pthread_join(threads[i], NULL);
    }
    free(level);
    free(last_to_enter);
    return 0;
}
```

图 5.13 （续）

数组 level 表示每个进程的等待级别，最小为 0，最高为 N－1，－1 表示未设置。数组 waiting 模拟了一个阻塞（忙等待）的进程队列，从位置 0 进入队列，位置越大则入队列的时间越长。每个进程为了进入临界区，需要在队列的每个位置都经过一次，如果没有更高优先级的进程（考察数组 level），cd 或者被后入队列的进程推着走（上述程序 waiting[l] ≠ i），则当前进程在队列中向前走过一个位置。可见该算法满足互斥性。

5.1.6 Dijkstra 算法

关于 N 个进程之间的互斥问题，最早是由艾兹赫尔·韦伯·戴克斯特拉（Edsger Wybe Dijkstra）在 1965 年发表的《关于并发程序控制中一个问题的求解》中提出的[①]，戴克斯特拉将 N 个进程互斥问题描述如下：

"起初，考虑 N 台计算机，每台计算机都运行某个进程，同时这 N 个进程构成一个循环。在每个循环中会有所谓的'临界区'，计算机必须保证在 N 个循环的进程中，只有一个进程处于临界区中。为了实现这种对临界区的互斥，计算机之间能够通过一个公共的存储来进行通信。从公共存储中写入一个字节或者非破坏性地读取一个字节都是不可分割的操作（原子操作），即当两个或者多个计算机同时与公共存储通信的时候，通信是一个接一个串行进行的，但是顺序是未知的。"

此外，戴克斯特拉提出 N 个进程的互斥方案应该满足如下要求：

（1）解决方案必须在 N 台计算机中是对称的，不能够引入静态优先级。

（2）对于 N 台计算机的相对速度也不能够做任何假设，可能甚至不能够假设它们的速度是常量。

（3）如果任意一台计算机在临界区的外部停止，都不允许导致其他计算机阻塞。

---

① E. W. Dijkstra. *Solution of a problem in concurrent programming control*. Commun. ACM 8，9 (September 1965)，569-. DOI＝http://dx.doi.org/10.1145/365559.365617.

（4）如果超过一台计算机试图进入临界区，不能为它们设计如此有限的速度，以至于永久推迟做出其中一个首先进入临界区的决定。

根据上述问题的描述和要求，戴克斯特拉给出了他的一个解决方案，第 i 个进程的伪代码如图 5.14 所示，其 C 语言代码实现如图 5.15 所示。

```
        Boolean array b[1:N],c[1:N];
        Integer k
        Integer j:
Li0:    b[i]:=false;
Li1:    If k≠i then
Li2:    Begin
            c[i]:=true;
Li3:        if b[k] then k:=i;
            Go to Li1
        End
        else
Li4:    Begin
            c[i]:=false;
            for j:=1 step 1 until N do
                if j≠i and not c[j] then go to Li1
        End
        Critica section;
        c[i]:=true; b[i]:=true;
        Remainder of the cycle in which stopping is allowed;
        go to Li0
```

图 5.14 Dijkstra 算法的伪代码

```c
#include<stdio.h>
#include<stdlib.h>
#include<unistd.h>
#include<pthread.h>
#define N 3
#define K 2
#define false 0
#define true 1
typedef int bool;
bool phase_1[N];        //stands for b in the paper
bool phase_2[N];        //stands for c in the paper
int current=K;          //stands for k in the paper
int protect;
void* f(void* _arg)  //this_thread_num stands for i in the paper
{
    int this_thread_num=(intptr_t)_arg;
    printf("Thead #%d:On CPU \n",this_thread_num);
    while (true)
    {
        //try lock
        phase_1[this_thread_num]=true;
```

图 5.15 Dijkstra 算法的 C 语言实现

```
    Li1:
        if (current !=this_thread_num)
        {
            phase_2[this_thread_num]=false;
            if (!phase_1[current])
                current=this_thread_num;
            goto Li1;
        }
        phase_2[this_thread_num]=true;
        for (int j=0; j<N; j++)
            if (j !=this_thread_num && phase_2[j])
                goto Li1;
        //got lock
        //临界区
        protect=this_thread_num;
        //unlock
        phase_2[this_thread_num]=false;
        phase_1[this_thread_num]=false;
    }
}
int main()
{
    int i;
    pthread_t threads[N];
    for(i=0;i<N;++i)
        pthread_create(&threads[i], NULL, f, (void*)(intptr_t)i);
    for(i=0;i<N;++i)
        pthread_join(threads[i], NULL);
    return 0;
}
```

图 5.15　（续）

其中,整数 k 满足 $1 \leqslant k \leqslant N$,$b[i]$ 和 $c[i]$ 只能由第 i 台计算机设置,其他计算机可以查看。最开始,所有进程都处于临界区的外面。所有布尔数组初值都设置为 true。

如果第 k 个进程不在循环中,则 $b[k]$ 为真(true),并且在循环中的进程都将发现 $k \neq i$。结果其中一个或多个进程将在 Li3 中找到布尔值 $b[k]$ 为真,因此一个或多个进程将决定赋值 "$k := i$"。在第一个赋值 "$k := i$" 之后,$b[k]$ 变为假(false),并且没有新进程可以再次为 k 赋新值。完成对 k 的所有确定赋值后,k 将指向其中一个在循环中的进程,并且暂时不会更改其值,即直到 $b[k]$ 变为真并且第 k 个进程结束其临界区访问为止。一旦 k 的值不再改变,第 k 个进程将等待(通过 Li4),直到所有其他进程的数组 c 元素都为真,但是这种情况肯定会出现(如果还不存在),因为所有其他循环的情况都被迫将其 c 设置为真,当它们发现 $k \neq i$ 时即会如此。

从某种意义上而言,可以将 Dijkstra 算法视为二阶段判定算法,数组 b 和数组 c 分别是两阶段的标识。k 是一个共享变量,初值任意设定,代表轮次,用于在第一阶段指示哪个进程可以进入第二阶段。在第一阶段中,首先判定自身是否轮到,即和 k 值做比较。如果不是,则先取消第二阶段的资格,然后判断一下 k 所对应的进程是否进入第一阶段。如果进入,则直接循环,否则将自身的进程号赋值给 k(宣告轮到我了),再次进入循环。如果跳出第一个循环,就会进入第二阶段。在第二阶段,如果还有其他进程进入第二阶段,则再次进入第一阶段循环中。具体 C 语言实现代码如图 5.15 所示。

5.1.7 Eisenberg-McGuire 算法

1972 年,默里·艾森伯格(Murray A.Eisenberg)和迈克尔·麦奎尔(Michael R.McGuire)针对 Dijkstra 算法进行分析,并提出了对算法的改进[①]。

所有 N 个进程共享下面的变量:

```
enum pstate={IDLE, WAITING, ACTIVE};
pstate flags[n];
int turn;
```

在算法开始时,变量 turn 设置为 0 和 $n-1$ 之间的任意数。

初始化的时候,把每个进程的 flags 变量都初始化为 IDLE。当进程想要进入临界区的时候,便将该进程的 flags 变量设置为 WAITING。

第 i 个进程的伪代码如图 5.16 所示。

```
repeat {
    /* 宣布我们需要该资源 */
    flags[i] :=WAITING;
    /* 从 1 开始按照次序一直扫描到自己 */
    /* 如果必要,重复扫描直到发现所有进程是空闲的 */
    index :=turn;
    while (index !=i) {
        if (flags[index] !=IDLE) index :=turn;
        else index :=(index+1) mod n;
    }
    /* 现在尝试性地声明资源 */
    flags[i] :=ACTIVE;
    /* 发现除我们之外的活动进程,如果有的话 */
    index :=0;
    while ((index<n) && ((index=i) || (flags[index] !=ACTIVE))) {
        index :=index+1;
    }
    /* 如果有其他活动进程,并且如果轮到我们,或者所轮到的进程正处于空闲,那么继续进入,
否则重复该循环 */
} until ((index>=n) && ((turn=i) || (flags[turn]=IDLE)));
/* 声明进入 */
turn :=i;
/* 临界区代码 */
/* 发现一个状态不是 IDLE 的进程,如果没有,最后将会指向自身 */
index :=(turn+1) mod n;
while (flags[index]=IDLE) {
    index :=(index+1) mod n;
}
turn :=index;
flags[i] :=IDLE;
/* 其余部分 */
```

图 5.16 Eisenberg-McGuire 算法的伪代码

---

① Eisenberg M A,Mcguire M R. *Further Comments on Dijkstra's Concurrent Programming Control Problem* [J]. Communications of the ACM,1972,15(11):999.

Eisenberg-McGuire 算法的 C 语言代码实现如图 5.17 所示。

```c
#include<stdlib.h>
#include<stdio.h>
#include<sys/types.h>
#include<sys/ipc.h>
#include<sys/shm.h>
#include<stdlib.h>
#include<sys/shm.h>
#include<sys/mman.h>
#include<sys/wait.h>
#include<unistd.h>
#include<time.h>
#define BUFSIZE 1
#define PERMS 0666 //0666-To grant read and write permissions
const int N=6;
const int loopMax=200;
enum Status {IDLE, WANT_IN, IN_CS};
double elapsed;
int x=2;
int * flag;
int * turn=0;
int * counter=0;
clock_t start, stop;
void Process(int i)
{
    int j, index=0;
    printf("Child: %d began running!\n", i);
    sleep(3);
    while(index<loopMax) {
        while (1) {
            * (flag+i)=WANT_IN;
            j= * turn;
            while (j !=i) {
                if ( * (flag+j) !=IDLE) {
                    j= * turn;
                else
                    j=(j+1) %N;
            }
            * (flag+i)=IN_CS;
            j=0;
            while ((j<N) && ((j==i) || ( * (flag+j) !=IN_CS)))
                j=j+1;
            if((j>=N) && ( * turn==i || ( * (flag+ * turn)==IDLE)))
                break;
        }
        * turn=i;
        / * CRITICAL SECTION * /
        stop=clock();
        elapsed=(double)(stop-start) * 1000.0 / CLOCKS_PER_SEC;
        printf("Process %d took %f milliseconds to enter the CS!\n", i, elapsed);
        printf("Process %d with index %d\n", i, index+1);
        printf("Process %d ", i);
        printf(" has entered the critical section and went to sleep!\n");
        sleep(1);
```

图 5.17　Eisenberg-McGuire 算法的 C 语言实现

```
        printf("Process %d ", i);
         * counter= * counter+i;
        printf(" has woke up and updated the counter to %d \n",  * counter);
        / * END OF CRITICAL SECTION * /
        start=clock();
        j=( * turn+1) %N;
        while ( * (flag+j)==IDLE)
            j=(j+1) %N;
         * turn=j;
         * (flag+i)=IDLE;
        index++;
    }
}
int main()
{
    int i, pid, shmid;
    int child;
    int loopIndex;
    / * Initialize Shared Memory * /
    counter=mmap(NULL, sizeof * counter, PROT_READ | PROT_WRITE,MAP_SHARED |
    MAP_ANON, -1, 0);
     * counter=0;
    turn=mmap(NULL, sizeof * turn, PROT_READ | PROT_WRITE,MAP_SHARED | MAP_ANON,
    -1, 0);
     * turn=0;
    if((shmid=shmget(1000, BUFSIZE, IPC_CREAT | PERMS))<0){
        printf("\n unable to create shared memory");
        return 0;
    }
    / * Initialize Shared Array * /
    if((flag=(int * ) shmat(shmid,(char * )0,0))==(int * )-1){
        printf("\n Shared memory allocation error\n");
        exit(1);
    }
    / * Initialize flags to IDLE * /
    for(loopIndex=0; loopIndex<N; loopIndex++)
         * (flag+loopIndex)=IDLE;
    for (child=0; child<N; child++) {
        pid=fork();
        if (pid)
            continue;
        else if (pid==0) {
            Process(child);
            break;
        }
        else {
            printf("Fork error!\n");
            exit(1);
        }
    }
    return 0;
}
```

图 5.17　（续）

5.1.8 Lamport bakery 算法

莱斯利·兰伯特(Leslie Lamport)针对分布式互斥问题提出过一个算法。在他看来,他的算法类似于在一个带有叫号机的面包店排队的问题一样[①]。针对互斥问题,兰伯特指出,无论是 Dekker 算法还是 Eisenberg-McGuire 算法,它们的解决方案都存在一个问题,即如果出现单点故障,那么整个系统都将停机。

兰伯特把这个并发控制算法非常直观地类比为顾客去面包店采购。面包店一次只能接待一位顾客的采购。已知有 n 位顾客要进入面包店采购,按照次序安排他们在前台登记一个签到号码。该签到号码逐次增加 1。顾客根据签到号码,按由小到大的顺序依次入店购货。完成购买的顾客在前台将其签到号码归 0。如果完成购买的顾客要再次进店购买,就必须重新排队。

这个类比中的顾客就相当于线程,而入店购货就是进入临界区独占访问该共享资源。由于计算机实现的特点,存在两个线程获得相同签到号码的情况,这是因为两个线程几乎同时申请排队的签到号码,读取已经发出去的签到号码情况,导致这两个线程读到的数据是完全一样的,然后各自在读到的数据上找到最大值,再加 1 作为自己的签到号码。为此,该算法规定如果两个线程的签到号码相等,则线程 id 号较小的具有优先权。

已经拿到排队签到号码的线程要轮询检查自己是否可以进入临界区。即检查 n 个线程中,自己是否具有最小的非 0 排队签到号码,或者在具有最小的非 0 排队签到号码的线程中自己的 id 号是最小的。

可以用伪代码表示上述检查:

$$(a,b) < (c,d)$$

其中(a,b)、(c,d)代表线程签到号码和线程 id 二元组。等价于:

$$(a < c) or((a == c) and(b < d))$$

一旦线程在临界区执行完毕,需要把自己的排队签到号码置为 0,表示处于非临界区。Lamport bakery 算法的伪代码如图 5.18 所示。其中,数组 Entering[i]为真,表示进程 P_i 正在获取它的排队签到号码。数组 Number[i]的值表示进程 P_i 的当前排队情况。如果值为 0,表示进程 P_i 未参加排队,不想获得该资源。这个数组元素的取值没有上界。正在访问临界区的进程如果失败,规定它进入非临界区,并将 Number[i]的值置 0,即不影响其他进程访问这个互斥资源。

```
//声明全局变量,并赋初值
Entering: array[1..NUM_THREADS] of bool={false};
Number: array[1..NUM_THREADS] of integer={0};
lock(integer i) {
    Entering[i]=true;
    Number[i]=1+max(Number[1], ..., Number[NUM_THREADS]);
```

图 5.18 Lamport bakery 算法的伪代码

---

① Lamport, Leslie. *A new solution of Dijkstra's concurrent programming problem*[J]. Communications of the ACM, 1974, 17(8): 453-455.

```
        Entering[i]=false;
        for (integer j=1; j<=NUM_THREADS; j++) {
            //Wait until thread j receives its number:
            while (Entering[j]) { /* nothing * / }
            //Wait until all threads with smaller numbers or with the same
            //number, but with higher priority, finish their work:
            while ((Number[j] !=0) && ((Number[j], j)<(Number[i], i)));
        }
    }
    unlock(integer i) {
        Number[i]=0;
    }
    Thread(integer i) {
        while (true) {
            lock(i);
            //临界区代码
            unlock(i);
            //非临界区
        }
    }
```

图 5.18　（续）

每个线程只写它自己的 Entering[i] 和 Number[i]，并且只读取其他线程的这两个数据项。使用 Entering 数组是必须的。假设不使用 Entering 数组，那么就可能会出现这种情况：设进程 i 的优先级高于进程 j（即 $i<j$），两个进程获得了相同的排队登记号（Number 数组的元素值相等）。进程 i 在写 Number[i] 之前被优先级低的进程 j 抢先获得了 CPU 时间片，这时进程 j 读取到的 Number[i] 为 0，因此进程 j 进入了临界区。随后进程 i 又获得 CPU 时间片，它读取到的 Number[i] 与 Number[j] 相等，且 $i<j$，因此进程 i 也进入了临界区。这样，两个进程同时在临界区内访问，可能会导致数据破坏（data corruption）。算法使用了 Entering 数组变量，使得修改 Number 数组的元素值变得"原子化"，从而解决了上述问题。

图 5.19 展示了 Lamport bakery 算法的 C 语言实现。

```
#include "pthread.h"
#include "stdio.h"
#include "unistd.h"
#include "string.h"
#define MEMBAR __sync_synchronize()
#define THREAD_COUNT 8
volatile int tickets[THREAD_COUNT];
volatile int choosing[THREAD_COUNT];
volatile int resource;
void lock(int thread) {
    choosing[thread]=1;
    MEMBAR;
```

图 5.19　Lamport bakery 算法的 C 语言实现

```
    int max_ticket=0;
    for (int i=0; i<THREAD_COUNT; ++i) {
        int ticket=tickets[i];
        max_ticket=ticket>max_ticket ? ticket : max_ticket;
    }
    tickets[thread]=max_ticket+1;
    MEMBAR;
    choosing[thread]=0;
    MEMBAR;
    for (int other=0; other<THREAD_COUNT; ++other) {
        while (choosing[other]) { }
        MEMBAR;
        while (tickets[other] !=0 && (tickets[other]<tickets[thread] ||
                (tickets[other]==tickets[thread] && other<thread))) { }
    }
}
void unlock(int thread) {
    MEMBAR;
    tickets[thread]=0;
}
void use_resource(int thread) {
    if (resource !=0)
        printf("Resource was acquired by %d, but is still in-use by %d!\n",
        thread, resource);
    resource=thread;
    printf("%d using resource...\n", thread);
    MEMBAR;
    sleep(2);
    resource=0;
}
void * thread_body(void * arg) {
    long thread=(long)arg;
    lock(thread);
    use_resource(thread);
    unlock(thread);
    return NULL;
}
int main(int argc, char * * argv) {
    memset((void*)tickets, 0, sizeof(tickets));
    memset((void*)choosing, 0, sizeof(choosing));
    resource=0;
    pthread_t threads[THREAD_COUNT];
    for (int i=0; i<THREAD_COUNT; ++i)
        pthread_create(&threads[i], NULL, &thread_body, (void*)((long)i));
    for (int i=0; i<THREAD_COUNT; ++i)
        pthread_join(threads[i], NULL);
    return 0;
}
```

图 5.19 （续）

5.1.9　测试与设置锁

在某些中央处理器中提供一种称为测试并设置锁（Test and Set Lock）的原子指令，简称 TSL。这个指令读取一个内存位置的内容，将它存储在一个寄存器中，然后在那个地址存储一个非零值。TSL 的操作是不可分割（indvisible）、不可中断的操作。

1. 通过 TSL 实现互斥

图 5.20 以类汇编代码来展示如何使用 TSL 指令来解决互斥问题，其中 flag 初值为 0。

```
enter_region:
    tsl register, flag; 将 flag 复制到寄存器中，并将 flag 设置为 1
    cmp register, #0; flag 的值为 0 吗？
    jnz enter_region; 如果 flag 的值为非 0，表示已上锁，因此进行循环
    ret; 返回（进入临界区）
leave_region:
    mov flag, #0; 将 flag 设置为 0
    ret;返回
```

图 5.20　使用 TSL 实现互斥的类汇编代码

假设两个进程分别为进程 1 和进程 2。进程 1 调用 enter_region，TSL 指令将 flag 复制到一个寄存器中，并将它设置为非零的值。将 flag 与 0 进行对比，进程 2 首先进入临界区，那么就会发现 flag 值为非零，则跳转到 enter_region 位置。只有当进程 2 通过调用 leave_region 设置 flag 为 0 时，进程 1 才能进入临界区。

2. 通过 TSL 实在现自旋锁

自旋锁通常指的是线程反复检查锁变量是否可用。由于线程在这一过程中保持执行，因此是一种忙等待。一旦获取了自旋锁，线程会一直保持该锁，直至显式释放自旋锁。

自旋锁避免了进程上下文的调度开销，因此对于线程只会阻塞很短时间的场合是有效的。操作系统的实现在很多地方往往采用自旋锁。Windows 操作系统提供的轻型读写锁（SRW Lock）内部就用了自旋锁。显然，单核 CPU 不适于使用自旋锁，因为在同一时间只有一个线程处于运行状态。假设运行线程 A 发现无法获取锁，只能等待解锁，但因为 A 自身不挂起，所以那个持有锁的线程 B 没有办法进入运行状态，只能等到操作系统分给 A 的时间片用完，才能有机会被调度。这种情况下使用自旋锁的代价很高。

获取与释放自旋锁实际上是读写自旋锁的存储内存或寄存器。因此这种读写操作必须是原子的。通常用 test_and_set 等原子操作来实现。

令 test_and_set() 是 TSL 的一个系统调用。可以使用 test_and_set() 来实现自旋锁，如图 5.21 所示。

```
function Lock(boolean * lock) {
    while (test_and_set (lock)==1)
        ;
}
```

图 5.21　使用 TSL 实现自旋锁

当旧值为 0 时,程序可以得到锁。否则的话,它会一直尝试将 1 写入存储器位置,直到旧值为 0。

5.1.10 POSIX 的锁机制

在 POSIX 的 Pthread 中提供了互斥锁机制,对于锁,POSIX 提供一个锁变量类型 pthread_mutex_t,并提供 5 个基本的锁操作。

(1)初始化。函数原型如下:

```
#include<pthread.h>
int pthread_mutex_init
(pthread_mutex_t * mut,
const pthread_mutexattr_t * attr);
```

形参说明:

mut:指向互斥锁变量的指针。

attr:指向新创建线程所继承的属性的指针。如果该参数为 NULL,则为默认的属性。

pthread_mutex_init 初始化一个锁变量。

(2)上锁。函数原型如下:

```
#include<pthread.h>
int pthread_mutex_lock (pthread_mutex_t * mut);
```

形参说明:

mut:指向互斥锁变量的指针。

pthread_mutex_lock 对 mut 指向的锁进行加锁操作。

(3)解锁。函数原型如下:

```
#include<pthread.h>
int pthread_mutex_unlock (pthread_mutex_t * mut);
```

形参说明:

mut:指向互斥锁变量的指针。

pthread_mutex_unlock 对 mut 指向的锁进行解锁操作。

(4)尝试上锁。函数原型如下:

```
#include<pthread.h>
int pthread_mutex_trylock (pthread_mutex_t * mut);
```

形参说明:

mut:指向互斥锁变量的指针。

如果锁可用,那么 pthread_mutex_trylock 获取对应的锁,否则返回 EBUSY。

(5)锁的解构。函数原型如下:

```
#include<pthread.h>
int pthread_mutex_destroy (pthread_mutex_t * mut);
```

形参说明:

mut:指向互斥锁变量的指针。

pthread_mutex_destroy 释放与锁相关的所有内存和其他资源。

图 5.22 说明了如何使用 POSIX 锁机制。

```c
#include<stdio.h>
#include<stdlib.h>
#include<pthread.h>
void * function(void * arg);
pthread_mutex_t mutex;
int counter=0;
int main(int argc, char * argv[])
{
    int rc1,rc2;
    char * str1="I love China!";
    char * str2="All Chinese love China! ";
    pthread_t thread1,thread2;
    pthread_mutex_init(&mutex,NULL);
    if((rc1=pthread_create(&thread1,NULL,function,str1)))
    {
        printf("thread 1 create failed: %d\n",rc1);
    }
    if(rc2=pthread_create(&thread2,NULL,function,str2))
    {
        fprintf(stdout,"thread 2 create failed: %d\n",rc2);
    }
    pthread_join(thread1,NULL);
    pthread_join(thread2,NULL);
    return 0;
}
void * function(void * arg)
{
    char * m;
    m=(char * )arg;
    pthread_mutex_lock(&mutex);
    while(* m !='\0')
    {
        printf("%c", * m);
        fflush(stdout);
        m++;
        sleep(1);
    }
    printf("\n");
    pthread_mutex_unlock(&mutex);
}
```

图 5.22　说明如何使用 POSIX 锁机制

一个不够完善的进程间互斥方案通常会导致一些问题，例如，死锁、饥饿或者锁定（Lockout）。所谓锁定指的是某个进程一直处于等待进入临界区或者准备离开临界区的状态，这好比被临界区锁在门外或者门内。

可以将上述各类互斥方案进行总结和对比，看看这些方案是否互斥？是否会发生死锁以及是否会出现饥饿以至于是否会被锁定？具体对比情况如表 5.1 所示。

表 5.1 各种互斥方案的总结与对比

互斥方案 ＼ 性质	互斥	死锁	免于饥饿	被锁定
禁用中断	是	否	是	否
锁变量	否	否	是	否
严格轮转法	是	否	是	否
Dekker 算法	是	否	是	否
Peterson 算法	是	否	是	否
Dijkstra 算法	是	否	否	否
Eisenberg-McGuire 算法	是	否	是	否
Lamport bakery 算法	是	是	是	否
测试与设置锁	是	否	是	否
POSIX 的锁机制	是	否	是	否

5.2 协作与同步

5.2.1 进程同步问题

互斥是合作进程所要应对的一类问题,另外一类更广义的进程间通信问题涉及进程间的同步。

1. 进程同步模式

(1)会合(Rendezvous)。例如有两个进程 a 和 b,其中 a 有语句 a1 和 a2,b 有语句 b1 和 b2,如下所示。

进程 a:	进程 b:
a1;	b1;
a2;	b2;

如果需要保证 a1 在 b2 之前运行,而 b1 又需要在 a2 之前运行,就将这种情形称为"会合"。这如同需要保证两个进程在某个执行点会合,如果一方没有到达,则另一方不允许前进。

(2)多工(Multiplex)。在互斥中,要求临界区中至多有一个进程访问。然而,如果假设在某个代码段允许出现多个并发进程,但是并发进程的数量有一个上限。换言之,允许至多 n 个进程同时访问代码段,将这种情形称为"多工"。

(3)栅栏(Barrier)。多个进程的代码不能够执行某个临界点,直到所有进程执行到会合点,如下所示。

```
进程(i= 1,…,n):
会合点
临界点
```

将这种情形称为"栅栏"。

2. 进程同步举例

以生产者-消费者问题为例,介绍进程之间的同步。

【例 5.4】 生产者-消费者问题。

有一个或者多个生产者进程,同时还有一个或者多个消费者进程,这些进程共享一个固定大小的公共缓冲区。其中的生产者进程将信息放入缓冲区供消费者进程消费,消费者进程从缓冲区中取出信息。

在上述的语境中,要想让生产者和消费者进程都正确地运行,必须保障缓冲区运行正常。也就是说,生产者和消费者必须同步,使得生产者与消费者进程之间形成一个有节奏的协作关系。

(1)当缓冲区已满,而此时生产者还想向其中放入一个新的数据项时,生产者睡眠,直到消费者从缓冲区中取走一个或多个数据项时再将其唤醒。

(2)当消费者试图从缓冲区中取数据而发现缓冲区为空时,消费者睡眠,直到生产者向其中放入一些数据项时再将其唤醒。

生产者-消费者问题也称为有界缓冲区问题(Bounded Buffer Problem)。它最初是由戴克斯特拉提出的[①]。我们可以尝试使用睡眠和唤醒机制来解决生产者-消费者问题。其中睡眠和唤醒机制包含两个原语(primitive)[②],即 sleep 和 wakeup。sleep 引起调用进程阻塞,即被挂起,直到另一进程将其唤醒。wakeup 调用有一个参数,即要被唤醒的进程。

使用睡眠和唤醒解决生产者-消费者问题的方案如图 5.23 所示。为了跟踪缓冲区中的数据项数,需要一个变量 count。如果缓冲区最多存放 N 个数据项,则生产者代码将首先检查 count 是否达到 N,若是,则生产者睡眠;否则,生产者将向缓冲区中放入一个数据项并递增 count 的值。

```
#define N 100
int count=0;
void producer(void)                void comsumer(void)
{                                  {
    while(TRUE)                        while(TRUE)
    {                                  {
        produce_item();                    if (count==0)
        if (count==N)                          sleep();
            sleep();                       get_item();
        put_item();                        count=count-1;
        count=count +1;                    if (count==N-1)
        if (count==1)                          wakeup(producer);
            wakeup(comsumer);              comsume_item();
    }                                  }
}                                  }
```

图 5.23 使用睡眠和唤醒机制解决生产者-消费者问题

① Dijkstra E W. *Information streams sharing a finite buffer*[J]. Information Processing Letters,1972,1(5):179-180.
② 原语表示不可分割的语句,即原子语句的含义。

消费者的代码与此类似。首先查看 count 是否为 0,若是则睡眠;否则,就从中取走一个数据项并递减 count 的值。每个进程同时也检测另一个是否应睡眠,若不应睡眠则唤醒之。

上述解决方案中,存在一个竞争条件的问题,其原因是对 count 的访问未加限制。在进程的推进过程中有可能出现如图 5.24 所示的情形。

count 值	producer	状态	进程调度	consumer	状态
0		就绪		if (count == 0)	运行
0		就绪			
0	put_item()	运行			
1	count＝count ＋1	运行			
1	wakeup(comsumer)	运行			
1			→		
1					运行
1				sleep()	睡眠
1	put_item()	运行			
2	count＝count ＋1	运行			
2	…	运行			
N	if (count==N)	运行			
N	sleep()	睡眠			

图 5.24　使用睡眠和唤醒机制解决方案的竞争条件

(1) 缓冲区为空,count 的值为 0。

(2) 消费者进程读取 count 的值,发现它为 0。

(3) 进程发生调度,切换为生产者进程运行。

(4) 生产者向缓冲区中加入一个数据项,将 count 加 1。现在 count 的值变成了 1。

(5) 生产者进程认为由于 count 刚才为 0,所以消费者此时很可能在睡眠,于是生产者调用 wakeup 来唤醒消费者。不幸的是,消费者此时在逻辑上并未睡眠,所以唤醒信号丢失。

(6) 进程发生调度,切换为消费者进程运行。

(7) 由于消费者进程测试先前读到的 count 值,发现它为 0,于是去睡眠。

(8) 这样生产者迟早会填满整个缓冲区,然后睡眠。

(9) 这样一来,两个进程都将永远睡眠下去。

这里问题的实质在于发给一个(尚)未睡眠进程的唤醒信号丢失了。如果它没有丢失,则一切都很正常。一种快速的弥补方法是修改规则,加上一个唤醒等待位。当向一个清醒的进程发送一个唤醒信号时,将该位置位。随后,当进程要睡眠时,如果唤醒等待位为 1,则将该位清除,而进程仍然保持清醒。尽管在本例中唤醒等待位解决了问题,但很容易就可以构造出一些例子,其中有两个或更多的进程,这时一个唤醒等待位就不敷使用。我们可以再打一个补丁，加入第二个唤醒等待位，或者甚至是 8 个、32 个等更多的唤醒等待位，但原则上讲这并未解决问题。

5.2.2 条件变量

在许多情形中，一个进程（线程）希望在继续运行之前检验一下某个条件是否为真。例如，某个进程需要检验另一个进程是否已经结束，从而继续运行。所谓的条件变量（Condition Variable）指的是一个队列，当进程（线程）所期望的执行条件尚未达到时，该进程（线程）便能够将自身置入队列中。当其他的某个进程（线程）改变状态使得在条件变量队列中等待的进程所期望的执行条件得到满足时，它能够唤醒队列中的进程（线程）。

条件变量最早是由戴克斯特拉提出的，他起初使用的术语是"私有信号量"，之后霍尔将它重命名为"条件变量"。[①]

在 POSIX 中实现了条件变量，其条件变量的类型为：

pthread_cond_t

对于条件变量，POSIX 提供 5 个基本的操作。

（1）初始化。函数原型如下：

#include<pthread.h>
int pthread_cond_init (pthread_cond_t * cond, pthread_condattr_t * attr);

形参说明：

cond：指向条件变量的指针。

attr：指向新创建线程所继承的属性的指针。如果该参数为 NULL，则为默认的属性。

pthread_mutex_init 初始化一个锁变量。

（2）等待条件变量。函数原型如下：

#include<pthread.h>
int pthread_cond_wait (pthread_cond_t * cond, pthread_mutex_t * mut);

pthread_cond_wait 自动解锁 mut 所指向的互斥锁，同时等待 cond 所指向的条件变量被唤醒。pthread_cond_wait 可以视为包含如下三个操作：

- 解锁 mutex。
- 睡眠一会（随时会被唤醒）。
- 重新锁上 mutex。

（3）释放条件变量的信号（Signalling）。函数原型如下：

#include<pthread.h>
int pthread_cond_signal (pthread_cond_t * cond);

---

① C. A. R. Hoare. *Monitors：An Operating System Structuring Concept*，Communications of the ACM，17：10，pages 549-557，October 1974.

pthread_cond_signal 唤醒一个阻塞在条件变量上的线程。如果没有线程在条件变量上阻塞,那么就不会唤醒线程。如果有多个线程在条件变量上阻塞,那么只会唤醒一个线程,具体唤醒哪一个线程并不确定。当阻塞线程返回之前必须能够重新获取互斥锁,因此它们将一次一个地退出阻塞。

（4）广播条件变量的信号(Broadcast Signalling)。函数原型如下:

```
#include<pthread.h>
int pthread_cond_broadcast (pthread_cond_t * cond);
```

该函数唤醒在条件变量上阻塞的所有线程。需要注意的是,在退出的时候,它们仍然是一次一个地退出阻塞。

（5）带有超时的等待(Waiting with Timeout)。函数原型如下:

```
#include<pthread.h>
int pthread_cond_timedwait (
pthread_cond_t * cond,
pthread_mutex_t * mut,
const struct timespec * abstime);
```

pthread_cond_timedwait()与 pthread_cond_wait()几乎等价,只不过它具有超时选项,其中超时变量 abstime 是一个绝对值。函数原型如下:

```
struct timespec to {
    time_t tv_sec;
    long tv_nsec;
};
```

如果等待时间超过了 abstime 的值,那么 pthread_cond_timedwait()将返回,返回值为 ETIMEDOUT。

（6）条件变量的解构。函数原型如下:

```
#include<pthread.h>
int pthread_cond_destroy (pthread_cond_t * cond);
```

该函数将初始化过的条件变量进行解构。

【例 5.5】 使用条件变量解决生产者-消费者问题。

通过使用 POSIX 线程原语编写一个生产者和一个消费者线程。生产者线程从输入中读取并将一行文本传输给消费者线程,消费者线程然后将该行文本转换为大写形式并打印出来。两个线程通过共享缓冲区进行通信,同步过程采用 POISIX 条件变量,而POSIX 互斥锁用于保护共享数据。

将与共享缓冲区相关的数据都存储到如下一个结构体中。

```
typedef struct shared_buffer {
    pthread_mutex_t lock;          /* 保护共享的缓冲区 */
    pthread_cond_t                 /* POSIX 条件变量 */
    new_data_cond,                 /* 当缓冲区为空时等待 */
```

```
    new_space_cond;                    /*当缓冲区填满时等待*/
    char c[BNUM][BSIZE];               /*缓冲区*/
    int next_in,                       /*用于标识可输入的下一行*/
        next_out,                      /*用于标识可输出的下一行*/
        count;                         /*已经使用的行数*/
} shared_buffer_t;
```

在 shared_buffer_t 结构体中,包含一个互斥锁和两个条件变量,分别用于指示缓冲区为空以及缓冲区填满的条件。此外缓冲区由一个二维字符数组构成,用于存储在终端中输入的文本信息。另外,两个整型数 next_in 和 next_out 分别用于标识下一个输入的行位置和下一个输出的行位置。

基于 shared_buffer_t 结构体,定义了一个初始化函数:

```
void sb_init(shared_buffer_t * sb)
```

在初始化函数中,进行结构体中各变量的初始化过程,包括互斥锁的初始化以及条件变量的初始化。

生产者线程的执行体从终端中不断地读取输入,并将它存储到缓冲区的相应位置。消费者线程的执行体从缓冲区中不断地读取文本行,将其转换为大写形式,并输出到显示器上。

具体的实现如图 5.25 所示。图中的注释部分标号为(1)~(5)的地方与条件变量相关。标号(1)处是在生产者线程中,当缓冲区填满时,生产者等待条件变量 new_space_cond。标号(2)处是在生产者线程中,每在缓冲区中增加一行数据,便释放一个条件变量 new_data_cond 的信号。标号(3)与标号(2)相似,处理的是每次输入的多行中的最后一行。标号(4)处在消费者线程中,当缓冲区为空时,消费者等待条件变量 new_data_cond。标号(5)处在消费者线程中,每当读取一行数据,便释放一个条件变量 new_space_cond 的信号。

```
#define _XOPEN_SOURCE 500
#define _REENTRANT
#include<unistd.h>
#include<stdio.h>
#include<ctype.h>
#include<pthread.h>
#define BNUM 4                         /*缓冲区的行数*/
#define BSIZE 256                      /*每行的长度*/
/* shared_buffer_t 用作为循环缓冲*/
typedef struct shared_buffer {
    pthread_mutex_t lock;              /*保护共享的缓冲区*/
    pthread_cond_t                     /*POSIX 条件变量*/
        new_data_cond,                 /*当缓冲区为空时等待*/
        new_space_cond;                /*当缓冲区填满时等待*/
    char c[BNUM][BSIZE];               /*缓冲区*/
```

图 5.25　使用条件变量解决生产者-消费者问题的 C 语言实现

```
    int next_in,               /* 用于标识可输入的下一行 */
    next_out,                  /* 用于标识可输出的下一行 */
    count;                     /* 已经使用的行数 */
} shared_buffer_t;
/* sb_init 用于初始化 shared_buffer_t */
void sb_init(shared_buffer_t * sb)
{
    sb->next_in=sb->next_out=sb->count=0;
    pthread_mutex_init(&sb->lock, NULL);
    pthread_cond_init(&sb->new_data_cond, NULL);
    pthread_cond_init(&sb->new_space_cond, NULL);
}
void * producer(void * arg)
{
    int i,k=0;
    shared_buffer_t * sb=(shared_buffer_t * ) arg;
    pthread_mutex_lock(&sb->lock);
    for (;;) {
        while (sb->count==BNUM)
            pthread_cond_wait(&sb->new_space_cond, &sb->lock);     /* (1) */
        pthread_mutex_unlock(&sb->lock);
        k=sb->next_in;
        i=0;
        do {   /* 将一行数据读入到缓冲区中 */
            if ((sb->c[k][i++]=getc(stdin))==EOF) {
                sb->next_in=(sb->next_in+1) %BNUM;
                pthread_mutex_lock(&sb->lock);
                sb->count++;
                pthread_mutex_unlock(&sb->lock);
                pthread_cond_signal(&sb->new_data_cond);           /* (2) */
                pthread_exit(NULL);
            }
        } while ((sb->c[k][i-1] !='\n') && (i<BSIZE));
        sb->next_in=(sb->next_in+1) %BNUM;
        pthread_mutex_lock(&sb->lock);
        sb->count++;
        pthread_cond_signal(&sb->new_data_cond);                   /* (3) */
    }
}
void * consumer(void * arg)
{
    int i, k=0;
    shared_buffer_t * sb=(shared_buffer_t * ) arg;
    pthread_mutex_lock(&sb->lock);
    for (;;) {
        while (sb->count==0)
            pthread_cond_wait(&sb->new_data_cond, &sb->lock);     /* (4) */
        pthread_mutex_unlock(&sb->lock);
        k=sb->next_out;
        i=0;
```

图 5.25 （续）

```
        do { / * process next line of text from the buffer * /
            if (sb->c[k][i]==EOF)
                pthread_exit(NULL);
            putc(toupper(sb->c[k][i++]), stdout);
        } while ((sb->c[k][i-1] !='\n') && (i<BSIZE));
        sb->next_out=(sb->next_out+1) %BNUM;
        pthread_mutex_lock(&sb->lock);
        sb->count--;
        pthread_cond_signal(&sb->new_space_cond); / * (5) * /
    }
}
int main()
{
    pthread_t th1, th2;                              / * the two thread objects * /
    shared_buffer_t sb;                             / * the buffer * /
    sb_init(&sb);
    pthread_create(&th1, NULL, producer, &sb);      / * (1) * /
    pthread_create(&th2, NULL, consumer, &sb);
    pthread_join(th1, NULL); pthread_join(th2, NULL);
    return 0;
}
```

图 5.25　（续）

5.2.3　信号量

信号量是艾兹赫尔·韦伯·戴克斯特拉（Edsger Wybe Dijkstra）在 1965 年提出的一种方法，它使用一个整型变量来累计唤醒次数，以供以后使用。在他的建议中引入一个新的变量类型，称为信号量（semaphore）。

戴克斯特拉建议对信号量设置两种操作，分别为 P 和 V。对一个信号量执行 P 操作是检查其值是否大于 0。若是，则将其值减 1（即用掉一个保存的唤醒信号）并继续。若值为 0，则进程将睡眠，而且此时 P 操作并未结束。检查数值、改变数值以及可能发生的睡眠操作均作为单个、不可分割的原子操作（atomic action）完成。即保证一旦一个信号量操作开始，则在操作完成或阻塞之前别的进程均不允许访问该信号量。这种原子性对于解决同步问题和避免竞争条件是非常重要的。

V 操作将递增信号量的值，如果一个或多个进程在该信号量上睡眠，无法完成一个先前的 P 操作，则由系统选择其中的一个进程（例如，随机挑选）并允许它完成其 P 操作。于是，对一个有进程在其上睡眠的信号量执行一次 V 操作之后，该信号量的值仍旧是 0，但在其上睡眠的进程却少了一个。递增信号量的值和唤醒一个进程同样也是不可分割的。不会有进程因执行 V 而阻塞，正如在前面的模型中不会有进程因执行 wakeup 而阻塞一样。

P、V 原语

P 是荷兰语 Proberen（测试）的首字母，V 是荷兰语 Verhogen（增加）的首字母。P/V 操作的物理解释是：信号量 S 可以表示某类临界资源，其值可以看作是可用资源数，执行一次 P 操作,相当于申请一个资源;如执行一次 V 操作,则相当于释放一个资源。

在 POSIX 标准中,提供了对信号量的各类操作,与信号量相关的头文件和函数如表 5.2 所示,其中 sem_wait()和 sem_post()两个函数用来表达 P 和 V 原语操作。

表 5.2　信号量相关的头文件与函数

头文件与函数	含　义
＃include＜semaphore.h＞	包含信号量的头文件
sem_t	信号量类型
int sem_init (sem_t * sem,int pshared,unsigned int value);	初始化
int sem_destroy (sem_t * sem);	信号量解构
int sem_trywait (sem_t * sem);	尝试等待
int sem_wait (sem_t * sem);	相当于 P
int sem_timedwait (sem_t * sem,const struct timespec * abstime);	带时间等待
int sem_post (sem_t * sem);	相当于 V
int sem_post_multiple (sem_t * sem,int count);	唤醒多个进程
int sem_getvalue (sem_t * sem,int * sval);	获取信号量的值

借助 POSIX 给出的函数,可以按照如下模式进行信号量的操作。

```
#include<semaphore.h>
sem_t s;                    //定义 s 为信号量类型
sem_init(&s,0,1);           //对 s 进行初始化,将其初值设置为 1
...
sem_wait(&s);               //相当于 P 操作
...
sem_post(&s);              //相当于 V 操作
```

可以从实现原理的角度,展现信号量及 P(sem_wait)和 V(sem_post)的内涵。

(1) 信号量主要由一个计数器和一个队列的结构体组成。

```
typedef struct {
    int count;
    queue q; /* queue of threads waiting on this semaphore */
} sem_t;
```

(2) sem_wait 操作(P 操作)首先需要禁用中断,然后计算其计数器的值。如果计数器的值大于 0,那么计数器减 1,同时启用中断并返回。如果计数器的值小于或者等于 0,那么将进程(线程)挂起在队列中,同时进程进入休眠,并启用中断。

```
void sem_wait (sem_t * s)
{
    Disable interrupts;
```

```
    if (s->count>0) {
        s->count -=1;
        Enable interrupts;
        return;
    }
    Add(s->q, current thread);
    sleep(); /* re-dispatch */
    Enable interrupts;
}
```

（3）sem_post 操作（V 操作）首先需要禁用中断，然后查看信号量队列，如果队列为空，那么计数器加 1，否则唤醒挂起在队列上的线程。最后启用中断。

```
void sem_post (sem_t * s)
{
    Disable interrupts;
    if (isEmpty(s->q)) {
        s->count +=1;
    } else {
        thread=RemoveFirst(s->q);
        wakeup(thread); /* put thread on the ready queue */
    }
    Enable interrupts;
}
```

【例 5.6】　使用信号量解决例 5.1 的竞争条件问题。

可以使用信号量来解决竞争条件的问题，这个信号量的使用有些类似于互斥锁 Pthread_mutex_t 的用法。具体的实现如图 5.26 所示。

```
#include<pthread.h>
#include<semaphore.h>                //包含信号量的头文件
#include<stdio.h>
#include<stdlib.h>
#define NITER 1000000
int cnt=0;
sem_t mutex;                         //定义 mutex 为一个信号量类型
void * Count(void * a)
{
    int i, tmp;
    for(i=0; i<NITER; i++)
    {
        sem_wait(&mutex);            //P 操作
        tmp=cnt;                     /* 将全局变量 cnt 复制到局部变量 tmp */
        tmp=tmp+1;                   /* 增加局部变量的值+1 */
        cnt=tmp;                     /* 将局部变量存储到全局变量 cnt */
        sem_post(&mutex);            //V 操作
    }
```

图 5.26　利用信号量解决竞争条件的程序示例

```
    }
    int main(int argc, char * argv[])
    {
        pthread_t tid1, tid2;
        sem_init(&mutex,0,1);                        //初始化信号量 mutex,将其初值设置为 0
        if(pthread_create(&tid1, NULL, Count, NULL))
        {
            printf("\n ERROR creating thread 1");
            exit(1);
        }
        if(pthread_create(&tid2, NULL, Count, NULL))
        {
            printf("\n ERROR creating thread 2");
            exit(1);
        }
        if(pthread_join(tid1, NULL))               /* 等待 thread 1 结束 */
        {
            printf("\n ERROR joining thread");
            exit(1);
        }
        if(pthread_join(tid2, NULL))               /* 等待 thread 2 结束 */
        {
            printf("\n ERROR joining thread");
            exit(1);
        }
        if (cnt<2 * NITER)
            printf("\n BOOM! cnt is [%d], should be %d\n", cnt, 2 * NITER);
        else
            printf("\n OK! cnt is [%d]\n", cnt);
        pthread_exit(NULL);
    }
```

图 5.26　（续）

通过使用信号量,可以避免图 5.2 所示的竞争条件。在使用信号量后,竞争条件就会解决,如图 5.27 所示。

cnt 的值	mutex 的值	线程 1	状态	线程 2	状态
	1				
50	0	sem_wait(&mutex);	运行		就绪
50	0	tmp=cnt;	运行		就绪
50	0	tmp=tmp+1;	运行		就绪
50	0	中断;切换	就绪		就绪
50	0			sem_wait(&mutex);	运行
50	0			中断;切换	挂起

图 5.27　线程的跟踪:信号量解决竞争条件

51	0	cnt＝tmp;	运行		
51	0	sem_post(&mutex);	运行		
51	0	中断;切换	就绪		就绪
51	0			tmp＝cnt;	运行
51	0			tmp＝tmp+1;	运行
51	0			中断;切换	就绪
51	0	sem_wait(&mutex);	挂起		就绪
51	0	中断;切换	就绪		就绪
52	0			cnt＝tmp;	运行
52	0			sem_post(&mutex);	运行
52	0	tmp＝cnt;	运行		

图 5.27　（续）

使用信号量与 PV 原语,可以处理大多数进程同步模式。

(1) 使用信号量处理互斥(Mutex)。信号量可以很容易实现互斥锁功能。只需要将信号量初值设置为 1,在访问临界区之前进行 P 操作,并在离开临界区时进行 V 操作即可。

```
Semaphore mutex=1;
进程(i=1...n):
    P(mutex);
    //临界区
    V(mutex);
```

(2) 使用信号量处理会合(Rendezvous)。如果需要保证 a1 在 b2 之前运行,而 b1 又需要在 a2 之前运行,可以使用 PV 原语来解决会合模式。

```
Semaphore sa1=0, sb1=0;
进程 a:                      进程 b:
    a1;                         b1;
    V(sa1);                     V(sb1);
    P(sb1);                     P(sa1);
    a2;                         b2;
```

(3) 使用信号量处理多工(Multiplex)。当允许有限数量的进程进入一段区域时,可以使用 PV 原语来解决多工模式。可以将信号量设置为资源数,通过相应的 PV 操作来实现。

```
Semaphore r=N;            //假设允许 N 个进程进入
进程(i=1...n):
    P(r);
    //进入共享区域
    V(r);
```

【**例 5.7**】 某超市门口为顾客准备了 100 辆手推车,每位顾客在进去买东西时都会取一辆推车,在买完东西结完账以后再把推车还回去。试用 P、V 操作正确实现顾客进程的同步互斥关系。

把手推车视为某种资源,而资源的数量是有限的,在这个例子中为 100 辆。因此,将信号量作为资源管理方式,并将信号量初始化为 100。然后每个顾客每次获得手推车就进行一次 P 操作,购物结束就进行一次 V 操作。具体的实现如图 5.28 所示。

```c
#include<stdio.h>
#include<stdlib.h>
#include<sys/types.h>
#include<unistd.h>
#include<pthread.h>
#include<semaphore.h>              //包含信号量的头文件
#define N 1000
sem_t shopcar;                     //定义 shopcar 为信号量
void printids(const char * s)
{
    pid_t pid;
    pid=getpid();
    printf("%s pid %u tid %u\n", s, (unsigned int) pid, (unsigned int) pthread_
self());
}
void * customer(void * a)
{
    sem_wait(&shopcar);            //P 操作
    printids("获得手推车");
                                   //购物
    sleep(1000);
    sem_post(&shopcar);            //V 操作
}
int main()
{
    pthread_t custs[N];
    int i;
    sem_init(&shopcar,0,100);      //初始化信号量 shopcar,并将其初值设置为 100
    for(i=0;i<N;i++)
        if (pthread_create(&custs[i],NULL,customer,NULL)){
            printf("\n ERROR creating thread %d",i);
            exit(1);
        }
    for(i=0;i<N;i++)
        if (pthread_join(custs[i],NULL)){
            printf("\n ERROR joining thread %d",i);
            exit(1);
        }
    return 0;
}
```

图 5.28 使用信号量解决超市手推车问题的 C 语言代码

（4）使用信号量处理栏栅（Barrier）。可以使用 PV 原语来解决栏栅模式。当要求进程都到达会合点时才能继续执行，可以设置一个栏栅信号量，其初值为 0。当到达会合点的进程数满足要求时，对栏栅信号量进行 V 操作。

```
Semaphore mutex=1, bar=0;
int count=0;
    会合点;
    P(mutex);
    count=count +1;
    V(mutex);
    if (count==N)
        V(bar);
    P(bar);
    V(bar);
    临界点;
```

【例 5.8】　使用信号量解决生产者-消费者问题。

可以使用信号量来解决生产者-消费者问题，其伪代码如图 5.29 所示。

```
#define N 100              /* 缓冲区大小 */
typedef int semaphore;     /* 信号量定义为一种特殊的 int 类型 */
semaphore mutex=1;         /* 控制对临界区的访问 */
semaphore empty=N;         /* 计数空的缓冲区数量 */
semaphore full=0;          /* 计数满的缓冲区数量 */

void producer(void)                    void comsumer(void)
{                                      {
    int item;                              int item;
    while(TRUE)                            while(TRUE)
    {                                      {
        produce_item(&item);                   P(full);
        P(empty)                               P(mutex)
        P(mutex)                               remove_item (&item);
        enter_item(item);                      V(mutex)
        V(mutex)                               V(empty)
        V(full)                                comsume_item(item);
    }                                      }
}                                      }
```

图 5.29　使用信号量解决生产者-消费者问题的伪代码

其中互斥信号量 mutex 的初值为 1，用于实现临界区互斥。另外还有两个信号量 empty 和 full，分别表示空的缓冲区数量和满的缓冲区数量。具体的 C 语言实现如图 5.30 所示。

```
#include<stdio.h>
#include<stdlib.h>
#include<pthread.h>
```

图 5.30　使用信号量解决生产者-消费者问题的 C 语言代码

```
#include<semaphore.h>
//共享缓冲区
#define BUFFER_SIZE 100
typedef struct {
    int id;
} item;
item buffer[BUFFER_SIZE];
int in=0;                          //下一个待生产位置
int out=0;                         //下一个待消费位置
int pro_number=1;                  //产品编号
sem_t mutex;                       //互斥
sem_t empty,full;
void * produce(void *);
void * consume(void *);
int main(int argc, char * * argv)
{
    //创建生产者、消费者线程
    pthread_t producer, consumer;
    int ret1, ret2;
    sem_init(&mutex,0,1);
    sem_init(&empty,0,BUFFER_SIZE);
    sem_init(&full,0,0);
    printf("creating 2 threads----\n");
    ret1=pthread_create(&producer, NULL, produce, NULL);
    ret2=pthread_create(&consumer, NULL, consume, NULL);
    if (ret1 !=0 || ret2 !=0) {
        printf("create threads failure!\n");
        exit(EXIT_FAILURE);
    }
    printf("create threads success!\n");
    //启动两个线程
    pthread_join(producer, NULL);
    pthread_join(consumer, NULL);
    printf("main thread exit!\n");
    exit(EXIT_SUCCESS);
}
//生产者线程生产产品
void * produce(void * ptr)
{
    item production;
    while (1)
    {
    //在等待缓冲区可用之前提前生产好产品
        production.id=pro_number++;
        sem_wait(&empty);
        sem_wait(&mutex);
        buffer[in]=production;
        in=(in+1) %BUFFER_SIZE;
        printf("生产产品:%d\n", production.id);
```

图 5.30 （续）

```
            sem_post(&mutex);
            sem_post(&full);
    }
    return NULL;
}
//消费者线程消费产品
void * consume(void * ptr)
{
    item production;
    while (1)
    {
        sem_wait(&full);
        sem_wait(&mutex);
        production=buffer[out];
        buffer[out].id=0;
        out=(out+1) %BUFFER_SIZE;
        printf("消费产品: %d\n", production.id);
        sem_post(&mutex);
        sem_post(&empty);
    }
    return NULL;
}
```

图 5.30　（续）

5.3　消 息 传 送

　　进程之间的信息交换就属于进程间通信。前面介绍的进程同步与互斥就实现了进程之间的信息交换，但由于交换的信息量少，可以看作是低级通信。并发执行的进程有各种交换信息的需要，除同步与互斥外，还可采用其他的通信方式。

5.3.1　管道

　　管道是一种常见的进程间通信方式。在 Linux 系统中，pipe()函数调用是一种常见的管道操作。调用 pipe()函数返回一对文件描述符。其中一个描述符与管道的写端点关联，另一个描述符与读端点关联。可以向管道中写入任何数据，并按照写入的顺序在管道的另一端读出它们，如图 5.31 所示。

　　在 Linux 系统中，与管道相关的函数定义如下：

```
#include<unistd.h>
int pipe(int filedes[2]);
```

　　形参中代表管道使用的两个文件描述符，其中 filedes[0]为管道的读端口，而 filedes[1]为管道的写端口。当管道创建成功时，函数的返回值为 0，否则为 -1。

　　在 Linux 下，通常使用 read()和 write()来读写管道中的文件，它们的函数原型和说明如表 5.3 所示。

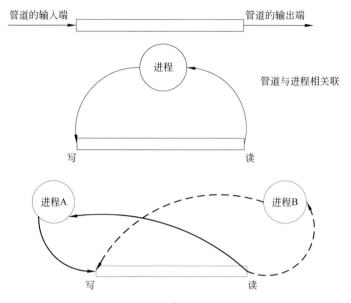

图 5.31   使用管道实现进程间通信

表 5.3   读写管道中文件的函数

函数	原　　型	说　　明
read()	ssize_t read(int fd, void * buf, size_t count);	从文件描述符 fd 所指向的文件中将 count 字节的数据读取到缓冲区中，缓冲区起始地址为 buff
write()	ssize_t write(int fd, const void * buf, size_t count);	从以 buff 起始的缓冲区向文件描述符 fd 所指向的文件中写入 count 字节的数据

【例 5.9】   创建一个管道，并向管道中写入和读取数据。

编写一个简单的程序，创建一个管道，并向管道中读写数据。具体代码如图 5.32 所示。

```
#include<stdio.h>
#include<stdlib.h>
#include<errno.h>
#include<unistd.h>                    //包含管道相关的文件
int main()
{
    int pfds[2];                      //管道端口
    char buf[30];
    if (pipe(pfds)==-1) {             //创建管道
        perror("pipe");
        exit(1);
    }
    printf("writing to file descriptor #%d\n", pfds[1]);
    write(pfds[1], "test", 5);        //向管道中写入字符串"test"
    printf("reading from file descriptor #%d\n", pfds[0]);
    read(pfds[0], buf, 5);            //从管道中读取 5 个字节到 buff 中
    printf("read \"%s\"\n", buf);
    return 0;
}
```

图 5.32   使用管道的示例程序

　　仅仅在单个进程中使用管道其实并不能发挥出管道的作用。一般而言,管道可以在进程之间进行消息传送。例如,通过 fork()创建子进程,然后使用管道在父进程与子进程之间作为通信方式。

【例 5.10】　创建一个用于进程间通信的管道。

　　使用管道作为进程间通信的工具。首先创建一个管道,然后使用 fork()创建一个子进程。父进程关闭管道的读端口,向管道中写入字符串。子进程关闭管道的写端口,从管道中读取数据。具体的实现如图 5.33 所示。

```c
#include<stdio.h>
#include<stdlib.h>
#include<unistd.h>
#include<string.h>
int main(int argc, char * argv[])
{
    int pipefds[2];
    pid_t pid;
    char buf[30];
    //创建管道
    if(pipe(pipefds)==-1){
        perror("pipe");
        exit(EXIT_FAILURE);
    }
    memset(buf,0,30);
    pid=fork();
    if (pid>0) {
        printf(" PARENT write in pipe\n");
        //父进程关闭管道的读端口
        close(pipefds[0]);
        //父进程向管道的写端口写入数据
        write(pipefds[1], "IPC", 4);
        //after finishing writing, parent close the write end
        close(pipefds[1]);
    }else {
        //子进程关闭管道的写端口
        close(pipefds[1]);   //-----line *
        //子进程从管道的读端口读取数据,直到管道为空
        while(read(pipefds[0], buf, 1)==1)
            printf("CHILD read from pipe --%s\n", buf);
        //在完成读操作后,子进程关闭读端口
        close(pipefds[0]);
        printf("CHILD: EXITING!");
        exit(EXIT_SUCCESS);
    }
    return 0;
}
```

图 5.33　用于进程间通信的管道示例程序

5.3.2　FIFO

FIFO("先进先出")有时候也称为命名管道。与一般的管道相比,FIFO 具有多个进程可以打开并进行读写的文件名。

可以使用以下两个函数之一来创建一个命名管道,它们的原型如下:

```
#include<sys/types.h>
#include<sys/stat.h>
int mkfifo(const char * filename, mode_t mode);
int mknod(const char * filename, mode_t mode | S_IFIFO, (dev_t)0);
```

这两个函数都能创建一个 FIFO 文件,注意是创建一个真实存在于文件系统中的文件,filename 指定了文件名,mode 则指定了文件的读写权限。

mknod()是比较老的函数,而使用 mkfifo()函数更加简单和规范,所以建议在可能的情况下,尽量使用 mkfifo()而不是 mknod()。

1. 打开 FIFO 文件

与打开其他文件一样,FIFO 文件也可以使用 open()调用来打开。注意,mkfifo()函数只是创建一个 FIFO 文件,要使用命名管道还得将其打开。但是有两点要注意。

(1)程序不能以 O_RDWR 模式打开 FIFO 文件进行读写操作,而其行为也未明确定义。因为如果一个管道以读/写方式打开,进程就会读回自己的输出,而使用 FIFO 通常只是为了单向的数据传递。

(2)传递给 open()调用的是 FIFO 的路径名,而不是正常的文件。

打开 FIFO 文件通常有 4 种方式:

```
open(const char * path, O_RDONLY);                    //第一种方式
open(const char * path, O_RDONLY | O_NONBLOCK);       //第二种方式
open(const char * path, O_WRONLY);                    //第三种方式
open(const char * path, O_WRONLY | O_NONBLOCK);       //第四种方式
```

在 open()函数调用的第二个参数中有一个 O_NONBLOCK 选项,该选项表示非阻塞。加上这个选项后,表示 open()调用是非阻塞的;如果没有它,则表示 open()调用是阻塞的。

对于以只读方式(O_RDONLY)打开的 FIFO 文件,如果 open()调用是阻塞的(即第一种方式),那么除非有一个进程以写方式打开同一个 FIFO,否则它不会返回。如果 open()调用是非阻塞的(即第二种方式),那么即使没有其他进程以写方式打开同一个 FIFO 文件,open()调用都将成功并立即返回。

对于以只写方式(O_WRONLY)打开的 FIFO 文件,如果 open()调用是阻塞的(即第三种方式),那么它将被阻塞,直到有一个进程以只读方式打开同一个 FIFO 文件为止。如果 open()调用是非阻塞的(即第四种方式),那么它总会立即返回。但如果没有其他进程以只读方式打开同一个 FIFO 文件,open()调用将返回-1,并且 FIFO 也不会打开。

2. 使用 FIFO 实现进程间通信

FIFO 可以用于在进程之间进行通信。

【例 5.11】 编写两个程序，一个用于 FIFO 的写操作，它在需要时创建管道，然后向管道写入数据，数据由文件 Data.txt 提供，大小为 10MB，内容全是字符'0'。另一个程序用于从 FIFO 中读取数据，并把读到的数据保存到另一个文件 DataFormFIFO.txt 中。

用于 FIFO 写操作的程序实现如图 5.34 所示，用于 FIFO 读操作的程序则如图 5.35 所示。

```c
#include<unistd.h>
#include<stdlib.h>
#include<fcntl.h>
#include<limits.h>
#include<sys/types.h>
#include<sys/stat.h>
#include<stdio.h>
#include<string.h>
int main()
{
    const char * fifo_name="/tmp/my_fifo";
    int pipe_fd=-1;
    int data_fd=-1;
    int res=0;
    const int open_mode=O_WRONLY;
    int bytes_sent=0;
    char buffer[PIPE_BUF+1];
    if (access(fifo_name, F_OK)==-1){
        //管道文件不存在
        //创建命名管道
        res=mkfifo(fifo_name, 0777);
        if (res !=0){
            fprintf(stderr, "Could not create fifo %s\n", fifo_name);
            exit(EXIT_FAILURE);
        }
    }
    printf("Process %d opening FIFO O_WRONLY\n", getpid());
    //以只写阻塞方式打开 FIFO 文件,并以只读方式打开数据文件
    pipe_fd=open(fifo_name, open_mode);
    data_fd=open("Data.txt", O_RDONLY);
    printf("Process %d result %d\n", getpid(), pipe_fd);
    if (pipe_fd !=-1){
        int bytes_read=0;
        //从数据文件中读取数据
        bytes_read=read(data_fd, buffer, PIPE_BUF);
        buffer[bytes_read]='\0';
        while (bytes_read>0){
            //向 FIFO 文件中写数据
            res=write(pipe_fd, buffer, bytes_read);
            if (res==-1){
                fprintf(stderr, "Write error on pipe\n");
                exit(EXIT_FAILURE);
            }
```

图 5.34 用于 FIFO 写操作的程序

```
            //累加写的字节数,并继续读取数据
            bytes_sent +=res;
            bytes_read=read(data_fd, buffer, PIPE_BUF);
            buffer[bytes_read]='\0';
        }
        close(pipe_fd);
        close(data_fd);
    }
    else
        exit(EXIT_FAILURE);
    printf("Process %d finished\n", getpid());
    exit(EXIT_SUCCESS);
}
```

图 5.34　（续）

```
#include<unistd.h>
#include<stdlib.h>
#include<stdio.h>
#include<fcntl.h>
#include<sys/types.h>
#include<sys/stat.h>
#include<limits.h>
#include<string.h>
int main()
{
    const char * fifo_name="/tmp/my_fifo";
    int pipe_fd=-1;
    int data_fd=-1;
    int res=0;
    int open_mode=O_RDONLY;
    char buffer[PIPE_BUF+1];
    int bytes_read=0;
    int bytes_write=0;
    //清空缓冲数组
    memset(buffer, '\0', sizeof(buffer));
    printf("Process %d opening FIFO O_RDONLY\n", getpid());
    //以只读阻塞方式打开管道文件,注意与 fifowrite.c 文件中的 FIFO 同名
    pipe_fd=open(fifo_name, open_mode);
    //以只写方式创建保存数据的文件
    data_fd=open("DataFormFIFO.txt", O_WRONLY | O_CREAT, 0644);
    printf("Process %d result %d\n", getpid(), pipe_fd);
    if (pipe_fd !=-1){
        do{
            //读取 FIFO 中的数据,并把它保存在文件 DataFormFIFO.txt 中
            res=read(pipe_fd, buffer, PIPE_BUF);
            bytes_write=write(data_fd, buffer, res);
            bytes_read +=res;
        }
```

图 5.35　用于 FIFO 读操作的程序

```
        while (res>0);
        close(pipe_fd);
        close(data_fd);
    }
    else
        exit(EXIT_FAILURE);
    printf("Process %d finished, %d bytes read\n", getpid(), bytes_read);
    exit(EXIT_SUCCESS);
}
```

图 5.35　（续）

5.3.3　消息队列

消息队列提供了一种从一个进程向另一个进程发送数据块的方法。每个数据块都被认为含有一种类型，接收进程可以独立地接收含有不同类型的数据结构。可以通过发送消息来避免命名管道的同步和阻塞问题。但是消息队列与命名管道一样，每个数据块都有一个最大长度的限制。

Linux 分别使用宏 MSGMAX 和 MSGMNB 来限制一条消息和一个队列的最大长度，并提供了一系列消息队列的函数接口，便于使用它来实现进程间通信。

1. msgget()函数

该函数用来创建和访问一个消息队列。其函数原型如下：

```
int msgget(key_t, key, int msgflg);
```

与其他的 IPC 机制一样，程序必须提供一个键(key)来命名某个特定的消息队列。msgflg 是一个权限标志，表示消息队列的访问权限，它与文件的访问权限一样。msgflg 可以与 IPC_CREAT 做逻辑或操作，表示当 key 所命名的消息队列不存在时就创建一个消息队列。如果 key 所命名的消息队列存在，就会忽略 IPC_CREAT 标志，而只返回一个标识符。

该函数返回一个以 key 命名的消息队列的标识符(非零整数)，失败时则返回−1。

2. msgsnd()函数

该函数用来把消息添加到消息队列中。其函数原型如下：

```
int msgsend(int msgid, const void * msg_ptr, size_t msg_sz, int msgflg);
```

msgid 是由 msgget()函数返回的消息队列标识符。

msg_ptr 是一个指向准备发送消息的指针，但是消息的数据结构却有一定的要求，指针 msg_ptr 所指向的消息结构必须是以一个长整型成员变量开始的结构体，接收函数将用这个成员来确定消息的类型。所以消息结构的定义如下：

```
struct my_message {
    long int message_type;
    /* The data you wish to transfer */
};
```

msg_sz 是 msg_ptr 所指向消息的长度,注意是消息的长度,而不是整个结构体的长度,也就是说 msg_sz 是不包括长整型消息类型成员变量的长度。

msgflg 用于控制当前消息队列填满或队列消息达到系统范围的限制时将要发生的事情。

如果 msgsnd()调用成功,就将消息数据的一份副本存放到消息队列中,并返回 0;失败时则返回−1。

3. msgrcv()函数

该函数用来从一个消息队列获取消息。其函数原型如下:

```
int msgrcv(int msgid, void * msg_ptr, size_t msg_st, long int msgtype, int
msgflg);
```

msgid、msg_ptr 和 msg_st 的作用与函数 msgsnd()的一样。

msgtype 可以实现一种简单的接收优先级。如果 msgtype 为 0,就获取队列中的第一条消息。如果它的值大于零,将获取具有相同消息类型的第一条消息。如果它小于零,就获取类型等于或小于 msgtype 绝对值的第一条消息。

msgflg 用于控制当队列中没有相应类型的消息可以接收时将发生的事情。

msgrcv()函数调用成功时,将返回存放到接收缓冲区中的消息字节数,并将消息复制到由 msg_ptr 指向的用户分配的缓冲区中,然后删除消息队列中的对应消息。失败时则返回−1。

4. msgctl()函数

该函数用来控制消息队列。其函数原型如下:

```
int msgctl(int msgid, int command, struct msgid_ds * buf);
```

command 是将要采取的动作,它可以取 3 个值:

(1) IPC_STAT。把 msgid_ds 结构中的数据设置为消息队列的当前关联值,即用消息队列的当前关联值覆盖 msgid_ds 的值。

(2) IPC_SET。如果进程有足够的权限,就把消息队列的当前关联值设置为 msgid_ds 结构中给出的值。

(3) IPC_RMID。删除消息队列。

buf 是指向 msgid_ds 结构的指针,它指向消息队列模式和访问权限的结构。msgid_ds 结构至少包括以下成员:

```
struct msgid_ds
{
    uid_t shm_perm.uid;
    uid_t shm_perm.gid;
    mode_t shm_perm.mode;
};
```

msgctl()函数调用成功时返回 0,失败时则返回−1。

【例5.12】 使用消息队列实现两个进程之间的进程间通信。其中一个进程负责发送消息,而另一个进程负责接收消息。

编写两个程序,其中使用消息队列发送消息的程序代码如图 5.36 所示,而接收消息的程序代码如图 5.37 所示。两个程序共享同一个消息队列的 key,发送消息进程从键盘上获取数据并存放到消息队列中,直到输入"end"为止。接收进程从消息队列中取数据,直到获取的数据为"end"为止。

```c
#include<stdlib.h>
#include<stdio.h>
#include<string.h>
#include<unistd.h>
#include<sys/msg.h>
#include<errno.h>
#define MAX_TEXT 512
struct msg_st
{
    long int msg_type;
    char text[MAX_TEXT];
}
int main(int argc, char * * argv)
{
    struct msg_st data;
    char buffer[BUFSIZ];
    int msgid=-1;
    //message queue
    msgid=msgget((key_t)1234, 0666 | IPC_CREAT); //创建或访问键值为"1234"的消息队列
    if (msgid==-1){
        fprintf(stderr, "msgget failed error: %d\n", errno);
        exit(EXIT_FAILURE);
    }
    //从键盘上获取消息并存放到消息队列中
    while (1){
        printf("Enter some text: \n");
        fgets(buffer, BUFSIZ, stdin);
        data.msg_type=1;
        strcpy(data.text, buffer);
        //send message to queue
        if (msgsnd(msgid, (void *)&data, MAX_TEXT, 0)==-1){
                                                    //把消息添加到消息队列中
            fprintf(stderr, "msgsnd failed\n");
            exit(EXIT_FAILURE);
        }
         //"end"表明输入结束
        if (strncmp(buffer, "end", 3)==0)
            break;
         sleep(1);
    }
    exit(EXIT_SUCCESS);
}
```

图 5.36　使用消息队列发送消息的程序

```c
#include<stdio.h>
#include<stdlib.h>
#include<string.h>
#include<sys/msg.h>
#include<errno.h>
struct msg_st
{
    long int msg_type;
    char text[BUFSIZ];
};
int main(int argc, char * * argv)
{
    int msgid=-1;
    struct msg_st data;
    long int msgtype=0;
    //create message queue
    msgid=msgget((key_t)1234, 0666 | IPC_CREAT);  //创建或访问键值为"1234"的消息队列
    if (msgid==-1){
        fprintf(stderr, "msgget failed width error: %d\n", errno);
        exit(EXIT_FAILURE);
    }
    //从消息队列中接收消息
    while (1){
        if (msgrcv(msgid, (void *)&data, BUFSIZ, msgtype, 0)==-1)     //接收消息
            fprintf(stderr, "msgrcv failed width erro: %d", errno);
        printf("You wrote: %s\n", data.text);
        if (strncmp(data.text, "end", 3)==0)
            break;
    }
     //删除消息队列
    if (msgctl(msgid, IPC_RMID, 0)==-1)
        fprintf(stderr, "msgctl(IPC_RMID) failed\n");
    exit(EXIT_SUCCESS);
}
```

图 5.37   使用消息队列接收消息的程序

5.3.4   共享内存段

　　共享内存是进程间通信中最简单的方式之一。共享内存允许两个或更多进程访问同一块内存,当一个进程改变了这块内存中的内容时,其他进程都会察觉到这个更改。

　　如图 5.38 所示,共享内存实际上就是进程通过调用 shmget(Shared Memory GET,获取共享内存)来分配一个共享内存块,然后每个进程通过 shmat(Shared Memory Attach,绑定到共享内存块)将进程的逻辑虚拟地址空间指向共享内存块中。随后需要访问这个共享内存块的进程都必须将这个共享内存绑定到自己的地址空间中。当一个进程往一个共享内存块中写入了数据后,共享这个内存区域的所有进程都可以看到其中的内容。

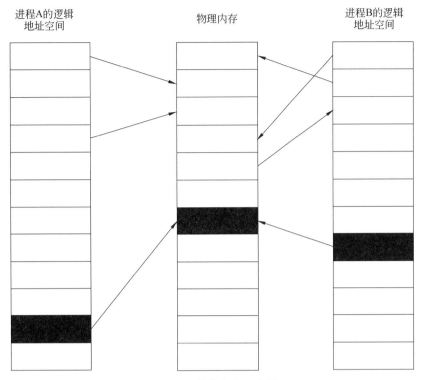

图 5.38 共享内存示意图

　　因为所有进程共享同一块内存,所以共享内存在各种进程间通信方式中具有最高的效率。访问共享内存区域和访问进程独有的内存区域一样快,并不需要通过系统调用或者其他需要切入内核的过程来完成。同时它也避免了对数据的各种不必要的复制。

　　因为系统内核没有对访问共享内存进行同步,所以必须提供自己的同步措施。例如,在数据被写入之前不允许进程从共享内存中读取信息,不允许两个进程同时向同一个共享内存地址写入数据等。解决这些问题的常用方法是通过使用信号量进行同步。

　　共享内存是进程间共享数据的一种最快的方法。一个进程向共享的内存区域写入了数据后,共享这个内存区域的所有进程就可以立刻看到其中的内容。使用共享内存要注意的是多个进程之间对一个给定存储区访问的互斥。若一个进程正在向共享内存区写数据,则在它执行完这一步操作之前,别的进程不应当去读或写这些数据。

　　要使用一块共享内存,进程首先必须分配它。随后需要访问这个共享内存块的每一个进程都必须将这个共享内存绑定到自己的地址空间中。当完成通信之后,所有进程都将脱离共享内存,并且由其中一个进程释放该共享内存块。理解 Linux 系统内存模型有助于解释这个绑定的过程。在 Linux 系统中,每个进程的虚拟内存是被分为许多页面的。这些内存页面中包含了实际的数据。每个进程都会维护一个从内存地址到虚拟内存页面之间的映射关系。尽管每个进程都有自己的内存地址,不同的进程还是可以同时将同一个内存页面映射到自己的地址空间中,从而达到共享内存的目的。

　　分配一个新的共享内存块会创建新的内存页面。因为所有进程都希望共享对同一块内存的访问,应由一个进程创建一块新的共享内存。再次分配一块已经存在的内存块不会创建新的页面,而只是会返回一个标识该内存块的标识符。一个进程如需使用这个共享内存块,则首先需要将它绑定到自己的地址空间中。这样会创建一个从进程本身的虚拟地址到共享页面的映射关系。当使用完共享内存之后,将会删除这个映射关系。当再也没有进程需要使用这个共享内存块的时候,必须有一个(且只能是一个)进程负责释放这个被共享的内存页面。在 Linux 系统中,提供了与共享内存段相关的各类系统调用及函数。

1. 共享内存的分配

进程通过调用 shmget() 来分配一个共享内存块。其函数原型如下:

```
#include<sys/ipc.h>
#include<sys/shm.h>
int shmget(key_t key, size_t size,int shmflg);
```

函数的形参如表 5.4 所示。

表 5.4　shmget() 函数的参数

参　　数	含　　义
key	进程间通信键值,ftok() 的返回值
size	该共享存储段的长度(字节)
shmflg	标识函数的行为及共享内存的权限,其取值如下: (1) IPC_CREAT,表明如果不存在就创建 (2) IPC_EXCL,表明如果已经存在则返回失败 (3) 位或权限位,共享内存位或权限位后可以设置共享内存的访问权限,格式和 open() 函数的 mode_t 一样,但可执行权限未使用

shmget() 函数的第一个参数是一个用来标识共享内存块的键值。彼此无关的进程可以通过指定同一个键以获取对同一个共享内存块的访问。不幸的是,其他程序也可能挑选了同样的特定值作为自己分配共享内存的键值,从而产生冲突。用特殊常量 IPC_PRIVATE 作为键值可以保证系统建立一个全新的共享内存块。该函数的第二个参数指定了所申请的内存块的大小。因为这些内存块是以页面为单位进行分配的,实际分配的内存块大小将被扩大到页面大小的整数倍。第三个参数是一组标志,通过特定常量的按位或操作来调用 shmget()。

如果 shmget() 函数执行成功,则会返回共享内存标识符;若失败,则返回值为 −1。

2. 共享内存的映射

要让一个进程获取对一块共享内存的访问,这个进程必须先调用 shmat(),以绑定到共享内存。通过调用 shmat(),将一个共享内存段映射到调用进程的数据段中。让进程和共享内存建立一种联系,并让进程的某个指针指向此共享内存。其函数原型如下:

```
#include<sys/types.h>
#include<sys/shm.h>
```

```
void * shmat(int shmid, const void * shmaddr, int shmflg);
```

shmat()函数的形参如表 5.5 所示。

表 5.5　shmat()函数的参数

参　　数	含　　义
shmid	共享内存标识符,shmget()的返回值
shmaddr	共享内存映射地址(若为 NULL 则由系统自动指定),推荐使用 NULL
shmflg	共享内存段的访问权限和映射条件(通常为 0),具体取值如下: (1) 0:共享内存具有可读写权限 (2) SHM_RDONLY:只读 (3) SHM_RND:(shmaddr 非空时才有效)

其中,shmid 是共享内存 ID,通过 shmget()获取。shmaddr 用来说明使用的地址,如果设置为 0,则操作系统会选择相应的地址。如果只是从中读取数据,则将 shmflg 设置为 SHM_RDONLY,否则就设置为 0。

如果 shmat()函数执行成功,则会返回共享内存段的映射地址(相当于这个指针就指向此共享内存);若失败,则返回值为 −1。

图 5.39 展示了一个共享内存的分配与映射示例。程序定义了一个指向 char 类型的指针 data,在映射共享内存之后,将内存指向 data。

```
#include<sys/types.h>
#include<sys/shm.h>
key_t key;
int shmid;
char * data;
key=ftok("/home/chenpeng/somefile3", 'R');
shmid=shmget(key, 1024, 0644 | IPC_CREAT);
data=shmat(shmid, (void *)0, 0);
```

图 5.39　共享内存映射示例

如果映射失败,那么返回的 data 将为 −1,则应该进行如下操作:

```
data=shmat(shmid, (void *)0, 0);
if (data==(char *)(-1))
    perror("shmat");
```

当成功映射到 data 之后,便可以进行共享内存的读写操作。

```
printf("shared contents: %s\n", data);
printf("Enter a string: ");
gets(data);
```

3. 解除共享内存的映射

当一个进程不再使用一个共享内存块的时候,应通过调用 shmdt()脱离共享内存块。如果释放这个内存块的进程是最后一个使用该内存块的进程,则将删除这个内存块。对

exit 或任何 exec 族函数的调用都会自动使进程脱离共享内存块。其函数原型如下：

```
#include<sys/types.h>
#include<sys/shm.h>
int shmdt(const void * shmaddr);
```

其中 shmaddr 表示内存映射地址。该函数调用成功时返回值为 0，若失败则返回值为 −1。

4. 共享内存的控制

使用 shmctl()函数对共享内存可以进行各种设置及控制操作，其函数原型如下：

```
#include<sys/ipc.h>
#include<sys/shm.h>
int shmctl(int shmid, int cmd, struct shmid_ds * buf);
```

shmctl()函数的形参如表 5.6 所示。

表 5.6　shmctl()函数的参数

参　　数	含　　义
shmid	共享内存标识符
cmd	函数功能的控制，其取值如下： (1) IPC_RMID：标记共享内存被破坏 (2) IPC_STAT：将与 shmid 相关联的内核数据结构中的信息复制到由 buff 所指向的 shmid_ds 结构 (3) IPC_SET：将 buff 所指向的 shmid_ds 结构中的某些成员写入与 shmid 相关联的内核数据结构中 (4) SHM_LOCK：锁定共享内存段 (5) SHM_UNLOCK：解锁共享内存段 (6) SHM_LOCK：用于锁定内存，禁止内存交换。不允许将被锁定的内存交换到虚拟内存中。这样做的优势在于让共享内存一直处于内存中，从而提高程序性能
buf	shmid_ds 数据类型的地址，用来存放或修改共享内存的属性

shmctl()调用成功后的返回值为 0，若失败则为 −1。

【例 5.13】 共享内存示例。

申请一段共享内存，父进程将共享内存赋值为 0。然后创建 100 个子进程，每个子进程从共享内存中读取存储在共享内存中的数，并将其加 1，然后再将其写入到共享内存上。具体实现如图 5.40 所示。

```
#include<unistd.h>
#include<stdlib.h>
#include<stdio.h>
#include<errno.h>
#include<fcntl.h>
#include<string.h>
```

图 5.40　一个共享内存示例代码

```
#include<sys/file.h>
#include<wait.h>
#include<sys/mman.h>
#include<sys/ipc.h>
#include<sys/shm.h>
#include<sys/types.h>
#define COUNT 100
#define PATHNAME "/etc/passwd"
int do_child(int proj_id)
{
    int interval;
    int * shm_p, shm_id;
    key_t shm_key;
    /*使用 ftok 产生 shmkey*/
    if ((shm_key=ftok(PATHNAME, proj_id))==-1) {
        perror("ftok()");
        exit(1);
    }
    /*在子进程中使用 shmget 获取到已经在父进程中创建好的共享内存 id,注意 shmget 的
第三个参数的使用*/
    shm_id=shmget(shm_key, sizeof(int), 0);
    if (shm_id<0) {
        perror("shmget()");
        exit(1);
    }
    /*使用 shmat 将相关共享内存段映射到本进程的内存地址*/
    shm_p=(int *)shmat(shm_id, NULL, 0);
    if ((void *)shm_p==(void *)-1) {
        perror("shmat()");
        exit(1);
    }
    interval= * shm_p;
    interval++;
    usleep(1);
    * shm_p=interval;
    /*使用 shmdt 解除本进程内对共享内存的地址映射,该操作不会删除共享内存*/
    if (shmdt(shm_p)<0) {
        perror("shmdt()");
        exit(1);
    }
    exit(0);
}
int main()
{
    pid_t pid;
    int count;
    int * shm_p;
    int shm_id, proj_id;
    key_t shm_key;
    proj_id=1234;
```

图 5.40 (续)

```
    /*使用约定好的文件路径和proj_id产生shm_key*/
    if ((shm_key=ftok(PATHNAME, proj_id))==-1) {
        perror("ftok()");
        exit(1);
    }
```

/*使用shm_key创建一个共享内存,如果系统中已经存在此共享内存则报错退出,创建出来的共享内存权限为0600*/

```
    shm_id=shmget(shm_key, sizeof(int), IPC_CREAT|IPC_EXCL|0600);
    if (shm_id<0) {
        perror("shmget()");
        exit(1);
    }
    /*将创建好的共享内存映射进父进程的地址以便访问*/
    shm_p=(int *)shmat(shm_id, NULL, 0);
    if ((void *)shm_p==(void *)-1) {
        perror("shmat()");
        exit(1);
    }
    /*共享内存赋值为0*/
    *shm_p=0;
    /*打开100个子进程并发读写共享内存*/
    for (count=0;count<COUNT;count++) {
        pid=fork();
        if (pid<0) {
            perror("fork()");
            exit(1);
        }
        if (pid==0) {
            do_child(proj_id);
        }
    }
    /*等待所有子进程执行完毕*/
    for (count=0;count<COUNT;count++)
        wait(NULL);
    /*显示当前共享内存的值*/
    printf("shm_p: %d\n", *shm_p);
    /*解除共享内存地质映射*/
    if (shmdt(shm_p)<0) {
        perror("shmdt()");
        exit(1);
    }
    /*删除共享内存*/
    if (shmctl(shm_id, IPC_RMID, NULL)<0) {
        perror("shmctl()");
        exit(1);
    }
    exit(0);
}
```

图 5.40   (续)

思　考　题

运行上述示例,就会发现结果和所期望的会有所差异,仔细研究代码就会发现在子进程执行时会同时操作共享内存,从而产生典型的竞争条件问题。请思考如何解决上述例子中的竞争条件。

5.4　经典 IPC 问题

5.4.1　哲学家进餐问题

5 位哲学家围坐在一张圆桌周围,每个哲学家面前都有一碟通心面,由于面条很滑,所以要两把叉子才能夹住。相邻两个碟子之间有一把叉子,情形如图 5.41 所示。

图 5.41　哲学家进餐

哲学家的生活包括两种活动:即吃饭和思考(这只是一种抽象,即对本问题而言其他活动都无关紧要)。当一个哲学家觉得饿时,他就试图分两次去取他左边和右边的叉子,每次拿一把,但不分次序。如果成功地获得了两把叉子,他就开始吃饭,吃完以后放下叉子继续思考。这里的问题就是,为每个哲学家编写一段程序来描述其行为,要求不能死锁(要求拿两把叉子是人为规定的,我们也可以将意大利面条换成中国菜,用米饭代替通心面,用筷子代替叉子)。

图 5.42 给出了最浅显的解法。过程 take_fork 将一直等到所指定的叉子可用,然后将其取用。不幸的是,这种解法是错误的。设想所有 5 位哲学家都同时拿起左面的叉子,则他们都拿不到右面的叉子,于是就会发生死锁。

```
#define N 5
void philosopher(int i)
{
    while(TRUE)
    {
        think();
        take_fork(i);
        take_fork((i+1)%N);
        eat();
        put_fork(i);
        put_fork((i+1)%N)
    }
}
```

图 5.42   哲学家问题的解决方案 V1

可以将程序修改一下，规定在拿到左叉后，先检查右面的叉子是否可用。如果不可用，则先放下左叉，等一段时间再重复整个过程。但这种解法也是有问题的。可能在某一个瞬间，所有的哲学家都同时启动这个算法，拿起左叉，看到右叉不可用，又都放下左叉，等一会儿，又同时拿起左叉，如此这般永远重复下去。对于这种情况，即所有的程序都在运行，但却无法取得进展，从而导致饥饿(starvation)。

现在你可能会想：如果哲学家在拿不到右叉时等待一段随机的时间，而不是等待相同的时间，则发生上述饥饿的机会就很小了。这种想法是对的，但在一些应用中人们希望一种完全正确的方案，它不能因为一串靠不住的随机数字而失效。

对图 5.42 中的算法可进行下列改进，它既不会发生死锁又不会发生饥饿：使用一个二进制信号量对 5 个 think()函数之后的语句进行保护。在哲学家开始拿叉子之前，先对信号量 mutex 执行 P 操作。在放回叉子后，再对 mutex 执行 V 操作。其算法示意如图 5.43 所示。从理论上讲，这种解法是可行的。但从实际角度来看，这里有性能上的局限。同一时刻只能有一位哲学家进餐，而 5 把叉子实际上允许两位哲学家同时进餐。

```
#define N 5
typedef int semaphore;
semaphore mutex=1;
void philosopher(int i)
{
    while(TRUE)
    {
        think();
        P(mutex)
        take_fork(i);
        take_fork((i+1)%N);
        eat();
        put_fork(i);
        put_fork((i+1)%N)
        V(mutex)
    }
}
```

图 5.43   哲学家问题的解决方案 V2

为此,我们对算法做进一步改进,提出如图 5.44 所示的解决方案。图 5.45 中的解法正确,且能获得最大的并行度。其中使用一个数组 state 来跟踪一个哲学家是在吃饭、思考,还是正在试图拿叉子。一个哲学家只有在两个邻座都不在进餐时才允许转移到进餐状态。第 i 位哲学家的邻座由宏 LEFT 和 RIGHT 定义,换言之,若 i 为 2,则 LEFT 为 1,RIGHT 为 3。

```c
#define N 5                      void take_forks(int i)
#define LEFT (i-1)%N             {
#define RIGHT (i+1)%N                P(mutex);
#define THINKING 0                   state[i]=HUNGRY;
#define HUNGRY 1                     test(i);
#define EATING 2                     V(mutex);
typedef int semaphore;               P(s[i]);
int state[N];                    }
semaphore mutex=1;
semaphore s[N]={0};              void put_forks(int i)
void philosopher(int i)          {
{                                    P(mutex);
    while(TRUE)                      state[i]=THINKING;
    {                                test(LEFT);
        think();                     test(RIGHT);
        take_forks(i);               V(mutex);
        eat();                   }
        put_forks(i);            void test(i)
    }                            {
}                                    if(state[i]==HUNGRY && state[LEFT] !=
                                         EATING && state[RIGHT] !=EATING)
                                     {
                                         state[i]=EATING;
                                         V(s[i]);
                                     }
                                 }
```

图 5.44 哲学家问题的解决方案 V3

该程序使用了一个进餐信号量数组 s[N],每个信号量对应一位哲学家,这样在所需的叉子被占用时,可以阻塞想进餐的哲学家。注意每个进程将过程 philosopher 作为主代码运行,而其他过程 take_forks、put_forks 和 test 只是普通的过程,而非单独的进程。其对应的实现代码如图 5.45 所示。

```c
#include<stdio.h>
#include<semaphore.h>
#include<pthread.h>
#pragma comment(lib, "pthreadVC2.lib")
#define N 5
#define THINKING 2
```

图 5.45 哲学家问题的 C 语言实现代码

```
#define HUNGRY 1
#define EATING 0
#define LEFT (phnum+4)%N
#define RIGHT (phnum+1)%N
int state[N];
int phil[N]={0, 1, 2, 3, 4};
sem_t mutex;              //互斥
sem_t S[N];              //进餐信号量数组
/*哲学家环顾邻座,如果自身处于饥饿状态且左右邻座皆没进餐,则释放进餐信号量将自身状态
置于进餐状态*/
void test(int phnum)
{
    if (state[phnum]==HUNGRY && state[LEFT] !=EATING && state[RIGHT]
                !=EATING)
    {
        //state that eating
        state[phnum]=EATING;
        sleep(2);
        printf("Philosopher %d takes fork %d and %d\n", phnum+1, LEFT+1, phnum+1);
        printf("Philosopher %d is Eating\n", phnum+1);
        sem_post(&S[phnum]);
    }
}
//拿起叉子
void take_fork(int phnum)
{
    //访问临界区
    sem_wait(&mutex);
    //state that hungry
    state[phnum]=HUNGRY;
    printf("Philosopher %d is Hungry\n", phnum+1);
    //如果邻座没在进餐,便可以进餐
    test(phnum);
    //离开临界区
    sem_post(&mutex);
    //if unable to eat wait to be signalled
    sem_wait(&S[phnum]);
    sleep(1);
}
//放下叉子
void put_fork(int phnum)
{
    //access critical section
    sem_wait(&mutex);
    //标记状态为思考
    state[phnum]=THINKING;
    printf("Philosopher %d putting", phnum+1);
    printf("fork %d and %d down\n", LEFT+1, phnum+1);
```

图 5.45 （续）

```
        printf("Philosopher %d is thinking\n", phnum+1);
        test(LEFT);
        test(RIGHT);
        //leave critical section
        sem_post(&mutex);
}
void * philospher(void * num)
{
    while(1)
    {
        int * i=num;
        sleep(1);
        take_fork(* i);
        sleep(0);
        put_fork(* i);
    }
}
int main()
{
    int i;
    pthread_t thread_id[N];
    //initialize the semaphores
    sem_init(&mutex, 0, 1);
    for(i=0; i<N; i++)
        sem_init(&S[i], 0, 0);
    for(i=0; i<N; i++)
    {
        //创建哲学家线程
        pthread_create(&thread_id[i], NULL, philospher, &phil[i]);
        printf("Philosopher %d is thinking\n", i+1);
    }
    for(i=0; i<N; i++)
        pthread_join(thread_id[i], NULL);
    return 0;
}
```

图 5.45　（续）

5.4.2　读者-写者问题

哲学家问题对于多个竞争进程互斥地访问有限资源（如 I/O 设备）这一类问题的建模十分有用。另一个著名的问题是读者-写者问题[①]（Courtois 等，1971），它为数据库访问建立了一个模型。

【例 5.14】　飞机订票问题。

设想一个飞机订票系统，其中有许多竞争的进程试图读写其中的数据。多个进程同

[①]　Courtois P J，Heymans F，Parnas D L. *Concurrent control with "readers" and "writers"*. ACM，1971. 14 (14)：667-668.

时读是可以接受的,但如果一个进程正在更新数据库,则所有其他进程都不能访问数据库,即使读操作也不行。这里的问题是如何对读者和写者进行编程? 图 5.46 给出了一种解法。

```
typedef int semaphore;
semaphore mutex=1;
semaphore db=1;
int rc=0;

void reader(void)                          void writer(void)
{                                          {
    while(TRUE)                                while(TRUE)
    {                                          {
        P(mutex);                                  think_up_data();
        rc=rc +1;                                  P(db);
        if (rc==1)                                 write_database();
            P(db);                                 V(db);
        V(mutex);                              }
        read_database();                   }
        P(mutex);
        rc=rc -1;
        if (rc==0)
            V(db);
        V(mutex);
        use_database();
    }
}
```

图 5.46   读者-写者问题的解决方案

该解法中,第一个读者对信号量 db 执行 P 操作。随后的读者只是递增计数器 rc。当读者离开时,它们递减这个计数器,而最后一个读者则对 db 执行 V 操作,这样就允许一个阻塞的写者(如果存在的话)可以访问数据库。

这个解法在这里隐含了一条很微妙的规则值得讨论。设想当一个读者在使用数据库时,另一个读者也来访问数据库,由于允许多个读者同时进行读操作,所以第二个读者也被允许进入,同理第三个及随后更多的读者都被允许进入。现在假设一个写者到来,由于写操作是排他的,所以它不能访问数据库,而是被挂起。随后其他的读者到来,这样只要有一个读者活跃,随后而来的读者都被允许访问数据库。这样的结果是只要有读者陆续到来,它们一来就被允许进入,而写者将一直被挂起直到没有一个读者为止。假如每 2 秒钟来一个读者,而其操作时间为 5 秒钟,则写者将永远不能访问数据库。为了防止这种情况,程序可以略作如下改动:当一个读者到来而正有一个写者在等待时,则将读者挂在写者后边,而不是立即进入。这样,写者只需等待它到来时就处于活跃状态的读者结束,而不用等那些在它后边到来的读者。

【例 5.15】 分水果问题。

桌上有一空盘,允许存放一个水果。爸爸可向盘中放苹果,也可向盘中放橘子,儿子专等吃盘中的橘子,女儿专等吃盘中的苹果。规定当空盘时一次只能放一个水果供吃者取用,请用 P、V 原语实现爸爸、儿子、女儿三个并发进程的同步。

图 5.47 给出了一种解法。

```
typedef int semaphore;
semaphore S=1;
semaphore So=0;
semaphore Sa=0;
Procedure father:            Procedure son:              Procedure daughter:
{                            {                            {
    while(TRUE)                  while(TRUE)                  while(TRUE)
    {                            {                            {
        P(S);                        P(So);                       P(Sa);
        将水果放入盘中;              从盘中取出橘子;              从盘中取出苹果;
        if(放入的是橘子)            V(S);                        V(S);
            V(So);               吃橘子;                      吃苹果;
        else                     }                            }
            V(Sa);           }                            }
    }
}
```

图 5.47　分水果问题的解决方案

具体 C 语言代码实现如图 5.48 所示。

```
#include<pthread.h>
#include<semaphore.h>
#include<time.h>
#include<windows.h>
#pragma comment(lib, "pthreadVC2.lib")
sem_t plate,apple,orange;
void eat_apple();
void eat_orange();
int main()
{
    pthread_t tparent,tsun,tdaughter;
    sem_init(&plate,0,1);
    sem_init(&apple,0,0);
    sem_init(&orange,0,0);
    if(pthread_create(&tparent,0,parent,0)!=0){
        perror("error creating parent thread");
        //exit(1);
    }
    if(pthread_create(&tsun,0,sun,0)!=0){
        perror("error creating parent thread");
        //exit(1);
    }
    if(pthread_create(&tdaughter,0,daughter,0)!=0){
        perror("error creating parent thread");
        //exit(1);
    }
```

图 5.48　分水果问题的 C 语言代码实现

```
    if(pthread_join(tparent, NULL))      /* wait for the thread 1 to finish */
    {
      printf("\n ERROR joining thread");
      exit(1);
    }
    if(pthread_join(tdaughter, NULL))   /* wait for the thread 1 to finish */
    {
      printf("\n ERROR joining thread");
      exit(1);
    }
    if(pthread_join(tsun, NULL))         /* wait for the thread 1 to finish */
    {
      printf("\n ERROR joining thread");
      exit(1);
    }
    return 0;
}
void eat_apple()
{
    printf("儿子吃了一个苹果\n");
    Sleep(500);
}
void eat_orange()
{
    printf("女儿吃了一个橘子\n");
    Sleep(500);
}
```

```
void * parent(void * arg)            void * sun(void * arg)       void * daughter(void * arg)
{                                    {                            {
  int number;                          while(1)                     while(1)
  srand((unsigned) time(NULL));        {                            {
  while(1)                               sem_wait(&apple);            sem_wait(&orange);
  {                                      eat_apple();                 eat_orange();
    number=rand() %2;                    sem_post(&plate);            sem_post(&plate);
    sem_wait(&plate);                  }                            }
    if (number==0)                   }                            }
    {
      sem_post(&apple);
      printf("父亲放入一个苹果\n");
    }
    else
    {
      sem_post(&orange);
      printf("父亲放入一个橘子\n");
    }
  }
}
```

图 5.48   （续）

思 考 题

在例 5.15 分水果问题的基础上，假设增加一位母亲，她和父亲一样，也会往盘子中放入水果。我们该如何处理？

5.4.3 理发师睡觉问题

另一个经典的 IPC 问题发生在理发店。理发店里有一位理发师、一把理发椅和 n 把供顾客等候所坐的椅子。如果没有顾客，理发师便在理发椅上睡觉，如图 5.49 所示。当一个顾客到来时，理发师在睡觉，那么他必须先叫醒理发师。如果理发师正在理发且有空椅子可坐，他就坐下来等待。如果没有空椅子，他就离开。这里的问题是为理发师和顾客各编写一段程序来描述他们的行为，要求不能出现竞争条件。

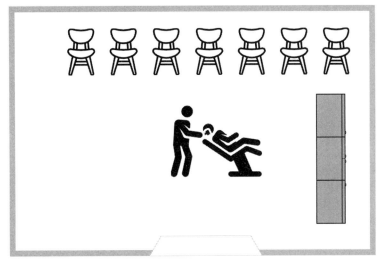

图 5.49 理发师问题

我们的解法如图 5.50 所示。信号量定义如下：

```
//waitingRoom 限制一次允许进入等候室的顾客数量
sem_t waitingRoom;
//barberChair 对应理发椅
sem_t barberChair;
//barberPillow 用于允许理发师入睡直至顾客到达
sem_t barberPillow;
//seatBelt 用于使顾客等待理发师理发
sem_t seatBelt;
```

其中，waitingRoom 信号量用于表明理发店一共能容纳的最多等待人数，对应理发店的等候椅子数量。baberChair 信号量对应理发椅,通常一个理发师对应一把理发椅,而一把理发椅就意味着顾客能够获得服务。baberPillow 信号量对应理发师睡觉,理发师和顾客之间通过该信号量进行同步,即每次为一个顾客理完发后,理发师就可以睡觉,然而到达的顾客可以唤醒该理发师。seatBelt 信号量对应等待的顾客,理发师为顾客理发完毕,就可以释放这样一个信号量。

```c
#include<stdio.h>
#include<unistd.h>
#include<stdlib.h>
#include<pthread.h>
#include<semaphore.h>
//最大顾客数量
#define MAX_CUSTOMERS 25
//理发师和理发椅的最大数量
#define MAX_BARBERCHAIRS 5
//函数原型
void * customer(void * num);
void * barber(void *);
void randwait(int secs);
//WaitingRoom 限制一次允许进入等候室的顾客数量
sem_t waitingRoom;
//barberChair 允许单个顾客坐在理发椅上
sem_t barberChair;
//barberPillow 用于允许理发师入睡直至顾客到达
sem_t barberPillow;
//seatBelt 用于使顾客等待理发师理发
sem_t seatBelt;
//当理发师服务完所有顾客后,就可以回家
int allDone=0;
int waitingRoomValue=-1;
int main(int argc, char * argv[])
{
    //理发师线程 ID
    /* 由于 MAX_BARBERCHAIRS 为 5,所以将有 5 个 barberChairs,因此假设有 5 个理发师 */
    pthread_t btid[MAX_BARBERCHAIRS];
    //Customers thread id
    pthread_t tid[MAX_CUSTOMERS];
    long RandSeed;
    int i, numCustomers, numChairs, numBarberChairs;
    int Number[MAX_CUSTOMERS];
    int NumberBarberChairs [MAX_BARBERCHAIRS];
    //检查在命令行上输入参数的正确性
    if (argc !=5) {
        printf("用法:睡觉的理发师问题<顾客数量><等候室的椅子数量>
            <理发椅数量><随机进入>\n");
        exit(-1);
    }
```

图 5.50   理发师问题的 C 语言代码

```
        //通过将命令行上的参数分配给相关变量来执行转换操作
        numCustomers=atoi(argv[1]);
        numChairs=atoi(argv[2]);
        numBarberChairs=atoi(argv[3]);
        RandSeed=atol(argv[3]);
        waitingRoomValue=numChairs;
        //如果在命令行上输入的客户编号大于 tid 线程数组的大小,则退出
        if (numCustomers>MAX_CUSTOMERS) {
            printf("最大客户数量是%d, 再次运行。\n", MAX_CUSTOMERS);
            exit(-1);
        }
        if (numBarberChairs>MAX_BARBERCHAIRS) {
            printf("理发椅的最大数量为%d。再次运行。\n",
                MAX_BARBERCHAIRS);
            exit(-1);
        }
        printf("理发师睡觉问题\n\n");
        printf("使用信号量的睡眠理发师问题的解决方案。\n");
        //根据输入的参数生成随机数
        srand48(RandSeed);
        //将数组编号设置为顾客编号
        for (i=0; i<MAX_CUSTOMERS; i++)
            Number[i]=i;
        //将 barberChair 设置为 NumberBarberChairs 数组
         for (i=0; i<MAX_BARBERCHAIRS; i++)
            NumberBarberChairs[i]=i;
        //对信号量进行初始化操作
        sem_init(&waitingRoom, 0, numChairs);
        sem_init(&barberChair, 0, numBarberChairs);
        sem_init(&barberPillow, 0, 0);
        sem_init(&seatBelt, 0, 0);
        //创建对应的理发师和顾客线程
        for(i=0;i<numBarberChairs;i++)
            pthread_create(&btid[i], NULL, barber,(void *)&NumberBarberChairs[i]);
        for (i=0; i<numCustomers; i++)
            pthread_create(&tid[i], NULL, customer, (void *)&Number[i]);
        for (i=0; i<numCustomers; i++)
            pthread_join(tid[i],NULL);
        allDone=1;
        waitingRoomValue=1;
        for(i=0;i<numBarberChairs;i++){
            sem_post(&barberPillow);
            pthread_join(btid[i],NULL);
        }
        printf("程序结束。\n");
}
void * customer(void * number)
{
```

图 5.50　（续）

```
        int num= * (int * ) number;
        randwait(2);
        printf("顾客%d 已到达理发店。\n", num);
        if(waitingRoomValue==0)
            printf("顾客%d 离开了理发店。***因为等候室没有空位。***\n",num);
        else{
            sem_wait(&waitingRoom);
            waitingRoomValue-=1;
            printf("顾客%d 进入等候室。\n", num);
            sem_wait(&barberChair);
            sem_post(&waitingRoom);
            waitingRoomValue+=1;
            printf("顾客%d 唤醒理发师。\n", num);
            sem_post(&barberPillow);
            sem_wait(&seatBelt);
            sem_post(&barberChair);
            printf("顾客%d 离开理发店。\n", num);
        }
    }
void * barber(void * junk)
{
    int jun= * (int * )junk;
    while (!allDone) {
        printf("理发师%d 睡觉。\n", jun);
        sem_wait(&barberPillow);
        //如果有顾客,继续理发
        if (!allDone) {
            //随机花费时间
            printf("理发师%d 理发。\n", jun);
            randwait(3);
            printf("理发师%d 完成理发。\n", jun);
            //理发完毕后,释放 seatBelt 信号量
            sem_post(&seatBelt);
        }
        //如果没有顾客,就离开理发店
        else
            printf("理发师%d 离开理发店。\n", jun);
    }
}
void randwait(int secs) {
    int len;
    len=(int)(((drand48()+0,1) * secs)+1);
    sleep(len);
}
```

图 5.50   (续)

核心的顾客和理发师线程如下所示。

顾客线程	理发师线程
| ```c
void * customer(void * number)
{
    int num= * (int * )number;
    randwait(2);
    printf("顾客%d已到达理发店.\n", num);
    if(waitingRoomValue==0)
        printf("顾客%d离开了理发店。\n",num);
    else{
        sem_wait(&waitingRoom);
        waitingRoomValue-=1;
        printf("顾客%d进入等候室.\n", num);
        sem_wait(&barberChair);
        sem_post(&waitingRoom);
        waitingRoomValue+=1;
        printf("顾客%d唤醒理发师.\n", num);
        sem_post(&barberPillow);
        sem_wait(&seatBelt);
        sem_post(&barberChair);
        printf("顾客%d离开理发店.\n", num);
    }
}
``` | ```c
void * barber(void * junk)
{
    int jun= * (int * )junk;
    while (!allDone) {
        printf("理发师%d睡觉.\n", jun);
        sem_wait(&barberPillow);
        //如果有顾客,继续理发
        if (!allDone) {
            //随机花费时间
            printf("理发师%d理发.\n", jun);
            randwait(3);
            printf("理发师%d完成理发.\n", jun);
            //理发完成后,释放 seatBelt 信号量
            sem_post(&seatBelt);
        }
        //如果没有顾客,就离开理发店
        else
            printf("理发师%d离开理发店.\n", jun);
    }
}
``` |

对于顾客线程,当顾客到达的时候,首先判定等候室是否已满,如果是就离开,否则对 waitingRoom 信号量做一个 P 操作。然后,再进一步对 baberChair 信号做一个 P 操作,用于判定是否有空的理发椅,如果有,则代表可以理发。然后对 waitingRoom 信号量做一个 V 操作。此时,需要唤醒理发师,因此对 barberPillow 信号做一个 V 操作,并对 seatBelt 信号量做一个 P 操作,表明进入理发状态。当理发完毕,对 baberChair 做一个 V 操作,然后顾客离开理发椅,并离开理发店。

对于理发师线程,首先外部循环判定是否所有的顾客都已经离开了(allDone),否则的话,就对 barberPillow 进行一个 P 操作,等待顾客唤醒。当理发师完成理发后,就对 seatBelt 进行一个 V 操作,表明理发结束。

本 章 小 结

进程之间如果需要协作和交互,便需要通过进程间通信,在计算机世界中,主要区分三类进程间通信,即互斥、同步和消息传送。

进程互斥问题首先由戴克斯特拉于 1965 年提出[①]。Dekker 算法是第一个针对两个

[①]　E. W. Dijkstra. *Cooperating Sequential Processes*. Technical report，Technological University，Eindhoven，the Netherlands (1965).

进程互斥问题的正确软件解决方案,它由荷兰数学家 T. Dekker 提出。此后,Peterson 对两个进程互斥问题提出了更简单解决方案[1]。此外,戴克斯特拉还提出了信号量解决方案。有许多不同的方法用于解决互斥问题中,例如,关中断、忙等待 Dekker 算法、Peterson 算法以及 POSIX 锁机制等,这些方法在互斥、避免死锁和饥饿方面都有各自的特点,同时在资源使用效率方面也存在差异。

进程同步问题是并发控制问题的一个范式。戴克斯特拉针对进程合作提出了有界缓冲区问题和哲学家进餐问题[2]。库尔图瓦(Pierre Jacques Courtois)提出了读者-写者问题[3]。在解决同步问题中,主要采用条件变量和信号量机制。生产者-消费者问题是一类典型的进程同步问题,通过条件变量或信号量可以有效地协调生产者与消费者之间的协作关系,保证进程之间有序、有效地推进。

相比较而言,涉及进程之间大量的信息交换则更多地表现在消息传送问题上。操作系统通常采用管道、FIFO(命名管道)、消息队列和共享内存段等方式进行进程之间的消息传送。

习　　题

1. 什么叫临界资源? 什么叫临界区?

2. 围绕 Dekker 算法,回答下述问题。

　　A. 算法满足前进(Progress)条件吗?

　　B. 能引发死锁吗?

　　C. 能引发活锁(livelock)吗?

3. Peterson 算法满足有界等待条件(bounded wait condition)吗?

4. 在 Peterson 算法中,做如下变化:

在进程 P_1 中,将 wants_to_enter[0]:=true 与 wants_to_enter[0]:=false 互换,在进程 P_2 中也做类似的互换。讨论这样修改的系统破坏了临界区的哪个属性。

5. 在 Peterson 算法中,对进程 P_0 做如下变化。

```
while wants_to_enter[1]=TRUE and turn=1
```

变化为:

```
while wants_to_enter[1]=TRUE or turn=1
```

P_2 中也进行类似变化。

讨论这样修改的系统破坏了临界区的哪个属性。

---

[1]　G. L. Peterson. *Myths About the Mutual Exclusion Problem*. Information Processing Letters,Volume 12,Number 3 (1981).

[2]　E.W. Dijkstra. *Hierarchical Ordering of Sequential Processes*. Acta Informatica,Volume 1,Number 2 (1971),pages 115-138.

[3]　P. J. Courtois,F. Heymans,and D. L. Parnas. *Concurrent Control with "Readers" and "Writers"*. Communications of the ACM,Volume 14,Number 10(1971),pages 667-668.

6. 在 Lamport's Bakery 算法(参考图 5.18)中删除如下语句:

while Entering[j] do {/* nothing */}

讨论其影响。

7. 如果是在用户级程序中使用同步原语,解释为何在单处理器系统中通过禁用中断实现同步原语是不合适的。

8. 解释为何在多处理器系统中中断对于实现同步原语并不合适。

9. Linux 内核有一个策略,进程在尝试获得信号量中不能持有一个自旋锁(spinlock)。解释为何这个策略有效。

10. 考虑使用进程 P_1 和 P_2 访问临界区的方法,如下所示。共享布尔变量 S1 和 S2 的初始值是随机分配的。

P_1 使用的方法	P_2 使用的方法
while(S1==S2); Critical Section S1=S2;	while(S1!=S2); Critical Section S2=not(S1);

下面陈述描述了系统的属性的是(　　)。

  A. 互斥但没有前进(Progress)　　　　B. 前进(Progress)但没有互斥

  C. 既不互斥,也不前进(Progress)　　　D. 既互斥,也前进(Progress)

11. 实现临界区访问的 enter_CS() 和 leave_CS()函数使用的 test-and-set 指令实现如下:

```
void enter_CS(X)
{
    while test-and-set(X);
}
void leave_CS(X)
{
    X=0;
}
```

在上述解决方案中,X 是与 CS 相关联的内存位置,初始化为 0。现在下述陈述:

Ⅰ. 上述对临界区(CS)问题的解决方案是免于死锁的。

Ⅱ. 方案免于饥饿。

Ⅲ. 进程按照 FIFO 的顺序进入 CS。

Ⅳ. 在同一时刻不止一个进程能够进入临界区。

上述陈述为真的是(　　)。

  A. 只有Ⅰ　　　　B. Ⅰ和Ⅱ　　　　C. Ⅱ和Ⅲ　　　　D. 只有Ⅳ

12. 一个计数信号量被初始化为 10。在信号量上完成 6 次 P 操作和 4 次 V 操作之后,信号量的值为(　　)。

A. 0   B. 8   C. 10   D. 12

13. 令 m[0]，m[1]，…，m[4]是互斥信号量，P[0]，P[1]，…，P[4]是进程。假设每个进程 P[i]执行如下代码：

```
P(m[i]);
P(m[(i+1) mode 4]);
...
V(m[i]);
V(m[(i+1) mod 4]);
```

这可能会导致(　　)。

  A. 抖动(Thrashing)   B. 死锁

  C. 饥饿，但不会死锁   D. 上述都不对

14. 下面程序包含 3 个并发进程和 3 个二元信号量。信号量初值如下：
S0＝1，S1＝0，S2＝0。

Process P_0	Process P_1	Process P_2
while (true) {	P(S1);	P(S2);
P (S0);	V(S0);	V(S0);
printf ("0");		
V(S1);		
V(S2);		
}		

进程 P_0 将打印(　　)次 0。

  A. 至少两次   B. 正好两次   C. 正好三次   D. 正好一次

15. Fetch_And_Add(X,i)是一个原子—修改—写指令，它读取位于内存位置 X 的值，并增加 i，同时返回 X 之前的值。下面使用伪代码来实现一个忙等待锁。L 是一个无符号整型共享变量，初始化为 0。0 对应于锁可用，而非 0 对应于锁不可用。

```
AcquireLock(L){
    while (Fetch_And_Add(L,1))
        L=1;
}
ReleaseLock(L){
    L=0;
}
```

这个实现(　　)。

  A. 由于 L 能够溢出，因此会失效

  B. 由于在锁实际可用的时候 L 能够获取非 0 值，因此会失效

  C. 可以正常工作，但是可能会促使某些进程产生饥饿

  D. 可以正常工作，且没有饥饿

16. 两个进程 P_1 和 P_2 需要访问临界区的代码。考虑进程代码如下。

```
         P₁                              P₂
while (true) {                   while (true) {
    wants1=true;                     wants2=true;
    while (wants2==true);            while (wants1==true);
    /* Critical Section */           /* Critical Section */
    wants1=false;                    wants2=false;
}                                }
/* Remainder section */          /* Remainder section */
```

这里 wants1 和 wants2 是共享变量，初值为 false。关于上述代码，陈述为真的是(　　)。

    A. 它并不确保互斥

    B. 它并不确保有限等待(bounded waiting)

    C. 它需要进程按照严格的交替顺序进入临界区

    D. 它并不预防死锁，但是确保互斥

17. fetch-and-set x, y 是一个原子指令，无条件设置内存位置 x 为 1，并将 x 以前的值提取到 y 中，同时不允许中间有其他指令访问位置 x。考虑下面 P 和 V 中二元信号量的实现。

```
void P (binary_semaphore * s) {
    unsigned y;
    unsigned * x=&(s->value);
    do {
        fetch-and-set x, y;
    } while (y);
}

void V (binary_semaphore * s) {
    s ->value=0;
}
```

下面为真的是(　　)。

    A. 如果在 P 中禁用上下文切换，该实现便无效

    B. 不需要使用 fetch-and-set，使用通常的 load/store 即可

    C. V 的实现是错误的

    D. 代码并没有实现二元信号量

18. 设有三个进程 A、B、C，其中 A 与 B 构成一对生产者与消费者(A 为生产者，B 为消费者)，共享一个由 n 个缓冲块组成的缓冲池；B 与 C 也构成一对生产者与消费者(此时 B 为生产者，C 为消费者)，共享另一个由 m 个缓冲块组成的缓冲池。用 P、V 操作描述它们之间的同步关系。

19. 面包师有很多面包和蛋糕，由 n 个销售人员销售。每个顾客进店后先取一个号，

并且等着叫号。当一个销售人员空闲下来时,就叫下一个号。用 P、V 操作描述他们之间的同步关系。

20. 在北京语言大学与中国矿业大学间有一条弯曲的路,每次只允许一辆自行车通过,但中间有小的安全岛 M(同时允许两辆自行车通过),可供已进入两端的两辆自行车错车,设计算法并使用 P、V 实现。

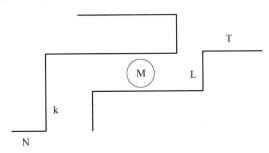

21. 将读者-写者解决方案进行修改,实现写者优先的读者-写者系统。

22. 在一条忙碌的高速公路上有一座桥因为洪水而被损坏。通过允许沿相对方向行驶的车辆交替使用桥梁,可以在桥梁上实现单向通行。使用桥的规则如下:

    A. 在任何时刻,只允许一个方向的车辆通行

    B. 如果车辆在桥的两边等待通行,只允许一边的一辆车通行,而另一边的车辆禁止通行

    C. 如果在桥的一边没有车辆,那么另一边可以通行任意辆车

用 PV 操作来实现这些规则。

23. 在上面的例子中,如果桥的两端都有车辆的话,上述规则导致桥的利用率很低。因此,单方向可以有最多 10 辆车通行,即使另一方有车辆在等待。用 PV 操作来实现这个修改的规则。

24. 临界区是一个程序段,(   )。

    A. 应该在某个特定时间运行

    B. 应该避免死锁

    C. 访问共享的资源

    D. 必须被 P、V 信号量来封闭使用

25. 避免死锁的哲学家进餐问题的解决方案是(   )。

    A. 确保所有哲学家在拿起右叉之前拿起左叉

    B. 确保所有哲学家在拿起左叉之前拿起右叉

    C. 确保某个哲学家在拿起右叉之前拿起左叉,其他哲学家拿起左叉之前拿起右叉

    D. 上述都不是

26. 假定系统有多个处理器。对于如下场景,描述哪个是更好的锁机制,自旋锁还是互斥锁? 其中等待的锁可用了,而等待进程仍然睡眠。

    A. 锁被持有较短的时间。

B. 锁被持有较长的时间。

    C. 当线程持有锁的时候,有可能进入睡眠。

27. 多线程服务器希望跟踪它所服务的请求的数量(称为 hits)。考虑下述两个预防变量 hits 竞争条件的策略。第一个策略是在更新 hits 时,使用基本互斥锁:

```
updating hits:
int hits;
mutex lock hit lock;
hit lock.acquire();
hits++;
hit lock.release();
```

第二个策略是使用一个原子整数:

```
atomic t hits;
atomic inc(&hits);
```

解释哪一个策略更有效。

28. 考虑如下所示的分配和释放进程的代码。

```
#define MAX PROCESSES 255
int number of processes=0;
/* the implementation of fork() calls this function */
int allocate_process() {
    int new pid;
    if (number of processes==MAX PROCESSES)
        return -1;
    else {
        /* allocate necessary process resources */
        ++number of processes;
        return new pid;
    }
}
/* the implementation of exit() calls this function */
void release_process() {
/* release process resources */
    --number of processes;
}
```

① 识别出竞争条件。

② 假定有一个名为 mutex 的互斥锁,其上的操作包括 acquire() 和 release()。请明确锁需要置于何处以预防竞争条件。

29. 服务器能够设计限制开放链接的数量。例如,一个服务器只期望在任何时间有 N 个 socket 链接。只要已经具有了 N 个链接,服务器将不能接受其他接入直到现有链接释放为止。解释服务器如何使用信号量来限制并发链接的数量。

30. Windows Vista 提供轻量级的同步工具,称为 slim 读者-写者锁。大多数读者-写者锁的实现要么有利于读者,要么有利于写者,或者使用 FIFO 策略对等待线程进行排序。然而 slim 读者-写者锁即不有利于读者,也不利于写者,也没有使用 FIFO 策略对等待线程进行排序。解释提供这种同步工具的益处是什么。

31. 说明在多处理器环境中如何使用 test_and_set() 指令来实现 P 和 V 操作。解决方案应该展现最短的忙等待。

32. 讨论在读者-写者问题中操作的公平性和吞吐量之间的折衷。提出在不导致饥饿的前提下解决读者-写者问题的方法。

33. 在不同的进程之间共享一个文件,每个进程具有唯一的编号。文件能够被多个进程同时访问,约束如下:所有进程的唯一编号之和必须小于 n。使用信号量来实现该约束。

34. barrier 是一种同步构造,其中一系列进程全局同步,即在集合中的进程到达 barrier,并等待其他进程到达,然后所有进程离开 barrier。令集合中的进程数量是 3,S 是二元信号量,其上有通常的 P 和 V 操作。考虑下面的 C 语言实现,行号在代码的左边。

```
void barrier (void) {
  1: P(S);
  2: process_arrived++;
  3: V(S);
  4: while (process_arrived !=3);
  5: P(S);
  6: process_left++;
  7: if (process_left==3) {
  8:    process_arrived=0;
  9:    process_left=0;
 10: }
 11: V(S);
  }
```

在所有进程上都共享变量 process_arrived 和 process_left,它们被初始化为 0。在一个并发程序中,所有三个进程在需要全局同步的时候,将调用 barrier 函数。

(1) 上述 barrier 的实现是不正确的,下面陈述为真的是(　　)。

　　A. barrier 实现是错误的,因为使用了二元信号量 S

　　B. 如果连续调用两个 barrier,barrier 实现可能导致死锁

　　C. 第 6~10 行需要置于一个临界区中

　　D. 如果只有两个而非三个进程的话,barrier 实现是正确的

(2) 下面(　　)方法能纠正实现中的问题。

　　A. 在第 6~10 行中由 process_arrived 代替 process_left

　　B. 在 barrier 开始的时候,第一个进入 barrier 的进程在执行 P(S)时等待,直到 process_arrived 为 0

　　C. 在 barrier 开始处禁用上下文切换,结尾处重新启用

　　D. 将变量 process_left 变成私有的,而非共享的

第6章

处理器管理

我们经常将处理器喻为计算机的大脑。犹如人类对自己"大脑"的管理,最重要的方面在于分配自己的"用脑时间"。对处理器的管理就是合理分配处理器的时间。

6.1　处理器调度概述

处理器的管理不是对处理器物理器件的管理,而是对于处理器核心资源的管理。处理器的核心资源是计算资源,而计算资源的管理实质上是对时间的分配。换言之,处理器的管理实质上是处理器的调度问题,或者说是进程调度问题。

1. 调度概念

在并发进程环境下,操作系统必须能够针对多个进程的潜在竞争资源需求进行资源分配。其中需要分配的一个重要资源便是处理器(计算资源),将该资源的分配称为"处理器调度"。在处理器调度过程中,操作系统所使用的算法称为"调度算法"。

2. 调度资源

我们已经知道,提高处理器的利用率及改善系统性能(吞吐量、响应时间),在很大程度上取决于处理器调度的性能,所以操作系统设计的核心问题之一便是如何调度分配处理器时间。

处理器调度的资源实际上就是 CPU 处理计算的时间长度(时间片)。

CPU 时间是调度资源

操作系统将时间片调度给进程使其可以正常运行。

犹如在教务系统中,每门课程的课时就是教务系统主要分配的资源,为不同的课程分配各自的课时,所以课程与课程之间的进度便有快有慢。

6.1.1　处理器的虚拟化

处理器管理的本质在于处理器的虚拟化,为了实现虚拟化,操作系统为进程提供一种错觉,似乎存在无穷多个处理器单元(CPU)。操作系统通过运行一个进程,然后停止该进程,又运行另一个进程,如此这般,在只有一个物理 CPU 的时候,产生出多个虚拟CPU。将这种技术称为 CPU 的时分复用技术(time sharing of the CPU),它允许用户运行尽可能多的并发进程,潜在的代价便是性能降低,即由于共享 CPU,导致每个进程运行得会相对慢一些。

要想实现 CPU 的虚拟化,操作系统需要底层机械和高层智能。我们将底层机械称为机制,机制是实现所需功能的底层方法或者协议。例如,我们需要了解如何实现上下文切换,它使得操作系统能够在单个 CPU 上停止一个进程而启动另一个进程的运行,这种时分复用的机制在现代操作系统中被普遍采用。

在机制之上,需要采用一些智能,操作系统以策略来实现这种智能。操作系统中,策略是进行某种决策的算法。例如,给定在 CPU 上运行的一些可能进程,哪些进程应该运行? 在操作系统上的调度策略进行该决策,决策过程可能会使用一些历史信息(譬如在上一分钟哪个进程已经运行了)、工作负载的知识(譬如正在运行哪一类型的进程)以及性能度量(譬如系统旨在提升交互式性能还是吞吐量?)。

时间共享和空间共享

时间共享是操作系统共享资源的一个基本技术。通过允许资源在某个时间由某个实体使用,而接下来又分配给另一个实体使用,这样所涉及的资源将能够被多个实体共享。与时间共享对应的是空间共享,其中资源按照空间划分,例如磁盘空间就是一种空间共享的资源。一旦将某个块分配给一个文件,就不会将它再分配给另一个文件,直到该文件被用户删除为止。

6.1.2　调度的进程行为

当一个进程开始执行时,CPU 开始工作。然而在进程的执行过程中,除了计算,还涉及一些 I/O 操作。进程可能需要从输入设备获取输入或者输出到一个输出设备。在 I/O 操作过程中,CPU 并不需要做什么而处于空闲状态。如图 6.1 所示,当一个进程具有一个长的计算过程需要执行,它被称为 CPU-burst,当出现 I/O 操作,则被称为 I/O-burst。

```
#include<stdio.h>
int main()
{
    floal x,y,z;
    printf("enter the three variables x,y,z");    } I/O-burst
    scanf("%f%f%f",&x,&y,&z);
    if(x>y){                                       } CPU-burst
        if(x>z)
            printf("x is greatest");                 I/O-burst
        else
            printf("z is greatest");                 I/O-burst
    }
    else{                                          } CPU-burst
        if(x>z)
            printf("y is greatest");                 I/O-burst
        else
            printf("z is greatest");                 I/O-burst
    }
    getch();
    return 0;
}
```

图 6.1　CPU-burst 和 I/O-burst 示例

如果一个进程具有密集的 CPU-burst 且有少量的 I/O-burst,那么称该进程为 CPU-bound 进程。如果进程具有大量且频繁的 I/O-burst,而 CPU-burst 数量较少,那么称该进程为 I/O-bound 进程。

如果有大量的 CPU-bound 进程,实现多道程序并发是非常困难的。通常 I/O 等待时间是进程切换的时机。如果没有什么 I/O 操作,那么多道程序并发并不能获得较好的性能。另一方面,如果有大量的 I/O-bound 进程,那么在多道并发环境下很少出现进程执行。因此,通常 CPU-bound 和 I/O-bound 进程混合出现对于多道程序并发是最为合理的,同时处理器的调度才会发挥其价值,促使系统的性能提升。

6.1.3 调度决策

调度通常并不是在进程结束的时候触发的,事实上进程切换是并发程序的重要特征,由于进程切换,当某个进程被中断时,需要从就绪队列中选择调度另外一个进程。可能触发调度的原因有许多,下面就是一些常见的调度原因。

(1) 当一个运行进程执行完毕并退出时,将需要调度另一个进程。如果此时在就绪队列中没有进程,那么就会从作业队列中选择一个作业,将它置入就绪队列。

(2) 当运行的进程需要等待一个 I/O 操作或者其他资源的时候,它将被阻塞。因此需要选择另外一个进程执行。此时,操作系统从就绪队列中选择另外一个进程运行。

(3) 当任何进程使用的 I/O 或者资源被释放时,将唤醒等待相应 I/O 或者资源的进程,使之重新回到就绪队列中。此时,为了给新加入的进程机会,就需要进行调度。

(4) 在一个多用户分时环境下,为每个进程分配固定的时间周期或者时间片。当一个进程用完了其所分配到的时间片后,它将重新回到就绪队列中。此时,操作系统会进行调度。

(5) 当一个运行的进程创建了子进程时,就会触发调度以给新创建的进程运行的机会。

(6) 当一个新添加到就绪队列中的进程与当前运行的进程相比具有更高的优先级时,通常需要停止当前进程的运行并进行调度,从而使得高优先级的进程获得运行的机会。

(7) 如果在进程或者硬件中出现错误或异常,那么可能需要停止运行的进程,并使之重新回到就绪队列中。此时,操作系统会进行调度。

(8) 如果所有的进程正在等待 I/O 或者其他资源,那么就需要挂起一些阻塞的进程,为新的进程腾出空间。此时,操作系统会进行调度。

6.2 调 度 层 次

处理器的调度从整体上分为三个层次,如图 6.2 所示,分别为远程(高级)调度、中程(中级)调度与短程(低级)调度。远程(高级)调度主要是指作业(程序)从外存设备加载到内存中或者运行结束从内存中退出。从进程生命周期的视角,可以对应于进程的创建和终止。短程(低级)调度主要是指进程在内存中的运行过程中的状态转换,尤其是从运行态转换到非运行态(例如,就绪态和阻塞态),这意味着调度离开处理器的运行以及从非运行态转换到运行态,从而会获得处理器时间。中程(中级)调度主要是指在虚拟存储中运行的进程从内存调度到虚拟存储(外存)设备的过程。从进程生命周期的视角,可以对应于进程的挂起状态。

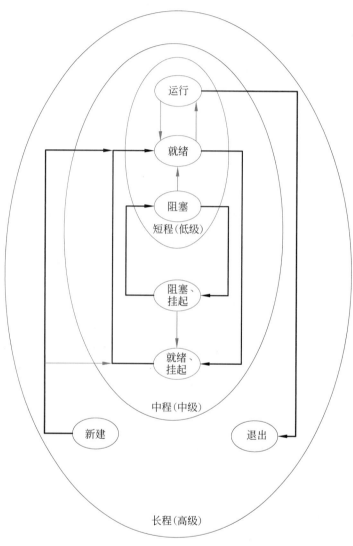

图 6.2　调度层次图

6.2.1　高级调度

高级调度(High Level Scheduling)又称为作业调度或长程调度(Long Term Scheduling),其主要功能是把外存上处于后备队列中的作业调入内存并开始执行,也就是说,它的调度对象是作业。高级调度常常需要把作业从外存调入内存中,同时创建新进程。

1. 作业和作业控制块（Job Control Block，JCB）

在批处理系统中，是以作业为基本单位从外存调入内存的。作业是一个比程序更为广泛的概念，它不仅包含了通常的程序和数据，而且还应配有一份作业说明书。系统通过作业说明书控制文件形式的程序和数据，使之执行和操作，并在系统中建立作业控制块的数据结构。

2. 作业调度

作业调度的主要功能是根据作业控制块中的信息，审查系统能否满足用户作业的资源需求，以及按照一定的算法，从外存的后备队列中选取某些作业调入内存，并为它们创建进程以及分配必要的资源。然后再将新创建的进程插入就绪队列中并准备执行。

高 级 调 度

现代操作系统中，高级调度更多地由计算机用户来进行，比如用户单击 Windows 操作系统图标启动资源管理器，此时调度 Explorer.exe 启动。

6.2.2　低级调度

低级调度（Low Level Scheduling）又称为进程调度或短程调度（ShortTerm Scheduling），它决定就绪队列中的哪个进程将获得处理器计算时间资源，然后由分派程序把处理器分配给该进程。

低级调度所调度的对象是进程（或内核级线程）。进程调度是一种最基本的调度，在多道批处理、分时和实时三种类型的操作系统中，都必须配置这级调度。此外，进程调度常常引起进程的状态转换。

1. 低级调度的功能

低级调度用于决定就绪队列中的哪个进程（或内核级线程）应获得处理器，然后再由分派程序把处理器分配给该进程的具体操作。低级调度的主要功能如下。

（1）保存处理器的现场信息。在进程调度进行调度时，首先需要保存当前进程的处理器现场信息，如程序计数器、多个通用寄存器中的内容等，并将这些现场信息送入该进程的进程控制块（PCB）中的相应单元。

（2）按某种算法选取进程。低级调度程序按某种算法（如先来向服务、优先权算法和轮转法等）从就绪队列中选取一个进程，把它的状态改为运行状态，准备把处理器分配给它。

（3）把处理器分配给进程。由分派程序把处理器分配给进程。此时需为选中的进程恢复处理器现场，即把选中进程的进程控制块内有关处理器的现场信息加载到处理器相应的各个寄存器中，并把处理器的控制权交给该进程，让它从退出的断点处开始继续运行。

2. 低级调度的方式

进程调度可采用非抢占方式（Nonpreemptive Mode）与抢占方式（Preemptive Mode）两种调度方式。

（1）非抢占方式。在采用这种调度方式时，一旦把处理器分配给某个进程后，不管它要运行多长时间,都一直让它运行下去,决不会因为时钟中断等原因而抢占正在运行进程的处理器,也不允许其他进程抢占已经分配给它的处理器。直至该进程完成,自愿释放处理器,或发生某事件而被阻塞时,才把处理器分配给其他进程。在采用非抢占调度方式时,可能引起进程调度的因素可归结如下:

- 正在执行的进程执行完毕,或因发生某事件而不能再继续执行。
- 执行中的进程因提出 I/O 请求而暂停执行。
- 在进程通信或同步过程中执行了某种原语操作,如 P 操作、阻塞原语和唤醒原语等。

非抢占方式的优点是实现简单,系统开销小,适用于大多数的批处理系统环境。但它难以满足紧急任务的要求,因而可能造成难以预料的后果。显然,在要求比较严格的实时系统中,不宜采用这种调度方式。

(2)抢占方式。这种调度方式允许调度程序根据某种原则去暂停某个正在执行的进程,将已分配给该进程的处理器重新分配给另一进程。抢占方式的优点是,可以防止一个长进程长时间占用处理器,能为大多数进程提供更公平的服务,特别是能满足对响应时间有着严格要求的实时任务的需求。但抢占方式比非抢占方式所需付出的开销更大。抢占方式是基于一定原则的,主要有如下几条。

- 优先级原则:通常是对一些重要的和紧急的进程赋予较高的优先级。当这类进程到达时,如果其优先级比正在执行进程的优先级高,便停止正在执行的(当前)进程,将处理器分配给优先级高的新进程,使之执行。或者说,允许优先级高的新进程抢占当前进程的处理器。
- 短进程优先原则:当新到达的进程比正在执行的进程明显短得多时,将暂停当前长进程的执行,将处理器分配给新到的短进程,使之优先执行。或者说,短进程可以抢占当前较长进程的处理器。
- 时间片原则:各进程按时间片轮流运行,当一个时间片用完后,便停止该进程的执行而重新进行调度。这种原则适用于分时系统、大多数的实时系统以及要求较高的批处理系统。

抢占方式与非抢占方式

非抢占方式可以理解为进程正在占用处理器资源运行时,操作系统不可以"抢走"进程正在使用的资源,也就是不可以打断进程的运行。如果操作系统可以在某个进程占有资源的时间到期以前"强制收回"资源就是抢占方式。

抢占方式与非抢占方式的区别在于进行调度选择的时机不一样。抢占方式是在每一个时间片做一次调度选择,而非抢占方式是在某一个进程执行完毕之后再进行调度选择。

6.2.3 中级调度

中级调度(Intermediate Level Scheduling)又称为中程调度(Medium-Term Scheduling)。引入中级调度的主要目的是为了提高内存利用率和系统吞吐量。为此,应使那些暂时不能运行的进程不再占用宝贵的内存资源,而将它们调至外存上去等待,把此时的进程状态称为就绪挂起状态。当这些进程又具备运行条件且内存又稍有空闲时,由中级调度来决定把外存上的那些又具备运行条件的就绪进程重新调入内存,并修改其状态为就绪状态,挂在就绪队列上等待进程调度。

中级调度实际上就是存储器管理中的对换功能,本书将在有关虚拟存储的章节(第 10 章)中做详细阐述。

6.2.4　调度与进程生命周期

以进程的视角而言,处理器调度的表现就是进程状态的转换。假设在操作系统中,不同状态的进程处于不同的队列中。调度本质上就是将进程从一个队列转移到另一个队列。在这个意义下,调度是以处理器为核心,以进出就绪队列为主要参考。低级调度指的是从就绪队列中选择某个进程进入 CPU 上运行。中级调度指的是操作系统选择某个进程从就绪挂起队列转移到就绪队列,即从外存转移到内存。高级调度指的是作业从后备队列进入就绪队列。具体的调度情况如图 6.3 所示。

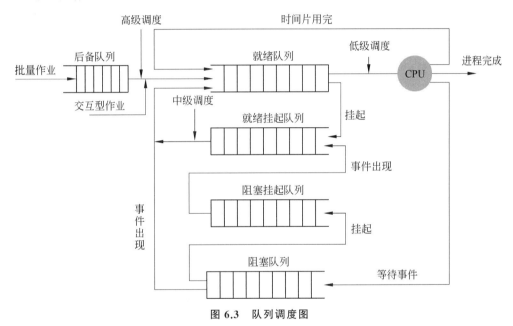

图 6.3　队列调度图

高级调度、中级调度和低级调度这三种调度方式覆盖进程的整个生命周期。进程与调度两者之间的对应关系如表 6.1 所示。从进程生命周期来看,进程包括创建、(正常)运行,挂起与终止几个阶段,其中创建对应高级调度,(正常)运行对应低级调度,挂起对应中级调度,而终止又对应高级调度。此外,每个调度过程都对应不同类型的事件。

在上述三种调度中,进程调度的运行频率最高,在分时系统中通常是 10～100 ms 便进行一次进程调度,因此把它称为短程调度。为避免进程调度占用太多的 CPU 时间,进程调度算法不宜太复杂。作业调度往往是发生在一个(批)作业运行完毕,退出系统,而需要重新调入一个(批)作业进入内存时,故作业调度的周期较长,大约几分钟一次,因此把它称为长程调度。由于其运行频率较低,故允许作业调度算法花费较多的时间。中级调度的运行频率基本上介于上述两种调度之间,因此把它称为中程调度。

表 6.1   调度与进程生命周期

进程生命周期		调度分类	典型事件	发生位置
创建		高级调度	用户登录	外存=>内存
			作业调度	
			提供服务(如打印)	
			应用请求	
运行状态下	执行=>就绪	低级调度	时间片用完	内存
	执行=>阻塞		I/O 请求	
	就绪=>执行		进程调度	
	阻塞=>就绪		I/O 完成	
	就绪=>阻塞		不会出现	
	阻塞=>执行		不会出现	
挂起状态下	将暂时不能运行的进程放在虚拟内存中,即对换存储	中级调度	存在挂起进程的时候,有新进程需要占用内存且内存不足	内存=>虚拟内存 虚拟内存=>内存
终止		高级调度		从内存中删除

6.3   调度准则与算法

操作系统中的调度实质是一种资源分配,因而调度算法是指根据系统的资源分配策略所规定的资源分配算法。对于不同的系统目标,通常采用不同的调度算法。

在单处理器系统中,任意时刻至多只有一个进程能够运行,其他进程只能等待,一直到 CPU 空闲而重新调度。多道程序设计的目标就是最大化 CPU 的使用率,使得多个进程并发执行。在一个简单的系统中,CPU 在进程等待的过程中只能空闲,这样所有等待的时间都浪费了。由于在内存中同一时间内有多个进程驻留,当某个进程等待时,操作系统应该从该进程那里拿回 CPU 控制权,并将 CPU 分配给其他进程运行。这种模式会持续,即每当一个进程等待时,另一个进程便接替运行,这个调度过程是操作系统的最重要的一个本质功能。

6.3.1   调度准则

根据用户和系统不同的需求特点,可以选择不同的调度方式和调度算法,这些需求特点可以理解为准则,同时可以分为面向系统的准则和面向用户的准则。具体准则如表 6.2 所示。

表 6.2　处理器调度准则

准　　则		说　　明
面向系统	CPU 使用率	处理器处于工作状态的比率
	系统吞吐量	单位时间内系统所完成的进程数
	均衡性	CPU、内存与 I/O 设备等各类资源的使用比例的均衡性
	公平性	同等地对待所有进程
面向用户	周转时间	从作业被提交给系统开始到作业完成为止的这段时间间隔
	等待时间	一个进程花费在就绪队列获得执行上的总时间
	响应时间	从请求提交到第一个响应产生之间的时间
	截止时间	进程在此之前必须完成的时间
	优先级	依据重要性等性质所确定的优先级

　　不同 CPU 调度算法有不同的属性,选择某类算法可能对某一类进程有利。要选择在特定场景下使用哪个算法,必须考虑不同算法的属性。比较 CPU 调度算法有很多不同的准则。使用哪些特征进行比较对于判定算法优劣有很大的作用。主要的准则包括:

　　(1) CPU 利用率(CPU Utilization)。调度的一个核心目标旨在使得处理器尽可能处于工作状态。因此,在操作系统中才出现了多道程序设计、多任务和并发等概念。所谓的 CPU 利用率,指的是 CPU 忙于执行进程的时间比率。我们希望保持 CPU 尽可能地忙碌。从理论上讲 CPU 利用率在 0%～100% 之间。然而在一个实际系统中,它大概是 40%(轻负载的系统)～90%(重负载的系统)之间。

　　(2) 吞吐量(Throughput)。吞吐量指的是单位时间内完成的进程数量。吞吐量意味着多少工作已经完成,多少工作尚未完成。尽管吞吐量可能会受到进程长度的影响,但它通常也与调度算法有关。

　　(3) 均衡性(Balance)。除了对 CPU 利用率的考量,还需要考虑其他系统资源的利用率。不应该出现有些资源过于空闲而有些资源过于忙碌的情形。从系统的视角,希望所有的资源利用都处于一个均衡状态。

　　(4) 公平性(Fairness)。进程调度的一个目标通常包括同等地对待所有进程,除非特定进程具有某些偏好或者优先级。即使是在系统中采用优先级方案,具有低优先级的进程也不应该被忽略,否则低优先级进程将遭受饥饿。

　　以上的相关度量主要是从系统视角所考虑的。还有一些从用户视角考虑的度量。

　　(5) 周转时间(Turnaround time)。从某个特定进程的视角而言,一个重要的准则是它执行完进程所消耗的时间。进程从提交到完成之间的时间称为周转时间。周转时间是等待进入内存的时间、在就绪队列中等待的时间、在 CPU 上执行的时间以及 I/O 的时间总和。

　　(6) 等待时间(Waiting time)。一个进程花费在就绪队列和获得执行上的总时间。等待时间是进程花费在就绪队列上的总时间。它包含所有时间段,从它到达就绪队列开始直到进程执行结束为止。CPU 调度算法并不影响进程执行或者进行 I/O 的时间,它只影响进程在就绪队列中的等待时间。

（7）响应时间（Response Time）。在多用户和多任务系统中，用户进程具有交互性特征。这意味着进程需要尽快被关注到。从请求提交到第一个响应产生之间的时间称为响应时间，它是开始响应所花的时间，并不是输出响应的时间。

最大化 CPU 利用率以及吞吐量，同时最小化周转时间、等待时间以及响应时间是理想的。在大多数情形下，会对平均测度进行优化。然而，在某些情形下，优化最大值或者最小值而不是平均值是更好的。例如，为了保障所有用户能得到好的服务，可能希望最小化最大响应时间。

研究表明，对于交互式系统（例如分时系统），最小化响应时间的波动比最小化平均响应时间更重要。具有合理的、可预测的响应时间的系统会比平均更快但是波动更大的系统更理想。然而，对于在 CPU 调度算法上进行最小化方差（Minimize Variance）的工作做得很少。

（8）截止时间（Deadline）。在一个实时系统中，某个进程完成其处理具有固定的截止时间。一个作业的截止时间是指在此时间之前，作业必须执行完毕。截止时间通过由如下两个值之一来表达：一个是作业完成的精确时间，另一个是作业完成的时间段。

（9）优先级（Priority）。有时候会指派给用户优先级，在这样的情形下，高优先级用户的请求比低优先级用户的请求执行更快。优先级有时候也用于描述任务的紧急程度。另外，优先级也可以分为静态优先级和动态优先级。静态优先级是指优先级不会随着时间而变化，在所有情况下都是固定的；而动态优先级指的是优先级会随着时间和环境而变化。

1. 面向用户的调度目标

为满足用户的需求，应该实现如下几个目标。

（1）周转时间短。通常把周转时间的长短作为评价批处理系统的性能、选择作业调度方式和算法的重要准则之一。

周转时间指的是从作业被提交给系统开始到作业完成为止的这段时间间隔。而平均周转时间指的是作业周转时间的平均值，其公式如下：

$$T = \frac{1}{n} \left[\sum_{i=1}^{n} T_i \right]$$

其中，T 代表平均周转时间，n 表示作业数量，而 T_i 是每个作业的周转时间。

此外，有时候还需要考虑加权周转时间。所谓加权周转时间指的是作业的周转时间与系统为它提供服务的时间 T_s 之比，即 $W = T/T_s$。具体的公式如下：

$$W = \frac{1}{n} \left[\sum_{i=1}^{n} \frac{T_i}{T_i^s} \right]$$

其中，W 代表加权周转时间，T_i^s 表示系统为第 i 个作业所提供的服务时间。

（2）响应时间快。响应时间指的是从用户提交一个请求开始直至系统首次产生响应为止的时间间隔。把响应时间的长短作为评价分时系统的性能，这是选择分时系统中进程调度算法的重要准则之一。

（3）截止时间的保证。截止时间指的某系统任务必须开始执行的最迟时间，或必须完成的最迟时间。截止时间的保证是评价实时操作系统性能的重要指标,对于严格的实时操作系统,其调度方式和算法必须保证这一点,否则将导致难以预测的后果。

(4) 优先级准则。在批处理、分时和实时操作系统中选择调度算法时,都可遵循优先级准则,以便让某些紧急的作业能够得到及时的处理。

2. 面向系统的目标

为满足系统要求,应该实现如下几个目标。

(1) 系统吞吐量高。系统的吞吐量与作业的长度、作业的调度方式和算法都密切相关。对于同一批作业,若采用了较好的调度方式和算法,可以显著地提高系统的吞吐量。

(2) 处理器利用率高。在实际系统中,CPU 的利用率一般在 $40\%\sim90\%$ 之间。在大中型操作系统中选择调度算法时,应考虑这一准则。而对于单用户微机或某些实时操作系统,这个准则就不那么重要了。

(3) 各类资源的平衡利用。在大中型系统中,不仅要使处理器的利用率高,而且还应有效地利用各类资源,如内存、外存和 I/O 设备等。

进程运行时间的分布

进程调度的选择与工作负载是直接相关的,而工作负载又依赖于对进程运行时间的分析。利兰(Leland)和奥托(Ott)针对交互式系统给出一个非常有趣的模型[1],该模型之后还得到哈科尔·巴尔特(Harchol-Balter)和唐尼(Downey)的验证[2]。该模型对于 UNIX 系统下运行时长超过数秒的进程是成立的。对于每个进程,所观测的分布如下:

$$\Pr(r > t) = 1/t$$

其中,r 代表进程的运行时间。换言之,运行时间的分布服从帕累托分布(Pareto distribution)。

6.3.2　先来先服务调度算法

先来先服务(FCFS)调度算法是一种最简单的调度算法。该算法既可用于作业调度,也可用于进程调度。当在作业调度中采用该算法时,每次调度都是从后备队列中选择一个或多个最先进入该队列的作业,将它们调入内存,为它们分配资源并创建进程,然后放入就绪队列。在进程调度中采用 FCFS 算法时,每次调度是从就绪队列中选择一个最先进入队列的进程,为其分配处理器,使之投入运行。该进程将一直运行到完成或发生某事件而阻塞后才放弃处理器。

【例 6.1】 假定有 5 个进程 A、B、C、D、E,它们到达的时间分别是 0、1、2、3 和 4,所要求的服务时间分别是 4、3、5、2 和 4。依据先来先服务调度算法计算其完成时间、周转时间和加权周转时间。

5 个进程的调度序列如下:

①　W. E. Leland and T. J. Ott. *Load-balancing heuristics and process behavior* . In SIGMETRICS Conf. Measurement & Modeling of Comput. Syst., pp. 54-69,1986.

②　M. Harchol-Balter and A. B. Downey. *Exploiting process lifetime distributions for dynamic load balancing*. ACM Trans. Comput. Syst. 15(3),pp. 253-285,Aug 1997.

进程	1	2	3	4	5	6	7	8	9	10	11	12	13	14	15	16	17	18
A	▓	▓	▓	▓														
B					▓	▓	▓											
C								▓	▓	▓	▓	▓						
D													▓	▓				
E															▓	▓	▓	▓

根据调度序列,得出各进程的指标如下:

指标 \ 进程	A	B	C	D	E	平均
到达时间	0	1	2	3	4	
服务时间	4	3	5	2	4	
完成时间	4	7	12	14	18	
周转时间	4	6	10	11	14	9
加权周转时间	1	2	2	5.5	3.5	2.8

此外,考虑在一个动态场景下 FCFS 调度的性能。假设我们有一个 CPU-bound 进程和许多个 I/O-bound 进程。随着进程在系统中运行,下述场景将会发生。CPU-bound 进程将获得并掌握 CPU。在这个时间,所有其他进程都将结束它们的 I/O 操作,进入就绪队列等待 CPU。在进程处于就绪队列的时候,I/O 设备处于空闲。最终,CPU-bound 进程完成其 CPU 运行,进入一个 I/O 操作。所有的 I/O-bound 进程都具有短的 CPU burst,能够快速执行,并回到 I/O 队列中。在这个时刻,CPU 空闲。CPU-bound 进程将很快回到就绪队列,并获得 CPU。再次,所有 I/O 进程一直在就绪队列中等待直到 CPU-bound 进程结束。这是一个护送效应(convoy effect),所有其他进程都等待一个大进程释放 CPU。这个效应导致较低的 CPU 和设备利用率。

注意,FCFS 调度算法是非抢占式的。一旦 CPU 分配给进程,进程将保留 CPU,直到它释放 CPU,或者请求 I/O 或者终止。FCFS 算法对于分时复用系统是非常麻烦的,因为在分时复用中每个进程都需要在固定时间间隔得到一个 CPU 使用份额。

6.3.3 短作业优先调度算法

短作业优先(SJF)调度算法有时也称为短进程优先(SPF)调度算法,是从就绪队列中选出一个估计运行时间最短的进程,将处理器分配给它,使它立即执行直到完成,或因发生某事件被阻塞而放弃处理器,等待再次被处理器调度。相对于先来先服务调度算法而言,短进程调度算法改进了平均响应时间。

【例 6.2】 假定有 5 个进程 A、B、C、D、E,它们到达的时间分别是 0、1、2、3 和 4,所要求的服务时间分别是 4、3、5、2 和 4。依据短作业优先调度算法计算其完成时间、周转时间和加权周转时间。

5 个进程的调度序列如下：

进程	1	2	3	4	5	6	7	8	9	10	11	12	13	14	15	16	17	18
A	■	■	■	■														
B							■	■	■									
C														■	■	■	■	■
D					■	■												
E										■	■	■	■					

根据调度序列，得出各进程的指标如下：

指标 \ 进程	A	B	C	D	E	平均
到达时间	0	1	2	3	4	
服务时间	4	3	5	2	4	
完成时间	4	9	18	6	13	
周转时间	4	8	16	3	9	8
加权周转时间	1	8/3	3.2	1.5	2.25	2.1

6.3.4　最短剩余时间优先调度算法

短进程优先调度算法最大的问题在于需要事先知道进程的运行时间，然而在实际应用场景下，通常事先不能知道太多相关的信息。尤其是新作业会在任意时间不经意地出现。在一个系统的生命周期中，调度器可能会被重复不断地调用，强调调度器单次调用的行为并不可取，相反，更应该考虑在一个更长的时间段中它如何处理所有到达的进程。

处理变化的情景的一个重要方式是抢占（Preemption）。抢占是中止正在运行的进程，调度另一个进程的行为。

事实上，实际应用的算法通常并不实际知道它们的输入，随着时间的推移，它们不断了解到更多的信息。因此它们可能基于当前数据进行了一个调度决策，而当另外的进程到达后，它们可以调整策略。这种解决方案就是使用抢占来撤销之前的决策。

短进程优先调度算法是非抢占方式的，显然不能很好地处理上述提到的变化情景。针对这种情景，短进程优先调度有一个抢占版本，称为最短剩余时间优先（SRTF）调度算法，或者最短剩余处理时间优先（SRPTF）调度算法。当有新进程到来时，将它的剩余时间与当前正在运行的进程的剩余时间做比较。如果新进程的剩余时间更短，当前进程被抢占，新进程处于运行。否则当前进程继续运行，而新进程根据其进程长短情况置于就绪队列的合适位置中。

6.3.5 时间片轮转调度算法

最短剩余时间优先调度算法只是当一个更短的进程到达时抢占当前进程,这仍然需要事先知道运行时间。可以进一步地使用抢占来弥补这种知识的缺失。这样的想法是对每个作业调度一个短的时间片,然后抢占,并重新调度另一个进程运行。这样,作业是以轮转(Round Robin,RR)顺序进行调度,即作业构成了一个环,每个作业依次获得一个时间片。如此,任何新加入的作业最大的延迟也是在一个周期时间内,即作业数量乘以时间片长度。如果作业很短,它将在第一个时间片内终止,这样便有一个相对短的周转时间。

在时间片轮转调度算法的实现中,系统将所有的就绪进程按先来先服务的原则排成一个队列,每次调度时,把 CPU 分配给队首进程,并使其执行一个时间片。时间片的大小从几毫秒(ms)到几百毫秒。时间片通常由一个硬件时钟中断来实现,即当执行的时间片用完时,由一个计时器发出时钟中断请求,调度程序在中断处理中停止该进程的执行,并将它送往就绪队列的队尾。然后,再把处理器分配给就绪队列中新的队首进程。这样就可以保证就绪队列中的所有进程在一个给定的时间内均能获得一个时间片的处理器执行时间。当进程在时间片结束前阻塞或结束,调度程序立即进行切换。时间片轮转调度算法示意如图 6.4 所示。

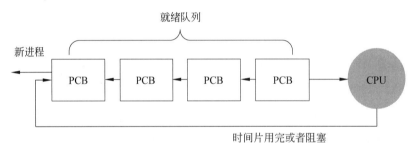

图 6.4 时间片轮转调度算法

在时间片轮转调度算法中,时间片的大小对系统性能有很大的影响,如选择很小的时间片将有利于短作业,因为它能较快地完成,但会频繁地发生中断以及进程上下文的切换,从而增加系统的开销。反之,如选择太长的时间片,使得每个进程都能在一个时间片内完成,时间片轮转调度算法便退化为 FCFS 算法,无法满足交互式用户的需求。一个较为可取的大小是,时间片略大于一次典型的交互所需要的时间。这样可使大多数进程在一个时间片内完成。

【例 6.3】 假定有 5 个进程 A、B、C、D、E,它们到达的时间分别是 0、1、2、3 和 4,所要求的服务时间分别是 4、3、5、2 和 4。依据时间片轮转调度算法(时间片 $q=1$ 和 $q=4$ 时)计算其完成时间、周转时间和加权周转时间。

(1) 当 $q=1$ 时,进程的调度序列如下:

进程	1	2	3	4	5	6	7	8	9	10	11	12	13	14	15	16	17	18
A	■		■				■					■						
B		■			■						■							
C				■					■	■				■		■		■
D						■							■					
E								■							■		■	

就绪队列	B	A	C	B	D	A	E	C	B	D	A	E	C	E	C	E	C	C
	A	C	B	D	A	E	C	B	D	A	E	C	E	C	E	C		
		B	D	A	E	C	B	D	A	E	C							
		A	E	C	B	D	A	E	C									
			C	B	D	A	E	C										

根据调度序列,得出各进程的指标如下:

指标＼进程	A	B	C	D	E	平均
到达时间	0	1	2	3	4	
服务时间	4	3	5	2	4	
完成时间	12	10	18	11	17	
周转时间	12	9	16	8	13	11.6
加权周转时间	3	3	3.2	4	3.25	3.29

(2) 当 $q=4$ 时,进程的调度序列如下:

进程	1	2	3	4	5	6	7	8	9	10	11	12	13	14	15	16	17	18
A	■	■	■	■														
B					■	■	■											
C								■	■	■	■	■						
D												■	■					
E														■	■	■	■	

根据调度序列,得出各进程的指标如下:

指标＼进程	A	B	C	D	E	平均
到达时间	0	1	2	3	4	
服务时间	4	3	5	2	4	
完成时间	4	7	18	13	17	
周转时间	4	6	16	10	13	9.8
加权周转时间	1	2	3.2	5	3.25	2.89

在使用时间片轮转执行进程调度时,有几个问题需要说明一下:

(1) 当将新来的进程插入就绪队列中时,是置于队首还是队尾?

通常会将新来的进程置于队尾。

(2) 时间片用完的进程插入到就绪队列的什么位置?

通常当某个进程因为时间片用完,它会重新排队加入就绪队列的队尾。

(3) 当某个时刻,正好有进程的时间片用完,且又有新进程到来时,那么这两个进程在就绪队列中的顺序如何?

实际上,在现实的进程调度中,这种情况是不会出现的。如果是在做题的时候,遇到这类情况,原则上两个进程都插入队尾,且新来的进程在前,而刚结束的进程在后。

举例来说,对于进程 A、B、C,其到达时刻分别为 0、1、2,采用时间片轮转算法($q=1$)进行调度,在时刻 0,只有进程 A,那么调度进程 A。在时刻 1,此时进程 B 到达,插入就绪队列队尾,进程 A 时间片用完,那么插入就绪队列队尾,此时就绪队列排列为 B、A,调度进程 B 执行。在时刻 2,插入就绪队列队尾,此时 A 已经在就绪队列,并且 B 时间片刚用完,那么就绪队列的排队为 A、C、B。

6.3.6 多级反馈队列调度算法

前面介绍的各种用作进程调度的算法都有一定的局限性。如短进程优先调度算法仅照顾了短进程而忽略了长进程,而且如果并未指明进程的长度,则短进程优先和基于进程长度的抢占式调度算法都将无法使用。多级反馈队列是基于进程的历史行为对进程进行区分的一种机制。历史信息的维护是通过将进程执行的历史信息编码到它所处的队列中来实现的。

新的进程或者刚从阻塞态转换到就绪态的进程被置于第一个队列中,第一个队列中的进程具有最高的优先级,然而其时间片最短。如果在该时间片内阻塞或者没有终止,进程将会移动到下一个队列中,下一个队列较上一个队列优先级更低(因此等待时间更长),但是其时间片更长。

通过这种方式,建立一系列的队列,后面的队列可能会有运行时间很长的进程,因此给它们分配的时间片也很长。优先级降低使得它们不会干扰更短的作业运行,但是当轮到它们运行的时候,给它们分配了更长的时间片从而减少了上下文切换的开销。调度器总是先服务前面的非空队列。

多级反馈队列(Multi-level Feedback Queue)调度算法示例如图 6.5 所示。当一个进程第一次进入系统时,将把它放置在第一个就绪队列中。当它第一次的时间片用完后,如果尚未执行结束,便降级到第二个就绪队列中排队,每当被抢占一次,该进程就降级到下一个就绪队列中。在每个队列中,除了在优先级最低的队列中之外,都是用简单的 FCFS机制。一旦一个进程处于优先级最低的队列中,它就不可能再降级,而是会重复地返回该队列中,直到运行结束,该队列可以按照时间片轮转方式进行调度。

该简单方案存在的一个问题是长进程的周转时间可能会增加。事实上,如果频繁有新进程进入,那么就有可能出现饥饿的情况。为了补偿这一点,可以考虑当一个进程在当前队列的等待服务时间超过一定的时间量之后,把它提升到一个优先级较高的队列中。

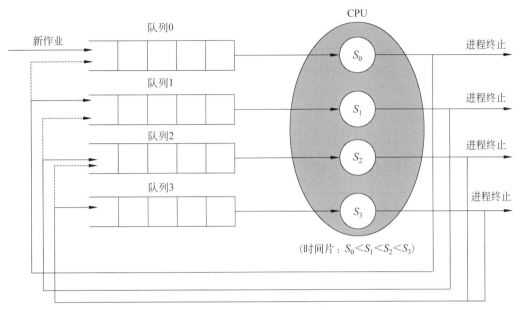

图 6.5　多级反馈队列调度算法

【例 6.4】　考虑下面的进程集合：

进　程	到 达 时 间	处 理 时 间
A	0	3
B	1	5
C	3	2
D	9	5
E	12	5

请分别给出先来先服务(FCFS)、短作业优先(SJF)和时间片轮转(RR)($q=1$ 和 $q=4$)调度算法下，进程集合的调度序列以及平均周转时间与平均加权周转时间。

（1）采用 FCFS，进程的调度序列如下：

进程	1	2	3	4	5	6	7	8	9	10	11	12	13	14	15	16	17	18	19	20
A	■	■	■																	
B				■	■	■	■	■												
C									■	■										
D											■	■	■	■	■					
E																■	■	■	■	■

根据调度序列，得出各进程的指标如下：

指标＼进程	A	B	C	D	E	平均
到达时间	0	1	3	9	12	
服务时间	3	5	2	5	5	
完成时间	3	8	10	15	20	
周转时间	3	7	7	6	8	6.2
加权周转时间	1	1.4	3.5	1.2	1.6	1.74

（2）采用 SJF，进程的调度序列如下：

进程	1	2	3	4	5	6	7	8	9	10	11	12	13	14	15	16	17	18	19	20
A	▨	▨	▨																	
B						▨	▨	▨	▨	▨										
C				▨	▨															
D											▨	▨	▨	▨	▨					
E																▨	▨	▨	▨	▨

根据调度序列，得出各进程的指标如下：

指标＼进程	A	B	C	D	E	平均
到达时间	0	1	3	9	12	
服务时间	3	5	2	5	5	
完成时间	3	10	5	15	20	
周转时间	3	9	2	6	8	5.6
加权周转时间	1	1.8	1	1.2	1.6	1.32

（3）采用 $RR(q=1)$，进程的调度序列如下：

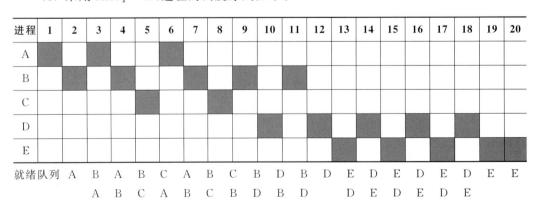

根据调度序列,得出各进程的指标如下:

指标＼进程	A	B	C	D	E	平均
到达时间	0	1	3	9	12	
服务时间	3	5	2	5	5	
完成时间	6	11	8	18	20	
周转时间	6	10	5	9	8	7.6
加权周转时间	2	3	2.5	1.8	1.6	2.18

（4）采用 RR($q=4$)，进程的调度序列如下：

进程	1	2	3	4	5	6	7	8	9	10	11	12	13	14	15	16	17	18	19	20
A	■	■	■																	
B				■	■	■	■			■										
C								■	■											
D											■	■	■	■					■	
E															■	■	■	■		■

根据调度序列,得出各进程的指标如下:

指标＼进程	A	B	C	D	E	平均
到达时间	0	1	3	9	12	
服务时间	3	5	2	5	5	
完成时间	3	10	9	19	20	
周转时间	3	9	6	10	8	7.2
加权周转时间	1	1.8	3	2	1.6	1.88

综合以上调度算法的情况如下:

调度算法	指标＼进程	A	B	C	D	E	平均
FCFS	到达时间	0	1	3	9	12	
	服务时间	3	5	2	5	5	
	完成时间	3	8	10	15	20	
	周转时间	3	7	7	6	8	6.2
	加权周转时间	1	1.4	3.5	1.2	1.6	1.74

续表

调度算法	指标＼进程	A	B	C	D	E	平均
SJF	完成时间	3	10	5	15	20	
	周转时间	3	9	2	6	8	5.6
	加权周转时间	1	1.8	1	1.2	1.6	1.32
RR(q＝1)	完成时间	6	11	8	18	20	
	周转时间	6	10	5	9	8	7.6
	加权周转时间	2	3	2.5	1.8	1.6	2.18
RR(q＝4)	完成时间	3	10	9	19	20	
	周转时间	3	9	6	10	8	7.2
	加权周转时间	1	1.8	3	2	1.6	1.88

6.3.7　其他调度方式

1. 优先级调度算法（FPF）

在操作系统中,优先级通常包含两种类型:一种是静态优先级,它是在创建进程时确定的,且在进程的整个运行期间保持不变;另一种是动态优先级,它是指在创建进程时所赋予的优先级,可以随进程的推进或其等待时间的增加而改变,以便获得更好的调度性能。例如,可以规定在就绪队列中的进程,随其等待时间的增长,其优先级以速率a提高。

优先级通常与如下因素相关:

(1) 进程类型:通常,系统进程(如接收进程、对换进程、磁盘I/O进程)的优先级高于一般用户进程的优先级。

(2) 进程对资源的需求:如进程的估计执行时间及所需内存量的多少,对这些要求少的进程应赋予较高的优先级。

(3) 用户要求:由用户进程的紧迫程度及用户所付费用的多少来确定优先级。

静态优先级法简单易行,系统开销小,但不够精确,很可能出现优先级低的作业(进程)长期没有被调度的情况。因此,仅在要求不高的系统中才使用静态优先级。

高响应比优先调度算法

相对于高优先级优先调度算法,还有一类为高响应比优先调度算法,其优先级可以描述为:

$$R_P = \frac{\text{等待时间} + \text{要求服务时间}}{\text{要求服务时间}} = \frac{\text{响应时间}}{\text{要求服务时间}}$$

2. 实时调度

由于在实时系统中都存在着若干个实时进程,它们用来响应或控制某个(些)外部事件,往往带有某种程度的紧迫性,因而对实时系统中的调度提出了某些特殊要求。前面所介绍的多种调度算法并不能很好地满足实时系统对调度的要求,为此引入了实时调度。

为了在实时操作系统中实现实时调度,通常使用具有极强处理能力的处理器,同时需要系统向调度程序提供诸如任务就绪时间、开始时间、截止时间和处理时间等必要信息,广泛利用抢占机制和快速切换机制完成系统实时性的要求。

目前已有许多用于实时系统的调度算法,其中有的算法仅适用于抢占方式或非抢占方式调度,而有的算法则既适用于非抢占方式,也适用于抢占方式调度方式。在常用的几种算法中,它们都是基于任务的优先级而设计的算法,常见的包括:最早截止时间优先(Earliest Deadline First,EDF)算法与最低松弛度优先(Least Laxity First,LLF)算法。

目前假设系统中的所有进程都属于不同的用户,且彼此相互竞争。尽管这个假设通常是正确的,但是有时候碰巧某个进程有多个子进程在其控制下运行。例如,一个数据库管理系统处理进程可能就有多个子进程。每个子进程可能响应不同的请求,或者执行不同的功能(例如,查询解析或者磁盘访问等)。主进程非常清楚哪个子进程是最重要的,哪个子进程不那么重要。然而上述调度策略非常清楚似乎并不支持来自用户进程对于调度决策的输入。

解决这个问题的一个方案是将调度机制与调度策略进行分离。这意味着调度算法以某种方式进行参数化,其中的参数能够由用户进程来填写。再次考虑上述的数据库管理系统的例子。假设内核使用基于优先级的调度算法,但是提供一个系统调用,进程能够通过该系统调用设置或者改变子进程的优先级。通过这种方式,父进程能够控制它的子进程如何调度,即使它自身并不做调度。因此,机制是在内核中,而策略由用户进程来设置。

上述调度算法适合于不同的作业或进程,事实上没有绝对意义上的最佳调度算法。各种调度算法的适用场景以及优劣势对比如表 6.3 所示。

表 6.3　主要调度算法对比

算　　法	策略类型	最佳场景	劣　　势	优　　势
先来先服务(FCFS)	非抢占方式	批处理	不可预测的周转时间	易于实现
短作业优先(SJF)	非抢占方式	批处理	某些作业不确定的延迟	平均等待时间最短
最短剩余时间优先(SRTF)	抢占方式	批处理	某些作业不确定的延迟	响应时间较好,周转时间较短
时间片轮转(RR)	抢占方式	交互式	需要选择合适的时间片	对交互式用户提供合理的响应时间 公平的 CPU 分配
多级反馈队列	抢占/非抢占	批处理/交互式	监控队列所引起的开销	灵活的模式 通过队列移动来对抗不确定的延迟 通过在低优先级的队列中增加时长来公平对待 CPU 耗时长的进程

本 章 小 结

处理器管理是操作系统的核心管理功能之一,有效的处理器管理的关键在于如何有效地将处理器的时间片分配给进程。

如何才能做到有效地分配处理器的时间(计算资源)呢? 其核心在于采用合理的调度算法,从整体而言,调度依据进程或作业所处的状态可划分为高级调度、中级调度与低级调度。其中,高级调度主要涉及作业从后备队列中加载到内存中并进入就绪队列。中级调度主要涉及进程在内存与虚拟内存之间的调度。处理器的调度属于低级调度层次,这种调度依赖于我们的调度准则。常见的调度算法包括先来先服务(FCFS)调度算法、短作业优先(SJF)调度算法和时间片轮转调度算法等。

在研究领域,调度(单处理器和多处理器)仍然是研究者最为关注的一个问题。与之相关的主题包括移动设备上调度的能耗效率问题、超线程感知调度[①]以及歧视感知的调度[②]等。随着在低功率、电池约束的智能手机上的计算量增加,一些研究者也提出在可能的情形下将进程迁移到更强大的云中。

习   题

1. 引起进程调度的因素有哪些?
2. 进程转换图如下图所示,该系统应该代表(   )。

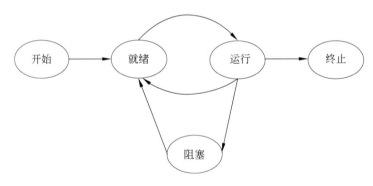

   A. 批处理操作系统   B. 带有抢占调度器的操作系统
   C. 非抢占调度的操作系统   D. 单道操作系统

3. 下面陈述为真的是(   )。
   A. 除非启用,否则 CPU 不能够处理中断
   B. 循环指令不能够中断,直到它完成为止
   C. 在执行新指令之前,处理器将检查中断器

---

① Bulpin J R, Pratt I A. *Hyper-Threading Aware Process Scheduling Heuristics*.[J]. 2005.

② Koufaty D, Reddy D, Hahn S. *Bias scheduling in heterogeneous multi-core architectures*[C]//European Conference on European Conference on Computer Systems. 2010.

D. 只有通过中断,才能实现调度

4. 下面为单处理器进程状态转换图,假定总是有进程处于就绪态。

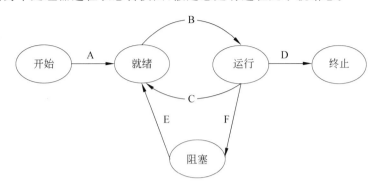

现在考虑如下陈述:

Ⅰ. 如果一个进程做了 D 转换,它将立即导致另一个进程进行 A 转换。

Ⅱ. 当进程 P_1 处于运行状态并且进程 P_2 处于阻塞状态时,能够进行 E 转换。

Ⅲ. 操作系统使用抢占方式调度。

Ⅳ. 操作系统使用非抢占式调度。

下面为真的是( )。

    A. Ⅰ 和 Ⅱ　　　　　B. Ⅰ 和 Ⅲ　　　　　C. Ⅱ 和 Ⅲ　　　　　D. Ⅱ 和 Ⅳ

5. 考虑下面的进程集合:

进　　程	到 达 时 间	处 理 时 间
A	0	3
B	1	5
C	3	2
D	9	5
E	12	5

请给出先来先服务、短作业优先、RR＝1 和 RR＝4 时间片轮转的调度图,并计算每个调度算法的平均周转时间和加权平均周转时间。

6. 下面调度策略最适合时分复用操作系统的是( )。

    A. 短作业优先　　　B. 时间片轮转　　　C. 先来先服务　　　D. 电梯调度

7. 考虑运行在单处理器计算机上的 n 个任务集,其运行时间为 $r_1, r_2, \cdots, r_n$。下面处理调度算法会产生最大的吞吐量的是( )。

    A. 时间片轮转　　　B. 短作业优先　　　C. 优先级调度　　　D. 先来先服务

8. 下面调度算法为非抢占方式的是( )。

    A. 时间片轮转　　　　　　　　　　B. 先来先服务

    C. 多级反馈队列调度

9. 考虑三个 CPU-bound 进程，它需要 10、20 和 30 个时间单元，分别在 0、2、6 时间到达。如果操作系统实现一个最短剩余时间优先的调度策略，总共需要（　　）次上下文切换。不计算在时刻 0 和最后时刻的上下文切换。

　　A. 1　　　　　　　　B. 2　　　　　　　　C. 3　　　　　　　　D. 4

10. 假设下面的作业在单处理器系统上执行：

作　业　号	CPU-burst 时间
p	4
q	1
r	8
s	1
t	2

作业到达时间都是 0 时刻，顺序为 p、q、r、s、t，如果采用时间片轮转算法（时间片为 1），请计算作业 p 的离开时间是（　　）。

　　A. 4　　　　　　　　B. 10　　　　　　　　C. 11　　　　　　　　D. 12

11. 对于下述作业，作业号（　　）是最优的非抢占调度序列，它使得 CPU 空闲（　　）个单元时间。

作　业　号	到　达　时　间	Burst 时间
1	0	9
2	0.6	5
3	1.0	1

　　A. {3,2,1},1　　　B. (2,1,3},0　　　C. {3,2,1},0　　　D. {1,2,3},5

12. 4 个作业在单处理器系统上执行，都是在 0 时刻到达，顺序为 A、B、C、D，它们 burst 时间需要分别为 4、1、8、1 个时间单元。在时间片轮转调度（时间片为 1）情况下，A 的完成时间是（　　）。

　　A. 10　　　　　　　B. 4　　　　　　　　C. 8　　　　　　　　D. 9

13. 单处理器系统具有两个进程，两个进程交替 10ms 的 CPU-burst 和 90ms 的 I/O-burst。两个进程几乎在同一时刻创建，它们的 I/O 都是并行的。下面调度策略会产生最小的 CPU 利用率的是（　　）。

　　A. 先来先服务

　　B. 最短剩余时间优先

　　C. 两个进程不同优先级的静态优先级调度

　　D. 时间片轮转，每个时间片为 5ms

14. 考虑下述进程集合,下述时间单元为毫秒。

进　　程	到 达 时 间	Burst 时间
P_1	0	5
P_2	1	3
P_3	2	3
P_4	4	1

使用抢占方式最短剩余时间优先算法,这些进程的平均周转时间是( )。

A. 5.50　　　　　B. 5.75　　　　　C. 6.00　　　　　D. 6.25

15. 考虑进程 P_0、P_1、P_2,CPU-burst 时间分别为 2、4、8。所有进程都是在 0 时刻到达。考虑使用最长剩余时间优先调度算法,平均周转时间是( )。

A. 13　　　　　B. 14　　　　　C. 15　　　　　D. 16

16. 考虑三个进程,都是在 0 时刻到达,总共的执行时间分别为 10、20 和 30。每个进程花费前 20% 的时间用于 I/O 操作,接下来 70% 的时间用于计算,最后 10% 的时间用于 I/O 操作。操作系统使用最大剩余时间优先调度算法,当运行的进程阻塞(I/O 操作)或者当运行的进程完成它的计算时,假设所有 I/O 操作能够重叠。CPU 空闲的比例是( )。

A. 0%　　　　　B. 10.6%　　　　　C. 30.0%　　　　　D. 89.4%

17. 一个操作系统使用最短剩余时间优先(SRTF)进程调度算法。考虑如下的进程集合:

进　　程	执 行 时 间	到 达 时 间
P_1	20	0
P_2	25	15
P_3	10	30
P_4	15	45

进程 P_2 的等待时间是( )。

A. 5　　　　　B. 15　　　　　C. 40　　　　　D. 55

18. 考虑进程 P_0、P_1 和 P_2 的到达时间和运行时间:

进　　程	到 达 时 间	执 行 时 间
P_0	0ms	9ms
P_1	1ms	4ms
P_2	2ms	9ms

使用抢占方式最短作业优先调度算法,仅当进程到达或者结束的时候启动调度。三

个进程的平均等待时间是(　　)。

　　A. 5.0ms　　　　　B. 4.33ms　　　　　C. 6.33ms　　　　　D. 7.33ms

19. 考虑三个进程 P_1、P_2 和 P_3：

进　　程	到 达 时 间	所 需 时 间
P_1	0	5
P_2	1	7
P_3	3	4

三个进程使用 FCFS 和 RR(时间片轮转、时间片 2) 的完成顺序是(　　)。

　　A. FCFS：P_1，P_2，P_3　　RR2：P_1，P_2，P_3

　　B. FCFS：P_1，P_3，P_2　　RR2：P_1，P_3，P_2

　　C. FCFS：P_1，P_2，P_3　　RR2：P_1，P_3，P_2

　　D. FCFS：P_1，P_3，P_2　　RR2：P_1，P_2，P_3

第 7 章

内 存 管 理

在英文中,内存(memory)和"记忆"(memory)是同一个词,毫无疑问,正如塞缪尔·约翰逊(Samuel Johnson(1709—1784 年))所言:记忆是人类最基本的能力,没有记忆,就不会有其他智能行为。内存在计算机中也扮演着核心角色。

内存管理的一个基本原理是存储程序原理,该原理又称为冯·诺依曼原理,它指将程序像数据一样存储到计算机内部存储器中的一种设计原理。将程序存入存储器后,计算机便可自动地从一条指令转到执行另一条指令。

从某种角度而言,处理器管理关注的是时间管理,而内存管理关注的是空间管理。

7.1   内存管理概述

在单道程序设计系统中,主存储器(简称内存或主存)被划分为两部分:一部分供操作系统使用(驻留监控程序、内核),另一部分供当前正在运行的进程使用。

在多道程序设计系统中,必须对用户进程使用的部分进行进一步细分,以满足多进程的要求。这种细分由操作系统的内存管理部分完成。

近年来,存储器容量虽然一直在不断扩大,但仍不能满足现代软件发展的需要,因此,存储器仍然是一种宝贵而又紧俏的资源。如何对它进行有效的管理,不仅直接影响到存储器的利用率,而且还对系统性能有重大影响。在理想情况下存储器的速度应当非常快,能跟上处理器的速度,容量也应非常大,而且价格还应很便宜。但目前无法同时满足这样三个条件,于是在现代计算机系统中,存储部件通常是采用层次结构来组织的。

7.1.1 存储器的层次结构

在计算机体系架构中,存储器存在一个层次体系,如图 7.1 所示。顶层的存储器(寄存器)读写速度较高,但是空间较小。底层的(比如硬盘)读写速度较低,但是空间较大。寄存器和 CPU 速度相当,然而容量比较小,大约在 KB 级别。高速缓存比寄存器要慢 1 倍左右,但是存储容量可以达到 MB 级别。内存比缓存要慢 10 倍左右,但是空间可以达到 GB 级别,当前个人计算机的内存一般都不小于 4GB。硬盘速度更慢,比内存要慢上万倍,但是价格也相对比较便宜,存储容量也很大。

1. 主存储器

主存储器是计算机系统中一个主要部件,用于保存进程运行时的程序和数据,也称可执行存储器。数据能够从主存读取并将它们加载到寄存器中,或者从寄存器存入到主存。

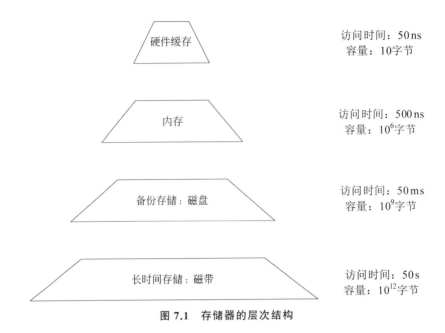

图 7.1　存储器的层次结构

CPU 与外围设备交换的信息一般也基于主存地址空间。

由于主存储器的访问速度远低于 CPU 执行指令的速度,为缓和这一矛盾,在计算机系统中引入了寄存器和高速缓存。

主存的存储空间一般分为系统区和用户区,存储管理主要是对主存中的用户区进行管理。

2. 寄存器

寄存器访问速度最快,完全能与 CPU 协调工作,但价格昂贵、容量较小。寄存器的长度一般以字(word)为单位。对于当前的微机系统和大中型机,寄存器的数目可能有几十个甚至上百个,而嵌入式计算机系统中寄存器的数目一般仅有几个到几十个。寄存器一般用于加速存储器的访问速度,如用寄存器存放操作数,或用作地址寄存器以加快地址转换速度等。

3. 高速缓存与磁盘缓存

高速缓存是现代计算机结构中的一个重要部件,其容量大于或远大于寄存器,而比内存约小两到三个数量级左右,大约从几十 KB 到几 MB 不等。利用程序执行的局部性原理,将主存中经常存放的数据放在高速缓存中,能提升访问效率。

由于目前磁盘的 I/O 速度远低于主存的访问速度,因此将频繁使用的一部分磁盘数据和信息,暂时存放在磁盘缓存中,可减少访问磁盘的次数。磁盘缓存本身并不是一种实际存在的存储介质,它利用主存中的存储空间,来暂存从磁盘中读出(或写入)的信息。

本章主要考虑的是内存的管理问题。

内存与外存的区别是什么?

内存又叫主存,存取速度快,直接跟 CPU 打交道。也就是说 CPU 可以直接访问 ROM、RAM 以及高速缓存。外存就是外部存储器,它不与 CPU 打交道,又称为辅助存储器,用来长期保存内存处理的结果数据。

7.1.2　内存管理需求分析

内存是计算机中的核心资源之一。就目前而言,虽然一台普通的桌面计算机甚至手机的存储容量都比 20 世纪 60 年代早期全球最大的计算机 IBM7049 的存储容量要大不止 10000 倍,但是程序的增长速度要比内存的增长速度快得多。

帕金森定理(Parkinson's law)

帕金森定理由英国作家西里尔·诺斯古德·帕金森提出的俗语,它最早出现在 1955 年《经济学人》中的幽默短文。西里尔·诺斯古德·帕金森说:"在工作能够完成的时限内,工作量会一直增加,直到所有可用时间都被填满为止。"西里尔·诺斯古德·帕金森在 1958 年将这个观察扩充为一本书,即《帕金森定理:对于进度的追求》(*Parkinson's Law: The Pursuit of Progress*)。在此书中,将帕金森定理当成一个数学等式,用来描述官僚组织随着时间而扩大的速率。帕金森观察到,一个官僚组织中的雇员总数通常以每年 5%～7%的速度增加。他认为,有两股力量造成了这个增长:

(1) 一个官员希望他的下属增加,但不希望解雇造成敌人增加。

(2) 官员会给彼此制造工作。

实际上,帕金森定理是一种普适性定理,它其实也适用于贪婪的程序,即"程序会不断增长直到填满内存空间"。

在《操作系统基础》一书中[①],李斯特(Lister)等人给出内存管理 5 个需求。

1. 重定位(Relocation)

在多道程序设计系统中,可用的内存通常由多个进程所共享,因此对于程序员而言,事先知道他们的程序所驻留的内存位置是不可能的。这意味着程序员在编写程序的时候并不知道他们的程序驻留在内存中的精确位置,因此也不能够以绝对内存地址进行程序编写。如果在程序运行过程中,分配给程序的内存是固定的,那么在程序加载的时候将地址编号或者相对地址转换为绝对地址便是可能的。当进程运行结束时,将把它们所占有的内存空间释放给其他进程使用,因此有必要对进程在整个内存空间中进行移动以便最好地使用可用的空间。尤其是,通过移动进程,使得一些小的、非连续的碎片内存凑成一个更大的、更有用的单个内存区域。这样,分配给进程的内存区域在进程生命周期内会发生变化,因此系统必须负责将程序员所用的地址转换为进程实际运行的地址。

2. 保护(Protection)

当多个进程共享内存时,完整性(Integrity)是非常重要的,即多个进程彼此不能够修改分配给其他进程的内存位置的内容。仅在编译时对程序地址执行检查是不够的,由于大多数语言允许动态计算运行时地址,例如通过计算数组的下标或者指向数据结构的指针。因此必须在运行时检查一个进程的所有内存引用,以确保它们只指向分配给它们的内存空间。严格地来讲,只需要检查写权限。但是如果需要保护信息隐私,也需要检查读

---

① Lister A M. *Fundamentals of Operating Systems*. Macmillan, 1984.

权限。

3. 共享（Sharing）

尽管需要保护，但在有些情形下几个进程需要访问相同的内存区域。例如，如果多个进程执行相同的程序，而不是仅仅执行自己的私有副本。同样地，进程有时候需要共享一个数据结构，这样就需要访问共同的内存区域。内存管理系统必须在允许不破坏本质保护的前提下对共享内存区域进行可控访问。

4. 逻辑组织（Logical organisation）

传统的计算机有一维、线性的地址空间，其中地址从 0 到上限顺序编址。尽管这种组织方式与机器的硬件相一致，但是它并不真正反映程序编写的方式。大多数程序按照模块或者过程的方式结构化，这些模块指称可修改或者不可修改的不同区域。例如，一个编译器通常包括词法分析、句法分析、代码生成，在其数据区域中也有保留词表（不可修改）和符号表（遇到可以增加和修改新的符号）。如果将程序和数据的逻辑划分映射到不同的地址段，那么会有几方面的优势。首先，不同的段独立编码，对于所有从一个段指向另一个段的引用将在系统运行时进行填充。其次，对于不同的段采用不同保护措施的开销较小。第三，可能引入段在不同进程之间共享的机制。

5. 物理组织（Physical organisation）

历史上，对大量存储空间的渴望以及快速内存的高成本导致普遍采用两级存储体系。通过相对少量的快速直接访问主存并且配合大量的辅助存储，而达成了这种速度与成本的折衷。主存采用半导体技术，其访问速度大概处于数十至数百纳秒量级；辅助存储通常基于磁盘，其访问速度处于数十毫秒量级。

在典型的系统中，只能直接访问主存的内容，因此，在主存和辅助存储之间的信息流组织显然是非常重要的。这也是系统要考虑的问题，我们将这个问题留在"虚拟存储"相关章节（第 10 章）中介绍。

从本质而言，内存管理就是进程的内存映射。进程可以直接使用"裸露"的物理内存，即物理内存无需抽象。也可以将内存抽象为分区、分页和分段等不同的逻辑组织形态，而通过进程自身地址空间的逻辑组织以映射到对应的物理内存。

7.2 无抽象的存储器

最简单的抽象便是无抽象。1960 年之前的主流计算机、早期的微型计算机以及早期的个人计算机中都没有内存抽象。每个程序只是看到物理内存。当一个程序执行一条指令时，例如：

```
MOV REGISTER1,1000
```

计算机将把物理内存 1000 的内容移到寄存器 REGISTER1 中。

这样，展现给程序员的内存模型只是物理内存，地址空间为 0 到最大值，每个地址对应于包含一些（通常为 8 位）比特位的内存单元。在这样的条件下，在内存中同时运行两个程序是不可能的。如果第一个程序写一个值到某个内存地址，比方说 2000 这一位置，它将擦除第二个程序在那个地址所存储的值。这样,两个程序都将立即崩溃。

即使在无抽象的物理内存模型中,仍有几种不同的情形,如图7.2所示。操作系统可能位于RAM(Random Access Memory,随机访问内存)的底部,如图7.2(a)所示,或者在ROM(Read-Only Memory,只读内存)的顶部,如图7.2(b)所示,或者设备驱动位于ROM的顶部,而系统其余部分位于下面的RAM中,如图7.2(c)所示。

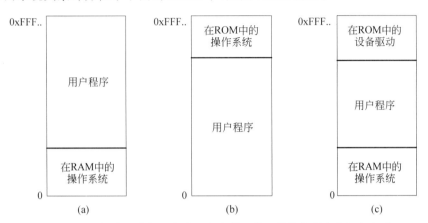

图7.2　容纳操作系统与一个应用程序的三种可能的简单内存组织方式

图7.2(a)所示的模型曾经用于大型机和小型机中,不过现在已经很少使用了。图7.2(b)所示的模型广泛用于手持式计算机或者嵌入式计算系统中。图7.2(c)所示的模型在早期的个人计算机中有过应用,例如DOS,ROM中的系统部分称为BIOS(Basic Input Output System,基本输入/输出系统)。图7.2(a)和图7.2(c)所示的模型有一个缺陷,即在用户程序中出现的一个Bug能够擦除操作系统,可能引发灾难性的后果。

当系统按照这种方式组织时,通常一次只能运行一个进程。当用户输入一个命令时,操作系统将所请求的程序从磁盘中复制到内存中并执行。当进程结束后,操作系统展现提示符,等待新的用户命令时。当操作系统收到命令时,它将新程序加载到内存中,并覆盖上一个程序。

那么在没有内存抽象的情形下,操作系统能否实现并发?如果能的话,又该如何实现?

1. 多线程编程

一种实现并发的方式是多线程编程,因为一个进程中的所有线程看到的是相同的内存镜像。尽管这个想法可行,但是它的应用非常有限,因为人们通常希望在同一时间运行多个无关的程序,而这是线程抽象所不能提供的。此外,任何简单到不能提供内存抽象的系统是不太可能提供线程抽象的。

2. 动态交换

另一个实现并发的方式是动态交换。在多个进程并发执行的过程中,在同一时刻,操作系统必须保证内存中只有一个进程在运行,而其他没有运行的进程由操作系统负责将其全部内容保存到磁盘文件中,等到它运行的时候,再从磁盘文件中加载到内存中运行。我们将这个过程称为动态交换(swap)过程。由于在同一时刻,只有一个进程在内存中运行,因此便不存在冲突问题。从某种意义上而言,动态交换意味着进程在低级调度的同时伴随着中级调度。

3. 特殊硬件支持

在一些特殊硬件的辅助下,也能实现并发。例如,早期的 IBM360 就采用过相关技术。在 IBM360 中,内存被划分为 2KB 大小的块,每个块被指派一个 4 位的保护密钥,存储在 CPU 的特定寄存器中。一个具有 1MB 内存的机器只需要 512 个 4 位的寄存器,即总数为 256 字节的密钥存储。程序状态字(Program Status Word,PSW)也包含一个 4 位密钥。IBM360 检查进程访问内存的请求,如果进程的保护码与 PSW 秘钥不同,那么系统就进入陷阱(trap)。由于只有操作系统能够改变保护密钥,这样便阻挡了用户程序之间的彼此干扰,也阻挡了用户程序干扰操作系统。

然而,IBM360 的解决方案仍有一个大的不足。如图 7.3 所示,这里有两个程序,每个程序大小为 16KB,如图 7.3(a)和图 7.3(b)所示。图 7.3(a)的阴影部分表明它与图 7.3(b)的密钥有所不同。第一个程序首先跳转到地址 24,在那个地址上包含有一个 MOV指令。第二个程序跳转到地址 28,在那个地址上包含有一个 CMP 指令。当两个程序连续存储到内存中时,其情形如图 7.3(c)所示。

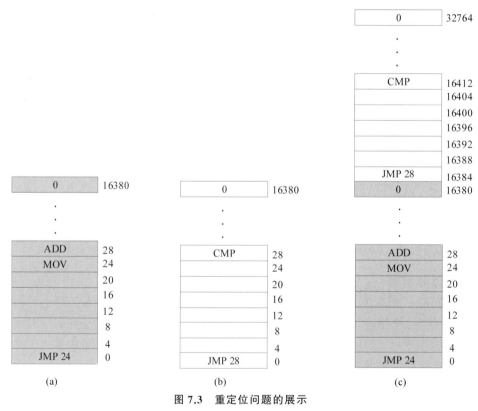

图 7.3　重定位问题的展示

(a) 一个 16KB 的程序;(b) 另一个 16KB 的程序;(c) 两个程序连续存储在内存中

在程序加载之后,它们便可以运行。由于它们具有不同的内存密钥,因此彼此互不干扰。但是还有一个问题。当第一个程序启动后,它执行 JMP 24 指令,跳转到所期望的指令上。程序运行正常。然而在第一个程序已经运行了足够长的时间之后,操作系统决定运行第二个程序,将其加载到比第一个程序位置更高的内存上,其起始地址为 16384。第一个指令是执行 JMP 28,它跳转到第一个程序的 ADD 指令上,而不是本应该跳转到的 CMP 指令(目前处于 16412)。这个程序很有可能会崩溃。此处的核心问题在于两个程序都指向绝对物理内存。这根本就不是所期望的。我们所希望的是每个程序都有一个自己的私有地址空间。IBM 360 的临时解决方案是:当第二个程序加载到内存中的时候,手工修改其地址,这是所谓的静态重定位技术。其操作如下:当一个程序加载到地址 16384 时,在加载过程中,将常量 16384 增加到程序的每个地址上,即将 JMP 28 修改为 JMP 16412。尽管这种机制有效,但是它并不通用,且极大地降低了加载效率。此外,它需要所有可执行程序都提供额外的信息,表明哪个字包含(可重定位的)地址,哪些不包含。比方说,在 JMP 28 中的"28"是可重定位的,但是下面的指令却不行:

```
MOV REGISTER1, 28
```

该指令将数字 28 移到寄存器 REGISTER1 上,然后这个数字 28 就不能被重定位了。加载器需要某种方式来判定什么是地址,什么只是一个常量。

类似收音机、洗衣机和微波炉等设备上现在都布满软件(在 ROM 中),在大多数情形下,这些软件是绝对地址。这是可行的,原因在于所有的程序都是事先知道的,用户没有运行自己程序的自由。然而,在高端嵌入式设备(例如手机)上安装有更精密的操作系统。在很多情况下,很多操作系统只是提供一个链接应用程序的库,为应用程序提供一个进行 I/O 操作和其他公共任务的系统调用。例如 e-Cos 操作系统就是一个作为库存在的操作系统。

7.3　连续内存分配

内存必须容纳操作系统以及各种用户进程。其中一种早期的内存分配方式是连续内存分配(Contiguous Memory Allocation)。在多道程序运行环境下,通常希望多个用户进程同时驻留内存。需要考虑如何将可用的内存分配给处于输入队列的进程。在连续内存分配中,每个进程包含在单独的内存区域,下一个区域会容纳另一个进程。

7.3.1　固定分区分配

固定分区分配是将用户内存空间划分为若干个固定大小的区域,在每个分区中只加载一个进程。当具有一个空闲分区时,便可以再从外存的后备作业队列中选择一个适当大小的作业加载进该分区。当该作业结束时,又可再从后备作业队列中找出另一作业调入该分区。

固定分区分配根据分区大小的情况还可以分为等分区和不等分区两种情形,如图 7.4 所示。等分区分配指的固定分区的大小相等。在等分区分配中,任何小于或者等于分区大小的进程都能够加载到空分区中。等分区分配存在一些不足,例如,如果某个程序所需的内存比等分区要大,那么就不能将整个程序加载到内存中,程序员必须使用层叠

(overlay)来设计程序,即只需要加载程序的一部分(且需要小于等分区)到内存中就能运行程序。此外,内存利用率极低。任何程序无论多小,都需要占据整个分区。如图 7.4(a)那样,一个只有 1MB 的程序也占据了 8MB 的内存空间。这种情形也称为内部碎片(Internal Fragementation)。

相对于等分区而言,不等分区分配(如图 7.4(b)所示)内存利用率更高,如图 7.4(b)所示,16MB 的程序在不使用层叠的情况下即可加载到内存中运行,比 8MB 小的分区允许更小的程序运行,内部碎片也更小。

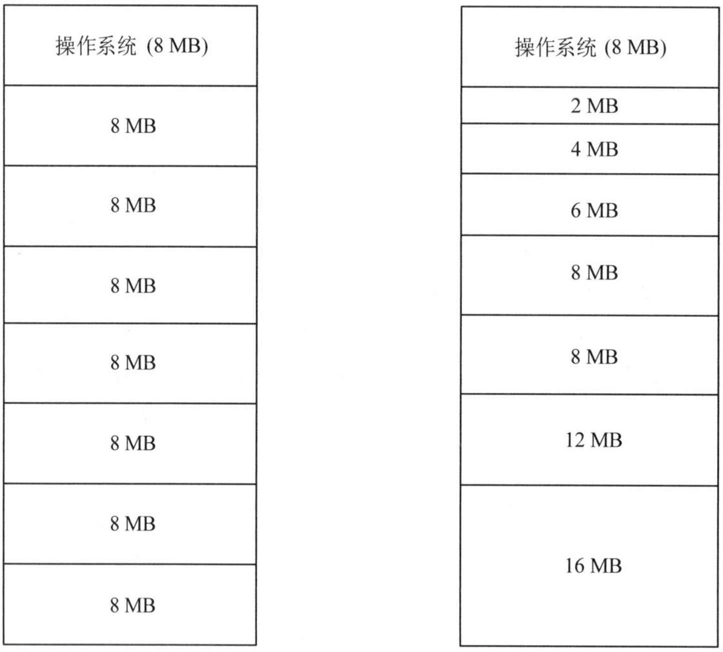

操作系统 (8 MB)	操作系统 (8 MB)
8 MB	2 MB
8 MB	4 MB
8 MB	6 MB
8 MB	8 MB
8 MB	8 MB
8 MB	12 MB
8 MB	16 MB
(a) 等分区	(b) 不等分区

图 7.4　固定分区示例

现代操作系统几乎不适用固定分区分配。曾经使用过该技术的操作系统例子是早期的 IBM 大型机操作系统 OS/MFT[①]。

7.3.2　动态分区分配

为了克服固定分区分配的困难,动态分区分配应运而生。在动态分区中,分区的长度和数量都是可变的。当进程加载到内存中时,可以为它分配正好是它所需的内存。

假设一个 64MB 的内存,操作系统仍占据最高位的 8MB,然后依次来了进程 A、进程 B、进程 C 和进程 D,它们的内存需求分别为 22MB、14MB、4MB 和 12MB,这样,依次按照它们的请求进行连续分配,分配情况如图 7.5(a)所示。然后随着进程的运行结束,依次释放相应的内存,例如进程 C 运行结束,此时内存的分配情况如图 7.5(b)所示。在这个时

---

① MFT 是 Multiprogramming with a Fixed number of Tasks 的缩写,即具有固定任务数量的多道程序。

候,有一个进程 E,它所需的内存数量为 8MB,此时内存中确实有 8MB 的空闲空间,然而却是由 2 个 4MB 的非连续空闲空间组成,因此没有办法满足进程 E 的需求,进程 E 只能等待。类似这种情形在动态分区中是非常典型的,即经过进程的进进出出之后,内存中会出现许多零散的空闲区域,并且逐步碎片化,从而导致内存利用率降低。这种现象称为外部碎片(external fragmentation)。

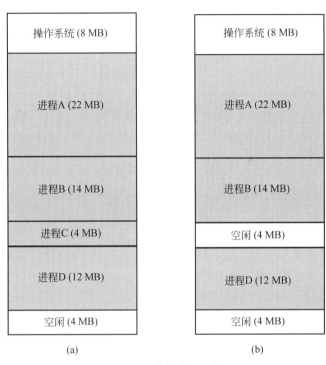

图 7.5 动态分区示例

针对外部碎片的处理方式通常采用紧致(compaction)。所谓紧致,指的是操作系统不断地移动进程,使之连续存放,使得空闲内存形成一个连续的存储区域,如图 7.6 所示。

当将一个进程加载到内存中的时候,操作系统需要判定将哪个空闲块分配给该进程。这样的一个判定过程主要涉及内存置入算法。通常使用的置入算法包括首次适应算法(First Fit)、最佳适应算法(Best Fit)和最坏适应算法(Worst Fit)。

(1)首次适应算法。首次适应算法是从起始地址或者上次搜索结束的地址开始搜索空闲块,一旦找到能够满足进程需求的空闲块就停止搜索。当搜索是从上次搜索结束的地址开始时,那么也将其称为循环首次适应算法。

(2)最佳适应算法。最佳适应算法是将能够满足进程需求的"最小"空闲块分配给进程使用,这种策略会产生最小的空闲碎片。

(3)最坏适应算法。与最佳适应算法相反,最坏适应算法选择能够满足进程需求的"最大"空闲块分配给进程使用,这种策略所产生的碎片最大。

根据相关模拟发现,在降低时间和存储的使用率方面,首次适应算法和最佳适应算法比最坏适应算法更优一些。

图 7.6   动态分区的紧致

在操作系统的历史上使用过动态分区算法的操作系统是 IBM 的主机操作系统 OS/MVT[①]。

7.3.3   Buddy 系统

固定分区方式限制了活动进程的数量,如果可用的分区数量与进程数量相差较大的话,会使得内存空间使用效率较低。动态分区方式维护起来更复杂,且紧致会带来额外的开销。因此,固定分区与动态分区各有优劣,混合使用两者应该是一种好的尝试。Buddy 系统就是一种混合使用固定分区与动态分区的系统[②]。

Buddy 系统为每个块使用 1 个比特位作为开销,它要求所有块的长度为 1、2、4、8 或者 16 等,即为 2^n,其中 n 为整数。

Buddy 系统为每个大小为 2^k 的可用块维护一个独立列表。整个内存空间池为 2^m 位,可以假设其地址为 $0 \sim 2^m - 1$。最初的时候,整个 2^m 的块都是可用的。之后,当需要一个大小为 2^k 的块时,如果这个大小的块不存在,那么就会把更大的可用块分裂成相等的两部分,最终会出现一个大小正好为 2^k 的块。当把一个块一分为二(每一个都是原始块的一半)时,这两个块成为 buddy。之后如果两个 buddy 都再次空闲,那么它们就会重新合并为一个整块。

如果知道某个块的地址(它的第一个字的内存地址)以及它的大小,那么便可以知道

---

① MVT 是 Multiprogramming with a Variable Number of Tasks 的缩写,即可变任务数量的多道程序设计。

② Knuth D E. *The art of computer programming*, *volume 1*（*3rd ed.*）: *fundamental algorithms*. P442, 1997.

它的 buddy 的地址。例如,某块大小为 16,其起始地址为 101110010110000,那么它的 buddy 块的起始地址为 101110010100000。一个 2^k 大小的块的地址是 2^k 的倍数,换言之,用二进制表示的话,它的右边至少有 k 个 0。

因此,比如说一个大小为 32 的块,其地址形如 xxx⋯xx00000,其中 x 为 0 或者 1,如果它一分为二的话,新生成的 buddy 块地址分别为 xxx⋯xx00000 和 xxx⋯xx10000。一般而言,令 $\text{buddy}_k(x)$ 为块大小为 2^k 的块 x 的 buddy 地址,那么:

$$\text{buddy}_k(x) = \begin{cases} x + 2^k, & \text{如果 } x \bmod 2^{k+1} = 0 \\ x - 2^k, & \text{如果 } x \bmod 2^{k+1} = 2^k \end{cases}$$

Buddy 系统在每个块中使用一个比特的 TAG:

TAG(P)=0,如果地址 P 的块被使用

TAG(P)=1,如果地址 P 的块可用

在 Linux 系统中,内存管理采用了 Buddy 系统。可以在 Linux 系统下使用下述命令来查询当前 Buddy 系统的状态:

```
cat /proc/buddyinfo
```

此时,系统将展现出如图 7.7 所示的情形。

	2^0	2^1	2^2	2^3	2^4	2^5	2^6	2^7	2^8	2^9	2^{10}		
Node 0	zone	DMA	149	31	19	10	5	2	3	1	2	0	0
Node 0	zone	DMA32	254	311	313	145	88	58	30	14	7	6	4

图 7.7　Linux 下的 Buddy 系统的情形

在 Linux 下的 Buddy 系统中,管理的一个基本单位是块(block),每一个块由若干个连续的物理页组成,物理页的个数为 2^n,这个 n 在系统中称为阶。相同阶的块挂载在一条双向链表上。Linux 把所有的空闲页框分组为 11 个块链表,每个链表上的页框块是固定的。在第 i 条链表中每个页框块都包含 2 的 i 次方个连续页,其中 i 称为分配阶。

当某个块空闲时,只要发现对应的伙伴也是空闲的,就和伙伴组成一个页数为 2^{n+1} 的块,挂载在 $n+1$ 阶的双向链表上。换句话说,一个页数为 2^n 的块是由两个页数为 2^{n-1} 的伙伴块组成的。因此,一个块的伙伴肯定是和这个块在物理地址上是连续的。在 Linux 中,阶的默认取值范围是[0,10],其单次分配的最大内存为 4MB,即 2^{10} 个 4KB 页面。

可以参考 Linux 的实现,描述一个 Buddy 系统,展示相关的核心算法。

1. 数据结构

系统内存中的每个物理内存页(页帧)都对应于一个 page 结构体实例中。

```
/* 标记 page 所处的状态 */
enum pageflags{
    PG_head,          //不在 buddy 系统内,首页
    PG_tail,          //不在 buddy 系统内,首页之外的页
    PG_buddy,         //在 buddy 系统内
};
```

```
struct page
{
    struct list_head lru;
    unsigned long flags;
    union {
        unsigned long order;
        struct page * first_page;
    };
};
```

page 分为两种类型：一种类型属于 Buddy 系统（表待分配），其 page->order 记录阶数，用于合并时的检测；另一种类型不属于 Buddy 系统（表明已分配）。不属于 Buddy 系统的页可以进一步划分为单页或者组合页，在单页中，page->order 记录阶数；在组合页中，首个（PG_head）page 记录阶数，其余（PG_tail）指向首页。

所有空闲的页都置于一个 free_area 结构体中，其结构体类型描述如下：

```
struct free_area
{
    struct list_head free_list;
    unsigned long nr_free;
};
```

结构体成员的描述如下：

free_list：用于连接空闲页的链表，页链表包含大小相同的连续内存区。

nr_free：指定了当前内存区中空闲页块的数目，对 0 阶内存区逐页计算，对 1 阶内存区计算页对的数目，对 2 阶内存区计算 4 页集合的数目，以此类推。

此外，每个内存域都关联了一个 zone 结构体实例，其结构体类型描述如下：

```
struct mem_zone
{
    unsigned long page_num;
    unsigned long page_size;
    struct page * first_page;
    unsigned long start_addr;
    unsigned long end_addr;
    struct free_area free_area[BUDDY_MAX_ORDER];
};
```

内存区（zone）、空闲区（free_area）和空闲页（buddy page）之间的关系如图 7.8 所示，图中也展现了空闲页的组织模式。

两个大小相等且邻接的内存块称为伙伴（Buddy）。如果两个伙伴都是空闲的，会将其合并成一个更大的内存块，作为下一层次上某个内存块的伙伴。伙伴系统的分配器维护空闲页面所组成的块，这里每一块都是 2 的方幂个页面，而阶其实就是方幂的指数。阶描述了内存分配的数量单位，阶的范围从 0 到 BUDDY_MAX_ORDER。

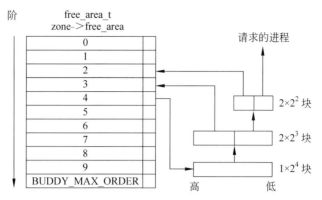

图 7.8 空闲页的组织模式

zone->free_area[BUDDY_MAX_ORDER]数组中阶作为各个元素的索引,用于指定对应链表中的连续内存区包含多少个页帧。数组中第 0 个元素的阶为 0,它的 free_list 链表域指向具有包含区为单页($2^0 = 1$)的内存页面链表。数组中第 1 个元素的 free_list 域管理的内存区为两页($2^1 = 2$),第 3 个管理的内存区为 4 页,以此类推,直到 $2^{\text{BUDDY\_MAX\_ORDER}-1}$ 个页面大小的块。阶的示意如图 7.9 所示。

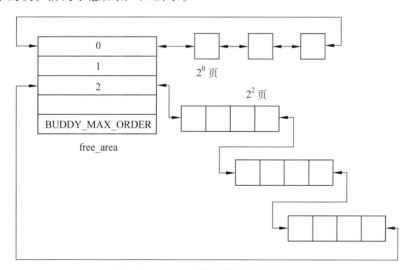

图 7.9 Buddy 系统中阶的示意图

对于最大阶,可以根据系统的情形进行自定义,例如定义为 9。

```
#define BUDDY_MAX_ORDER (9UL)
```

2. 分配内存

寻找大小合适的内存块(其大于等于所需大小并且最接近 2 的幂),例如当申请内存大小为 27 的块时,选择实际分配 32。如果找到了合适的块,则分配给申请的进程,否则,将需要进行内存分离。内存分离的过程是选择与所需分配的内存大小最接近的空闲页进行对半分离。

假设请求一个页框的块(4KB),首先在 1 个页框的链表中检查是否有空闲块。若没有,则查找下一个更大的块,即在 2 个页框的链表中找一个空闲块。如果存在这样的块,内核就把 2 个页框分成两等份,一半用作满足请求,另一半插入到 1 个页框的链表中。如果在 2 个页框的块链表中也没找到空闲块,就继续找更大的块,即 4 个页框的块。如果这样的块存在,内核把 4 个页框块中的 1 个页框用作请求,然后从剩余的 3 个页框中取 2 个插入到 2 个页框的链表中,再把最后的 1 个插入到 1 个页框的链表中。如果最终最大页框的链表还是空的,就放弃并发出错误信号,如图 7.10 所示。

```c
static struct page * __alloc_page(unsigned long order, struct mem_zone * zone)
{
    struct page  * page=NULL;
    struct free_area * area=NULL;
    unsigned long current_order=0;
    for (current_order=order; current_order<BUDDY_MAX_ORDER; current_order++)
    {
        area=zone->free_area+current_order;
        if (list_empty(&area->free_list)) {
            continue;
        }
        //remove closest size page
        page=list_entry(area->free_list.next, struct page, lru);
        list_del(&page->lru);
        rmv_page_order_buddy(page);
        area->nr_free--;
        //expand to lower order
        expand(zone, page, order, current_order, area);
        //compound page
        if (order>0)
            prepare_compound_pages(page, order);
        else //single page
            page->order=0;
        return page;
    }
    return NULL;
}
```

图 7.10　Buddy 系统中分配内存的核心算法示意

3. 释放内存

当释放某个内存块时,首先寻找相邻的块,看其是否是空闲的。如果相邻块也是空闲的,合并这两个块,重复上述步骤直到遇上未释放的相邻块,或者达到最高上限为止(即所有内存都释放了),如图 7.11 所示。

```c
void buddy_free_pages(struct mem_zone * zone,struct page * page)
{
    unsigned long order=compound_order(page);
    unsigned long buddy_idx=0, combined_idx=0;
    unsigned long page_idx=page-zone->first_page;
```

图 7.11　Buddy 系统中释放内存的核心算法示意

```
if (PageCompound(page))
    if (destroy_compound_pages(page, order))
        BUDDY_BUG(__FILE__, __LINE__);
while (order<BUDDY_MAX_ORDER-1)
{
    struct page * buddy;
    //find and delete buddy to combine
    buddy_idx=__find_buddy_index(page_idx, order);
    buddy=page+(buddy_idx-page_idx);
    if (!page_is_buddy(buddy, order))
        break;
    list_del(&buddy->lru);
    zone->free_area[order].nr_free--;
    //remove buddy's flag and order
    rmv_page_order_buddy(buddy);
    //update page and page_idx after combined
    combinded_idx=__find_combined_index(page_idx, order);
    page=page+(combinded_idx-page_idx);
    page_idx=combinded_idx;
    order++;
}
set_page_order_buddy(page, order);
list_add(&page->lru, &zone->free_area[order].free_list);
zone->free_area[order].nr_free++;
}
```

图 7.11　（续）

假设现在有一个将要释放的页,它的阶为 0,page_idx 为 10。则先计算它的伙伴 $10^{\wedge}$ $(1<<0)=11$,然后计算合并后的起始页偏移为 $10\&\sim(1<<0)=10$。现在就得到了一个阶为 1 的块,起始页偏移为 10,它的伙伴为 $10^{\wedge}(1<<1)=8$,合并后的起始页偏移为 $10\&\sim(1<<1)=8$。如此推导下去。具体情形如图 7.12 所示。

【例 7.1】　Buddy 系统示例。[①]

图 7.13 所示的是一个使用 1MB 的初始块的 Buddy 系统。首先进程 A 请求 100KB 字节,此时将 1MB 分裂为两个 512KB,然后再将第一个 512KB 分裂为 2 个 256KB 的块,再将第一个 256KB 的块分裂为两个 128KB 的块,从而将第一个 128KB 的块分配给进程 A。下一个请求是进程 B 需要 256KB 的块,这个块是可用的,因此直接分配给进程 B。然后进程 C 请求 64KB,系统继续将此前分裂的第二个 128KB 继续分类为 2 个 64KB,第一个 64KB 的块分配给进程 C。进程 D 请求 256KB,系统将第二个 512KB 分类为 2 个 256KB,然后将第一个 256KB 的块分配给进程 D。随后,进程 B 执行结束,释放内存,进程 A 也执行结束,也释放相应内存,这两次释放都不涉及合并操作。再下一步进程 E 请

---

①　William Stallings. *Operating system Internals and Design Principle*(6th Edition). Prentice Hall; 6 edition. 2008.P323.

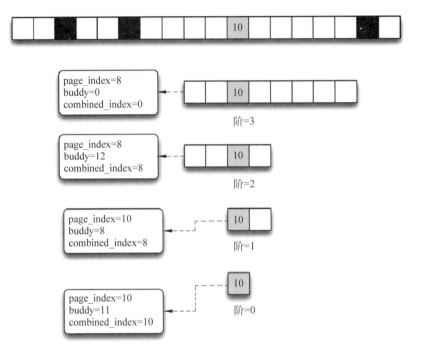

$$buddy\_index=page\_index \wedge (1<<order)$$

■ 已使用　　□ 未使用

图 7.12　合并伙伴的示意

1 MB块	1 MB			
进程A请求100 KB	A(128 KB)	128 KB	256 KB	512 KB
进程B请求240 KB	A(128 KB)	128 KB	B(256 KB)	512 KB
进程C请求64 KB	A(128 KB) C(64 KB) 64 KB		B(256 KB)	512 KB
进程D请求256 KB	A(128 KB) C(64 KB) 64 KB		B(256 KB)	D(256 KB) 256 KB
释放进程B	A(128 KB) C(64 KB) 64 KB		256 KB	D(256 KB) 256 KB
释放进程A	128 KB C(64 KB) 64 KB		256 KB	D(256 KB) 256 KB
进程E请求75 KB	E(128 KB) C(64 KB) 64 KB		256 KB	D(256 KB) 256 KB
释放进程C	E(128 KB)	128 KB	256 KB	D(256 KB) 256 KB
释放进程E	512 KB			D(256 KB) 256 KB
释放进程D	1 MB			

图 7.13　Buddy 系统示例

求 75KB,它将进程 A 刚释放的块分配给进程 E。紧接着进程 C 运行结束,释放内存,进程 E 运行结束,释放内存,此时涉及合并操作。最后进程 D 运行结束,释放内存的时候,将整个内存块重新整合为 1MB 的块。

7.4　地址空间的抽象

总体而言,将物理内存暴露给进程有几个主要的问题。首先,如果用户程序能够对内存的每个字节进行编址,那么它们便能够很容易地破坏操作系统,这可能是故意的,也可能是无意的,从而使系统停止运转(除非采用类似 IBM 360 那样的 lock-and-key 模式)。即使只有一个用户程序在运行,这个问题仍存在。其次,在这种模型下,要想同时运行多个程序是很困难的。在个人计算机上,有多个程序同时运行是很正常的(例如,一个 word 编辑器、一个电子邮件程序和一个 Web 浏览器)。在对物理内存没有进行抽象的时候,要实现并发是非常困难的。因此,有必要对物理内存进行抽象。

1. 地址空间的概念

允许多个应用同时在内存中运行,彼此互不干扰,需要解决两个问题,一个是保护(Protection),另一个是重定位(Relocation)。

我们看一看在 IBM 360 使用过的原始解决方案。IBM 360 将内存块标记一个保护秘钥,同时将执行进程的秘钥与所访问的内存秘钥进行对比。尽管这个方法能够在程序加载时对程序进行重定位,然而,它并不能完全解决问题。此外,这种方案比较慢,且非常复杂烦琐。

一个更好的解决方案是发明一个内存的抽象,即地址空间。

正如进程概念创造了一个 CPU 的抽象来运行程序,地址空间创造了一个程序栖居的内存抽象。一个地址空间是地址集合,进程能够用这个地址对内存进行编址。每个进程有自己的地址空间,不同进程的地址空间彼此独立(除非进程之间希望实现共享)。

地址空间的概念是非常通用的,在许多环境中都出现过。例如电话号码。在我国,一个本地电话号码通常是一个 7 位数字。电话号码的地址空间便是从 0000000 到 9999999(当然,有些数字是不会使用的,例如开头为 0 的一些数字)。随着智能手机、调制解调器和传真机的增长,地址空间便变得不足,需要使用更多的位数。在 x86 上的 I/O 端口的地址空间为 0~16 383。IPv4 的地址是 32 位数,其地址空间为 $0\sim2^{32}-1$。

地址空间也不一定必须是数字。.com 的域名也是一种地址空间。这个地址空间包括所有长度为 2~63 个字符的字符串,这些字符串可以使用字母、数字和连接符,其后跟着.com。

下面的问题是如何为每个程序分配自己的地址空间,使得一个程序中的 28 与另一个程序中的 28 在物理位置上是不同的。下面,将讨论一个曾被广泛使用的简单方法,不过它现在已经被弃用了。

2. 基址与界限寄存器

这个简单的解决办法是使用动态重定位,简单地把每个进程的地址空间映射到物理内存的不同部分。从 CDC 6600(世界上最早的超级计算机)到 Intel 8088(IBM PC 的中央处理器)所用的经典方法是给每个 CPU 配置两个特殊的硬件寄存器,通常叫作基址寄存器和界限寄存器(Base and Limit Registers)。当使用基址寄存器和界限寄存器时,把程序加载到内存中连续的空闲位置且加载期间无须重定位,如图 7.14 所示。当一个进程运行时,将把程序的起始物理地址加载到基址寄存器中,并把程序的长度加载到界限寄存器中。在图 7.14 中,当第一个程序运行时,加载到这些硬件寄存器中的基址和界限值分别是 0 和 16 384。当第二个程序运行时,这些值分别是 16 384 和 32 768。如果把第三个16KB 的程序直接加载在第二个程序的地址之上并且运行,这时基址寄存器和界限寄存器里的值将分别是 32 768 和 16 384。

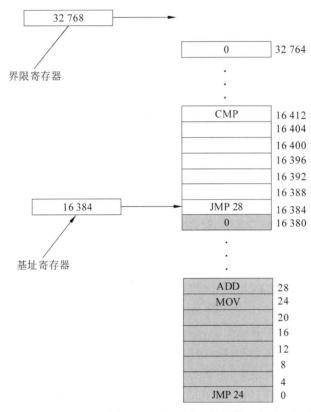

图 7.14　基址寄存器和界限寄存器可以为每个进程提供一个独立的地址空间

　　每次一个进程访问内存时,取一条指令,读或写一个数据字,CPU 硬件会在把地址发送到内存总线前自动把基址值加到进程发出的地址值上。同时,它检查程序提供的地址是否等于或大于界限寄存器里的值。如果访问的地址超过了界限,会产生错误并中止访问。这样,程序执行

JMP 28

指令,但是硬件把这条指令解释成

JMP 16412

所以程序如我们所愿地跳转到了 CMP 指令。

使用基址寄存器和界限寄存器是给每个进程提供私有地址空间的非常容易的方法，因为每个内存地址在送到内存之前，都会自动先加上基址寄存器的内容。在很多实际系统中，对基址寄存器和界限寄存器会以一定的方式加以保护，使得只有操作系统可以修改它们。在 CDC 6600 中就提供了对这些寄存器的保护，但在 Intel 8088 中则没有，甚至没有提供界限寄存器。但是，Intel 8088 提供了多个基址寄存器，使得可以独立地重定位程序的代码和数据，但它没有提供引用地址越界的预防机制。

使用基址寄存器和界限寄存器重定位的缺点是：每次访问内存都需要进行加法和比较运算。比较运算可以很快执行，但是加法运算由于进位传递时间的问题，在没有使用特殊电路的情况下会显得很慢。

内存定位有三种方式，包括绝对地址、静态重定位和动态重定位。

（1）绝对地址。使用绝对地址是最简单的定位方式。例如在一个程序中，执行 JMP 28 就会跳转到内存的 28 号存储单元。无论程序在内存中的什么位置都是如此。显然这种定位方式不允许内存中同时存在两个程序，否则一个程序的程序计数器很可能会跳转到另一个程序的空间中。

（2）静态重定位。静态重定位的处理方法是：在加载程序到内存中时，将程序中所有的地址都加上在内存中的起始地址。比如将一个程序加载到从 1000 号开始的内存空间，而且程序中有一条指令 JMP 28，那么在程序加载入内存后这条指令会变成 JMP 1028。静态重定位的难点在于区分程序中哪些值是常量，哪些值是地址。

（3）动态重定位。使用动态重定位的 CPU 有两个特殊的寄存器，即基址寄存器和界限寄存器。当一个进程运行时，将把程序的起始地址加载到基址寄存器中，并将程序的长度加载到界限寄存器中。当程序要进行内存操作时，CPU 会首先将指令中的地址加上基址寄存器中的地址，再把地址送到内存总线。此外，CPU 还会检查地址是否大于界限寄存器中的值。如果访问的地址超出了界限，则会出错并停止访问。

事实上，通过地址空间的抽象，在现代操作系统中形成了如图 7.15 所示的空间映射关系。对于每个进程而言，都存在一个逻辑地址空间，然而在物理的计算机中，只存在一个物理地址空间，存储管理其实就是多个逻辑地址空间与一个物理地址空间的映射。

逻辑地址、相对地址和物理地址

逻辑地址指称一个内存位置，该位置与指派给当前数据的实际内存位置无关，如果要实现内存访问，必须将逻辑地址转换为物理地址。相对地址是逻辑地址的特例，相对地址描述相对于某个已知点的位置，这个已知点通常是在一个处理器的寄存器中的值。物理地址也称为绝对地址，是内存中的实际位置。

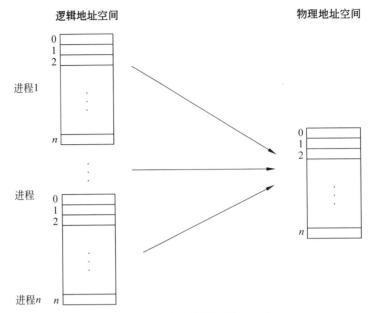

逻辑地址空间   物理地址空间

图 7.15　地址空间的抽象与映射

7.5　分段存储管理

每个进程的内存空间都包含进程的上下文信息,同时依据功能的不同而包含不同的区域。

(1) 文本段。文本段是由编译器创建的,用于程序执行的代码或者机器指令。它一般标记为只读,使得程序在运行过程中不能够修改代码。通常允许在多个运行相同程序的进程中共享它(例如,同一个 gedit 程序的多个运行实例)。

(2) 数据段。数据段通常包含预定义的数据结构,可能是在程序开始执行之前就被初始化。此外,它也通常由编译器创建。

(3) 堆。堆是用作动态内存分配池的一个内存区域。它通常用于动态创建数据结构的应用程序中。例如,在 C 语言中,堆可以通过使用 malloc 系统函数来获取。反过来,malloc 的实现为了扩大所需的堆需要向操作系统进行申请。在 Linux 系统中,它通过使用 brk 系统调用来实现。

(4) 栈。栈是用于存储程序所调用函数运行过程所在的内存区域。这样的框包含存储的寄存器值以及用于存储局部变量的空间。存储和装载寄存器通过硬件完成,硬件将其作为调用函数以及函数返回的指令的一部分。此外,栈也是在运行时按需扩展的。

在一些系统中,这些区域可以有不止一个实例。例如,当一个进程包含多个线程时,那么每个线程会具有一个独立的栈。另一个普遍的例子是使用动态链接库,每个库的代码都驻留在独立的段(类似文本段)中,而这些段能够被其他进程所共享。此外,数据和堆还可由多个独立的段构成,随着应用程序的运行在不同的时间获取不同的数据和堆。此外,在 Linux 系统中可以使用 shmget 来创建共享内存段,多个进程可以通过使用 shmat 系统调用将这个段与各自的地址空间相关联。

编译器将文本段和数据段创建为可重定位段,即这些地址都是从 0 开始标记。还需要包含程序使用的库的文本段。堆和栈只是作为创建进程来执行程序的一部分。所有这些段都需要映射到进程地址空间中。当然,对于静态区域(例如文本段)的映射问题不太大,然而对于可以在运行过程中增长变化的区域(例如堆和栈)而言,就存在着较大的问题。这些区域的映射方式必须保障它们具有足够的扩容空间。对此的一种解决方案是将堆和栈按照如图 7.16 所示的方式进行映射,这使得堆和栈能够不断增长。然而如果存在多个堆和多个栈,该解决方案就失效了。

一般而言,进程试图将地址空间视为连续空间。例如,在 C 语言中,它明确假设数组元素是连续存放的,可以通过指针算术运算来访问。对此最简便的方式是将地址空间的连续段映射为物理内存位置的序列。

采用分段存储管理,段是地址空间中任意大小的连续区域,也是结构化应用程序的一种工具。因此,编译器使用多个段来组织地址空间。编译器通常会产生可重定位的代码,其地址相对于段的基址。在许多系统中,相关部分有硬件的支持,内存访问硬件包含一个特定的体系结构寄存器,它能够加载作为段基址,在每次内存访问时自动与相对地址叠加。此外还有一个寄存器加载了段的大小,这个值会跟相对地址进行比较。如果相对地址越界,则会产生一个内存异常。分段访问内存示意如图 7.17 所示。

图 7.16 段映射的一种简易方式

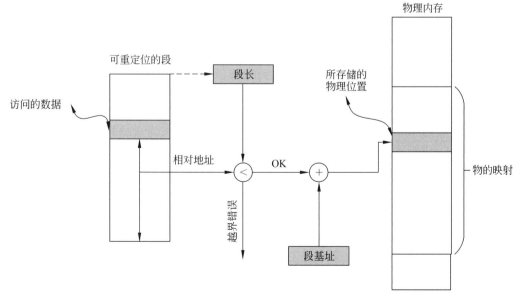

图 7.17 使用分段访问内存

可以使用段表来支持多个分段,如图 7.18 所示。使用特殊的基址寄存器和段长寄存器对于支持单个连续段而言是好的,但是为了支持多个段,需要段表的支持,段基址和段长不再是从寄存器中获取,而是从段表中获取。现在的问题是如何知道使用段表中的哪个条目,换言之如何识别被访问的段。为此,必须将地址从一维地址转换为二维地址,即将地址分成两部分,一部分是段标识符,另一个部分则是段内偏移。段标识符用于索引段表,并检索出段基址和段长。

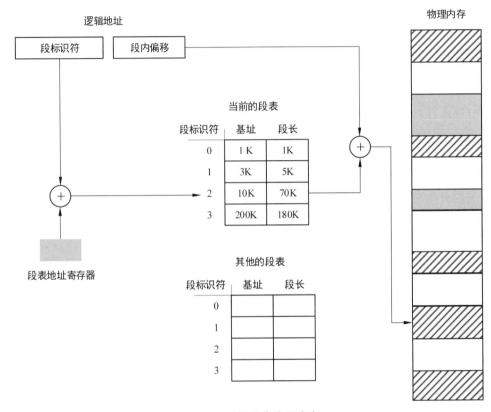

图 7.18　使用段表访问内存

为了实现从进程的逻辑地址到物理地址的转换功能,在系统中设置了段表寄存器,用于存放段表始址和段表长度 TL。在进行地址转换时,系统将逻辑地址中的段号与段表长度 TL 进行比较。若 S>TL,表示段号太大,是访问越界,于是产生越界中断信号。若未越界,则根据段表的始址和该段的段号,计算出该段对应段表项的位置,从中读出该段在内存中的起始地址,然后再检查段内地址 d 是否超过该段的段长 SL。若超过,即 d>SL,同样发出越界中断信号;若未越界,则将该段的基址与段内地址相加,即可得到要访问的内存物理地址。

从物理内存的视角而言,分段的存储与动态分区在某些方面有些类似。假设初始的时候物理内存中总共包括 4 个段,段 A、段 B、段 C 和段 D,分别为 22MB、22MB、4MB、12MB,且空闲 4MB 空间,情形如图 7.19(a)所示。如果段 A 被移除,段 E 进入,且段 E 长度为 18MB,此时的情形如图 7.19(b)所示。紧接着,段 B 并移除,段 F 进入,且段 F 的长

度为 18MB,那么内存的布局如图 7.19(c)所示。如此,内存中将会出现很多的小碎片,将
这种现象称为"小格子"(checkboarding)或者外部碎片(external fragmentation)。

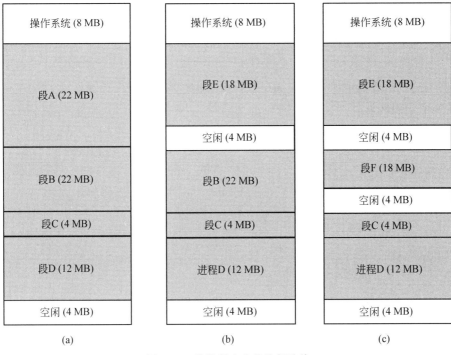

图 7.19　分段所产生的外部碎片

【例 7.2】　考虑一个 4+12 位的段地址,其中 4 位为段号,12 为段内偏移,最大段长
度为 $2^{12}=4096$。进程的段表如下:

长 度													基 址																		
0	0	0	1	0	1	1	1	0	1	1	0	0	0	0	0	0	1	0	0	0	0	0	0	0	0	0	0			
1	0	1	1	1	1	0	0	1	1	1	0	0	0	1	0	0	0	0	0	0	0	1	0	0	0	0	0			

请计算 0001001011110000 地址的物理地址。

首先,将地址划分为段号和偏移:

段号：1				偏移：752											
0	0	0	1	0	0	1	0	1	1	1	1	0	0	0	0

段 0

段 1

段号为 1,查对应进程的段表,获取基址,将基址与偏移叠加如下:

基址	0	0	1	0	0	0	0	0	0	0	1	0	0	0	0	0
偏移					0	0	1	0	1	1	1	1	0	0	0	0
物理地址	0	0	1	0	0	0	1	1	0	0	0	1	0	0	0	0

【例 7.3】 对应如下所示的段表,请将逻辑地址(0,137)、(1,4000)、(2,3600)、(5,230)转换成物理地址。

段表

段号	内存始址	段长
0	50K	10K
1	60K	3K
2	70K	5K
3	120K	8K
4	150K	4K

针对逻辑地址 (0,137),查找段号 0,起始地址为 50K,同时 137 要小于段长 10K,因此其物理地址为 $50 \times 1024 + 137 = 51337$。

针对逻辑地址 (1,4000),查找段号 1,起始地址为 60K,然而 4000 超出段长的 3072,因此非法访问。

针对逻辑地址 (2,3600),查找段号 2,起始地址为 70K,同时 3600 小于段长的 5K,因此其物理地址为 $70 \times 1024 + 3600 = 75280$。

针对逻辑地址 (5,230),由于段号 5 超越段表的最大段号,系统会报异常。

分段与线性地址

在分段存储管理中,逻辑地址通常是二维的,即一部分包含段号,另一部分是段内的偏移。在这种情形下,进行地址转换就涉及需要采用体系架构的分段机制将逻辑地址(二维地址)转化为一个一维地址,将这个一维地址就称为"线性地址"。此线性地址是否是物理地址取决于系统是否还启用了分页功能。

7.6　分页存储管理

无论是固定分区还是动态分区的连续分配方式,其内存使用效率都不高,究其原因在于会产生大量的"碎片"。虽然有类似"紧凑"的处理碎片的方法,然而这些方法引起的系统开销都很大。假设将内存划分为等长的固定大小的簇,这些簇相对较小,每个进程也可以按簇进行划分。进程的簇便称为"页"(page),它能够分配到可用的内存簇中,内存簇称为"框"(frame)或者"页框"(page frame)。我们将这种存储管理方式称为"分页存储管理"。

在分页存储管理中,简单的基址寄存器并不能满足管理需求,操作系统为每个进程维护一个页表(page table)来进行分页存储管理。页表为进程的页到内存的框提供一个映射。

在分页存储管理系统中,页面大小应适中。页面若太小,会使每个进程占用较多的页面,导致对页面的管理开销增加。页面若太大,则又会使页内碎片增大。因此,页面的大小应适中,且一般为 2 的幂,通常为 512B~8KB。

分页存储管理中的逻辑地址与物理地址

在分页存储管理中,逻辑地址与物理地址的关系可以类比为文献的定位。例如,某篇文献的"逻辑地址"为《自然辩证法研究》2017 年第 3 期第 3~8 页,其中《自然辩证法研究》2017 年第 3 期可以视为页号(那本期刊),而第 3~8 页则为页内偏移。因此对应"逻辑地址"的"物理地址"就是找到对应的那本期刊,翻到期刊中的第 3 页就能找到对应的文献。

7.6.1　地址结构

分页存储管理系统的进程中,每个逻辑地址都由页号(P)和页内偏移(O)构成,如图 7.20 所示。

图 7.20　分页地址结构

图 7.20 中的地址长度为 32 位,其中 0~10 位为页内地址,即每页的大小为 $2^{11}=$ 2KB。11~31 位为页号,这表明地址空间最多允许有 2MB 的页面。

对于某特定机器,其地址结构是一定的。若给定一个逻辑地址空间中的地址为 address,页面的大小为 L,则页号 P 和页内偏移 O 的计算公式如下所示。

P=INT[address/L](INT 为取整)

O=address MOD L(MOD 为取余)

【**例 7.4**】　某计算机系统具有 36 位逻辑地址空间,其页面大小为 8KB。请问在逻辑地址空间中一共能够容纳多少页?

由于页面大小为 8KB,即 2^{13},说明 13 位用于表示页面偏移量,而一共有 36 位,因此还剩下 36−13=23 位用来表示页号,因此共有 $2^{23}=$8MB 页。

7.6.2　地址变换

使用分页存储管理,操作系统将进程的逻辑地址页映射到物理内存的框,这个映射保留在页表中。当 CPU 访问某个逻辑地址(可能是下一个指令的位置,也可能是下一个数据项)时,硬件需要通过页表将逻辑地址中的页号转换为物理内存的页框,然后将页框与逻辑地址中的页内偏移相结合形成物理地址,从而实现物理地址的访问,具体如图 7.21 所示。

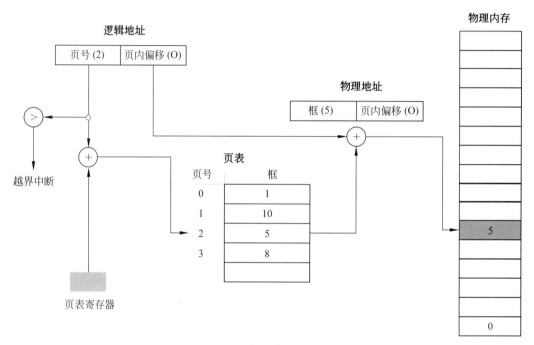

图 7.21　分页存储管理的地址变换

在通过页表进行转换之前,系统会先将页号与页表长度进行比较。如果页号大于页表长度,则表示本次所访问的地址已超越进程的地址空间,系统会产生一个地址越界中断。

【例 7.5】　使用 16 位地址,页大小为 1KB,即 1024 字节。页表如下:

0	000101
1	000110
2	011001

请计算相对地址 1502 的实际物理地址。

由于页大小为 1KB,偏移量为 10 位,剩下的 6 位为页号,因此,一个程序最多由 $2^6 = 64$ 页组成,每页 1KB。

这样,1502(0000010111011110) 地址格式如下:

页号：1						偏移：478										
0	0	0	0	0	1	0	1	1	1	0	1	1	1	1	1	0

页 0

页 1

页 2

所处的页面为第 1 页,然后查找进程的页表,其对应的框为 000110,物理地址为 6622。

框						偏移										
0	0	0	1	1	0	0	1	1	1	0	1	1	1	1	1	0

不同的操作系统在存储页表时会采取不同的方法,大多数操作系统都采用为每个进程分配一个独立的页表的方法。而指向页表的指针存储在进程控制块(PCB)中。当处理器调度进程时进行进程切换过程中,操作系统必须重新加载进程控制块,从进程页表中定义正确的硬件页表寄存器值。

页表的硬件实现可以有多种方式。最简单的方式是将页表作为一组特定寄存器。这些寄存器使用高速逻辑来构建,从而使得分页地址转换效率极高。每一次访问内存必须通过分页映射,因此效率是其中最重要的因素。当进行进程切换时,需要重新加载进程的寄存器,加载和修改页表寄存器的指令都是特权指令,这些指令只能够由操作系统的代码来访问。DEC PDP-11 就是采用这种架构。页表包含 8 个页表项,它们包含在快速寄存器中。

如果页表足够小(例如 256 个页表项),那么使用页表寄存器是令人满意的。然而,大多数现代计算机允许比较大的页表(例如,超过 100 万个页表项)。对于这些机器而言,使用快速寄存器实现页表是不可行的。相反,页表保存在内存中,而通过一个页表基址寄存器(page-table base register,PTBR)指向页表。改变页表只需要改变这个寄存器的值,这将极大地减少上下文切换的时间。该方法的问题在于访问用户内存位置所需要花费的时间。如果想要访问位置 i,首先通过使用 PTBR 找到页表,然后根据 i 的页号找到对应的页表项。这个过程需要访问内存。它为我们提供框号,再结合页内偏移形成实际的物理地址。通过这种方式便能够访问到所希望访问的内存位置。在这种模式下,访问内存的数据需要进行两次内存访问(一次是页表项,另一次才是实际的数据访问)。这样,内存访问的效率实际上减半。这种延迟在大多数情况下是不可忍受的。

对此问题的标准解决方案是使用一个特殊的、小的快速查找硬件缓存,称为转换后备缓冲(Translation Look-aside Buffer),也称为地址变换高速缓冲,简称 TLB。TLB 是一种联想式的高速内存。TLB 中的每一项包含两部分:一个键(或者标签)和一个值。当给出一个项到联想式内存时，将该项与所有的键同时做对比。如果找到对应的项，返回相应的值。搜索是快速的，然而硬件非常昂贵。通常 TLB 项的数量很小，通常是在 64～1024 个之间。

TLB 只包含页表项中的一小部分。当 CPU 产生一个逻辑地址的时候，在 TLB 中寻找页号。如果发现了页号，它的框号立即可用，并用于访问内存。如果页号不在 TLB 中，称为 TLB 未命中，必须使用内存的页表。当获得一个框号时，就可以使用它来访问内存。此外，将页号和框号增加到 TLB 中，从而使得它们在下一次引用中会被快速发现。如果 TLB 已经满了，操作系统必须选择一项进行替换。替换策略可以是最近最少使用(LRU)或者随机算法等。此外，一些 TLB 允许某些项被固化(wired down)，这意味着它们不能够从 TLB 中移除，通常内核代码的条目也会被固化。

一些 TLB 在每个项中存储地址空间标识符(address-space identifier，ASID)。一个 ASID 唯一标识每个进程，用于提供进程的地址空间保护。当 TLB 尝试解析虚拟页号时，它确保当前运行进程的 ASID 与虚拟页面相关的 ASID 匹配。如果 ASID 不匹配，则会出现一个 TLB 未命中。除了提供地址空间保护，一个 ASID 允许 TLB 包含几个不同进程的条目。如果 TLB 不支持独立 ASID，那么每次选择一个新的页表时(例如，在上下文切换中)，TLB 必须刷新来确保下一个执行的进程不会使用错误的转换信息。

TLB 的每一项中包含：

(1) 有效位(valid)。现在的计算机基本都是使用虚拟存储器，简单来说就是假如要打开一个很大的程序，它不会把所有的文件都加载进内存。当需要用的内容不在内存上时，它再去硬盘上找并加载到内存。因此有效位的作用就是，假如该位是 0，就代表该页不在内存中，需要去硬盘中加载。

(2) 引用位(reference)。由于 TLB 中的项数是确定的，所以当有新的 TLB 项需要进来但是又满了的话，如果根据 LRU 算法，就是将最近最少使用的项替换成新的项。因此需要引用位。同时要注意的是，页表中也有引用位。

(3) 脏位(dirty)。在引入虚拟存储后，脏位的作用就是，当内存上的某个块需要被新的块替换时，它需要根据脏位判断这个块之前有没有被修改过。如果被修改过，先把这个块更新到硬盘再替换，否则就直接替换。

(4) 框号(frame)。使用 TLB 的分页地址转换过程如图 7.22 所示。首先，先去 TLB 中根据逻辑页号寻找，假如找到了并且有效位是 1，说明 TLB 命中了，那么直接就可以从 TLB 中获取该逻辑页号对应的物理页号。假如有效位是 0，说明该页不在内存中，这时候就发生缺页异常，CPU 需要先去外存中将该页调入内存并将页表和 TLB 更新。

假如在 TLB 中没有找到，那么就去页表(Page Table)中寻找(以逻辑页号为索引)，假如找到了并且有效位是 1，那么就可以取出对应的物理页号。假如有效位是 0，说明该页不在内存中，这时候就发生缺页异常，CPU 需要先去外存中将该页调入内存并将页表和 TLB 更新。假如在页表中没有找到，也就是缺页。同样会执行上述的缺页处理(不管从哪里获取到物理页号，都可以根据规则组拼成实际物理地址，然后就可以访问数据)。

那么，引用位和脏位何时更新呢？页表和 TLB 都有这两个标志位。如果是 TLB 命中，那么引用位就会被置 1。当 TLB 或页表满时，就会根据该引用位选择合适的替换位

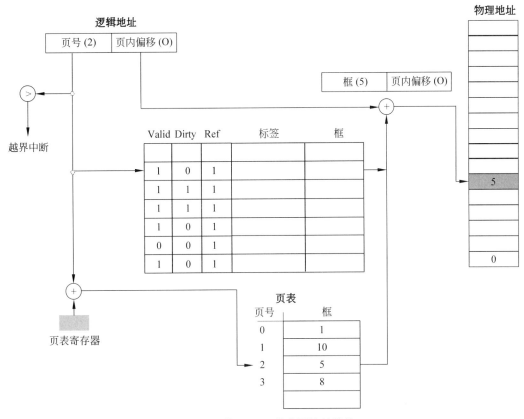

图 7.22　使用 TLB 的分页地址转换

置。如果 TLB 命中且这个访存操作是个写操作,那么脏位就会被置 1,表明该页被修改过。当该页要从内存中移除时,会先执行将该页写至外存的操作,保证数据被正确修改。当 TLB 的某一项要被替换时,它的引用位和脏位都会被更新。

图 7.23 展示了硬件处理逻辑地址转换的梗概,假设有一个线性页表(即页表是一个数组)以及一个由硬件管理的 TLB(即由硬件负责主要的页表访问责任)。在图中 LogicalAddress 代表逻辑地址,LPN_MASK 代表页号掩码,SHIFT 代表页内偏移的位数,LPN 代表页号,TLB_Lookup 是使用页号进行查询。PTBR 代表页表寄存器的值,PTE 指的是页表项。

```
LPN=(LogicalAddress & LPN_MASK)>>SHIFT
(Hitted, TlbEntry)=TLB_Lookup(LPN)
if (Hitted==True) {    //TLB 命中
    if (CanAccess(TlbEntry.ProtectBits)==True){
        Offset=LogicalAddress & OFFSET_MASK
        PhysAddr=(TlbEntry.PFN<<SHIFT) | Offset
        AccessMemory(PhysAddr)
    }
    else
```

图 7.23　TLB 处理的核心算法(硬件处理)

```
            RaiseException(PROTECTION_FAULT)
    }
    else{    //TLB 没命中
        PTEAddr=PTBR+(LPN * sizeof(PTE))
        PTE=AccessMemory(PTEAddr)
        if (PTE.Valid==False)
            RaiseException(SEGMENTATION_FAULT)
        else if (CanAccess(PTE.ProtectBits)==False)
            RaiseException(PROTECTION_FAULT)
        else{
            TLB_Insert(VPN, PTE.PFN, PTE.ProtectBits)
            RetryInstruction()
        }
    }
```

图 7.23　（续）

基于硬件的 TLB 处理算法流程如下：

（1）首先，从逻辑地址（LogicalAddress）中抽取逻辑页号（LPN），同时检查 TLB 中是否有该 LPN 对应的转换。如果有，则 TLB 命中，这样就可以从对应的 TLB 项中抽取框号（PFN），并将它与原始逻辑地址的页内偏移进行拼接，从而形成物理地址（PA）。同时如果通过了内存保护检查，则访问对应地址的内容。

（2）如果 CPU 在 TLB 中没有找到相应的转换，则 TLB 没命中，从而需要访问页表。访问页表是通过页表寄存器（PTBR）作为基址，然后根据页号和页表项的长度（sizeof（PTE））找到 LPN 对应的页表项地址（PTEAddr）。如果进程产生的逻辑地址访问是有效且可访问的，将更新 TLB，增加该转换。当然这个过程涉及额外的内存访问，使得该过程非常费时。

（3）最后，一旦更新了 TLB，硬件将重试该指令（RetryInstruction（）），此次转换将在 TLB 中找到，并快速处理内存引用。

TLB 与所有缓存是一样的，它都是建立在一个基本假设之上，即一般情况下在缓存中能够命中转换。如果这样的话，需要较少的开销。然而一旦没有命中，则会引发较高的分页代价，需要访问页表来获取转换。如果这种情况经常发生，程序的运行将显著变缓。与 CPU 指令相比较，内存访问的速度是非常慢的，TLB 没命中会导致更多的内存访问。因此需要尽可能地避免 TLB 没命中。

【例 7.6】　假设有一个 10 个元素的整型数组（每个元素占 4 个字节），起始位置的逻辑地址为 100。逻辑地址空间为 8 位，每个页面 16 字节，因此逻辑地址划分为 4 位逻辑页号以及 4 位偏移。

图 7.24 展示了在该系统中的一个数组的空间布局。其中，数组的第一个元素起始于 LPN=06 且 offset=04 的位置。每个元素占据 4 个字节。

偏移

	00	04	08	12	16
LPN=00					
LPN=01					
LPN=02					
LPN=03					
LPN=04					
LPN=05					
LPN=06		a[0]	a[1]	a[2]	
LPN=07	a[3]	a[4]	a[5]	a[6]	
LPN=08	a[7]	a[8]	a[9]		
LPN=09					
LPN=10					
LPN=11					
LPN=12					
LPN=13					
LPN=14					
LPN=15					

图 7.24　数组的空间布局示例

现在考虑访问数组元素的一个循环程序。

```c
#include<stdio.h>
int main()
{
    int sum=0;
    int a[10]={1,2,3,4,5,6,7,8,9,10};
    for (i=0; i<10; i++)
        sum +=a[i];
    return 0;
}
```

简便起见,假设循环所产生的内存访问只涉及数组(这里忽略了变量 i 和 sum 以及指令自身)。当访问第一个数组元素 a[0] 时,CPU 看到了一个加载到逻辑地址为 100 的指令。这样硬件从这个逻辑地址抽取 LPN($\lfloor 100/16 \rfloor$),得到 6,同时检查 TLB。假设这是程序的首次访问,TLB 失效。

下一个访问便是 a[1],现在 TLB 命中了,这是因为数组的第二个元素随着第一个元素一同(它们在同一个页面中)被更新到 TLB 中。同样 a[2] 的访问也命中。

然而,当访问到 a[3] 的时候,再一次遭遇 TLB 失效。然而,紧接着 a[4]、a[5] 和 a[6] 的访问又会命中。最后当访问 a[7] 时会导致最后一次 TLB 失效,然后 a[8] 和 a[9] 都命中。

总结一下,就会发现在我们的示例程序中 TLB 的命中率为 70%。尽管这并不高,然而应该也还是不错的。即使是第一次执行程序,TLB 也从空间局部性中获得收益。

另外,值得一提的是页面大小在其中扮演的角色。如果页面大小增加一倍,即从 16 字节变为 32 字节,那么 TLB 的命中率会更高。

最后,假设程序接下来继续循环访问数组的话,TLB 的命中率就会很高,这归功于时间的局部性,即短时间内再次访问同样的程序代码。与缓存一样,TLB 高度依赖时间和空间的局部性来获得成功。如果程序展现出比较好的局部性,那么 TLB 的命中率将会非常高。

必须面对的一个问题是,究竟是谁处理 TLB 失效?这有可能是硬件,也有可能是操作系统。在以前,硬件具有复杂指令集(complex-instruction set computer,CISC),构造硬件的人并不信任脆弱的操作系统。在这种情况下,硬件全权处理 TLB 失效。为此,硬件必须精确知道页表在内存中的位置(通过页表寄存器)以及它们的格式。当 TLB 失效时,硬件会遍历页表,找到正确的页表项,并抽取相应的转换,同时更新 TLB,并重试指令。旧式的管理 TLB 体系结构的一个例子是 Intel x86 架构,它使用一个固定的多级页表,当前的页表位置存储在 CR3 寄存器中。

现代体系结构(例如 MIPS 和 SUN 的 SPARC v9,两者都是 RISC,reduced-instruction set computer 的缩写)都通过软件管理 TLB。当 TLB 失效的时候,硬件只是触发一个异常,它暂停当前的指令流,将特权级提升到内核模式,并跳转到一个陷阱处理中。陷阱处理是在操作系统中编码实现的,它来应对 TLB 失效。当运行陷阱处理的时候,代码查询页表的转换,使用特殊的特权指令来更新 TLB,并从陷阱中返回。此处,硬件重试指令(导致 TLB 命中)。此处从陷阱返回的指令与我们之前所说的系统调用的陷阱返回有所不同。在系统调用情形下,执行完系统调用之后,调用者将继续执行系统调用之后的指令。然而,TLB 失效并从陷阱中返回之后,硬件重新执行一遍引发陷阱的指令,这导致 TLB 命中。因此,根据陷阱或者异常的不同,硬件必须保存不同的程序计数器(PC),从而能够在返回时候正确地恢复运行。

其次,当运行 TLB 失效处理代码的时候,操作系统需要特别小心以至于不会导致 TLB 的连锁反应。这里存在许多的解决方案,例如,可以将 TLB 失效处理代码一直保留在不需要进行映射的物理内存中,或者保留 TLB 中某些项永远有效,并使用相关转换来映射处理代码,这些都硬编码到 TLB 中。

使用软件管理 TLB 失效的主要优势是灵活性。操作系统能够使用它所期望的任意数据结构来实现页表,并不需要进行硬件修改。另外的优势是简便性,硬件在 TLB 失效的时候并不需要进行过多的处理,它只需要引发一个陷阱,操作系统会处理其余部分。在操作系统层面处理 TLB 失效的算法如图 7.25 所示。

```
LPN=(LogicalAddress & LPN_MASK)>>SHIFT
(Hitted, TlbEntry)=TLB_Lookup(LPN)
if (Hitted==True) {   //TLB 命中
    if (CanAccess(TlbEntry.ProtectBits)==True){
        Offset=LogicalAddress & OFFSET_MASK
        PhysAddr=(TlbEntry.PFN<<SHIFT) | Offset
        Register=AccessMemory(PhysAddr)
    }
    else
        RaiseException(PROTECTION_FAULT)
}
else  //TLB 没命中
    RaiseException(TLB_MISS)
```

图 7.25　TLB 处理的核心算法(操作系统处理)

RISC 与 CISC 的战争

20 世纪 80 年代,在计算机体系架构领域发生了一场战争。

战斗的一方是 CISC 阵营,它代表复杂指令集计算;另一方是 RISC 阵营,它代表精简指令集计算。RISC 方由伯克利大学的大卫·帕特森(David Patterson)和斯坦福大学的约翰·轩尼诗(John Hennessy)率领,此外约翰·科克(John Cocke)因其在 RISC 领域的研究而获得图灵奖。

CISC 指令集包含着更多的指令,每个指令相对强大。例如,对于字符串复制,其参数为两个指针和一个长度,从源地址将字节赋予目的地址。CISC 背后的思想是指令应该是高层原语,这使得汇编语言更容易使用,也使得代码更加精简。

RISC 指令正好相反。RISC 背后的一个关键观测是,指令集实际上是编译目标,所有编译器实际希望的是简单原语,它们可以使用简单语言产生高性能代码。RISC 支持者认为要尽可能为硬件瘦身,使它简单、统一并快速。

在早期,RISC 芯片的影响很大,由于它更快,这造就了 MIPS 和 SUN 这样的企业。然而,随着时间的推移,CISC 的生产商(例如 Intel 公司)包含了许多 RISC 技术到它们的处理器代码中,例如增加早期的管道阶段,将复杂指令转化为微指令,使得它们能够以 RISC 的方式处理。这些创新加上芯片上不断增长的晶体管数量允许 CISC 保持具有竞争优势。最终的结果是争论的声音逐渐消亡,当今两种处理器都能够变得很快。

7.6.3　页表结构

1. 层次化页表

现代的大多数计算机系统都支持非常大的逻辑地址空间($2^{32} \sim 2^{64}$)。在这样的环境下,页表自身就极其庞大,占用相当大的内存空间。例如,对于一个具有 32 位逻辑地址空间的分页存储管理系统而言,假定页面大小为 4 KB(2^{12}),那么页表中的页表项会超过 1 百多万(2^{20})个条目。同时假设每个条目占 4 个字节,每个进程仅页表就要花费接近 4MB 的内存空间。显然,如果要将这 4MB 的页表连续存储的话,对于实际的存储管理也不太现实。一个简单的方式是将页表划分为更小的部分,其中的一种方式是使用两级分页算法,即将页表进行分级。

两级页表的地址结构如图 7.26 所示。假设具有 32 位逻辑地址空间,页面的大小为 2KB,这样,一共有 21 位用于描述页号,而 21 位的页号又由两部分组成,最高 10 位用作外层页号 P_1,而其余 11 位用作内层页号 P_2。

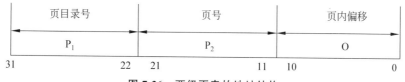

图 7.26　两级页表的地址结构

多级页表的基本思路是非常简单的,如图 7.27 所示。首先,将页表划分成分页单元,然后如果一个页表项(PTE)的所有页都是无效的,就不分配该页表的页。要跟踪一个页表的页是否有效,需要使用一个新的数据结构,称之为页目录。页目录要么说明页表的页在哪里,要么指示页表的所有页都没有包含有效的页。

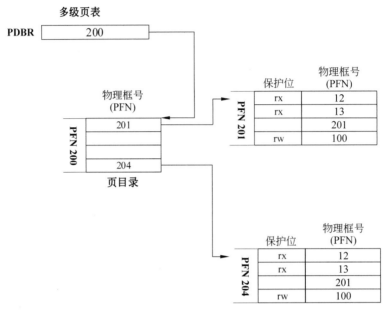

图 7.27　多级页表的地址转换

在一个简单的二级页表中,页目录包含一张页表一个条目。它包含许多页目录项(PDE,页目录项)。一个 PDE 类似页表项一样,有一个页框号。

2. 哈希页表

处理地址空间超过 32 位的一种常用方法是使用哈希页表,其哈希值是逻辑页号。哈希页表的每一项包含元素的链接列表,它哈希到相同的位置。每个元素包含三个域:逻辑页号、映射的框号和指向链表中的下一个元素。

哈希页表的地址转换如图 7.28 所示,算法如下:逻辑地址中的逻辑页号被哈希到哈希表中。逻辑页号与链表的第一个元素域对比。如果有匹配的,就是用相应的框号形成物理地址。如果没有匹配,链表中接下来的条目继续搜索逻辑页号。

3. 倒排页表

在通常的页表中,每个进程对应一个页表,每一页对应页表的一个条目。而在倒排页表中,对应每个内存的框有一个页表的一个条目。每个条目包含存储在实际物理位置的页面对应的逻辑地址以及拥有该页面的进程信息。这样的话,整个系统只有一个页表,每个框都对应一个页表项。

图 7.29 描述了倒排页表的操作。倒排页表通常需要一个地址空间标识符存储在页表的每个表项中,这是由于页表通常包含几个不同的地址来控制映射物理内存。存储地址空间标识符确保一个特定进程的逻辑页面被映射到对应的物理框。使用倒排页表的体系架构包括 64 位 UltraSPARC 和 PowerPC。

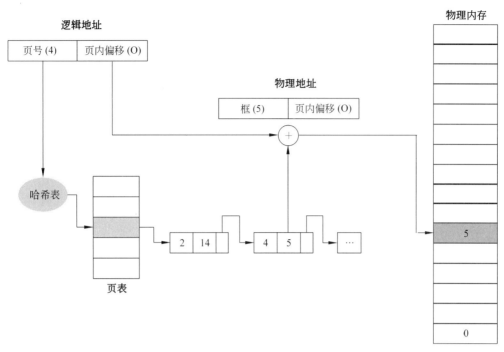

图 7.28　哈希页表的地址转换

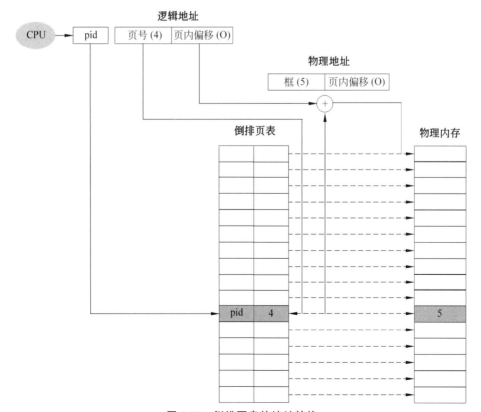

图 7.29　倒排页表的地址转换

为了展示该方法,我们描述一种在 IBM RT 中使用的倒排页表。系统中的逻辑地址包括一个三元组:

<进程 id,页号,页内偏移>

每个倒排页表的表项是一个偶对<进程 id,页号>,其中进程 id 承担地址空间标识符的角色。当发生一个内存引用的时候,包含<进程 id,页号>的逻辑地址部分被提交给内存子系统。然后搜索倒排页表进行匹配。如果匹配,比方说在第 i 个条目处,然后便产生了物理地址<i,页内偏移>。如果没匹配上,则产生一个非法地址访问。

尽管这个模式减少了存储页表的内存空间,它却增加了搜索页表的时间。由于倒排页表按照物理地址排序,但是查询是通过逻辑地址查找的,可能需要搜索整个表来进行匹配。这个搜索可能会花费很长的时间。为了缓解这个问题,我们使用哈希页表来限制搜索到某个页表项。当然,每次使用哈希页表都会增加一次内存引用,因此逻辑地址引用需要至少进行两次实际内存的读取,一次用于哈希表的表项,一次用于页表(回顾一下 TLB 首先被搜索,可能会提升性能)。

使用倒排页表的系统在实现共享内存上有些困难。共享内存通常实现为多个逻辑地址都映射到同一个物理地址。这种方法不能够用在倒排页表中,由于对应每个物理框,只有一个逻辑地址条目,一个物理框不能够有两个共享逻辑地址。

可以从多个角度对比分页存储管理与分段存储管理,具体如表 7.1 所示。

表 7.1　分页与分段的对比

考 量 点	分　　页	分　　段
需要程序员意识到具体的技术吗?	不需要	需要
系统中存在线性地址空间?	1 个	多个
逻辑地址空间能够超出物理内存的大小吗?	可以	可以
能够区分代码和数据并进行单独的保护吗?	不可以	可以
是否支持表的大小可以随时调整和浮动?	不可以	可以
在用户之间共享代码方便吗?	不方便	方便
技术的核心	在不需要扩大物理内存的前提下,获得更大的线性地址空间	允许将程序和数据划分成逻辑上独立的地址空间从而有助于共享和保护

7.7　段页式存储管理方式

分页存储管理和分段存储管理各有千秋,整体上而言,通过分页,系统的内存碎片会减少,内存利用率会提升。而分段则比较适合程序的共享和保护需求。这两种管理方式都属于比较合理的存储管理方法。但凡在实际问题中,遇到这种有两种以上可选的合理方法时,都可以尝试考虑所谓的"中庸之道",即融合各种方式以期发挥各自的优点,也通常称之为"混合式"方法。分段和分页管理也可以进行混合,形成所谓的"段页式存储管理"。

最早采用段页式存储管理的操作系统应该是 Multics 操作系统[①]。在 Multics 操作系统的研发过程中,其发明人(尤其是杰克丹·尼斯 Jack Dennis)在构造 Multics 内存管理系统时产生了将分页和分段组合的想法来减少页表的开销。

假设有一个地址空间,其中堆和栈相对较小。使用一个小的 16KB 的地址空间,页面大小为 1KB,页表如表 7.2 所示。

表 7.2　页表示例

物 理 框 号	有 效 位	保 护 位	出 现 位	脏 数 据 位
10	1	r-x	1	0
23	1	rw-	1	1
28	1	rw-	1	1
4	1	rw-	1	1

该示例假设单个代码页(其逻辑页号为 0)被映射到物理框 10 号,单个堆页(其逻辑页号为 4)被映射到物理框 23 号;在地址空间的另一端有两个堆栈页(逻辑页号分别为 14 和 15),分别被映射到物理框 28 和 4。正如我们所见,页表中的大多数条目都没有使用。这是一个很大的浪费。这仅仅只涉及一个 16KB 的地址空间,想象一下 32 位地址空间的情形,可能浪费的空间更大。

---

① 　参考 https://www.multicians.org/,该网站记录了关于 Multics 的大量信息。Multics(MULTiplexed Information and Computing System)是在 1964 年由贝尔实验室、麻省理工学院及美国通用电气公司共同参与研发的一个分时操作系统,其目的是为了开发出一套安装在大型主机上的多人多工的操作系统。最初的 Multics 系统基于 GE 645 电脑,其整体设计目标之一是要创建一个计算系统,它能够满足几乎所有大的要求。这些系统必须连续运行并且可靠,类似电话或电力系统能够每周 7 天、每天 24 小时不间断工作,而且必须能够满足广泛的服务需求。

混合方式是对于进程的地址空间而言,并不是单个页表,是否可以考虑对于每一个逻辑段有一个对应的页表呢?在上述的示例中,可以有三个页表,一个用于代码段,一个用于堆,而第三个用于栈。回想一下分段存储管理,其中有一个基址来指示段的起始地址,还有一个界限寄存器指示段的长度。在混合方式中,在内存管理单元中仍然有这些数据结构,不过基址所指向的不再是段本身,而是对应段的页表物理地址。界限寄存器则用于指示页表的结束位置。

举一个简单的例子。假设 32 位的逻辑地址空间,页面大小为 4KB,地址空间被划分为 4 个段。在示例中只使用三个段,一个用于代码段,一个用于堆,而第三个用于栈。

要确定一个地址指向哪个段,需要将地址空间的前两位用于标识段。假设 00 是未使用的段,01 是代码段,10 是堆,而 11 是栈。这样的话,逻辑地址看上去如下:

31 30 29 28 27 26 25 24 23 22 21 20 19 18 17 16 15 14 13 12 11 10 9 8 7 6 5 4 3 2 1 0

在硬件中,假设存在三对基址/界限寄存器,分别用于代码段、堆和栈。当运行某个进程的时候,每个段所对应的基址包含该段线性页表的物理地址,这样,系统中的每个进程都有三个页表与之对应。在上下文切换过程中,这些寄存器都必须随着改变来反映当前运行的进程页表位置。

当出现 TLB 失效的情形时(假定由硬件负责管理 TLB),硬件使用段位(SN)来判定使用哪个基址和界限寄存器对。然后硬件获取物理地址,并将它与逻辑地址进行组合来形成页表项的地址:

```
SN=(LogicalAddress & SEG_MASK)>>SN_SHIFT
LPN=(LogicalAddress & LPN_MASK)>>LPN_SHIFT
AddressOfPTE=Base[SN]+(LPN * sizeof(PTE))
```

在实际的硬件体系架构中,或许不一定会采用多对基址/界限寄存器的实现方式。以 x86 为例,x86 体系内存管理单元主要涉及两张表,一是局部描述表(LDT),另一是全局描述表(GDT)。每个进程都有自身的 LDT,而系统中有单个 GDT,由所有进程共享。LDT 描述了与进程相关的段信息,包含代码段、堆和栈;而 GDT 描述系统段,包含操作系统自身。

要访问某个段,x86 进程首先将与该段相关的选择子加载到机器的段寄存器中。在执行过程中,代码段寄存器加载代码段的选择子,数据段寄存器加载数据段选择子。在选择子中有相关段的描述子信息,而通过段描述子信息,可以获取段的基址、段长以及相关的保护信息(段选择子和段描述子可以参考 2.1.3 节的相关内容)。

整体而言,如果在 x86 体系架构下采用段页式存储管理方式,地址映射分成两个阶段,如图 7.30 所示。第一阶段是将逻辑地址转换为线性地址,这个过程主要使用段选择子找到对应的段描述子,然后根据段描述子中的基址和段内偏移组合形成线性地址。第二阶段是通过分页功能将线性地址转换为物理地址。假设系统中采用二级页表结构,因此线性地址结构由页目录号、页号和页内偏移构成,其中页目录的基址加载到 PDBR 寄

存器中,通过页目录号找到对应的页目录表项,再结合页号找到对应页表项,从而映射到
对应的物理页号,然后物理页号结合页内偏移形成最终的物理地址。

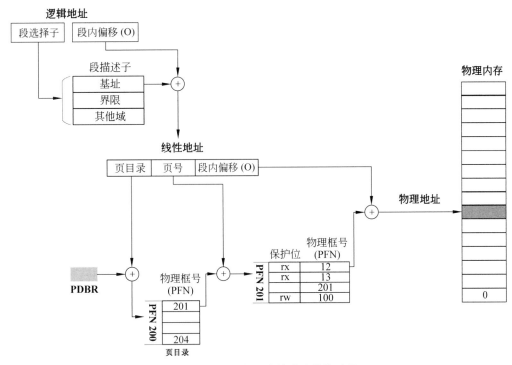

图 7.30　x86 下段页式的地址转换过程

段页式方式混合了分页与分段两种方式的特点。与分段相比,段页式减少了碎片;与
分页相比,段页式节省了大量的内存空间,在栈和堆之间未分配的页面不会占据页表的空
间(只需要将其有效位设置为 0 即可)。然而,这种方法也存在着一些问题。

第一,段页式仍然需要使用段,段的特点是灵活性不足,它假设了地址空间的某种使
用模式,如果有一个大而稀疏的堆,仍然会浪费许多的页表空间。

第二,段页式方式仍然会引起外部碎片。尽管大多数内存以页大小进行管理,页表可
以是任意大小。这样,在内存中发现空闲的空间更加复杂。

综合上述的存储管理方式,其优缺点如表 7.3 所示。

表 7.3　常见的存储管理方法对比

内存管理	描　　述	主　要　优　势	主　要　劣　势
固定分区	内存在系统产生的时候被划分为静态的分区。一个进程能够加载到一个与它大小相等或者比它更大的分区中	易于实现;操作系统的开销较少	由于内部碎片导致内存的使用率较低;活跃进程的最大数量是固定的
动态分区	动态创建分区,使得每个进程被加载到一个尽可能与之相等大小的分区中	没有内部碎片,内存使用率较高	为了防止外部碎片,需要进行紧致(compact)操作,从而降低处理器的使用效率

续表

内存管理	描 述	主 要 优 势	主 要 劣 势
Buddy 系统	以伙伴分裂与合并的形式进行内存分配与释放	克服固定分区内存使用率低以及动态分区紧致开销大的缺陷	少量的内部碎片,有一定的开销
简单分页	内存被划分为固定大小的页框。每个进程被划分为多个页,页与页框大小相同。将进程的所有页都加载到可用但不需要连续的页框中	没有外部碎片	少量的内部碎片
简单分段	每个进程被划分为几个段。通过加载所有的段到动态分区中,这些分区不一定要连续,实现进程的加载	没有外部碎片;改进内存使用率,与动态分区相比较,降低开销	外部碎片
段页式	逻辑地址通过分段处理获取相应线性地址,再将线性地址通过分页处理获得物理地址	融合分段与分析,一方面提高内存使用率,另一方面促进内存共享与保护	管理软件及转换次数增加,带来相应开销

本 章 小 结

在本章中研究了内存管理。我们看到最简单的系统根本不会采用对换或分页。将程序加载到内存后,它将保留在原处,直到完成为止。某些操作系统一次只允许一个进程在内存中运行,这种模型在小型嵌入式实时系统中仍然很常见。

主要的内存管理方式包括分区、分段和分页。其中分区管理方式主要是一种连续内存分配,然而我们发现无论是固定分区还是动态分区都不能避免碎片问题。在解决碎片问题中,分页应该是一种好的办法。所谓的分页就是将地址空间等分为相对小的页面,"化大为小",将进程空间的问题分解为进程空间中每个页面的问题。当然,要实现分页,也需要相应的软硬件支持,尤其是需要有一个将逻辑页面映射为物理框的页表机制。在分页系统中,进程之间的数据共享和不同段(数据段、代码段、栈)之间的不同保护策略比较难以实施,因此,可以采用分段存储管理。所谓分段,其实就是遵从编译器在编译过程中将程序分段的思路,将程序按照其功能划分成不同的段,而各个段各自可以通过段表映射到物理内存上。分段有助于处理在执行期间可更改大小的数据结构,并简化链接和共享。它还有助于为不同的段提供不同的保护。MULTICS 系统和 32 位 Intel x86 支持分段和分页。

在实践过程中,分段和分页各有利弊,因此将分段和分页结合起来形成一种段页式的存储管理应该是一种很好的思路。段页式存储管理发挥了分段的共享和保护的优势,同时结合分页的较高内存利用率,从而使得存储管理在性能和灵活性上都取得一个令人满意的效果。

习　题

1. IBM 360 有一个模式,通过为每个 2KB 的块指派一个 4 位的秘钥来锁住该块,然后让 CPU 将每个内存引用的秘钥与这个 4 位秘钥做对比。请指出该模式的两个缺陷。

2. 系统采用动态分区模式,在某个时间点内存布局如下。

0											
20 MB	20 MB	40 MB	60 MB	20 MB	10 MB	60 MB	40 MB	20 MB	30 MB	40 MB	40 MB

其中阴影区域为已分配块,白色区域为空闲块。接下来的三个内存请求分配为 40MB、20MB 和 10MB,如果采用如下算法,请给出三个块的起始地址:

(1) 首次适应。

(2) 最佳适应。

(3) 最坏适应。

3. 考虑一个简单分页系统,其物理存储器大小为 2^{32} 字节,页大小为 2^{10} 字节,逻辑地址空间为 2^{16} 个页。

(1) 逻辑地址空间包含多少位?

(2) 一个帧中包含多少字节?

(3) 在物理地址中指定帧需要多少位?

(4) 在页表中包含多少个页表项?

(5) 在每个页表项中包含多少位(假设每个页表项中包含一个有效/无效位)?

4. 在一个简单分段系统中,包含如下段表:

起始地址	长度(字节)
660	248
1752	442
222	198
996	604

对如下的每一个逻辑地址,确定其对应的物理地址或者说明段错误是否会发生:

(1) 0,198。

(2) 2,256。

(3) 1,530。

(4) 3,444。

(5) 0,222。

5. 考虑一个交换系统,其中内存包含下面空余内存大小:10MB、4MB、20MB、18MB、7MB、9MB、12MB 和 15MB。对于首次适应、最佳适应和最坏适应以及循环首次适应,在如下连续请求下,会分配哪个内存段:

(1) 12 MB。

（2）10 MB。

（3）9 MB。

6. 写入时复制（Copy-On-Write，COW）是一种优化策略，其核心思想是如果有多个调用者进程同时要求相同资源（如内存或磁盘上的数据存储），它们会共同获取相同的指针指向相同的资源，直到某个调用者进程试图修改资源的内容时，系统才会真正复制一份私有副本（private copy）给该调用者进程，而其他调用者所见到的最初的资源仍然保持不变。写入时复制在服务器系统上是一个非常有趣的想法。它在智能手机上有意义吗？

7. 考虑下述 C 程序：

```
int X[N];
int step=M; /* M is some predefined constant */
for (int i=0; i<N; i +=step)
    X[i]=X[i]+1;
```

（a）如果程序运行在一台机器上，其页大小为 4KB，有 64 项 TLB，M 和 N 如何取值将会导致每一次内部循环中 TLB 都会失效？

（b）如果循环重复多次，你在(a)中的回答会有所不同吗？请做相应解释。

8. 假设只考虑页内碎片和页表引起的额外内存开销，如进程本身占用内存的平均大小是 1MB，每个页表项的大小是 8B。为减小额外的内存开销，页面大小应设置成多少 KB？

9. 请简述分页对于上下文切换的时延影响。

第8章

设 备 管 理

除了对进程、存储等提供抽象之外,操作系统也控制计算机的所有 I/O(输入/输出)设备。操作系统必须向设备发出命令、捕获中断并处理错误等。它也应该为设备和系统的其他部分提供易于使用的接口,这个接口还应该是设备独立的,即对于所有设备基本上保持一致。

8.1 设备管理概述

I/O 系统包括用于实现信息输入、输出和存储功能的设备和相应的设备控制器,在有的大、中型机中还有 I/O 通道或 I/O 处理器。设备管理的对象主要是 I/O 设备,还可能要涉及设备控制器和 I/O 通道。而设备管理的基本任务是完成用户提出的 I/O 请求,提高 I/O 速率以及提高 I/O 设备的利用率。设备管理的主要功能包括缓冲区管理、设备分配、设备处理、虚拟设备及实现设备独立性等。

传统上,I/O 被认为是操作系统设计中较为复杂的领域之一,因为它是一个难以泛化的领域,各种特别的方法比比皆是。其原因是存在各种各样的外围设备,特定配置可包括在特性和操作模式方面差别很大的设备。

在设计 I/O 设备时,两个目标至关重要,一个目标是效率,另一个目标是通用性。

效率很重要,因为 I/O 操作通常会成为计算系统的瓶颈。大多数 I/O 设备与内存和处理器相比要慢很多。解决这个问题的一种方法是进行多道程序设计,正如之前所了解到的,它允许某个进程等待 I/O 操作,而另一个进程在执行。然而,即使在今天的机器中存在大量的内存容量,I/O 仍然不能跟上处理器的活动。因此,I/O 设计的主要目标之一是提高 I/O 效率。

另一个主要目标是通用性。为了简单和免于错误,需要以统一的方式处理所有设备。此陈述既适用于进程查看 I/O 设备的方式,也适用于操作系统管理 I/O 设备的方式和操作。由于设备特性的多样性,事实上很难实现真正的通用性。可以做的是使用分层的模块化方法来设计 I/O 功能。此方法将 I/O 设备的大部分细节隐藏在底层例程中,以使用户进程和操作系统的上层就通用功能看待设备,例如读取、写入、打开、关闭、锁定和解锁等。

8.1.1 设备分类

I/O 设备的类型繁多,从操作系统的视角而言,I/O 设备的重要性能指标包括设备使用特性、数据传输速率、数据的传输单位和设备共享属性等,因而可依据不同的 I/O 设备性能指标从不同角度对它们进行分类。

1. 按设备的使用特性分类

第一类是存储设备,也称外存或后备存储器、辅助存储器,它是计算机系统用以存储信息的主要设备。该类设备存取速度较内存慢,但容量比内存大得多,相对价格也便宜。

第二类就是输入/输出设备,又可具体分为输入设备、输出设备和交互式设备。输入设备用来接收外部信息,如键盘、鼠标、扫描仪、视频摄像与各类传感器等。输出设备是用于将计算机加工处理后的信息送向外部的设备,如打印机、绘图仪、显示器、数字视频显示设备与音响输出设备等。交互式设备则集成上述两类设备,利用输入设备接收用户命令信息,并通过输出设备(主要是显示器)同步显示用户命令以及命令执行的结果。

2. 按传输速率分类

第一类是低速设备,这是指其传输速率仅为每秒几个字节至数百个字节的一类设备。典型的低速设备有键盘、鼠标器、语音的输入和输出等设备。

第二类是中速设备,这是指其传输速率为每秒数千个字节至数十万个字节的一类设备。典型的中速设备有行式打印机、激光打印机等。

第三类是高速设备,这是指其传输速率为每秒数百个千字节至千兆字节的一类设备。典型的高速设备有磁带机、磁盘机与光盘机等。

一些常用设备的传输速率如表 8.1 所示。

表 8.1　常用设备的传输速率

设　　备	传输速率	设　　备	传输速率
键盘	10B/s	火线 800	100MB/s
鼠标	100B/s	每秒千兆位以太网	125MB/s
56K 调制解调机器	7KB/s	SATA 3 磁盘	600MB/s
扫描仪(300dpi)	1MB/s	USB 3.0	625MB/s
数字摄像机	3.5MB/s	SCSI Ultra 5 总线	640MB/s
4 倍速蓝光光碟	18MB/s	单通道 PCIe 3.0 总线	985MB/s
WiFi	37.5MB/s	雷霆 2 总线	2.5GB/s
USB 2.0	60MB/s	同步光纤网络 OC-768	5GB/s

3. 按信息交换的单位分类

第一类是块设备,这类设备用于存取信息。由于信息的存取总是以数据块为单位,故而得此名。典型的块设备是磁盘,每个磁盘块的大小为 512B～4KB。

第二类是字符设备,用于数据的输入和输出。由于信息的存取总是以字符为单位,故称为字符设备。它属于无结构类型。字符设备的种类繁多,典型的字符设备包括交互式终端、打印机等。字符设备的基本特征是其传输速率较低,通常为每秒几个字节至数千字节。

4. 按设备的共享属性分类

第一类是独占设备。这是指在一段时间内只允许一个用户(进程)访问的设备,即临界资源。因而,对多个并发进程而言,应互斥地访问这类设备。系统一旦把这类设备分配给了某个进程后,便由该进程独占,直至用完释放。独占设备的分配有可能引起进程死锁。

第二类是共享设备。这是指在一段时间内允许多个进程同时访问的设备。当然,对于每一时刻而言,该类设备仍然只允许一个进程访问。显然,共享设备必须是可寻址的和可随机访问的设备。典型的共享设备是磁盘。

第三类是虚拟设备。这是指通过虚拟技术将一台独占设备变换为若干台逻辑设备,供若干个进程同时使用。

一些常用的设备包括硬盘、键盘、鼠标器、打印机。按上述不同分类维度的分类情况如表 8.2 所示。

表 8.2　设备的分类维度及常用设备归类

分类 / 设备 分类维度 / 类型		硬盘	键盘	鼠标器	打印机
按设备的使用特性分类	存储设备	√			
	输入/输出设备		√	√	√
按传输速率分类	低速设备		√	√	
	中速设备				√
	高速设备	√			
按信息交换的单位分类	块设备	√			
	字符设备		√	√	√
按设备的共享属性分类	独占设备		√	√	√
	共享设备	√			
	虚拟设备				

8.1.2　I/O 的硬件

1. 设备控制器

I/O 单元通常由机械组件和电子组件组成,可以将这两个部分分开以提供更加模块化和通用的设计。电子组件称为设备控制器或适配器。在个人计算机上,它通常采用主板上的芯片或可以插入(PCIe)扩展槽的印制电路板的形式。机械部件是设备本身。普通个人计算机的常用外部设备及其控制器的结构如图 8.1 所示。

控制器卡通常具有连接器,可以插入通向设备本身的电缆。许多控制器可以处理两个、4 个甚至 8 个相同的设备。如果控制器和设备之间的接口是标准接口,或者符合官方

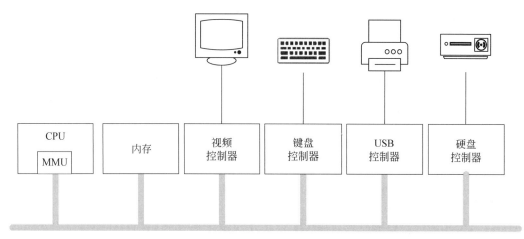

图 8.1　普通个人计算机的常用外部设备及其控制器

ANSI、IEEE 或 ISO 标准,又或者是事实上的标准接口,则可以制作适合该接口的控制器或设备。例如,许多公司生产的磁盘驱动器与 SATA、SCSI、USB、雷雳或火线(IEEE 1394)接口相匹配。

控制器和设备之间的接口通常是非常低层的接口。例如,磁盘可以格式化为 2 000 000 个扇区,每个扇区 512 字节。然而,驱动器实际上是一个串行比特流,从前导码开始,然后是扇区中的 4096 比特,最后是校验和,或 ECC(纠错码)。在格式化磁盘时写入前导码,并包含柱面和扇区号、扇区大小和类似数据以及同步信息。

控制器的工作是将串行比特流转换为字节块并执行必要的纠错。通常首先在控制器内的缓冲区中逐位组装字节块。在验证其校验和并且已声明该块没有错误之后,可以将其复制到主存储器。

2. I/O 的寻址方式

每个控制器都有一些用于与 CPU 通信的寄存器。通过向这些寄存器写入,操作系统可以命令设备传送数据、接收数据、打开或关闭以及执行某些操作。通过读取这些寄存器,操作系统可以了解设备的状态,以判断设备是否准备好接受新命令等。

除了控制寄存器之外,许多设备还具有操作系统可以读写的数据缓冲区(Data Buffer)。例如,计算机在屏幕上显示像素的常用方法是使用视频 RAM,其基本上只是数据缓冲区,可供程序或操作系统写入。

因此产生了 CPU 如何与控制寄存器以及设备数据缓冲区通信的问题。存在两种选择。第一种方法是为每个控制寄存器分配一个 I/O 端口号,它是一个 8 位或 16 位的整数。所有 I/O 端口的集合构成 I/O 端口空间,端口空间是受保护的,普通用户进程无法访问它(只有操作系统可以)。使用特殊的 I/O 指令,例如:

```
IN REG,PORT,
```

CPU 可以从控制寄存器 PORT 读取,并将结果存储在 CPU 寄存器 REG 中。同样,使用

```
OUT PORT,REG
```

CPU 可以将 REG 的内容写入控制寄存器。大多数早期的计算机(包括几乎所有大型机,例如 IBM 360 及其所有后代)都以这种方式工作。

在这种方法中,存储器和 I/O 的地址空间不同,如图 8.2 所示。指令

```
IN R0,4
```

和

```
MOV R0,4
```

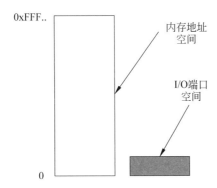

图 8.2 内存地址空间与 I/O 端口空间相互独立

在设计中完全不同。前者读取 I/O 端口 4 的内容并将其置于 R0 中,而后者读取存储字 4 的内容并将其置于 R0 中。这个示例中的 4 表示不同且不相关的地址空间。

PDP-11 引入的第二种方法是将所有控制寄存器映射到存储空间,如图 8.3 所示。为每个控制寄存器分配一个唯一的内存地址,没有内存分配到这个地址上。该方法称为内存映射 I/O。在大多数系统中,分配的地址位于地址空间的顶部或顶部附近。具有内存映射的 I/O 数据缓冲区和用于控制寄存器的独立 I/O 端口的混合方案如图 8.4 所示。

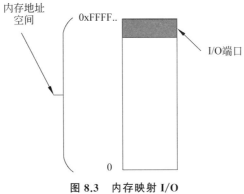

图 8.3 内存映射 I/O

x86 使用混合架构,其在 IBM PC 兼容机中 640K 到 1M－1 的地址预留给设备数据缓冲,此外还有独立的 I/O 端口地址,从 0 到 64K－1。

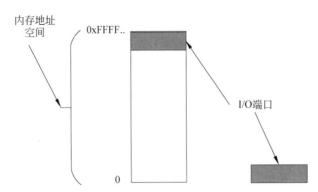

内存地址空间

0xFFFF..

I/O端口

0

图 8.4 内存映射与 I/O 端口的混合模式

在所有情况下,当 CPU 想要从内存或 I/O 端口读取字时,它将所需的地址放在总线的地址线上,然后在总线的控制线上置位 READ 信号。第二条信号线用于判断是 I/O 空间还是内存空间。如果是内存空间,则内存响应请求。如果是 I/O 空间,则 I/O 设备响应请求。如果只有内存空间(例如在内存映射的 I/O 中),则每个内存模块与 I/O 设备都会将地址线与其服务的地址范围进行比较。如果地址在其范围内,它将响应请求。由于没有哪一个地址既分配给内存又分配给 I/O 设备,因此没有歧义,也没有冲突。

两种用于寻址控制器的方案各有优缺点。

首先,如果需要特殊的 I/O 指令来读取和写入设备控制寄存器,那么访问它们便需要使用汇编代码,因为无法在 C 或 C++ 中执行 IN 或 OUT 指令。调用这样的过程会增加控制 I/O 的开销。反之,对于内存映射的 I/O,设备控制寄存器只是内存中的变量,可以用与任何其他变量相同的方式在 C 语言中寻址。因此,对于内存映射 I/O,I/O 设备驱动程序可以完全用 C 语言编写。如果没有内存映射 I/O,则需要一些汇编代码。

其次,对于内存映射 I/O,不需要特殊的保护机制来防止用户进程执行 I/O 操作。操作系统只需避免将包含控制寄存器的那部分地址空间放在任何用户的虚拟地址空间中。如果每个设备的控制寄存器位于地址空间的不同页上,则操作系统可以通过在某个用户的页表中包含所需页,从而使得某个用户能够控制特定设备,而其他用户则不能。这样的方案可以允许将不同的设备驱动程序放置在不同的地址空间中,这样不仅减小了内核大小,而且还使驱动程序彼此互不干扰。

第三,对于内存映射 I/O,每个可以指向内存的指令也可以指向控制寄存器。例如,如果存在用于测试内存字是否为 0 的指令 TEST,则它还可以用于测试控制寄存器是否为 0,这可能是设备空闲并且可以接受新命令的信号。

类似的汇编语言代码可能如下:

```
LOOP: TEST PORT 4        //测试端口 4 是 0 吗?
BEQ READY                //如果是 0,说明就绪
BRANCH LOOP              //否则,继续测试
READY:
```

如果没有内存映射 I/O,则必须首先将控制寄存器读入 CPU,然后进行测试,这需要

两条指令而非一条指令。在上面给出的循环的情况下,必须添加指令,从而会减缓探测空闲设备的响应性。

在计算机设计中,几乎所有方面都涉及折衷与权衡。内存映射 I/O 也有其缺点。首先,现在大多数计算机都有某种形式的内存字缓存,缓存设备控制寄存器将是灾难性的。在存在缓存的情况下考虑上面给出的汇编代码循环。对 PORT 4 的第一次引用会导致它被缓存。后续引用只会从缓存中获取值,而不是询问设备。然后,当设备最终准备就绪时,软件却无法及时发现。相反,循环将永远持续下去。为了防止内存映射 I/O 的这种情况,硬件必须能够有选择地禁用缓存,此功能为硬件和操作系统增加了额外的复杂性,必须管理选择性缓存。其次,如果只有一个地址空间,那么所有内存模块和所有 I/O 设备都必须检查所有内存引用,以查看要哪一个响应。如果计算机有一条总线,事情可能比较简单。然而,现代个人计算机的趋势是具有专用的高速存储器总线。总线专为优化内存性能而设计,不会因速度慢的 I/O 设备而受到影响。x86 系统可以有多条总线(内存、PCIe、SCSI 和 USB)。

在内存映射计算机上使用单独的内存总线的问题在于:I/O 设备无法在内存总线上看到内存地址,因此它们无法对这些地址做出响应。同样,必须采取特殊措施使内存映射 I/O 在具有多个总线的系统上工作。一种可能性是首先将所有内存引用发送到内存。如果内存无法响应,则 CPU 会尝试其他总线。这种设计可以工作,但需要额外的硬件。

第二种可能的设计是将窥探设备放在存储器总线上,以传递呈现给可能感兴趣的 I/O 设备的所有地址。这里的问题是 I/O 设备可能无法以内存速度处理请求。

第三种可能的设计是过滤内存控制器的地址。在这种情况下,内存控制器芯片包含在引导时预加载的范围寄存器。例如,640KB 到 1MB-1 可以标记为非内存范围,属于标记为非内存的范围之一的地址将转发到设备而不是内存。这种方案的缺点是需要在引导时计算出哪些内存地址实际上不是内存地址。

上述三种方案各有利弊,因此在实际应用中需根据具体情况进行权衡。

8.1.3 CPU 与 I/O 的数据传送方式

通常把 I/O 设备及其接口线路、控制部件、通道和管理软件统称为 I/O 系统。在 I/O 控制方式的整个发展过程中,始终贯穿着这样一个宗旨,即尽量减少主机对 I/O 控制的干预,把主机从繁杂的 I/O 控制事务中解脱出来,以便更多地去完成数据处理任务。

主机与 I/O 的交互主要体现在 CPU 与 I/O 的数据传送方式上。CPU 与 I/O 的数据传送方式主要包括编程输入/输出、中断驱动 I/O、直接存储器访问和 I/O 通道控制等。

1. 编程输入/输出

编程输入/输出(Programmed Input/Output,PIO)是一种在 CPU 和外围设备(如网络适配器或 ATA 存储设备)之间传输数据的方法。每个数据项传输由程序中的指令启动,每个事务都涉及 CPU。PIO 是 CPU 在驱动程序软件控制下发起的数据传输,用于访问设备上的寄存器或存储器。

CPU 发出命令,然后等待 I/O 操作完成。由于 CPU 比 I/O 模块快,因此编程 I/O 的问题是:CPU 必须等待很长时间才能使相关 I/O 模块准备好接收或传输数据。CPU

在等待时必须反复检查 I/O 模块的状态,此过程称为轮询(Polling)。因此系统的整体性能水平严重下降。

PIO 基本上以下面这些方式工作:

(1) CPU 请求 I/O 操作。

(2) I/O 模块执行操作。

(3) I/O 模块设置状态位。

(4) CPU 定期检查状态位。

(5) I/O 模块不直接通知 CPU。

(6) I/O 模块不会中断 CPU。

(7) CPU 可能会等待或稍后再回来。

在 PIO 方式中,由于 CPU 的高速性和 I/O 设备的低速性,致使 CPU 的绝大部分时间都处于等待 I/O 设备完成数据 I/O 的循环测试中,造成对 CPU 的极大浪费。在该方式中,CPU 之所以要不断地测试 I/O 设备的状态,就是因为在 CPU 中无中断机制,使 I/O 设备无法向 CPU 报告它已完成了相应操作。

2. 中断驱动 I/O(IIO)

在现代计算机系统中,都毫无例外地引入了中断机制,因此对 I/O 设备的控制广泛采用中断驱动方式,即当某进程要启动某个 I/O 设备工作时,便由 CPU 向相应的设备控制器发出一条 I/O 命令,然后立即返回继续执行原来的任务。设备控制器于是按照该命令的要求去控制指定的 I/O 设备。此时,CPU 与 I/O 设备并行操作。

在 I/O 设备输入每个数据的过程中,由于无需 CPU 干预,因而可使 CPU 与 I/O 设备并行工作。仅当输完一个数据时,才需 CPU 花费极短的时间去做些中断处理。可见,这样可使 CPU 和 I/O 设备都处于忙碌状态,从而提高了整个系统的资源利用率与吞吐量。例如,从终端输入一个字符的时间约为 100ms,而将字符送入终端缓冲区的时间少于 0.1ms。若采用程序 I/O 方式,CPU 约有 99.9ms 的时间处于忙等待的过程中。但采用中断驱动方式后,CPU 可利用这 99.9ms 的时间去做其他的事情,而仅用 0.1ms 的时间来处理由控制器发来的中断请求。

从中断系统而言,在与 I/O 中断优先级相匹配的时间,处理器进入中断服务例程 (Interruput Service Routine,ISR)。该例程的功能将取决于处理器中实现的中断级别和优先级系统。

在单级单优先级系统中,只有一个 I/O 中断。相关的中断服务程序轮询外围设备,以便发现设置了中断状态的外设。

在多级单优先级系统中,存在单个中断信号线和多个设备识别线。当外围设备引发公共中断线时,它还在识别线上设置其唯一代码。该系统实施起来更昂贵,但加快了响应速度。

在单级多优先级系统中,设备的中断线逻辑连接到单个处理器中断,使得来自高优先级设备的中断将会屏蔽低优先级设备的中断。处理器按优先级顺序轮询设备以识别中断设备。

多级多优先级系统具有根据优先级屏蔽中断和通过识别线立即识别的属性。

PIO 与 IIO

关于 PIO 和 IIO 的区别，可以以去蛋糕店订生日蛋糕为例做个比喻。我们去蛋糕店向蛋糕师傅订一个生日蛋糕，你把蛋糕的需求告诉了蛋糕师傅，然后就等待生日蛋糕的出炉。取生日蛋糕有两种方式，一种就是过 10 分钟去蛋糕店一趟，然后看看蛋糕是否做好，这种方式就是轮询方式，类似于 PIO；另一种就是给蛋糕师傅留下微信号，然后当你的生日蛋糕出炉时，蛋糕师傅给你发微信，这时你便可以过来取蛋糕了。这种方式是中断方式，类似于 IIO。

3. 直接存储器访问（DMA）

虽然中断驱动 I/O 比编程 I/O 方式更有效，但须注意，它仍是以字（节）为单位进行 I/O 的，每当完成一个字（节）的 I/O 时，控制器便要向 CPU 请求一次中断。如果将这种方式用于块设备的 I/O，显然是极其低效的。例如，为了从磁盘中读出 1 KB 的数据块，需要中断 CPU 1K 次。为了进一步减少 CPU 对 I/O 的干预，引入了直接存储器访问方式，如图 8.5 所示。该方式的特点如下：

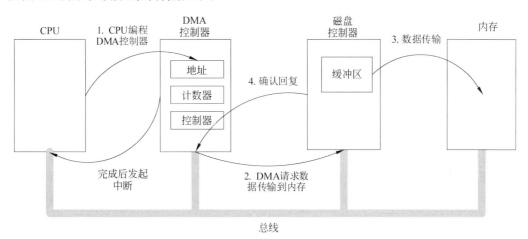

图 8.5　DMA 传输方式

（1）数据传输的基本单位是数据块，即在 CPU 与 I/O 设备之间传送至少一个数据块。

（2）所传送的数据是从设备直接送入内存的，或者相反。

（3）仅在传送一个或多个数据块的开始和结束时，才需 CPU 干预，整块数据的传送是在控制器的控制下完成的。

直接存储器访问（DMA）允许某些硬件子系统访问主系统存储器（随机存取存储器），从而独立于中央处理单元（CPU）。

如果没有 DMA，当 CPU 使用编程输入/输出时，它通常在读取或写入操作的整个持续时间内完全被占用，因此无法执行其他工作。使用 DMA，CPU 首先启动传输，然后在传输过程中执行其他操作，最后在操作完成时从 DMA 控制器接收中断。在 CPU 无法跟上数据传输速率或者在 CPU 需要等待相对较慢的 I/O 数据传输时，此功能非常有用。许多硬件系统使用 DMA，包括磁盘驱动器控制器、图形卡、网卡和声卡。DMA 还用于多核处理器中的片内数据传输。具有 DMA 通道的计算机可以比没有 DMA 通道的计算机以更少的 CPU 开销与设备之间传输数据。类似地,多核处理器内部的处理元件可以在不占用其处理器时间的情况下将数据传输到本地存储器以及从本地存储器传输数据,从而允许计算和数据传输并行。

DMA 还可用于"内存到内存"复制或在内存中移动数据。DMA 可以将昂贵的内存操作从 CPU 卸载到专用 DMA 引擎。一个实现示例是 I/O 加速技术。DMA 在片上网络和内存计算架构中很重要。

PIO 最为致命的缺陷在于 CPU 的轮询,在 PIO 中 CPU 负责将数据从一处移到另一处。传输速率越快,CPU 越忙碌,这对于计算机而言成为一个主要瓶颈。DMA 的操作方式则不同,在 DMA 中,CPU 并不负责数据的传输,将 CPU 解放出来,可以做其他的工作。当然,PIO 与 DMA 相比,也有一些优势,比方说,I/O 的控制器更简单,因此也更廉价。虽然整体上 DMA 比 PIO 更优越,不过 PIO 至今还在使用。一方面当 DMA 出现问题或者故障时,可以启用 PIO;另一方面,当高速传输没有必要时,或者在一些简单场景下,使用 PIO 会比使用 DMA 的成本效益更好,例如在闪存卡(Compact Flash)中仍然使用 PIO。

4. I/O 通道控制方式

虽然 DMA 方式比起中断方式来已经显著地减少了 CPU 的干预,即已由以字(节)为单位的干预减少到以数据块为单位的干预,但 CPU 每发出一条 I/O 指令,也只能去读(或写)一个连续的数据块。而当需要一次去读多个数据块且将它们分别传送到不同的内存区域或者相反时,则须由 CPU 分别发出多条 I/O 指令以及进行多次中断处理才能完成。

I/O 通道方式是 DMA 方式的发展,它可进一步减少 CPU 的干预,即把对一个数据块的读(或写)为单位的干预减少为对一组数据块的读(或写)及有关的控制和管理为单位的干预。同时,又可实现 CPU、通道和 I/O 设备三者的并行操作,从而更有效地提高整个系统的资源利用率。例如,当 CPU 要完成一组相关的读(或写)操作及有关控制时,只需向 I/O 通道发送一条 I/O 指令,以给出其所要执行的通道程序的首址和要访问的 I/O 设备,通道接到该指令后,通过执行通道程序便可完成 CPU 指定的 I/O 任务。

这几种 I/O 控制方式的主要差别在于中央处理器和外围设备并行工作的方式不同,以及并行工作的程度不同。具体对比如表 8.3 所示。总结起来,I/O 控制方式的发展伴随着访问的数据单位大小的变化,从以字节为单位发展到以数据块为单位,再发展到以一组数据块为单位,从而减少了对 CPU 的干预,提高了 CPU 的利用率。

表 8.3 几种 CPU 与 I/O 数据传送方式的对比

	优 势	劣 势
编程 I/O	简单,处理器完全控制,并做所有工作	轮询开销会消耗许多 CPU 时间
中断驱动 I/O	用户程序只有在实际数据传输过程中才会停止。允许 CPU 处理和 I/O 处理并行	对于高速 I/O 设备而言,中断服务可能会消耗大量的 CPU 时间
DMA	进一步提升了系统的并行效率	额外增加硬件(DMA 控制器)
I/O 通道控制	进一步提升了系统的并行效率	额外增加硬件(通道)

8.1.4 缓冲管理

为了缓和 CPU 与 I/O 设备速度不匹配的矛盾,提高 CPU 和 I/O 设备的并行性,在现代操作系统中,几乎所有的 I/O 设备在与处理器交换数据时都使用了缓冲管理。缓冲管理的主要职责是组织好缓冲区,并提供获得和释放缓冲区的手段。

缓冲区是用于暂时存放信息的主存区域,它能使中央处理器的计算与外围设备的信息传输同时执行,从而增加并行性,提高系统效率。

当一个进程执行写操作输出数据的时候,先向系统申请一个主存区域——缓冲区,然后将数据高速送到缓冲区,若为顺序写请求,则不断把数据填到缓冲区,直到它被装满为止。此后进程可以继续它的计算,同时系统将缓冲区内容写到 I/O 设备上。

当一个进程执行读操作输入数据的时候,先向系统申请一个主存区域——缓冲区,系统将一个物理记录的内容读到缓冲区中,然后根据进程的要求把当前需要的逻辑记录从缓冲区选出并传送给进程。

缓冲的核心作用在于缓和 CPU 与 I/O 设备间速度不匹配的矛盾。事实上,凡在数据到达速率与其离开速率不同的地方,都可设置缓冲区,以缓和它们之间速率不匹配的矛盾。

采用缓冲技术能减少对 CPU 的中断频率,放宽对 CPU 中断响应时间的限制。在远程通信系统中,如果从远地终端发来的数据仅用一位缓冲来接收,则必须在每收到一位数据时便中断一次 CPU,这样的话对于 CPU 来说中断频率过高。

缓冲和缓存

缓冲(Buffer)和缓存(Cache)是两个比较近似的概念,都表示一种临时性的存储。缓冲是在数据从某处到另一处移动过程中临时存储这些数据的一种方式,而缓存是透明地存储数据使得对数据的未来访问能够更快。

8.2 I/O 软件

I/O 系统的整体工作流程如图 8.6 所示。

8.2.1 设计目标和原则

I/O 软件的总体设计目标是高效率和通用性。前者是要确保 I/O 设备与 CPU 的并发性,以提高资源的利用率;后者则是指尽可能地提供简单抽象、清晰而统一的接口标准来管理所有的设备以及所需的 I/O 操作。

为了达到 I/O 软件的设计目标,通常将 I/O 软件组织成一种层次结构,低层软件用于实现与硬件相关的操作,并尽可能屏蔽硬件的具体细节,高层软件则主要向用户提供一个简洁、友好和规范的接口。每一层具有一个要执行的定义明确的功能和一个与邻近层次定义明确的接口,各层的功能与接口随系统的不同而异。

1. I/O 软件的目标

I/O 软件涉及的面非常宽,往下与硬件有着密切的关系,往上又与用户直接交互。它

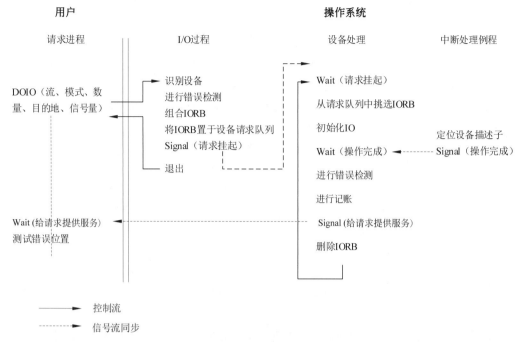

图 8.6　I/O 系统的整体流程和概要

与进程管理、存储器、文件管理等都存在着一定的联系,即它们都可能需要 I/O 软件来实现 I/O 操作。以下为 I/O 软件的总体设计目标。

(1) 字符编码独立性。如果为了编写程序,用户需要详细了解各种外围设备所使用的字符编码,这显然是不合理的。I/O 系统必须负责识别不同的字符编码,同时以标准形式向用户程序提交数据。

(2) 设备独立性。设备独立性涉及两个方面,首先,程序应该独立于某种类型的特定设备。例如,插入特定磁盘的光盘驱动器或用于某个程序输出的打印机这类特定的个体设备是无关紧要的。这种设备独立性确保程序不会因为特定设备被破坏或已分配而失败,它使操作系统可以根据当时的总体可用性自由分配适当类型的设备。其次,程序应尽可能独立于其 I/O 的设备类型。显然,如果说将输出发送到输入设备上,这并不是我们所说的独立性。这里的独立性指的是当输出或者输入设备类型发生变化时,最小化程序所需要的修改,比方说,当程序是从磁盘输入而不是从磁带中输入时,程序的修改可以最少,甚至不需要修改。

(3) 提高效率。由于 I/O 操作在计算系统中经常是瓶颈,因此期望尽可能有效地执行它们。

(4) 设备的统一处理。为了简单和免于错误,希望以统一的方式处理所有设备。

这些目标的含义是显而易见的。首先,字符编码独立性意味着存在所有字符的统一内部表征。这样的表征称为内部字符编码,并且必须将转换机制与每个外设相关联,以对输入和输出执行适当的转换。对于可以处理各种字符编码的外围设备,必须为每种编码提供单独的转换机制。在输入时立即执行转换,并在输出之前也立即执行转换,因此只有那些与外设处理密切相关的进程才需要知道除标准内部代码之外的其他内容。翻译机制通常是一个表格,或者在某些情况下是一小段程序。

接下来,设备独立性意味着程序不应该在实际设备上运行,而是在虚拟设备上运行,可以称之为流(Stream)、文件(MULTICS 和 UNIX 中的术语)或数据集(IBM 的术语)。在程序中使用的流不涉及物理设备,程序员只是将输出和输入指向特定流或从特定流输入。流与真实设备的关联通常由操作系统根据用户提供的信息(通过操作系统命令)进行。例如,这样一个操作示例(来自 VMS)如下所示。

```
DEFINE OUTPUT TAPE0
```

该操作是将一个名为 OUTPUT 的流绑定在磁带设备驱动器 0 上。许多情况下,可以仅指定所需设备的类型,使操作系统可以自由地将流与所需类型的任何可用设备相关联。设备类型的独立性只需要对规格做一点小修改便可以实现(例如,可以通过将TAPE0 更改为 DISK0 来获得磁盘的输出)。特定进程的流和设备类型的等效性可以记录在进程描述符指向的流描述符列表中(见图 8.7)。当进程首次使用相应的流时,进行给定类型的特定设备分配。在这一点上,这个过程打开了流;流被关闭(表示不再使用),由进程显式或在进程终止时隐式执行该操作。对于图 8.7 所示的过程,终端 3(TTA3)已被定义为输入流 1,打印机 2(LPT2)已被定义为输出流 2,而尚未打开的输出流 1 是磁带驱动器(TAPE)。

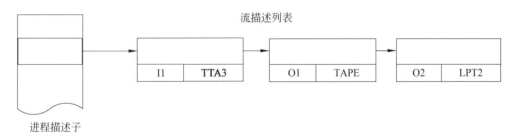

图 8.7　进程的设备和流的信息

设备独立性意味着 I/O 系统应该以如下方式构造,即设备特性明显与设备本身相关联,而不是与处理它们的例程(设备处理程序)相关联。利用这种方式,设备处理器可以显示出很大的相似性,并且它们的操作差异仅可以从相关特定设备的特征获得的参数信息中获得。通过将它们编码在与每个设备相关联的设备描述符中,并通过使用描述符作为设备处理程序的信息源,可以实现设备特性的必要隔离。

可以存储在其描述符中的设备的特征信息包括:

(1) 设备标识。

(2) 操作设备的指令。

(3) 指向字符转换表的指针。

(4) 当前状态:设备是忙、空闲还是损坏。

(5) 当前用户进程:指向当前正在使用该设备的进程的进程描述符(如果有)的指针。

最后,当设备可能具有广泛不同的特征时,难以实现设备的完全均匀处理。在 Linux 中使用的一种方法是将所有设备视为文件(文件管理可以参考第 11 章),每个设备都有一个与文件名类似的名称,并且允许在这些特殊文件上进行所有合理的操作。

例如,打印机可能具有名称"ldev/lp",并且可以简单地发出命令以将数据文件的内容复制到该特殊文件中,其效果是打印文件的内容。但是,如果试图从这种设备的特殊文件中复制任何内容,那么是不会成功的。

2. I/O 软件的层次

为使十分复杂的 I/O 软件能具有清晰的结构、更好的可移植性和易适应性,I/O 软件普遍采用层次结构。

层次结构是指将系统中的设备操作和管理软件分为若干个层次,每一层都利用其下层提供的服务,完成输入、输出功能中的某些子功能,并屏蔽这些功能实现的细节,向上层提供服务。

在层次结构的 I/O 软件中,只要层次间的接口不变,对每个层次中的软件进行的修改都不会引起其下层或上层代码的变更。此外只有最低层才会涉及硬件的具体特性。通常把 I/O 软件组织成 4 个层次,如图 8.8 所示(图中的箭头表示 I/O 的控制流)。

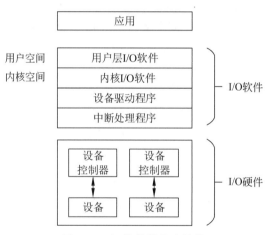

图 8.8　I/O 软件的层次结构

图 8.8 所示的不同层次对应不同的操作和功能,具体如表 8.4 所示。

表 8.4　不同 I/O 层次对应的主要操作和功能

层　　次	主 要 操 作	功　　能
用户层软件	产生 I/O 请求,格式化 I/O,SPOOLing	实现与用户交互的接口,用户可直接调用在用户层提供的与 I/O 操作有关的库函数,从而对设备进行操作
内核 I/O 软件(设备独立性软件)	映射、保护、分块、缓冲、分配	负责实现与设备驱动器的统一接口、设备命名、设备的保护以及设备的分配与释放等,同时为设备管理和数据传送提供必要的存储空间
设备驱动程序	设置设备寄存器,检查寄存器状态	与硬件直接相关,负责具体实现系统对设备发出的操作指令以及驱动 I/O 设备工作的驱动程序

层 次	主 要 操 作	功 能
中断处理程序		用于保存被中断进程的 CPU 环境,转入相应的中断处理程序进行处理,处理完后再恢复被中断进程的现场并返回到被中断进程
硬件	执行 I/O 操作	

8.2.2 中断处理程序

中断处理层主要进行进程上下文的切换,对处理中断信号源进行测试,读取设备状态和修改进程状态等。

由于中断处理与硬件紧密相关,对用户及用户程序而言,应该尽量加以屏蔽,故应该放在操作系统的底层进行中断处理,系统的其余部分尽可能少地与之发生联系。

当一个进程请求 I/O 操作时,该进程将被挂起,直到 I/O 设备完成 I/O 操作后,设备控制器便向 CPU 发送一个中断请求。CPU 响应后便转向中断处理程序,中断处理程序执行相应的处理,处理完后解除相应进程的阻塞状态。

对于为每一类设备设置一个 I/O 进程的设备处理方式,其中断处理程序的处理过程如图 8.9 所示。

8.2.3 设备驱动程序

设备驱动程序主要体现了 I/O 软件的通用性,是一种可以使操作系统和设备通信的特殊程序,可以说相当于硬件的接口。操作系统只能通过这个接口,才能控制硬件设备的工作(见图 8.10)。操作系统可以通过安装运行不同的驱动程序来使用形形色色的硬件设备。假如某个设备的驱动程序未能正确安装,此设备便不能正常工作。

1. 解决的矛盾和主要任务

由于驱动程序与硬件密切相关,然而硬件设备的复杂多样性难以让操作系统协调控制每一类硬件,故为每一类设备在操作系统上配置安装对应的驱动程序,操作系统使用驱动程序提供的统一接口控制硬件,这样解决了设备多样性的矛盾。

驱动程序的主要任务是接收上层软件(操作系统)发来的抽象 I/O 请求,如 read 或 write 命令,在把它转换为具体请求后发送给设备控制器,启动设备去执行。此外它也将由设备控制器发来的信号传送给上层软件。

2. 驱动程序功能

为了实现 I/O 进程与设备控制器之间的通信,设备驱动程序应具有以下功能:

(1) 接收由设备独立性软件发来的命令和参数,并将命令中的抽象请求转换为具体请求,例如,将磁盘块号转换为磁盘的盘面、磁道号及扇区号。

(2) 检查用户 I/O 请求的合法性,了解 I/O 设备的状态,传递有关参数,设置设备的工作方式。

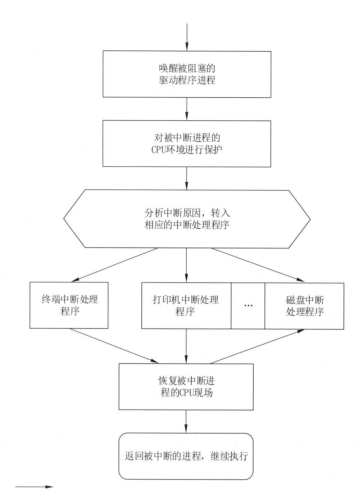

图 8.9　中断处理程序

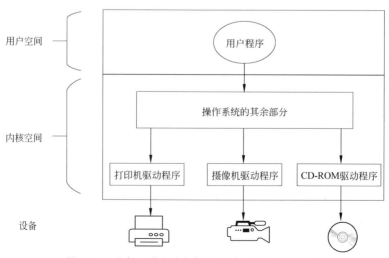

图 8.10　设备驱动程序与操作系统其他部分的关系

（3）发出 I/O 命令。如果设备空闲，便立即启动 I/O 设备去完成指定的 I/O 操作；如果设备处于忙碌状态，则将请求者的请求挂在设备队列上等待。

（4）及时响应由控制器或通道发来的中断请求，并根据其中断类型调用相应的中断处理程序进行处理。

（5）对于设置有通道的计算机系统，驱动程序还应能够根据用户的 I/O 请求，自动地构成通道程序。

3. 特点

设备驱动程序属于低级的系统例程，它与一般的应用程序及系统程序之间有下述明显差异。

（1）驱动程序主要是指在请求 I/O 的进程与设备控制器之间的一个通信和转换程序。它将进程的 I/O 请求经过转换后传送给控制器，同时也把控制器中所记录的设备状态和 I/O 操作完成情况及时地反映给请求 I/O 的进程。

（2）驱动程序与设备控制器和 I/O 设备的硬件特性紧密相关，因而对不同类型的设备应配置不同的驱动程序。例如，可以为相同的多个终端设置一个终端驱动程序，但有时即使是同一类型的设备，由于其生产厂家不同，它们也可能并不完全兼容，此时也须为它们配置不同的驱动程序。

（3）驱动程序与 I/O 设备所采用的 I/O 控制方式紧密相关。常用的 I/O 控制方式是中断驱动和 DMA 方式，这两种方式的驱动程序明显不同，因为后者应按数组方式启动设备及进行中断处理。

（4）由于驱动程序与硬件紧密相关，因而其中的一部分必须用汇编语言编写。目前有很多驱动程序的基本部分已经固化在 ROM 中。

（5）驱动程序应允许可重入。一个正在运行的驱动程序常会在一次调用完成前被再次调用。例如，网络驱动程序正在处理一个到来的数据包时，另一个数据包可能到达。

（6）驱动程序不允许系统调用，但是为了满足其与内核其他部分的交互，可以允许对某些内核过程的调用，如通过调用内核过程来分配和释放内存页面作为缓冲区，以及调用其他过程来管理 MMU 定时器、DMA 控制器和中断控制器等。

4. 举例：一个简单的 xv6 IDE 设备驱动程序

一个 IDE 磁盘为系统展现了一个简单的接口，其包含了 4 类寄存器，即控制寄存器、命令块寄存器、状态寄存器和错误寄存器。这些寄存器通过使用输入和输出 I/O 指令读写特定的 I/O 端口（见图 8.11 中的 0x3F6）。

```
控制寄存器：
Address 0x3F6=0x80 (0000 1RE0): R=reset, E=0 意味着"开启中断"
命令块寄存器：
Address 0x1F0=Data Port
Address 0x1F1=Error
Address 0x1F2=Sector Count
Address 0x1F3=LBA low byte
Address 0x1F4=LBA mid byte
```

图 8.11　IDE 接口

```
Address 0x1F5=LBA hi byte
Address 0x1F6=1B1D TOP4LBA: B=LBA, D=drive
Address 0x1F7=Command/status
状态寄存器(Address 0x1F7):
7 6 5 4 3 2 1 0
BUSY READY FAULT SEEK DRQ CORR IDDEX ERROR
错误寄存器(Address 0x1F1): (当状态 ERROR==1 进行检查)
7 6 5 4 3 2 1 0
BBK UNC MC IDNF MCR ABRT T0NF AMNF
BBK=Bad Block
UNC=Uncorrectable data error
MC=Media Changed
IDNF=ID mark Not Found
MCR=Media Change Requested
ABRT=Command aborted
T0NF=Track 0 Not Found
AMNF=Address Mark Not Found
```

图 8.11 （续）

假设设备已经初始化,与设备交互的基本协议如下:

(1) 等待驱动程序就绪。读取状态寄存器(0x1F7),直到驱动程序空闲且处于"READY"状态。

(2) 将参数写入命令寄存器。写入扇区数、扇区访问的逻辑块地址(LBA)以及驱动号(master=0x00 或 slave=0x10,正如 IDE 允许两个驱动器)到命令寄存器中(0x1F2-0x1F6)。

(3) 开始 I/O。向命令寄存器(0x1F7)发布读写指令。

(4) 数据传输(用于写)。直到设备状态是 READY 和 DRQ(驱动程序请求数据)时,将数据写入数据端口。

(5) 处理中断。在最简单的情形下,为每个扇区的传送处理一个中断,更复杂的方法是允许批处理。这样,当整个传输完成,最后会有一个中断。

(6) 错误处理。在每个操作之后,读取状态寄存器。如果 ERROR 位打开,就读取错误寄存器获取详细信息。

大多数的协议都会在 xv6 IDE 驱动程序中发现,如下述代码所示,它通过 4 个主要函数来实现。第一个函数是 ide_rw(),如果还有请求挂起在队列中,它将一个新的请求排队,或者直接将它发布到磁盘上(通过 ide_start_request())。在上述的情形中,例程等待请求完成,调用进程则置入睡眠。第二个函数是 ide_start_request(),它用于发送请求(或者数据)到磁盘,in 和 out 是读写设备寄存器的 x86 指令。这个开始请求例程使用第三个函数 ide_wait_ready()来确保驱动器在接受请求之前处于就绪状态。最后,当中断发生的时候,调用 ide_intr(),它从设备中读取数据(如果请求是读,而非写),并唤醒等待 I/O 完成的进程,如果在 I/O 请求中有多个请求,则通过 ide_start_request()发起下一个 I/O。

```
static int ide_wait_ready() {
    while ((((int r=inb(0x1f7)) & IDE_BSY) || !(r & IDE_DRDY))
```

```
        ;      //循环等待直到驱动程序空闲
    }
    static void ide_start_request(struct buf * b) {
        ide_wait_ready();
        outb(0x3f6, 0);                              //产生中断
        outb(0x1f2, 1);                              //有多少扇区？
        outb(0x1f3, b->sector & 0xff);               //LBA goes here ...
        outb(0x1f4, (b->sector>>8) & 0xff);          //... and here
        outb(0x1f5, (b->sector>>16) & 0xff);         //... and here!
        outb(0x1f6, 0xe0 | ((b->dev&1)<<4) | ((b->sector>>24)&0x0f));
        if(b->flags & B_DIRTY){
            outb(0x1f7, IDE_CMD_WRITE);              //写命令
            outsl(0x1f0, b->data, 512/4);            //传输数据
        } else {
            outb(0x1f7, IDE_CMD_READ);               //读命令
    }
    }
    void ide_rw(struct buf * b) {
        acquire(&ide_lock);
        for (struct buf * * pp=&ide_queue; * pp; pp=&( * pp)->qnext)
            ;                                        //walk queue
        * pp=b;                                      //将请求增加到队尾
        if (ide_queue==b)                            //如果队列为空
            ide_start_request(b);                    //将请求发送到磁盘
        while ((b->flags & (B_VALID|B_DIRTY)) !=B_VALID)
            sleep(b, &ide_lock);                     //等待结束
        release(&ide_lock);
    }
    void ide_intr() {
        struct buf * b;
        acquire(&ide_lock);
        if (!(b->flags & B_DIRTY) && ide_wait_ready(1)>=0)
            insl(0x1f0, b->data, 512/4);             //if READ: get data
        b->flags |=B_VALID;
        b->flags &=81 B_DIRTY;                       //wake waiting process
        wakeup(b);                                   //wake waiting process
        if ((ide_queue=b->qnext) !=0)                //启动下一个请求
            ide_start_request(ide_queue);            //(if one exists)
        release(&ide_lock);
    }
```

8.2.4　内核 I/O 子系统

1. 统一接口

内核隐藏了设备的所有硬件细节，然后向其低层展现了操作系统接口，即将设备驱动

程序作为统一接口。这意味着当来自第一层的系统调用传递到此层时,它需要与所期望的设备驱动进行对接。由于不同的设备存在不同的设备驱动程序,内核的代码需要针对不同的设备驱动程序的每个接口进行相应的改变。有多个不同的驱动功能系统可以调用,驱动程序需要与不同内核功能进行接口。在这种情形下,没有统一的接口,因此根据不同的设备驱动程序,需要对内核代码进行改变。为了避免这种情况,设备独立的I/O软件层尝试提供统一接口,通过统一接口对接所有驱动程序。该层基于如下事实:不是所有的设备是不同的,存在一些通用功能或者设备,它属于相同类型。

通过识别一些通用设备,能够设计特定类型的统一接口。设备之间的差异被封装到设备的驱动程序中。由于该层独立于硬件细节,操作系统设计者并不需要担心设备的实际细节。设备的硬件生产厂商也能从中获益,由于它们设计新设备时,只需要与现有接口类型兼容即可,同时它们也可以为各种主流的操作系统编写对应的新驱动程序。通过这种方式,系统能够很容易地支持新的设备,而不需要改变内核代码。

当用户请求设备访问的时候,用户并不知道它的位置或者设备控制器。请求通过符号名字来访问。通过这种方式,存在一个统一的命名模式,通过这种模式,应用与设备进行对接。然而,符号名必须映射到对应的设备驱动程序以及设备控制器上。这种映射是通过设备独立层来完成的,这样使得统一的符号名对于用户而言是可见的,而隐藏了它将被映射到的实际物理设备的细节。例如,在DOS中,文件名起始于磁盘符号名。C:/表示硬盘,它在操作系统中定义,使得"C"表示主硬盘。然后通过符号表将"C"符号名映射到它的端口地址。同样,在Linux系统中,有一个挂载表(Mount),包含了设备的名称。这些名称在文件系统的命名空间中也有相应的名字。这些设备所对应的特定文件i节点提供两个数字,一个是主设备号,另一个是辅助设备号。主设备号用于定位设备驱动程序来处理设备的I/O请求。辅助设备号传递给设备驱动程序,驱动程序使用该号查找设备表,从而定位对应的设备控制器。

2. 输入/输出调度

与内存或处理器的执行速度相比,I/O设备访问速度较慢,因此可以更改I/O请求的顺序以提高系统效率。为此,将为每个阻塞的I/O请求维护一个设备队列。该设备队列指示设备上有多少挂起的请求,但是问题是如何安排来自设备队列的请求,以便补偿由于设备访问速度慢而导致的系统性能。可以使用先来先服务(FCFS)顺序来服务请求,但这可能会降低系统的性能。因此,应设计一些调度算法,将I/O设备纳入考量,以提高效率和性能。例如,在磁盘调度中,磁盘臂当前所处的位置是非常重要的因素。如果磁盘臂位于磁盘末端附近,则访问靠近磁盘末端的请求将是有益的(关于磁盘调度,可参考9.2节)。因此,I/O调度程序根据所选的I/O调度算法来调度I/O请求并对其进行排序。它不仅提高了系统效率,而且减少了用户的响应时间。在将设备分配给设备队列中的I/O请求之前,首先需要检查设备的状态。如果设备空闲,则可以对其进行分配;否则,它将保留在队列中。

3. 缓冲(Buffering)

当I/O操作开始时,进程等待结果,即从设备读取数据或将数据写入设备,这是由于I/O管理问题中讨论的速度不匹配。假设一个进程需要从磁盘读取数据,它发出一个读取系统调用,然后阻塞,以等待磁盘中的数据。但是在这种情况下,如果一个字节到达,则会产生一个中断。相应的中断服务例程(ISR)唤醒用户进程,并向其提供字节。进程将此字节存储在内存中的某个位置,然后从磁盘读取另一个字节,并再次阻塞。这将导致另一个中断。执行 ISR,唤醒该进程,并将字节交给它,然后继续该进程。由于用户应用程序和设备之间的速度失配太大,甚至设备之间的传输失配也很大,因此使用中断启动用户进程来读取或写入字节将变得缓慢而乏味。

另一个问题是内存空间的可用性。在传输数据时,用户进程的存储区域中的内存位置必须可用。但是,如果在传输期间交换出了包含目标位置的页面(关于页面置换涉及虚拟存储相关内容,具体可参考第 10 章),则会丢失正在传输的数据。解决此问题的一种方法是锁定包含数据传输目标位置的页面。但是,可能有许多进程锁定页面,因此,可用页面数将减少,从而导致性能下降。因此,这种 I/O 传输方法将干扰虚拟内存决策。

I/O 缓冲区是在 I/O 操作期间临时存储数据的存储区,可以使用缓冲区解决上面讨论的问题。缓冲区是将要读取或写入的数据复制到其中的区域,以便可以以自己的速度执行设备上的操作。如果将其存储在用户内存空间中(见图 8.12(a)),则需要锁定包含该缓冲区的页面。因此,应该为缓冲区分配内核内存中的空间,该缓冲区解决了 I/O 传输的问题。当用户进程启动 I/O 操作时,操作系统会在内核中分配一个缓冲区(见图 8.12(b))。现在,要读取或写入的数据首先以设备的速率复制到缓冲区。在这种情况下,每次从设备读取字节或向设备写入字节时,都不会阻塞进程。一旦缓冲区已满,就将缓冲区复制到内存中的用户区。例如,如果要从磁盘读取数据,则这些数据将继续存储在缓冲区中,直到其填满为止。一旦缓冲区已满,就将其复制到用户区,然后执行。因此,I/O 操作是一个操作,而不是在没有缓冲的情况下的多个操作,这提高了系统的性能。根据设备的性质,对于面向流的设备,缓冲区可以用于保存字节或行;对于面向块的设备,缓冲区可以用于保存块。

在 I/O 操作期间缓冲区已填满时,将把已满的缓冲区复制到用户空间。但是,在复制缓冲区时,I/O 操作将继续。在这种情况下,仍将到达的数据将如何处理? 显然,这些数据将丢失。因此,应该有另一个缓冲区,以便在将一个完整的缓冲区复制到用户区域时,操作从第二个缓冲区继续进行(见图 8.12(c))。该方法称为双缓冲(Double Buffering),而使用单个缓冲区的较早方法称为单缓冲(Single Buffering)。因此,双缓冲可平滑 I/O 设备与进程之间的数据流。如果某个进程处理快速的 I/O 突发,则可以根据需要增加缓冲区的数量。但是,所需付出的代价是操作系统需要维护信息来跟踪为进程所分配的缓冲区记录。

4. 缓存(Caching)

在执行 I/O 操作时,可以在设备和用户应用程序之间使用缓存,以提高操作效率。例如,不需要从磁盘读取磁盘中某些经常访问的数据,这些数据存储在缓存中。这样,较慢的磁盘到内存操作被较快的内存到内存操作所取代。缓存也由与设备无关的 I/O 软件执行。

高速缓存与缓冲区不同。缓冲区用于保存从任何输入或输出设备接收到的数据,直到将其刷新到进程中以进行读取或写入为止。高速缓存在更快的存储上包含经常访问的

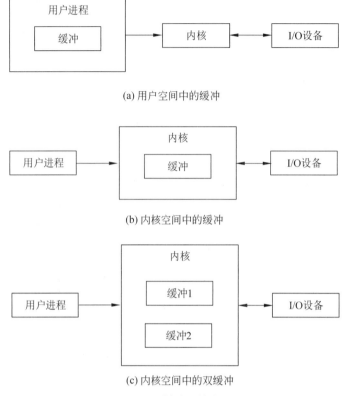

图 8.12   缓冲区的布局

数据(已存在于辅助存储中)的副本,以便快速访问。尽管缓存和缓冲不同,但可以将它们结合起来以提高 I/O 效率。当执行磁盘读取操作时,首先在高速缓存中检查内容。如果找不到,则通过缓冲区读取内容,但也必须将其复制到缓存中,以便下一次读取操作将在缓存自身中找到内容。有时,缓冲区和缓存共享相同的内存区域,称为缓冲区缓存(Buffer Cache)。缓冲区高速缓存用于缓冲和缓存。启动磁盘读取操作时,内核将首先检查缓冲区高速缓存(用作高速缓存)。如果找到,则可以执行该操作,否则将磁盘中的数据读入缓冲区高速缓存(用作缓冲区)。类似地,在磁盘写入操作的情况下,要写入磁盘的数据会长时间存储在缓冲区高速缓存中,但不会写入磁盘。同时,如果对缓冲区高速缓存中当前存在的内容进行了磁盘读取操作,但未将其写入磁盘,则缓冲区高速缓存将提供内容。这样,使用延迟写入概念,缓冲区高速缓存也可以用于写入操作。因此,公共存储区既充当缓冲区又充当缓存。

5. SPOOLing

内核 I/O 子系统还执行 SPOOLing(外部设备联机并行操作)功能。对于共享资源,可能有许多用户请求同时到达。例如,多个用户同时发送打印请求。在这种情况下,内核 I/O 子系统将所有打印请求排队,并通过 SPOOLing 调度每个请求。使用 SPOOLing 区域,将要打印的输出单独存储在文件中。在这种情况下,用户无需等待打印机可用,而在发出打印命令后便移至下一个作业。然后,文件通过 SPOOLing 区域挨个打印。操作系统为此 SPOOLing 过程提供了一个控制界面,用户还可以在其中查看队列中有多少个作业。此外,用户还可以进一步中止或删除打印作业。

6. 错误处理

在执行 I/O 功能时有时可能会导致错误。尽管特定于设备的错误将会由设备驱动程序适当地处理,但是处理这些错误的策略与设备无关。因此,它们在 I/O 处理期间将由与设备无关的 I/O 软件处理。错误一般分为两种:

(1) 暂时性错误(Transient Error)。有些临时性原因会导致 I/O 处理失败。例如,网络中可能存在问题,由于该问题,数据包无法传递到其目的地。问题是暂时的,一旦它消除,就会发送数据包。

(2) 永久性错误(Permanent Error)。由于任何设备故障或错误的 I/O 请求会导致永久性错误。例如,如果磁盘有缺陷,则无法对其执行 I/O 操作。

内核 I/O 子系统的主要任务是处理与 I/O 相关的错误。这样,在知道特定错误之后,应将其报告给用户进程。有时,特定于设备的错误由设备驱动程序处理。但是,如果设备驱动程序无法处理相同的问题,它将再次传递给与设备无关的 I/O 软件层。它向用户报告并为下一个操作提供选项(重试、忽略或取消)。有时仅仅向用户显示错误消息是不够的,而作为错误处理的一部分,也必须采取一些措施。例如,在根目录损坏的情况下,将显示相应的错误消息,并且终止系统。

8.3　I/O 请求的生命周期

这里尚未说明操作系统如何将应用程序请求连接到一组网络线路或特定的磁盘扇区。例如,考虑从磁盘读取文件,应用程序通过文件名指称数据。在磁盘内,文件系统通过文件系统目录从文件名映射以获得文件的空间分配。例如,在 MS-DOS 中,名称映射到一个数字,该数字指示文件访问表中的一个条目,并且该表中的条目告诉哪些磁盘块分配给了文件。在 Linux 中,名称映射到一个 inode 编号,并且对应的 inode 包含空间分配信息。但是如何将文件名与磁盘控制器(硬件端口地址或内存映射的控制器寄存器)建立连接呢?

一种方法是 MS-DOS 使用的方法,它是一个相对简单的操作系统。MS-DOS 文件名的第一部分(即在冒号之前)是一个标识特定硬件设备的字符串。例如,"C:"是主硬盘上每个文件名的第一部分。"C:"代表主硬盘已内置在操作系统中的事实。"C:"通过设备表映射到特定的端口地址。由于使用冒号分隔符,设备名称空间与文件系统名称空间是分开的。这种分离使操作系统易于将额外的功能与每个设备相关联。例如,在写入打印机的任何文件上都很容易调用假脱机。

相反,如果将设备名称空间合并到常规文件系统名称空间中(与 Linux 中一样),则会自动提供常规文件系统名称服务。如果文件系统提供对所有文件名的所有权和访问控制,则设备具有所有权和访问控制。由于文件存储在设备上,因此这种接口可以在两个层次上访问 I/O 系统。名称可用于访问设备本身或存储在设备上的文件。

Linux 在常规文件系统名称空间中表示设备名称。与带有冒号分隔符的 MS-DOS 文件名不同,Linux 路径名没有明确区分设备部分。实际上,路径名的任何部分都不是设备的名称。Linux 有一个挂载表(mount),该表将路径名的前缀与特定的设备名相关联。为了解析路径名,Linux 在挂载表中查找该名称以找到最长的匹配前缀。挂载表中的相应条目给出了设备名称,该设备名称在文件系统名称空间中也具有名称形式。当 Linux 在文件系统目录结构中查找此名称时,它不是找到 inode 编号而是找到<major,minor>设备编号。主设备号标识应调用以处理该设备 I/O 的设备驱动程序,次设备号将传递给设备驱动程序以索引到设备表中。相应的设备表条目提供了设备控制器的端口地址或内存映射地址。

现代操作系统从请求和物理设备控制器之间的路径查找表的多个阶段中获得了极大的灵活性。在应用程序和驱动程序之间传递请求的机制是通用的。因此,可以在不重新编译内核的情况下将新设备和驱动程序引入计算机。实际上,某些操作系统具有按需加载设备驱动程序的能力。在启动时,系统首先探测硬件总线以确定存在哪些设备,然后在需要时加载相应的驱动程序,可以是立即加载,也可以在用户请求时再加载。

基于 I/O 软件的分层结构,从软件到硬件级别的 I/O 请求的典型生命周期如图 8.13 所示,具体流程如下。

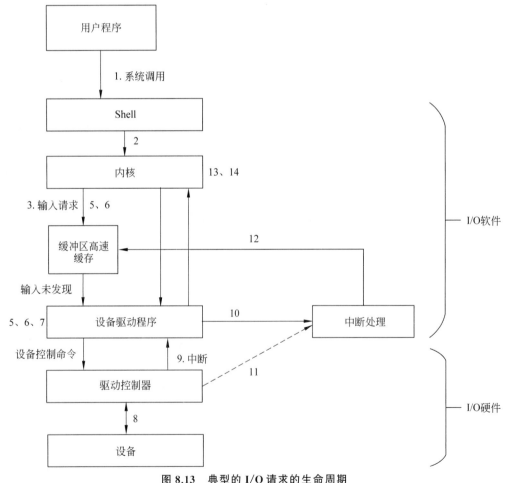

图 8.13　典型的 I/O 请求的生命周期

（1）用户在程序中发出 I/O 系统调用。

（2）内核的 Shell 部分接收它，检查其参数的正确性，并对其进行解释。

（3）内核 I/O 子系统阻塞调用进程，并将 I/O 请求中提到的设备的符号名称映射到其实际硬件。

（4）如果系统调用是用于输入数据，则内核 I/O 子系统将检查缓冲区高速缓存的内容。如果找到数据，则将其返回到调用过程，并为 I/O 请求提供服务。

（5）如果在缓冲区高速缓存中找不到输入数据，或者请求用于输出，则 I/O 子系统初始化要通信的设备的相应设备驱动程序，并将 I/O 请求发送给该设备。

（6）内核 I/O 子系统通过设备驱动程序检查设备的状态以发现其是否忙碌。如果繁忙，则 I/O 请求在设备队列中排队，并进行相应的调度。

（7）一旦在设备上安排了 I/O 请求，设备驱动程序就会处理该请求，将其转换为设备控制器的特定命令，然后将其写入设备控制器的寄存器。

（8）设备控制器又与实际设备连接，并执行数据传输。如果进行输入操作，则将来自设备的数据写入控制器的寄存器；如果进行输出操作，则将来自控制器的寄存器的数据发送至设备。

（9）设备控制器在完成数据传输后会中断设备驱动程序。

（10）设备驱动程序接收中断，并将控制权传递给适当的中断处理程序。

（11）中断处理程序从设备控制器的寄存器中提取所需的信息，并将数据存储在缓冲区中。

（12）如果存在多个挂起的 I/O 请求，设备驱动程序将确定去完成哪个 I/O 操作，并将相关信息通知给内核 I/O 子系统。

（13）内核 I/O 子系统通过将其从阻塞队列移至就绪队列中来解除对调用进程的阻塞，并将其状态刷新为就绪。

（14）在输入操作的情况下，内核 I/O 子系统将数据从缓冲区传输到进程的地址空间。

8.4　再谈 SPOOLing

SPOOLing 技术可将一台物理 I/O 设备虚拟为多台逻辑 I/O 设备，同时允许多个用户共享一台物理 I/O 设备。

8.4.1　SPOOLing 介绍

SPOOL 是 Simultaneaus Periphernal Operating On Line 的缩写，直译为"在线同时外围设备操作"，也称为"假脱机操作"。为缓和 CPU 的高速性与 I/O 设备低速性之间的矛盾而引入了脱机输入和输出技术。当系统中引入了多道程序技术后，可以利用其中的一道程序，来模拟脱机输入时的外围控制机功能，把低速 I/O 设备上的数据传送到高速磁盘上。再用另一道程序来模拟脱机输出时外围控制机的功能，把数据从磁盘传送到低速输出设备上。这样，便可在主机的直接控制下实现脱机输入和输出功能。此时的外围操作与 CPU 对数据的处理同时进行，把这种在联机情况下实现的同时外围操作称为

SPOOLing。

SPOOLing 将磁盘视为巨大的缓冲区,可以为设备存储尽可能多的进程,直到输出设备准备好接受它们为止。在 SPOOLing 中,一个进程的 I/O 可以与另一个进程的计算重叠。例如,一个 Spooler 在读取一个进程的输入的同时,也可以打印另一个进程的输出。SPOOLing 也可以在远程站点上处理数据。只需在远程站点上的进程完成时通知 Spooler,以便它可以将下一个进程假脱机到远程设备。SPOOLing 通过提高设备的工作速率来提高系统的性能。

SPOOLing 与缓冲有相似之处,从某种意义上而言,SPOOLing 是一种非常特别的缓冲机制。与一般的缓冲相比较,SPOOLing 在处理一个作业的 I/O 时,还可以处理另外一个作业的计算任务,而一般意义上的缓冲最多是处理同一个作业的 I/O 和计算。此外,一般的缓冲是内存中的一个有限区域,而 SPOOLing 则将磁盘视为一个巨大的缓冲区。

8.4.2   SPOOLing 系统的组成

本质而言,SPOOLing 技术是对脱机输入和输出系统的模拟。相应地,SPOOLing 系统必须建立在具有多道程序功能的操作系统上,而且还应有高速随机外存的支持,这通常是采用磁盘存储技术实现的。

SPOOLing 系统的组成如图 8.14 所示,主要由以下三部分组成。

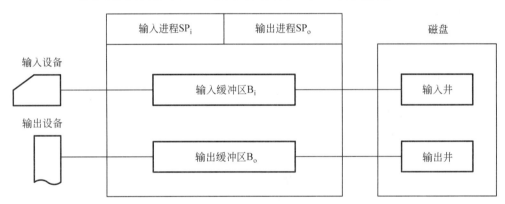

图 8.14   SPOOLing 系统的组成

(1) 输入井和输出井。这是在磁盘上开辟的两个大存储空间。输入井是模拟脱机输入时的磁盘设备,用于暂存 I/O 设备输入的数据。输出井是模拟脱机输出时的磁盘,用于暂存用户程序的输出数据。

(2) 输入缓冲区和输出缓冲区。为了缓和 CPU 和磁盘之间速度不匹配的矛盾,在内存中要开辟两个缓冲区。输入缓冲区和输出缓冲区。输入缓冲区用于暂存由输入设备送来的数据,以后再传送到输入井。输出缓冲区用于暂存从输出井送来的数据,以后再传送给输出设备。

(3) 输入进程 SP_i 和输出进程 SP_o。这里利用两个进程来模拟脱机 I/O 时的外围控制机。其中,进程 SP_i 模拟脱机输入时的外围控制机,将用户要求的数据从输入机通过输入缓冲区再送到输入井,当 CPU 需要输入数据时,直接从输入井读入内存。进程 SP_o 模拟脱机输出时的外围控制机,把用户要求输出的数据先从内存送到输出井,待输出设备空闲时,再将输出井中的数据经过输出缓冲区送到输出设备上。

8.4.3　SPOOLing 系统的特点

SPOOLing 系统具有如下主要特点。

(1) 提高了 I/O 的速度。这里,对数据所进行的 I/O 操作已从对低速 I/O 设备进行的 I/O 操作演变为对输入井或输出井中数据的存取,如同脱机输入/输出一样,它提高了 I/O 速度,缓和了 CPU 与低速 I/O 设备之间速度不匹配的矛盾。

(2) 将独占设备改造为共享设备。因为在 SPOOLing 系统中,实际上并没为任何进程分配设备,而只是在输入井或输出井中为进程分配一个存储区以及建立一张 I/O 请求表。这样,便把独占设备改造为共享设备。

(3) 实现了虚拟设备功能。宏观上,虽然是多个进程在同时使用一台独占设备,而对于每一个进程而言,它们都会认为自己是独占了一个设备。当然,该设备只是逻辑上的设备。SPOOLing 系统实现了将独占设备变换为若干台对应的逻辑设备。

8.4.4　SPOOLing 系统的应用(共享打印机)

打印机是经常要用到的输出设备,属于独占设备。利用 SPOOLing 技术,可将之改造为一台可供多个用户共享的设备,从而提高设备的利用率,也方便了用户。

当用户进程请求打印输出时,SPOOLing 系统同意为它打印输出,但并不真正立即把打印机分配给该用户进程,而只为它做两件事:一是由输出进程在输出井中申请一个空闲磁盘块区,并将要打印的数据送入其中;一是输出进程再为用户进程申请一张空白的用户请求打印表,并将用户的打印要求填入其中,再将该表挂到请求打印队列上。

如果还有进程要求打印输出,系统仍可接受该请求,也同样为该进程做上述两件事。如果打印机空闲,输出进程将从请求打印队列的队首取出一张请求打印表,根据表中的要求将要打印的数据从输出井传送到内存缓冲区,再由打印机进行打印。打印完后,输出进程再查看请求打印队列中是否还有等待打印的请求表。若有,又取出队列中的第一张表,并根据其中的要求进行打印,如此下去,直至请求打印队列为空,输出进程才将自己阻塞起来。仅当下次再有打印请求时,才会唤醒输出进程。

前面区分了共享设备(例如,可以处理来自不同进程的连续请求的磁盘驱动器)与不可共享设备(例如,键盘和打印机),后者必须每次只能分配给一个进程。如果将不可共享的设备一次分配给多个进程,将导致 I/O 事务不可分割地混合。

对于不可共享的设备,当进程打开与之关联的流时将分配它们。仅在关闭流或过程终止时才释放设备。如果希望在分配设备时使用设备的进程,则必须等待设备被释放。这意味着在需求量大的时期,可能会阻塞多个进程,以等待稀缺的设备。而在其他时期,这些相同的设备可能处于闲置状态。为了分散负载并减少瓶颈,可能需要其他一些策略。

许多系统采用的解决方案是将频繁使用的设备的所有 I/O 都放在后台处理。这意味着 I/O 过程不是直接在与流关联的设备上执行传输,而是在某些中间介质(通常是磁盘)上进行的。在磁盘和所需设备之间移动数据的责任归于与该设备相关联的独立过程

（称为假脱机程序）。

　　例如，考虑一个后台处理所有打印机输出的系统（见图 8.15）。每个打开打印机流的进程都会在磁盘上分配一个匿名文件，并且流中的所有输出都将通过 I/O 过程重定向到该文件。该文件实际上充当虚拟打印机。关闭流时，会将文件添加到由其他进程创建的相似文件的队列中，所有这些文件都在等待打印。后台打印程序的功能是从队列中获取文件并将其发送到打印机。当然，假定在一段时间内打印机的速度足以处理所有生成的输出文件。

```
begin wait(something to spool);
    pick file from queue;           //从队列中选取某个文件
end;
open file;                          //打开文件
repeat until end of file;
begin DOIO(parameters for disk read);
    wait( disk request serviced);
    DOIO(parameters for printer output);
    wait(printer request serviced)
end
```

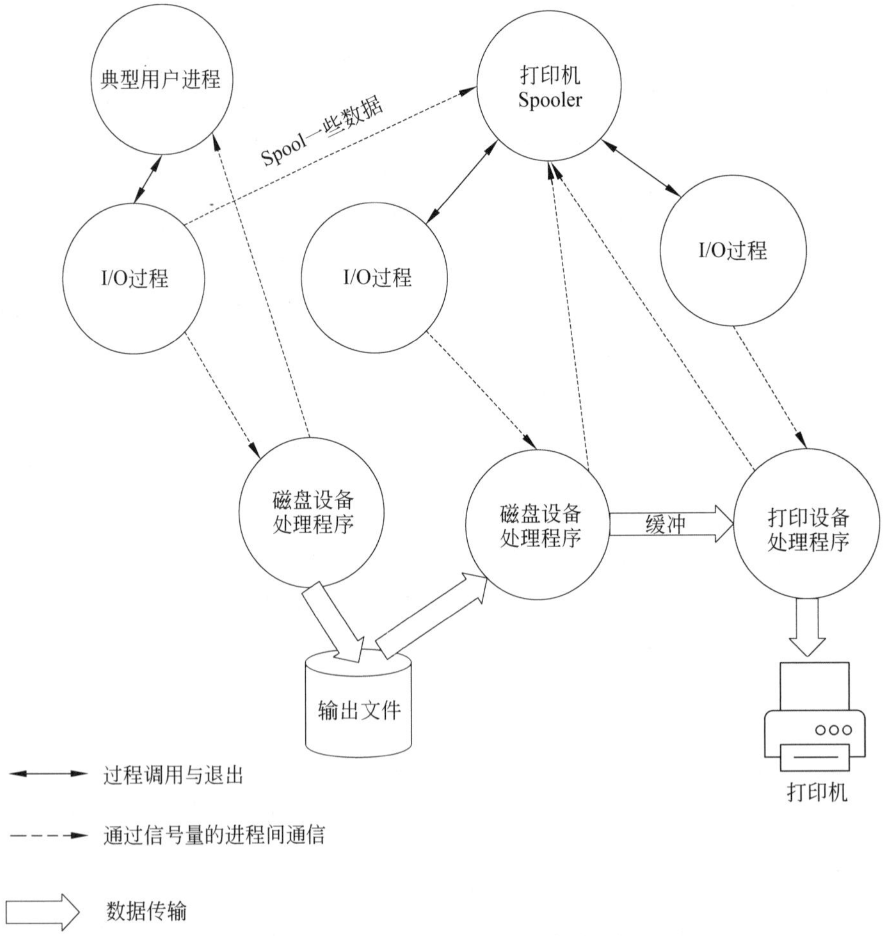

图 8.15　打印机 SPOOLing 系统的示例

本 章 小 结

本章概述了 I/O 系统,它满足字符代码独立性、设备独立性和设备统一处理的目标。获得这些特性是以牺牲效率为代价的。由于它们的一般性,这里介绍的 I/O 过程和设备处理程序将比为特定的 I/O 操作或设备量身定制的专用代码效率更低。但是,我们所建立的框架在概念上是合理的,并且可以用作优化的基础。

计算机系统与外界的接口是其 I/O 架构。该体系架构旨在提供一种控制与外界交互的系统方法,并为操作系统提供有效管理 I/O 活动所需的信息。

I/O 功能通常分为多层,较低的层处理更接近要执行的物理功能的细节,较高的层以逻辑和通用的方式处理 I/O,结果是硬件参数的更改不必影响大多数 I/O 软件。

I/O 的一个关键方面是使用由 I/O 独立性程序而非应用进程控制的缓冲区。缓冲可以消除计算机系统内部速度与 I/O 设备速度之间的差异,使用缓冲区还可以将实际的 I/O 传输与应用程序地址空间分离开来,从而使操作系统在执行其内存管理功能时具有更大的灵活性。

I/O 是一个经常被忽略但很重要的主题,任何操作系统的很大一部分都与 I/O 有关。I/O 可以通过以下 4 种方式之一来完成:第一种方式为编程 I/O,主 CPU 在其中输入或输出每个字节或字,并处于紧密的循环中,直到它可以获取或发送下一个字节为止。第二种方式为中断驱动的 I/O,在 CPU 中,CPU 开始针对字符或字的 I/O 传输,然后继续执行其他操作,直到中断到达以表示 I/O 完成为止。第三种方式为 DMA,其中有一个单独的芯片管理一个数据块的完整传输,仅当整个块传输完成时才给出中断。第四种方式为 I/O 通道,可以把 I/O 通道看作为单独 I/O 处理逻辑,且能同时管理多个数据块。

I/O 软件可以划分为 4 个层次,分别为中断处理程序、设备驱动程序、内核 I/O 软件以及在用户空间中运行的 I/O 库。设备驱动程序处理运行设备并为其余操作系统提供统一接口的详细信息。内核 I/O 软件可以执行诸如缓冲和错误报告之类的操作。

习 题

1. 列出并简单定义执行 I/O 的三种技术。

2. 逻辑 I/O 和设备 I/O 有什么区别?

3. 面向块的设备和面向流的设备有什么区别? 请举例说明。

4. 为什么希望用双缓冲区而不是单缓冲区来提高 I/O 的性能?

5. 中断驱动的 I/O 是一种更好的 I/O 处理方法,但是这种方法会引入上下文切换的成本。是否可以用编程 I/O 代替这种方法? 请给出你的理由。

6. 当设备驱动程序正忙于从设备读取数据时,用户突然将其卸载并移除,当前 I/O 传输和设备队列上挂起的请求将如何处理?

7. 假设用户已使用本地计算机远程登录到他/她的计算机。在这种情况下,必须将在本地计算机上输入的数据通过网络设备传输到远程计算机。该网络 I/O 是否会增加上下文切换？

8. 如果进程执行快速的 I/O burst，那么双缓冲都将不够。加大缓冲区的数量是否可行？缓冲区数量的限制是多少？

9. 下面的功能实现所对应的层的名称是什么？

（a）将逻辑块地址转换为物理磁盘配置，即磁道、扇区等。

（b）检查用户在程序中定义的无效操作。

（c）检查对文件的访问权限。

（d）检查输入数据是否在缓冲区高速缓存中。

（e）在 I/O 操作之后处理中断。

（f）检查设备状态。

（g）读或写缓冲区。

10. 简述 SPOOLing 系统的概念、组成和特点。

11. 下述为 Spooled 设备的例子是（　　　）。

　　A. 用于打印多个作业输出的线性打印机

　　B. 用于输入数据到运行程序的终端

　　C. 在虚拟内存系统中的次级存储设备

　　D. 图形显示设备

12. 考虑在单用户个人计算机中的如下 I/O 场景：

　　A. 在图形用户界面中使用的鼠标。

　　B. 在多任务操作系统中的磁带驱动（其中没有设备预分配可用）。

　　C. 包含用户文件的磁盘驱动程序。

　　D. 具有直接总线连接的图形用户卡，可以通过内存映射的 I/O 进行访问。

对于上述每一种场景，你将设计操作系统使用缓冲（Buffering）、Spooling、缓存（Caching）中的哪种技术或者某种组合？你会使用轮询 I/O 还是中断驱动的 I/O？请给出你的理由。

13. 一般而言，当某个设备 I/O 完成时，会引起单个中断，并由宿主处理器处理。然而，在某些场景下，在 I/O 完成时执行的代码能够划分为两部分。第一部分在 I/O 完成时立即执行，同时调度第二个中断来执行剩余的第二部分代码。在设计中断处理过程中，为何使用这种策略？请给出你的理解。

第 9 章

磁 盘 管 理

　　磁盘是一种最为常见的设备。磁盘的管理涉及设备独立性和设备驱动部分,其中设备驱动部分主要关注磁盘的磁臂、磁道和磁盘的访问,而设备独立性部分涉及的是磁盘的调度算法。此外,磁盘作为辅助存储设备,主要是在文件管理中作为文件存储的主要设备。而这个过程会涉及磁盘的存储空间管理,即如何将磁盘空间有效地利用起来。

9.1　磁盘存储器的管理

　　传统的硬盘结构如图 9.1 所示。它有一个或多个盘片,用于存储数据。盘片多采用铝合金材料。中间有一个主轴,所有的盘片都绕着这个主轴转动。一个组合臂上面有多个磁头臂,每个磁头臂上面都有一个磁头,负责读写数据。磁盘一般有一个或多个盘片。每个盘片可以有两面,即第一个盘片的正面为 0 面,反面为 1 面,第二个盘片的正面为 2 面,以此类推。

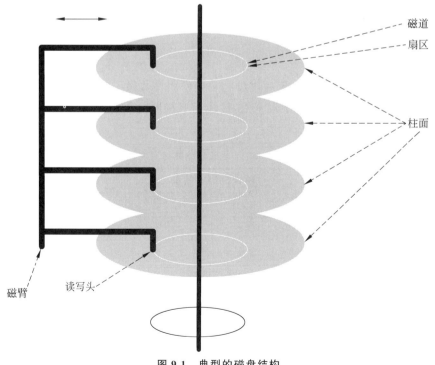

图 9.1　典型的磁盘结构

磁头的编号和盘面的编号也是一样的,因此有多少个盘面就有多少个磁头。磁头的传动臂只能在盘片的内外磁道之间移动,因此不管开机还是关机,磁头总是在盘片上面。关机时,磁头停在盘片上面,抖动容易划伤盘面造成数据损失,为了避免这样的情况,所以磁头都是停留在起停区,起停区是没有数据的。每个盘片的盘面被划分成多个狭窄的同心圆环,数据就存储在这样的同心圆环上面,这样的圆环称为磁道(Track)。

每个盘面可以划分多个磁道,最外圈的磁道是 0 号磁道,向圆心增长依次为 1 号磁道、2 号磁道……,磁盘的数据存放就是从最外圈开始的。根据硬盘的规格不同,磁道数可以从几百到成千上万不等。每个磁道可以存储数 KB 的数据,但是计算机不必要每次都读写这么多数据。因此,再把每个磁道划分为若干个弧段,每个弧段就是一个扇区(Sector)。

扇区是硬盘上存储的物理单位,现在每个扇区可存储 512 字节的数据已经成了业界的约定。也就是说,即使计算机只需要某一个字节的数据,但是也得把这 512 个字节的数据全部读入内存,再选择所需要的那个字节。

柱面是我们抽象出来的一个逻辑概念,简单来说就是处于同一个垂直区域的磁道称为柱面,即各盘面上面相同磁道位置的集合。需要注意的是,磁盘读写数据是按柱面进行的,磁头读写数据时首先在同一柱面内从 0 磁头开始进行操作,依次向下在同一柱面的不同盘面(即磁头上)进行操作,只有在同一柱面的所有磁头全部读写完毕后磁头才转移到下一柱面。因为选取磁头只需通过电子切换即可,而选取柱面则必须通过机械切换。数据的读写是按柱面而不是按盘面进行的,所以把数据存储到同一个柱面是很有价值的。

磁盘被磁盘控制器所控制(可控制一个或多个),它是一个小处理器,可以完成一些特定的工作。比如将磁头定位到一个特定的半径位置,从磁头所在的柱面选择一个扇区以及读取数据等。

9.1.1 磁盘设备

表 9.1 将 IBM 的软盘与 30 年后磁盘的一些常用参数做了对比。值得注意的是所有参数都改进了,平均寻道时间快了近 9 倍,传输速率将近提升了 16 000 倍,而容量则提升了 80 000 倍。

表 9.1　30 年间磁盘参数的变化

参　　数	IBM 360KB 软盘	WD 3000 HLFS 硬盘
柱面数量	40 个	36 481 个
每个柱面的磁道数	2 个	255 个
每个磁道的扇区数	9 个	63 个(平均)
每个磁盘的扇区数	720 个	586 072 368 个
每个扇区的字节数	512B	512B
磁盘容量	360KB	300GB

续表

参　　数	IBM 360KB 软盘	WD 3000 HLFS 硬盘
寻道时间(毗邻柱面)	6ms	0.7ms
寻道时间(评价情况)	77ms	4.2ms
旋转时间	200ms	6ms
传输 1 个扇区的时间	22ms	$1.4\mu s$

1. 组织和格式

为了在磁盘上存储数据,必须先将磁盘低级格式化。以一种温盘(温切斯特盘)为例,每条磁道含有 30 个固定大小的扇区(扇区结构如图 9.2 所示),每个扇区容量为 600 个字节,其中 512 个字节存放数据,其余的用于存放控制信息。每个扇区包括两个字段。

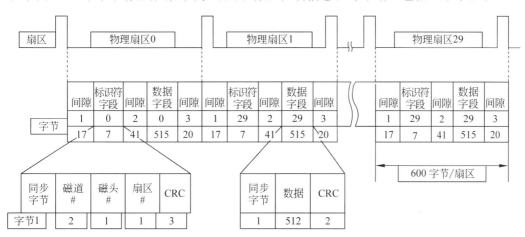

图 9.2　扇区的结构

(1) 标识符字段。其中一个字节的 SYNCH 具有特定的位图像,作为该字段的定界符,利用磁道号、磁头号及扇区号三者来标识一个扇区。CRC 字段用于段校验。

(2) 数据字段。其中可存放 512 个字节的数据。

磁盘格式化完成后,一般要对磁盘分区。在逻辑上,每个分区就是一个独立的逻辑磁盘。

2. 磁盘的类型

最常见的磁盘包括硬盘、软盘、单片盘和多片盘、固定头磁盘和活动头(移动头)磁盘等。

9.1.2　磁盘的访问时间

磁盘设备在工作时以恒定速率旋转。为了读或写,磁头必须能移动到所要求的磁道上,并等待所要求扇区的开始位置旋转到磁头下,然后再开始读或写数据。故可把对磁盘的访问时间分成以下三部分。

1. 寻道时间 T_s

这是指把磁臂(磁头)移动到指定磁道上所经历的时间。该时间是启动磁臂的时间 s 与磁头移动 n 条磁道所花费的时间之和,即

$$T_s = m \times n + s$$

其中,m 是一个常数,与磁盘驱动器的速度有关。对于一般的磁盘,$m = 0.2$;对于高速磁盘,$m \leqslant 0.1$,磁臂的启动时间约为 2ms。这样,对于一般的温盘,其寻道时间将随寻道距离的增加而增大,大体上是 5~30ms。

2. 旋转延迟时间 T_r

这是指定扇区移动到磁头下面所经历的时间。在不同的磁盘类型中,旋转速度至少相差一个数量级,如软盘为 300r/min,硬盘一般为 7200~15 000r/min,甚至更高。对于磁盘旋转延迟时间而言,如硬盘,旋转速度为 15 000r/min,每转需时 4ms,平均旋转延迟时间 T_r 为 2ms;而软盘的旋转速度为 300r/min 或 600r/min,这样,平均 T_r 为 50~100ms。

3. 传输时间 T_t

这是指把数据从磁盘读出或向磁盘写入数据所经历的时间。T_t 的大小与每次所读/写的字节数 b 和旋转速度有关:

$$T_t = \frac{b}{rN}$$

其中,r 为磁盘每秒钟的转数,N 为一条磁道上的字节数。当一次读/写的字节数相当于半条磁道上的字节数时,T_t 与 T_r 相同。因此,可将访问时间 T_a 表示为:

$$T_a = T_s + \frac{1}{2r} + \frac{b}{rN}$$

由上式可以看出,在访问时间中,寻道时间和旋转延迟时间基本上都与所读/写数据的多少无关,而且它们通常占据了大部分访问时间。可见,适当地集中数据(不要太零散)传输,将有利于提高传输效率。

9.1.3   RAID

正如摩尔定律所述,CPU 的性能指数增长大约每 18 个月翻一番。在 20 世纪 70 年代,在微机磁盘上的平均寻道时间是 50~100ms。现在的寻道时间是几个毫秒。

CPU 的性能和磁盘性能之间的鸿沟随着时间在不断增大,正如我们所见,并行处理被用于加速计算机性能,那么并行 I/O 也是一个很好的主意。大卫·帕特森(Patterson)等人在 1988 年的论文中建议 6 种特定的磁盘组织结构能够用于改进磁盘性能与可靠性[1]。这个想法很快被产业界所采纳,并产生一种新的 I/O 设备类型,称之为 RAID。Patterson 将 RAID 定义为 Redundant Array of Inexpensive Disk,但是产业界将"I"重新定义为"Independent(独立)"而非"Inexpensive(廉价)"。与之对应的是 SLED(Single

---

① Patterson D A. *A case for redundant arrays of inexpensive disks*(*RAID*)[C]. ACM SIGMOD Conference, 1988.

Large Expensive Disk,单个大型昂贵磁盘)。

　　RAID 背后的基本思想是在计算机旁边安装一个装满磁盘的盒子,通常是大型服务器,用 RAID 控制器替换磁盘控制器卡,将数据复制到 RAID,然后继续正常操作。换句话说,RAID 应该看起来像操作系统的 SLED,但具有更好的性能和更高的可靠性。在过去,RAID 几乎完全由 RAID SCSI 控制器和一盒 SCSI 磁盘组成,因此性能良好,而现代 SCSI 在单个控制器上最多支持 15 个磁盘。现在,许多制造商还提供基于 SATA 的(较便宜的)RAID。

　　除了像软件中的单个磁盘一样,所有 RAID 都具有数据通过驱动器分布的属性,以允许并行操作。

　　帕特森等人定义了几种不同的方案。如今,大多数制造商采纳了 7 种标准配置,称为 RAID 0 到 RAID 6。此外,还有一些我们不会讨论的其他次要级别。

　　RAID 0 如图 9.3 所示。它包括由 RAID 模拟的虚拟单磁盘,每个磁盘被划分为 k 个扇区的条带,扇区 $0 \sim k-1$ 为条带 0,扇区 $k \sim 2k-1$ 为条带 1,以此类推。对于 $k=1$,每个条带是一个扇区,对于 $k=2$,条带是两个扇区等。RAID 0 的组织结构以循环方式在驱动器上写入连续条带,图 9.3 给出具有 4 个磁盘驱动器的 RAID。

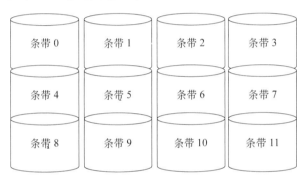

图 9.3　RAID 0

　　像这样在多个驱动器上分发数据称为条带化。例如,如果软件发出命令以读取由条带边界处开始的 4 个连续条带组成的数据块,则 RAID 控制器会将此命令分解为 4 个单独的命令,4 个磁盘中的每一个都有一个命令,并让它们平行运行。

　　RAID 0 适用于大型请求,越大越好。如果请求大于驱动器数乘以条带大小,则某些驱动器将获得多个请求,因此当它们完成第一个请求时,它们将启动第二个请求。由控制器来分割请求并将适当的命令提供给对应驱动器。

　　RAID 0 对于习惯性地一次向一个扇区请求数据的操作系统来说效果最差。该组织结构的另一个缺点是可靠性可能比 SLED 差。如果 RAID 由 4 个磁盘组成,每个磁盘的平均故障时间为 20 000 小时,大约每 5000 小时一次,驱动器将失败并且所有数据将完全丢失。SLED 的平均故障时间为 20 000 小时,可靠性要高 4 倍。由于此设计中不存在冗余,因此它不是真正的 RAID。

　　RAID 1 如图 9.4 所示,是一个真正的 RAID。它复制了所有磁盘,因此有 4 个主磁盘和 4 个备份磁盘。在写入时,每个条带被写入两次。在读取时,可以使用任一副本,将负载分配到更多驱动器上。因此,写入性能并不比单个驱动器好,但读取性能可高达两倍。此外 RAID 1 容错性非常好:如果驱动器崩溃,则只需使用副本。恢复包括简单地安装新驱动器并将整个备份驱动器复制到它。

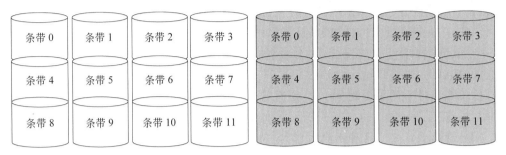

图 9.4　RAID 1

与使用扇区条带的级别 0 和 1 不同,RAID 2 以字为基础来执行工作,甚至可能以字节为基础。想象一下,将单个虚拟磁盘的每个字节分成一对 4 位半字节,然后为每个字节添加一个汉明码,形成一个 7 位字,其中第 1、2 和 4 位是奇偶校验位。进一步想象图 9.5 所示的 7 个驱动器在臂位置和旋转位置方面是同步的。然后就可以在 7 个驱动器上写入 7 位汉明编码字,每个驱动器一位。

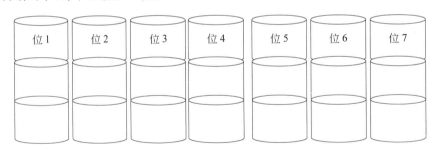

图 9.5　RAID 2

Thinking Machines CM-2 计算机使用这种方案,采用 32 位数据字并添加 6 个奇偶校验位以形成 38 位汉明字,加上字奇偶校验的额外位,并将每个字扩展到 39 个磁盘驱动器上。总吞吐量是巨大的,因为在一个扇区时间内它可以写出 32 个扇区的数据。

另外,丢失一个驱动器不会导致问题,因为它只会导致在每个 39 位字读取中损失了 1 位而已,而汉明码可以在运行中处理。

在不利方面,这种方案要求所有驱动器都是旋转同步的,只有大量的驱动器才有意义(带有 32 个数据驱动器和 6 个奇偶校验驱动器,开销为 19%)。它还会查询很多控制器,因为它必须每一次都必须计算汉明校验和。

RAID 3 是 RAID 2 的简化版本,如图 9.6 所示。这里为每个数据字计算单个奇偶校验位并写入奇偶校验驱动器。与 RAID 2 一样,驱动器必须完全同步,因为单个数据字分布在多个驱动器上。

首先,可能看起来单个奇偶校验位仅提供错误检测,而不是错误纠正。对于随机未检

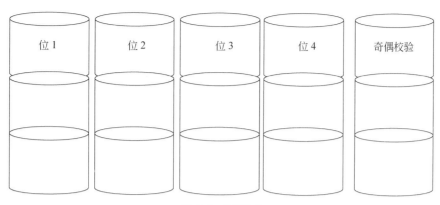

图 9.6　RAID 3

测到的错误,这种观察是正确的。但是,对于驱动器崩溃的情况,它提供完整的 1 位错误校正,因为坏位的位置是已知的。如果驱动器崩溃,控制器只是假装其所有位都为 0。如果一个字有一个奇偶校验错误,坏驱动器的位必须是 1,所以它会被纠正。虽然 RAID 2 和 RAID 3 都提供了非常高的数据速率,但是它们每秒可以处理的单独 I/O 请求数量并不比单个驱动器好。

　　RAID 4 和 RAID 5 再次使用条带,而不是带奇偶校验的单个字,并且不需要同步驱动器。RAID 4(见图 9.7)类似于 RAID 0,带状条带奇偶校验写入额外的驱动器。例如,如果每个条带的长度为 k 个字节,则所有条带都是异或的,从而产生长度为 k 字节的奇偶校验条带。如果驱动器崩溃,可以通过读取整个驱动器组从奇偶校验驱动器重新计算丢失的字节。

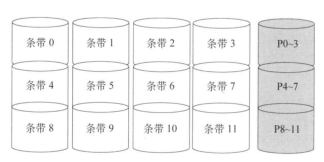

图 9.7　RAID 4

　　此设计可防止驱动器丢失,但对于小型更新执行效果不佳。如果更改了一个扇区,则必须读取所有驱动器以重新计算奇偶校验,然后必须重写该奇偶校验码。或者,它可以读取旧用户数据和旧奇偶校验码,并从中重新计算新奇偶校验码。

　　即使使用此优化,小更新也需要两次读取和两次写入。由于奇偶校验驱动器负载过重,它可能成为瓶颈。通过在所有驱动器上循环分配奇偶校验位,在 RAID 5 中消除了这个瓶颈,如图 9.8 所示。

　　但是,如果驱动器崩溃,重建出故障的驱动器是一个复杂的过程。

　　除了使用额外的奇偶校验块之外,RAID 6(见图 9.9)类似于 RAID 5。换句话说,数

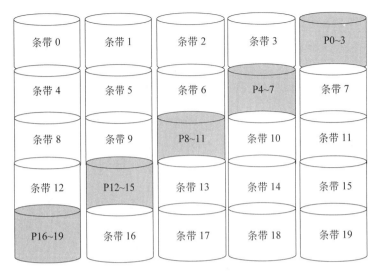

图 9.8　RAID 5

据在磁盘上条带化,具有两个奇偶校验块而不是一个。结果,由于奇偶校验计算,写入的代价有点昂贵,但读取不会导致性能损失。它确实提供了更高的可靠性(想象一下,如果 RAID 5 在重建其阵列时遇到坏块,会发生什么?)。

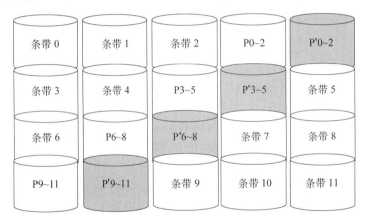

图 9.9　RAID 6

常用 RAID 级别之间的性能对比如表 9.2 所示。

表 9.2　常用 RAID 级别的性能比较

RAID 级别	冗余磁盘	空间利用率	性　能	可　靠　性
0	0	100%	最高	最低
1	$n/2$	50%	低	最高
3	1	$(n-1)/n$	较高	较低
5	1	$(n-1)/n$	较高	较低
6	2	$(n-2)/n$	较低	较高

9.1.4　磁盘连接方式

计算机以两种方式访问磁盘存储：一种方式是通过 I/O 端口（或主机连接存储），这在台式机和小型系统上很常见；另一种方式是通过分布式文件系统中的远程主机，这称为网络连接存储。

1. 主机连接存储

主机连接存储（Host-Attached Storage）是通过本地 I/O 端口访问的存储，这些端口使用多种技术。典型的台式机使用称为 IDE 或 SATA 的 I/O 总线体系架构，该体系架构中每个 I/O 总线最多支持两个驱动器。SATA 是一种更新的类似协议，不过它简化了布线。高端工作站和服务器通常使用更复杂的 I/O 架构，例如 SCSI 和光纤通道（FC）。

SCSI 是一种总线体系架构，它的物理介质通常是带有大量导体（通常为 50 或 68）的带状电缆。SCSI 协议的每条总线最多支持 16 个设备。通常，设备在主机中包含一个控制器卡（SCSI 启动器），最多包含 15 个存储设备（SCSI target）。SCSI 磁盘是常见的 SCSI target，但是该协议提供了在每个 SCSI target 中寻址多达 8 个逻辑单元的能力。逻辑单元寻址的典型用法是将命令定向到 RAID 阵列的组件或可移动介质库的组件（例如 CD 自动存储塔，它将命令发送到介质转换器机制或驱动器之一）。

FC 是一种高速串行体系架构，可以通过光纤或四芯铜电缆运行。它有两个变体：一个是具有 24 位地址空间的大型交换结构，预计该变体将在将来占主导地位，并且是后面所讨论的存储区域网络（SAN）的基础。由于大的地址空间和通信的交换性质，多个主机和存储设备可以连接到光纤网，从而在 I/O 通信中具有极大的灵活性。FC 的另一个变体是仲裁环路（FC-AL），可寻址 126 个设备（驱动器和控制器）。

适合用作主机连接的存储设备很多。其中包括硬盘驱动器、RAID 阵列以及 CD、DVD 和磁带驱动器。启动数据传输到主机连接的存储设备的 I/O 命令是读写定向到专门标识的存储单元（例如总线 ID、SCSI ID 和目标逻辑单元）的逻辑数据块。

2. 网络连接存储

网络连接存储（Network-Attached Storage，NAS）设备是一种专用存储系统，可以通过数据网络进行远程访问（如图 9.10 所示）。客户端通过远程过程调用接口访问网络连接的存储，例如 Linux 系统的 NFS 或 Windows 系统的 CIFS。远程过程调用（RPC）通过 IP 网络上的 TCP 或 UDP 承载，通常将所有数据流量传递到客户端的同一局域网（LAN）。网络连接的存储单元通常实现为带有可实现 RPC 接口的软件的 RAID 阵列。最容易将 NAS 视为另一种存储访问协议。例如，使用 NAS 的系统将不使用 SCSI 设备驱动程序和 SCSI 协议来访问存储，而是使用 TCP/IP 上的 RPC。

网络连接存储为 LAN 上的所有计算机共享本地存储连接的存储提供了便捷的命名和访问便利性。但是，与某些直接连接的存储相比，它的效率往往较低且性能也较低。

ISCSI 是最新的网络连接存储协议。本质上，它使用 IP 网络协议来承载 SCSI 协议。因此，网络（而不是 SCSI 电缆）可以用作主机及其存储之间的互连。

因此，即使存储与主机之间距离较远，主机也可以将其存储视为直接连接。

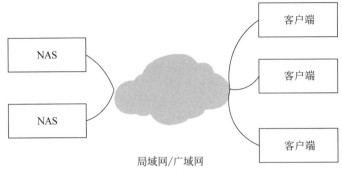

图 9.10　网络连接存储（NAS）

3. 存储区域网络

网络连接存储系统的一个缺点是存储 I/O 操作会消耗数据网络上的带宽，从而增加网络通信的延迟。在大型客户端-服务器安装中，此问题尤其严重，服务器与客户端之间的通信与服务器与存储设备之间的通信将争夺带宽。

存储区域网络（Storage-Area Network，SAN）是连接服务器和存储单元的专用网络（使用存储协议而不是网络协议），如图 9.11 所示。SAN 的强大之处在于其灵活性。多个主机和多个存储阵列可以连接到同一 SAN，并且存储可以动态分配给主机。SAN 交换机允许或禁止主机和存储之间的访问。例如，如果主机磁盘空间不足，则可以将 SAN 配置为向该主机分配更多存储。

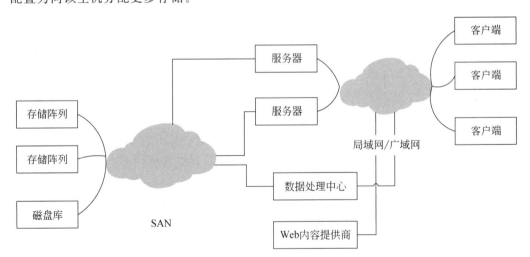

图 9.11　存储区域网络（SAN）

SAN 使服务器集群可以共享同一存储，并且存储阵列可以包括多个主机直接连接。与存储阵列相比，SAN 通常具有更多和更便宜的端口。

FC 是最常见的 SAN 互连，并且 ISCSI 的简单性正在增加其使用。一种新兴的替代方法是一种名为 InfiniBand 的专用总线体系架构，该结构为服务器和存储单元的高速互连网络提供硬件和软件支持。

9.2　磁　盘　调　度

由于在访问磁盘的时间中主要是寻道时间,因此,磁盘调度的目标是使磁盘的平均寻道时间最少。目前常用的磁盘调度算法有先来先服务、最短寻道时间优先及扫描等算法。

9.2.1　先来先服务

先来先服务(First Come First Served,FCFS)是一种最简单的磁盘调度算法,它根据进程请求访问磁盘的先后次序进行调度。其特点是公平、简单,且每个进程的请求都能依次地得到处理,不会出现某一进程的请求长期得不到满足的情况。FCFS 适用于请求磁盘 I/O 的进程数目较少的场合。

【例 9.1】　假设磁盘访问序列如下:

$$55\ 58\ 39\ 18\ 90\ 160\ 150\ 38\ 184$$

请采用 FCFS 算法,对磁盘访问进行调度。

下面给出了有 9 个进程先后提出磁盘 I/O 请求时,按 FCFS 算法进行调度的情况。这里将进程号(请求者)按它们发出请求的先后次序排队。

从 100 号磁道开始

被访问的下一个磁道号	移动距离(磁道数)
55	45
58	3
39	19
18	21
90	72
160	70
150	10
38	112
184	146

平均寻道长度：55.3

9.2.2　最短寻道时间优先

最短寻道时间优先(Shortest Seek Time First,SSTF)算法要求访问的磁道与当前磁头所在的磁道距离最近,以使每次的寻道时间最短,但这种算法不能保证平均寻道时间最短。

【例 9.2】　假设磁盘访问序列如下:

$$55\ 58\ 39\ 18\ 90\ 160\ 150\ 38\ 184$$

请采用 SSTF 算法,对磁盘访问进行调度。

下面给出了按 SSTF 算法进行调度时各进程被调度的次序、每次磁头移动的距离以及 9 次调度磁头平均移动的距离。

从 100 号磁道开始

被访问的下一个磁道号	移动距离(磁道数)
90	10
58	32
55	3
39	16
38	1
18	20
150	132
160	10
184	24

平均寻道长度: 27.5

9.2.3 扫描算法

SSTF 虽然有较好的寻道性能,但只要不断有新进程的请求到达,且新进程所要访问的磁道与磁头当前所在磁道距离较近,那么该新进程的 I/O 请求将获得优先满足,这就有可能导致某个进程发生"饥饿"现象。

对 SSTF 算法略加修改后所形成的扫描(SCAN)算法即可防止老进程出现"饥饿"现象。SCAN 算法(电梯调度算法)不仅考虑到欲访问的磁道与当前磁道间的距离,更优先考虑的是磁头当前的移动方向。

当磁头正在自里向外移动时,SCAN 算法所考虑的下一个访问对象应是其欲访问的磁道既在当前磁道之外,又是距离最近的。这样自里向外地访问,直至再无更外的磁道需要访问时才将磁臂换向为自外向里移动。这时,同样也是每次选择这样的进程来调度,即要访问的磁道在当前位置内距离最近者。这样,磁头又逐步从外向里移动,直至再无更里面的磁道要访问为止,从而避免了出现"饥饿"现象。由于在这种算法中磁头移动的规律颇似电梯的运行,因而又常称之为电梯调度算法。

【例 9.3】 假设磁盘访问序列如下:

55 58 39 18 90 160 150 38 184

请采用 SCAN 算法,对磁盘访问进行调度。

按 SCAN 算法对 9 个进程进行调度及磁头移动的情况如下:

从 100 号磁道开始

被访问的下一个磁道号	移动距离（磁道数）
150	50
160	10
184	24
90	94
58	32
55	3
39	16
38	1
18	20

平均寻道长度：27.8

SCAN 也存在如下问题：当磁头刚从里向外移动而越过了某一磁道时，恰好又有一个进程请求访问此磁道，这时，该进程必须等待，待磁头继续从里向外，然后再从外向里扫描完所有要访问的磁道后，才处理该进程的请求，致使该进程的请求被大大地延迟。

9.2.4　循环扫描算法

循环扫描（CSCAN）算法规定磁头单向移动。采用循环扫描方式后，上述进程的请求延迟将从原来的 $2T$ 减为 $T+Smax$，其中，T 为由里向外或由外向里单向扫描完要访问的磁道所需的寻道时间，而 $Smax$ 是将磁头从最外面被访问的磁道直接移到最里面欲访问的磁道（或相反）的寻道时间。

【例 9.4】　假设磁盘访问序列如下：

$$55\ 58\ 39\ 18\ 90\ 160\ 150\ 38\ 184$$

请采用 CSCAN 算法，对磁盘访问进行调度。

CSCAN 算法对 9 个进程调度的次序及每次磁头移动的距离情况如下。

从 100 号磁道开始：向磁道号增加的方向

被访问的下一个磁道号	移动距离（磁道数）
150	50
160	10
184	24
18	166
38	20
39	1
55	16
58	3
90	32

平均寻道长度：35.8

9.2.5 NStepSCAN 和 FSCAN 调度算法

1. NStepSCAN 算法

在 SSTF、SCAN 及 CSCAN 几种调度算法中,都可能会出现磁臂停留在某处不动的情况。例如,有一个或几个进程对某一磁道有较高的访问频率,即这个(些)进程反复请求对某一磁道的 I/O 操作,从而垄断了整个磁盘设备。我们把这一现象称为"磁臂粘着"(Arm STickiness)。

NStepSCAN(N 步 SCAN)算法是将磁盘请求队列分成若干个长度为 N 的子队列,磁盘调度将按 FCFS 算法依次处理这些子队列。而每处理一个队列时又是按 SCAN 算法,对一个队列处理完后,再处理其他队列。当正在处理某子队列时,如果又出现新的磁盘 I/O 请求,便将新请求进程放入其他队列,这样就可避免出现粘着现象。

当 N 值取得很大时,会使 NStepSCAN 算法的性能接近于 SCAN 算法的性能。当 $N=1$ 时,NStepSCAN 算法便蜕化为 FCFS 算法。

2. FSCAN 算法

FSCAN 算法实质上是 NStepSCAN 算法的简化,即 FSCAN 只将磁盘请求队列分成两个子队列。一个是由当前所有请求磁盘 I/O 的进程形成的队列,由磁盘调度按 SCAN 算法进行处理。在扫描期间,将新出现的所有请求磁盘 I/O 的进程放入另一个等待处理的请求队列。这样,所有的新请求都将被推迟到下一次扫描时处理。

【例 9.5】 分析下列磁道请求:27、129、30、75、44、66、80、132、33。假设磁头最初定位在磁道 100 处,并且沿着磁道号减小的方向移动。

请根据上述条件,给出 FCFS、SSTF 和 SCAN 算法的调度情况,并计算每种调度情形下的平均寻道时间。

(1)FCFS 算法的调度情况和平均寻道时间如下:

从 100 号磁道开始

被访问的下一个磁道号	移动距离(磁道数)
27	73
129	102
30	99
75	45
44	31
66	22
80	14
132	52
33	99

平均寻道长度:59.67

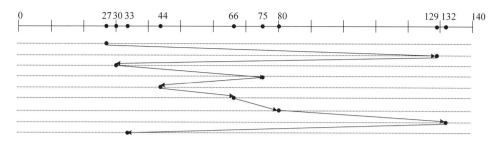

（2）SSTF 算法的调度情况和平均寻道时间如下：

从 100 号磁道开始

被访问的下一个磁道号	移动距离(磁道数)
80	20
75	5
66	9
44	22
33	11
30	3
27	3
129	102
132	3

平均寻道长度：19.78

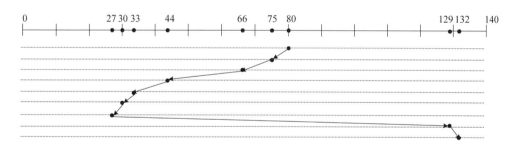

（3）SCAN 算法的调度情况和平均寻道时间如下：

从 100 号磁道开始(正从小到大方向移动)

被访问的下一个磁道号	移动距离(磁道数)
80	20
75	5
66	9
44	22
33	11
30	3
27	3
129	102
132	3

平均寻道长度：19.78

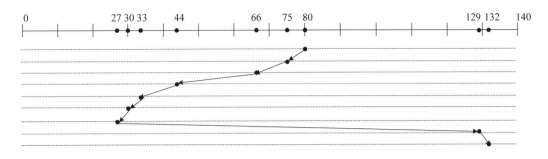

9.2.6　磁盘调度算法的选择

鉴于有如此众多的磁盘调度算法,应该如何选择最佳的算法? 常见的调度算法的优劣性如表 9.3 所示。

表 9.3　常见的调度算法的优劣性

策　略	优　势	劣　势
FCFS	易于实现 对于轻负载有效	不提供最佳平均服务 没有最大化吞吐率
SSTF	比 FCFS 吞吐率更好 尝试最小化磁臂运动 尝试最小化响应时间	可能导致某些请求出现饥饿 在重负载下会出现局部化
SCAN	消除饥饿 与 SSTF 的吞吐率相似 对于轻型到适度负载工作良好	需要方向信息 算法实现相对复杂 开销过大
NStepSCAN	比 SCAN 更容易实现	比 SCAN 最近的请求等待更长

SSTF 很常见并且具有天生的吸引力,因为它提高了 FCFS 的性能。SCAN 和 C-SCAN 在磁盘上负载较重的系统上表现更好,因为它们不太可能引起饥饿问题。对于任何特定的请求列表,都可以定义最佳的检索顺序,但是找到最佳时间表所需的计算可能无法证明节省 SSTF 或 SCAN 的开销。但是,对于任何调度算法,性能在很大程度上取决于请求的数量和类型。例如,假设队列通常只有一个未完成的请求,那么所有调度算法的行为都相同,因为它们只有一个选择位置来移动磁盘头(关于文件分配管理见 11.3 节)。

文件分配方法会极大地影响对磁盘服务的请求。读取连续分配文件的程序将生成几个请求,这些请求在磁盘上并排在一起,导致磁头移动受限。相比之下,链接或索引文件可能包含分散在磁盘上的块,从而导致更大的磁头移动。目录和索引块的位置也很重要。由于必须打开每个文件才能使用,并且打开文件需要搜索目录结构,因此将经常访问目录。假设目录条目在第一个柱面上,而文件的数据在最后一个柱面上。在这种情况下,磁盘头必须移动磁盘的整个宽度。如果目录条目位于中间圆柱体上,则磁头仅需移动一半的宽度。在主存储器中缓存目录和索引块还有助于减少磁盘臂移动,特别是对于读取请求。

由于这些复杂性,磁盘调度算法应作为操作系统的单独模块编写,以便在必要时可以用其他算法替换。对于默认算法,SSTF 或 SCAN 是合理的选择。

此处描述的调度算法仅考虑搜寻距离。对于现代磁盘,旋转等待时间可能与平均查找时间几乎一样长。但是,由于现代磁盘没有公开逻辑块的物理位置,因此操作系统很难改进旋转等待时间。磁盘制造商一直通过在磁盘驱动器内置的控制器硬件中实施磁盘调度算法来缓解此问题。如果操作系统向控制器发送了一批请求,则控制器可以将它们排队,然后安排它们以改善查找时间和旋转等待时间。

如果仅考虑 I/O 性能,那么操作系统很乐意将磁盘调度的职责移交给磁盘硬件。但是,实际上,操作系统对请求的服务顺序可能有其他限制。例如,按需分页可能比应用程序 I/O 优先,并且如果缓存中的可用页用完了,写操作将比读操作更紧急。同样,可能希望保证一组磁盘写入的顺序,以使文件系统在面对系统崩溃时变得健壮。

考虑一下,如果操作系统将磁盘页面分配给文件,并且应用程序在操作系统有机会将修改后的节点和可用空间列表刷新回磁盘之前将数据写入该页面,将会发生什么情况?为了适应这样的要求,操作系统可以选择执行自己的磁盘调度,并针对某些类型的 I/O 将请求逐一推送到磁盘控制器。

9.3 存储空间管理

为了实现存储空间的分配,系统首先必须能记住存储空间的使用情况。为此,系统应为分配存储空间而设置相应的数据结构;其次,系统应提供对存储空间进行分配和回收的手段。这些存储空间管理能够用于文件管理(参见第 11 章)。

9.3.1 位图法

由于文件分配方法会找到文件的可用磁盘块,因此跟踪可用空间非常重要。必须了解可用磁盘块的位置。因此,需要一种称为可用空间列表的数据结构来存储可用或未分配磁盘块的信息。在将空闲磁盘块分配给文件后,将从空闲空间列表中删除与该块相对应的条目。删除文件后,将把其磁盘块添加到可用空间列表中。

1. 位图

位图是利用二进制的一位来表示磁盘中一个盘块的使用情况。当其值为"0"时,表示对应的盘块空闲;为"1"时,表示已分配。有的系统把"0"作为盘块已分配的标志,而把"1"作为空闲标志(它们在本质上是相同的,都是用一位的两种状态来标识空闲和已分配两种情况)磁盘上的所有盘块都有一个二进制位与之对应,这样,由所有盘块所对应的位构成一个集合,称为位图。通常可用 $m \times n$ 个位数来构成位示图,并使 $m \times n$ 等于磁盘的总块数,如图 9.12 所示。

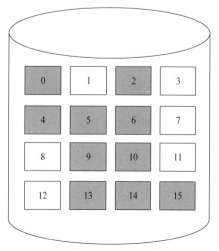

图 9.12 位图表征磁盘盘块的空闲状态

图 9.12 所示的磁盘存储空间分配所对应的位图如下：

1010 1110 0110 0111

位图也可描述为一个二维数组 map：

Var map: array of bit;

如果位图存储在磁盘上，那么管理可用空间所需的大空间对于系统而言可能负担不起。对于空闲块，首先访问位图。它增加了访问磁盘所需的 I/O。由于这个原因，将位图放在磁盘上可能效率不高。如果它在内存中会更好，但是，如果磁盘具有高容量，那么位图的大小将很大。而且，在存储器中搜索大型位图将非常耗时。

2. 盘块的分配

根据位图进行盘块分配时，可分三步进行。

(1) 顺序扫描位图，从中找出一个或一组其值为"0"的二进制位（"0"表示空闲时）。

(2) 将所找到的一个或一组二进制位转换成与之相应的盘块号。假定找到的其值为"0"的二进制位位于位示图的第 i 行、第 j 列，则其相应的盘块号应按下式计算：

$$b = n(i-1) + j$$

式中，n 代表每行的位数。

(3) 修改位示图，令 $map[i,j]=1$。

3. 盘块的回收

盘块的回收分两步：

(1) 将回收盘块的盘块号转换成位图中的行号和列号。转换公式为：

$$i = (b-1)\,\mathrm{DIV}\, n + 1$$
$$j = (b-1)\,\mathrm{MOD}\, n + 1$$

(2) 修改位图。令 $map[i,j]=0$。

这种方法的主要优点是，从位图中很容易找到一个或一组相邻的空闲盘块。例如，如果需要找到 6 个相邻的空闲盘块，就只需在位示图中找出 6 个其值连续为"0"的位即可。此外，由于位图很小，占用空间少，因而可将它保存在内存中，进而使得在每次进行盘区分配时无需首先把盘区分配表写入内存，从而节省了许多磁盘的启动操作。因此，位图常用于微型机和小型机中，如 CP/M、Apple-DOS 等操作系统中。

9.3.2　空闲表法

1. 空闲表结构

空闲表法属于连续分配方式，它与内存的动态分配方式雷同。它为每个文件分配一块连续的存储空间，即系统也为外存上的所有空闲区建立一张空闲表，每个空闲区对应于一个空闲表项，其中包括表项序号、该空闲区的第一个盘块号以及该区的空闲盘块数等信息。再将所有空闲区按其起始盘块号递增的次序排列，如图 9.13 所示。

序号	第一空闲盘块号	空闲盘块数
1	2	4
2	9	3
3	15	5
4	—	—

图 9.13　空闲盘块表

2. 存储空间的分配与回收

空闲盘区的分配与内存的动态分配类似,同样是采用首次适应算法、循环首次适应算法等。例如,在系统为某新创建的文件分配空闲盘块时,先顺序地检索空闲表的各表项,直至找到第一个其大小能满足要求的空闲区,再将该盘区分配给用户(进程),同时修改空闲表。系统在对用户所释放的存储空间进行回收时,也采取类似于内存回收的方法,即要考虑回收区是否与空闲表中插入点的前区和后区相邻,对相邻者应予以合并。

应该说明,在内存分配上,虽然很少采用连续分配方式,然而在外存的管理中,由于这种分配方式具有较高的分配速度,可减少访问磁盘的 I/O 频率,故它在诸多分配方式中仍占有一席之地。

对于文件系统,当文件较小(占 1～4 个盘块)时,仍采用连续分配方式,为文件分配相邻的几个盘块。当文件较大时,便采用离散分配方式。

9.3.3　空闲链表法

管理可用空间的另一种方法是链表实现。这样,所有空闲块都链接在一起,因此无需单独维护位图。保留磁盘上的特殊指针,该指针指向第一个空闲磁盘块。第一个空闲块指向第二个空闲块,第二个空闲块指向第三个,以此类推,如图 9.14 所示。这样,每个空闲块将包含一个指向磁盘上下一个空闲块的指针。但是,此实现将导致存储指针的成本,并且访问链表涉及大量 I/O 时间。

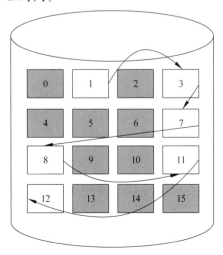

图 9.14　空闲链表实现

9.3.4　成组链接法

空闲表法和空闲链表法都不适用于大型文件系统,因为这会使空闲表或空闲链表太长。在 Linux 系统中采用的是成组链接法,这是将上述两种方法相结合而形成的一种空闲盘块管理方法,它兼具上述两种方法的优点,而消除了它们均有的表太长的缺点。

1. 空闲盘块的组织

(1) 空闲盘块号栈用来存放当前可用的一组空闲盘块的盘块号(最多含 100 个号),以及栈中尚有的空闲盘块号数 N。顺便指出,N 还兼作栈顶指针用。例如,当 $N=100$ 时,它指向 S.free(99)。由于栈是临界资源,每次只允许一个进程访问,故系统为栈设置了一把锁。图 9.15 左部显示了空闲盘块号栈的结构,其中,S.free(0)是栈底,栈满时的栈顶为 S.free(99)。

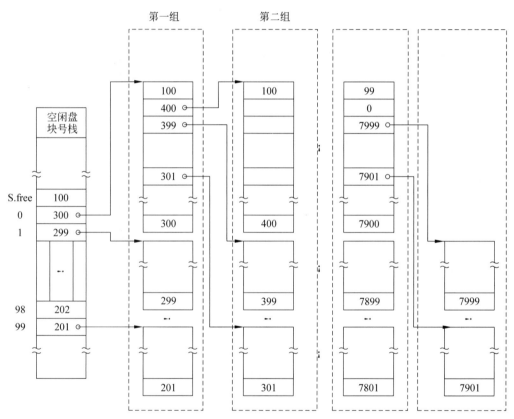

图 9.15　空闲盘块的成组链接法

(2) 将文件区中的所有空闲盘块分成若干个组,比如,将每 100 个盘块作为一组。假定盘上共有 10 000 个盘块,每块大小为 1KB,其中第 201~7999 号盘块用于存放文件,即作为文件区,这样,该区的最末一组盘块号应为 7901~7999;次末一组为 7801~7900;…;第二组的盘块号为 301~400;第一组为 201~300,如图 9.15 右部所示。

(3) 将每一组含有的盘块总数 N 和该组所有的盘块号记入其前一组的第一个盘块

的 S.free(0)～S.free(99)中。这样,由各组的第一个盘块可链成一条链。

(4) 将第一组的盘块总数和所有的盘块号记入空闲盘块号栈中,作为当前可供分配的空闲盘块号。

(5) 最末一组只有 99 个盘块,将其盘块号分别记入其前一组的 S.free(1) ～S.free(99)中,而在 S.free(0)中则存放"0",作为空闲盘块链的结束标志(注:最后一组的盘块数应为 99,不应是 100,因为这是指可供使用的空闲盘块,其编号应为 1～99,0 号中放置空闲盘块链的结尾标志)。

2. 空闲盘块的分配与回收

当系统要为用户分配文件所需的盘块时,须调用盘块分配过程来完成。该过程首先检查空闲盘块号栈是否上锁,如未上锁,便从栈顶取出一空闲盘块号,将与之对应的盘块分配给用户,然后将栈顶指针下移一格。若该盘块号已是栈底,即 S.free(0),这是当前栈中最后一个可分配的盘块号。由于在该盘块号所对应的盘块中记有下一组可用的盘块号,因此,须调用磁盘读过程,将栈底盘块号所对应盘块的内容写入栈中,作为新的盘块号栈的内容,并把原栈底对应的盘块分配出去(其中的有用数据已写入栈中)。然后,再分配一相应的缓冲区(作为该盘块的缓冲区)。最后,把栈中的空闲盘块数减 1 并返回。在系统回收空闲盘块时,须调用盘块回收过程进行回收。它是将回收盘块的盘块号记入空闲盘块号栈的顶部,并执行空闲盘块数加 1 操作。当栈中空闲盘块号数目已达 100 时,表示栈已满,便将现有栈中的 100 个盘块号记入新回收的盘块中,再将其盘块号作为新栈底。

本 章 小 结

本章介绍了磁盘管理,重点涵盖了磁盘调度算法与存储空间管理。

先来先服务磁盘调度算法指的是按照磁盘访问的顺序进行磁盘调度。该算法是最简便的调度方式,然而它并没有进行相应的调度优化。

最短寻道时间优先调度算法指的是对调度序列中的磁盘访问请求进行排序,优先响应离当前磁臂距离最近的磁盘访问请求。该算法对磁臂的移动距离进行了优化,然而可能会导致距离当前磁臂方向较远的磁盘访问请求出现饥饿现象。

SCAN 算法也被称为电梯调度算法,类似于电梯的调度,指的是在磁臂移动过程中先沿着某个方向移动,直到移动到该方向的最远距离访问请求,然后再转换移动方向。SCAN 算法很好地避免了最短寻道时间优先算法可能带来的饥饿问题。在 SCAN 算法的基础上,可以部分进行调整而形成 CSCAN、NStepSCAN 和 FSCAN 等调度算法。

磁盘管理本身是一种设备管理,而磁盘在操作系统中又发挥存储功能,因此磁盘的存储空间管理也是存储管理和文件管理的重要组成部分。从存储管理而言,磁盘的存储空间可以支撑虚拟存储(见第 10 章)。从文件管理而言,磁盘的存储空间可以支撑文件存储(见第 11 章)。磁盘存储空间管理可以使用位图、空闲表、空闲链表和成组链接等方法。

习　　题

1. 分析下列磁道请求：27、129、110、186、147、41、10、64、120。假设磁头最初定位在磁道 100 处，并且沿着磁道号减小的方向移动。假设磁头沿着磁道号增大的方向移动，请给出同样的分析。给出 FCFS、SSTF、SCAN 与 CSCAN 的调度情况。

注：如果磁头沿着磁道号增大的方向移动，则只有 SCAN 和 CSCAN 的结果有变化。

2. 考虑一个磁盘，有 N 个磁道，磁道号为 $0 \sim (N-1)$，并且假设请求的扇区随机地均匀分布在磁盘上。现在要计算一次寻道平均跨越的磁道数。

（1）首先，计算当磁头当前位于磁道 t 时寻道长度为 j 的概率。提示：这是一个关于确定所有组合数目的问题，所有磁道位置作为寻道目标的概率是相等的。

（2）接下来计算寻道长度为 K 的概率。提示：这包括所有移动了 K 个磁道的概率之和。

（3）使用下面计算期望值的公式，计算一次寻道平均跨越的磁道数目：

$$E[X] = \sum_{i=0}^{N-1} i \sum \Pr[x=i]$$

（4）说明当 N 比较大时，一次寻道平均跨越的磁道数接近 $N/3$。

3. 对于一个有 9 个磁道的磁带，磁带速度为 120 英寸/秒，磁带密度为 1600 线位/英寸，请问它的传送率为多少？

4. 一个 32 位的计算机有两个选择通道和一个多路通道，每个选择通道支持两个磁盘和两个磁带部件。多路通道有两个行式打印机和两个卡片阅读机，并连接着 10 个 VDT 终端。假设有以下的传送率：

设　备	速　率
磁盘驱动器	800KB/s
磁带驱动器	200KB/s
行式打印机	6.6KB/s
卡片阅读机	1.2KB/s
VDT	1KB/s

系统中的最大合计传送率为多少？

5. 当条带大小比 I/O 大小更小时，磁盘条带化显然可以提高数据传送率。同样，相对于单个的大磁盘，由于 RAID 0 可以并行处理多个 I/O 请求，显然它可以提高性能。但是，相对于后一种情况，磁盘条带化还有必要存在吗？也就是说，相对于没有条带化的磁盘阵列，磁盘条带化可以提高 I/O 请求速度的性能吗？

6. 解释为什么 SSTF 调度倾向于使用中间圆柱而不是最里面和最外面的圆柱。

7. 为什么在磁盘调度中通常不考虑旋转延迟？你将如何修改 SSTF、SCAN 和 CSCAN 以纳入延迟优化？

8. 使用 RAM 磁盘会如何影响你选择磁盘调度算法？你需要考虑哪些因素？考虑到文件系统将最近使用的块存储在主存储器的缓冲区高速缓存中，对硬盘调度是否有同样的考虑？

9. 在多任务环境中，系统的控制器和磁盘的中的文件系统 I/O 平衡为何重要？

10. 术语"Fast Wide SCSI-Ⅱ"表示一种 SCSI 总线，当它在主机和设备之间移动一个字节的数据包时，它以每秒 20 兆字节的速率运行。假设 Fast Wide SCSI-Ⅱ 磁盘驱动器的转速为 7200r/min，扇区大小为 512 字节，每个磁道包含 160 个扇区。

(1) 估计此驱动器的持续传输速率，以每秒兆字节为单位。

(2) 假设驱动器有 7000 个柱面，每个柱面有 20 条磁道，磁头切换时间（从一个盘片到另一个盘片）为 0.5ms，相邻柱面的寻道时间为 2ms。使用此附加信息可以准确估算出巨额转移的持续转移率。

(3) 假设驱动器的平均寻道时间为 8ms。估计每秒的 I/O 操作以及读取分散在磁盘上的各个扇区的随机访问工作负载的有效传输速率。

(4) 计算每秒随机访问 I/O 操作以及 4KB/s、8KB/s 和 64KB/s I/O 的传输速率。

(5) 如果队列中有多个请求，则诸如 SCAN 之类的调度算法应能够减少平均寻道距离。假设随机访问工作负载正在读取 8KB 的页面，平均队列长度为 10，并且调度算法将平均寻道时间减少到 3ms。现在，计算每秒的 I/O 操作数和驱动器的有效传输速率。

11. 除 FCFS 外，没有任何磁盘调度规则是真正公平的（可能发生饥饿）。

(1) 解释为什么这个主张是正确的。

(2) 描述一种修改算法（例如 SCAN），以确保公平的方法。

(3) 解释为什么公平是分时共享系统中的重要目标。

(4) 给出三个或更多示例，说明在这种情况下操作系统在处理 I/O 请求方面不公平是很重要的。

12. 假设磁盘驱动器有 5000 个柱面，编号为 0～4999。该驱动器当前正在柱面 143 处处理请求，而先前的请求在柱面 125 处。按 FIFO 顺序的挂起请求队列为：86、1470、913、1774、948、1509、1022、1750、130。

从当前磁头位置开始，磁盘臂为满足以下每个磁盘调度算法的所有挂起请求而移动的总距离（以圆柱为单位）是多少？

(1) FCFS

(2) SSTF

(3) SCAN

(4) CSCAN

假设请求分布均匀，比较 CSCAN 和 SCAN 调度的性能。考虑平均响应时间（从请求到达到完成请求服务之间的时间）、响应时间的变化以及有效带宽。性能如何取决于搜寻时间和旋转等待时间的相对大小？

13. 请求通常不是均匀分布的。例如，可以预期包含文件系统 FAT 或索引节点的柱面将比仅包含文件的柱面被更频繁地访问。假设你知道 50% 的请求是针对少量固定数量的柱面。

（1）本章讨论的任何调度算法在这种情况下是否特别有用？解释你的答案。

（2）提出一种磁盘调度算法,通过利用磁盘上的"热点"来提供更好的性能。

（3）文件系统通常通过间接表查找数据块,例如 DOS 中的 FAT 或 Linux 中的节点。请描述一种或多种利用这种间接表来提高磁盘性能的方法。

14. RAID 1 组织是否可以比 RAID 0 组织（具有非冗余条带化）获得更好的读取请求性能？如果是这样,怎么办？

15. 考虑一个由 5 个磁盘组成的 RAID 5 组织,其中奇偶校验码存储在第 5 个条带上的 4 个条带上的 4 个块的集合。为了执行以下操作,要访问多少个块？

（1）写入一个数据块。

（2）写入 7 个连续的数据块。

16. 从以下方面比较 RAID 5 级别组织和 RAID 1 级别组织实现的吞吐量。

（1）读取单个块上的操作。

（2）读取多个连续块上的操作。

第 10 章

虚 拟 存 储

虚拟存储概念的关键是将正在运行的进程中引用的地址与主存储中可用的地址解除关联（Disassociation）。

正在运行的进程引用的地址称为虚拟地址，主存储中可用的地址称为物理地址。运行中的进程可能引用的虚拟地址范围称为该进程的虚拟地址空间，记作 N。特定计算机系统上可用的物理地址范围称为该计算机的实际地址空间，记作 M。N 中的地址数表示为 $|N|$，M 中的地址数则表示为 $|M|$。

即使进程仅引用虚拟地址，它们也必须实际上在真实存储中运行。因此，在执行过程时，虚拟地址必须映射为实际地址。这必须尽快完成，否则计算机系统的性能将下降到无法容忍的水平，从而一开始就消除了使用虚拟存储概念所带来的益处。

现代操作系统已经开发了用于将虚拟地址与实际地址相关联的各种手段，动态地址转换（DAT）机制在进程执行时将虚拟地址转换为实际地址。所有这些系统都表现出以下特性：在进程的虚拟地址空间中连续的地址在实际存储中不需要连续，这就是所谓的人工连续性（Artificial Contiguity）。因此，用户无需关心过程和数据在实际存储中的位置，从而能够以最自然的方式编写程序，同时考虑算法效率和程序结构的细节，而忽略底层硬件结构的细节。

内存管理的目标可以通过使用地址转换机制或地址映射的概念来实现，以将进程的地址转换成实际分配给进程所对应的物理存储器位置。地址映射的维护是一个系统功能，此阶段的关键点是区分程序地址（程序员使用的地址）与它们映射到的物理内存位置。

程序地址范围称为地址空间（或命名空间），计算机中的内存位置范围是内存空间。如果地址空间由 N 表示，并且存储空间由 M 表示，则地址映射可以表示为：

$$f: N \rightarrow M$$

地址空间是一组有序的非负整数地址：

$$\{0, 1, 2, \cdots\}$$

如果地址空间中的整数是连续的，那么就说它是一个线性地址空间。为了简化讨论，将始终假设地址空间是线性的。在具有虚拟内存的系统中，CPU 从 $N = 2^n$ 个地址的地址空间生成虚拟地址，称为虚拟地址空间：

$$\{0, 1, 2, \cdots, N-1\}$$

地址空间的大小由表示最大地址所需的位数表征。例如，具有 $N = 2^n$ 个地址的虚拟地址空间称为 n 位地址空间。现代系统通常支持 32 位或 64 位虚拟地址空间。

系统还有一个物理地址空间，对应于系统中物理内存的 M 个字节：

$$\{0,1,2,\cdots,M-1\}$$

M 不需要是 2 的幂,但为了简化讨论,假设 $M=2^m$。

地址空间的概念很重要,因为它可以清楚地区分数据对象(字节)及其属性(地址)。一旦认识到这种区别,那么就可以概括并允许每个数据对象具有多个独立的地址,并且每个地址都选自不同的地址空间。

在当前的计算机上,内存空间通常是线性的,也就是说,内存位置从零开始按顺序编号。然而,我们将看到地址空间不必是线性的,并且取决于地址映射的特定实现,其大小可以小于、等于或大于内存空间的大小。

看待地址映射的另一种方法是将其视为允许程序员使用程序地址范围的方法,这些程序地址可能与可用的内存位置范围完全不同。因此,程序员"看到"并编程一个虚拟内存,其特征与真实内存的特征不同。地址映射被设计成产生便于程序员编程的虚拟存储器,以便实现内存管理的部分或全部目标。提供虚拟内存是将基本计算机转换为更方便的虚拟机的一个很好例子。

系统中的任一进程都与其他进程共享 CPU 和内存。如果有太多的进程需要很多的内存,则有些进程将不能够运行。虚拟内存是一种从逻辑上对物理内存进行扩充的方式,也是一种对内存进行抽象的方式。虚拟存储通过硬件异常、硬件地址转换、内存、磁盘以及内核代码为进程提供一个更大的、统一的私有地址空间。虚拟存储提供三个重要的能力:

(1) 它通过将内存视为一个存储在磁盘上的地址空间的缓存,从而更加有效地使用内存。它将内存中的活跃部分保留在内存中,而将其他部分按需在磁盘和内存中来回传递。

(2) 它通过为每个进程提供一个统一的地址空间从而简化内存管理。

(3) 它保护每个进程的地址空间免受其他进程的干扰和破坏。

这是虚拟内存的基本思想。主存储器的每个字节具有从虚拟地址空间中选择的虚拟地址,以及从物理地址空间中选择的物理地址。

虚拟地址、线性地址与物理地址

虚拟地址由应用程序使用,在 x86 架构中由一个 16 位的段选择子和一个 32 位的偏移组成。在平面存储器模型中,选择子预加载到段寄存器 CS、DS、SS 和 ES 中,它们均引用相同的线性地址。应用程序无需考虑它们,地址只是 32 位的指针。

线性地址是通过段转换从虚拟地址计算得出的。段选择子引用的段基址将添加到虚拟偏移中,从而获得 32 位线性地址。

物理地址是从线性地址通过分页计算得出的。线性地址用作页表的索引,CPU 在其中找到相应的物理地址。如果未启用分页,则线性地址始终等于物理地址。

10.1　虚拟存储概述

虚拟存储使用时间换取空间的办法,也就是用 CPU 的操作时间换取更大容量的内存,解决了内存空间容量的问题。

10.1.1　对换

1. 对换的引入

在多道程序环境下,一方面,内存中的某些进程由于某事件尚未发生而被阻塞运行,但它却占用了大量的内存空间,甚至有时可能出现在内存中所有进程都被阻塞而迫使 CPU 停下来等待的情况。另一方面,却又有着许多进程在外存上等待,因无内存可能而不能进入内存运行。显然这对系统资源是一种严重的浪费,且使系统吞吐量下降。为了解决这一问题,在系统中又增设了对换(Swapping)(也称交换)机制。所谓"对换",是指把内存中暂时不能运行的进程或者暂时不用的程序和数据调出到外存上,以便腾出足够的内存空间,再把已具备运行条件的进程或进程所需要的程序和数据调入内存。

如果对换是以整个进程为单位的,便称之为"整体对换"或"进程对换"。这种对换被广泛地应用于分时系统中,其目的是用来解决内存紧张问题,并可进一步提高内存的利用率。而如果对换是以"页"或"段"为单位进行的,则分别称之为"页面对换"或"分段对换",又统称为"部分对换"。这种对换方法是实现后面要讲到的请求分页和请求分段式存储管理的基础,其目的是为了支持虚拟存储系统。

为了实现进程对换,系统必须实现以下功能:对换空间的管理以及进程的换出和换入。

2. 对换空间的管理

在具有对换功能的操作系统中,通常把外存分为文件区和对换区。前者用于存放文件,后者用于存放从内存中换出的进程。由于通常的文件都较长久地驻留在外存上,故文件区管理的主要目标是提高文件存储空间的利用率,为此,对文件区采取离散分配方式。然而,进程在对换区中驻留的时间是短暂的,对换操作又较频繁,故管理对换空间的主要目标是提高进程换入和换出的速度。为此,采取的是连续分配方式,而较少考虑外存中的碎片问题。

为了能对对换区中的空闲盘块进行管理,在系统中应配置相应的数据结构,以记录外存的使用情况。其形式与内存在动态分区分配方式中所用的数据结构相似,即同样可以用空闲分区表或空闲分区链。空闲分区表中的每个表目中应包含两项,即对换区的首址及其大小,分别用盘块号和盘块数表示。

由于对换分区的分配是采用连续分配方式,因而对换空间的分配与回收与采用动态分区方式时的内存分配与回收方法雷同。其分配算法可以是首次适应算法、循环首次适应算法或最佳适应算法。

3. 进程的换出与换入

(1) 进程的换出。每当一个进程由于创建子进程而需要更多的内存空间但又无足够的内存空间可用时,系统应将某进程换出。其过程是:系统首先选择处于阻塞状态且优先级最低的进程作为换出进程,然后启动磁盘,将该进程的程序和数据传送到磁盘的对换区上。若传送过程未出现错误,便可回收该进程所占用的内存空间,并对该进程的进程控制块做相应的修改。

(2) 进程的换入。系统应定时地查看所有进程的状态,从中找出"就绪"状态但已换出的进程(就绪挂起状态),将其中换出时间最久(换出到磁盘上)的进程作为换入进程,并将其换入,直至已无可换入的进程或无可换出的进程为止。

对　换

存储管理器中的对换功能实际上就是处理器管理中的中级调度。

从引用位置的观测来看,将进程的所有组件加载到内存中是浪费的。无需加载所有组件,进程也可执行。因此,在虚拟存储管理系统中,仅将必需的组件加载到内存中。其他组件则按需加载。按需加载的经验法则是:除非需要,否则切勿加载进程的组件。内存中存在的进程组件称为进程的驻留集,如图 10.1 所示。

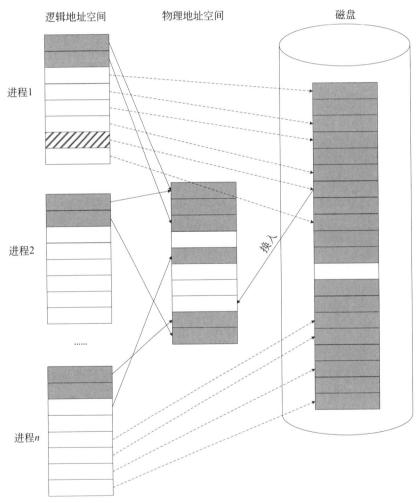

图 10.1　按需加载

只要处理器生成的逻辑地址在该进程的驻留集中,进程便可以平稳地执行。但是,当与生成的逻辑地址相对应的组件(页面或段)不在该进程的驻留集中时,就可能会发生对换。因此,要执行该过程,需要引入内存中没有的组件。这些组件通常存储在硬盘中的某个单独区域中。如果处理器在地址转换后生成了在内存中找不到的逻辑地址,则会生成内存访问故障中断,这意味着与所生成的逻辑地址相对应的组件当时不在内存中。此时将会中断正在执行的进程,并且操作系统会将其置于阻塞状态。

要恢复其执行,需要将组件交换到内存中。为此,操作系统发出磁盘 I/O 读取请求,并在执行磁盘 I/O 读取操作时调度另一个进程的运行。一旦磁盘 I/O 读取操作完成,就会发出 I/O 中断,并将控制权传递给操作系统。然后,操作系统将阻塞状态的进程置回就绪状态,以便可以再次执行它。

与虚拟存储系统中按需加载的实现有关的问题如下:

(1)如何判别哪个组件驻留于内存中,而哪些组件不驻留于内存中?

(2)内存中将驻留多少个进程?这与多道程序的并发度有关,多道程序的并发度过低或者过高都可能会给虚拟存储系统造成问题。如果只有少数几个进程,则可能大多数进程都会阻塞。另一方面,如果进程太多,则每个进程的驻留集将获得非常少的空间,并且在大多数情况下,将交换组件以引入所需的组件。

(3)分配给一个进程多少内存?可以根据多种因素,将固定或可变数量的帧分配给该进程。

(4)当需要将硬盘中所需的组件交换入内存时,可能没有空闲物理框可供分配。那么,该组件将存储在内存中的什么位置?想法是将一些已经存储在内存中的组件交换出内存,为新组件腾出空间。这样,就可以换出一个已经存在的组件,而换入一个新的组件。这就是所谓的组件置换。但是,置换组件的策略是什么?这些策略称为组件置换算法。

10.1.2 局部性

常驻存储器管理通常具有一次性和驻留性的特征。

(1)一次性。在第 7 章中介绍的几种存储管理方式中,都要求将作业全部加载到内存后方能运行,即作业在运行前需一次性地全部加载到内存中。此外,还有许多作业在每次运行时,并非要用到其全部程序和数据。如果一次性地加载其全部程序,也是一种对内存空间的浪费。

(2)驻留性。在将作业加载到内存后,它们便一直驻留在内存中,直至进程运行结束。尽管运行中的进程会因 I/O 而长期等待,或有的程序模块在运行过一次后就不再需要(运行)了,但它们都仍将继续占用宝贵的内存资源。

由此可以看出,上述的一次性及驻留性使许多在程序运行中未使用或暂不使用的程序(数据)占据了大量的内存空间,使得一些需要运行的作业无法加载和运行。

事实上,局部性原理能从经验上阐释一次性与驻留性对于进程运行是不必要的。局部性又体现为时间局部性与空间局部性。

(1)时间局部性。一旦执行程序中的某条指令,则不久以后可能再次执行该指令。如果访问过某数据,则不久以后可能再次访问该数据。产生时间局部性的典型原因是由于程序中存在着大量的循环操作。支持这种观察的程序特性如下:

- 循环。
- 子例程(过程)。

- 堆栈。
- 用于计数和求和的变量。

（2）空间局部性。一旦程序访问了某个存储单元，则不久之后也将访问其附近的存储单元，即程序在一段时间内所访问的地址可能集中在一定的范围内。支持这种观察的程序特性如下：

- 数组遍历。
- 代码的顺序执行。
- 程序员倾向于将相关的变量定义成毗邻的。

或许，局部性原理最有意义的结论是只要程序偏爱的页面子集位于主存储中，程序就可以高效运行。丹宁（Denning）根据局部性观察开发了程序行为的工作集理论①。

图 10.2 也支持局部现象的存在。它显示了进程的页面错误率如何取决于其页面可用的主存储量。直线显示了如果进程在其各个页面上均匀分布的随机参考图案。曲线显示了在操作中观察时大多数进程的实际行为。随着可用于进程的页帧数量的减少，在一定间隔内它不会显著影响页面错误率。但是在某一时刻，当页帧的数量进一步减少时，正在运行的进程遇到的页面错误的数量将急剧增加。这里观察到的是，只要进程页面的偏爱子集保留在主存储中，页面错误率就不会发生太大变化。但是，一旦将偏爱子集中的页面从存储中删除后，该进程的请求分页活动就会大大增加，因为它不断地引用这些页面并重新调用到主存储中。

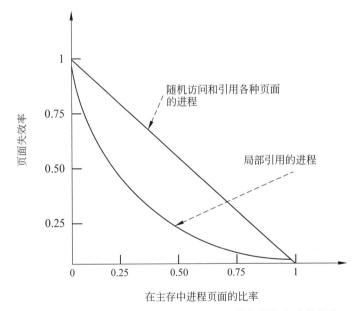

图 10.2　页面失效率对进程页面在存储中的数量与比率的依存

① P. J. Denning. *The Working Set Model for Program Behavior*. Communications of the ACM，Volume 11，Number 5（1968），pages 323-333.

10.1.3　虚拟存储器的定义

所谓虚拟存储器,是指具有请求调入和置换功能并能从逻辑上对内存容量加以扩充的一种存储器系统。其逻辑容量由内存容量和外存容量之和所决定,运行速度接近于内存速度,而每位的成本却又接近于外存。可见,虚拟存储技术是一种性能非常优越的存储器管理技术,故被广泛地应用于大、中、小型机器和微型机中。

1. 虚拟存储管理策略

(1) 抓取策略(Fetch Strategy)。该策略与何时将页面或段从辅助存储引入主存储中有关。如果采用按需抓取策略(Demand Fetch Strategy),则只有当引用到对应的页面或者段时,才将页面或段放入主存储中。预期提取方案(Anticipatory Fetch Scheme)尝试预先判定进程将引用哪些页面或段。如果引用的可能性很高,并且有空间可用,则会在明确引用该页面或分段之前将其放入主存储中。

(2) 放置策略(Placement Strategy)。该策略与在主存储中放置换入页面或段的位置有关。分页系统简化了放置决策,因为可以将传入页面放置在任何可用的页面框架中。分段系统需要类似于在可变分区多程序系统中讨论的布局策略。

(3) 替换策略(Replacement Strategy)。当主存储已被完全使用时,决定要替换哪个页面或段以为换入的页面或分段腾出空间。

2. 虚拟存储器的实现

在虚拟存储器中,允许将一个作业分多次调入内存。如果采用连续分配方式,应将作业加载到一个连续的内存区域中。为此,须事先为它一次性地申请足够的内存空间,以便将整个作业先后分多次加载到内存中。这不仅会使相当一部分内存空间都处于暂时或"永久"的空闲状态,造成内存资源的严重浪费,而且也无法从逻辑上扩大内存容量。因此,虚拟存储器的实现都毫无例外地建立在离散分配的存储管理方式的基础上。目前,所有的虚拟存储器都是采用下述方式之一实现的。

(1) 请求分页系统。这是在分页系统的基础上增加了请求调页功能和页面置换功能所形成的页式虚拟存储系统。它允许只加载少数页面的程序(及数据)便启动运行。以后,再通过调页功能及页面置换功能,陆续地把即将要运行的页面调入内存,同时把暂不运行的页面换出到外存上。置换时以页面为单位。为了能实现请求调页和置换功能,系统必须提供必要的硬件支持和相应的软件。

必要的硬件支持有:

- 请求分页的页表机制。它是在纯分页的页表机制上增加若干项而形成的,作为请求分页的数据结构。
- 缺页中断机制。即每当用户程序要访问的页面尚未调入内存时,便产生一个缺页中断,以请求操作系统将所缺失的页调入内存。
- 地址变换机制。它同样是在纯分页地址转换机制的基础上发展形成的。

相应的软件包括用于实现请求调页的软件和实现页面置换的软件。它们在硬件的支持下,将进程正在运行时所需的页面(尚未在内存中)调入内存,再将内存中暂时不用的页面从内存置换到磁盘上。

（2）请求分段系统。这是在分段系统的基础上增加了请求调段及分段置换功能后所形成的段式虚拟存储系统。它允许只加载少数段（而非所有的段）的用户程序和数据，即可启动运行。以后再通过调段功能和段的置换功能将暂不运行的段调出，同时调入即将运行的段。置换是以段为单位进行的。为了实现请求分段，系统同样需要必要的硬件支持，如下：

- 请求分段的段表机制。这是在纯分段的段表机制基础上增加若干项而形成的。
- 缺段中断机制。每当用户程序所要访问的段尚未调入内存时，产生一个缺段中断，请求 OS 将所缺失的段调入内存。
- 地址转换机制。与请求调页相似，用于实现请求调段和段的置换功能也须得到相应的软件支持。

段页式虚拟存储

目前，有不少虚拟存储器是建立在段页式系统基础上的，通过增加请求调页和页面置换功能而形成了段页式虚拟存储器系统，而且把实现虚拟存储器所需支持的硬件集成在处理器芯片上。例如，Intel 80386 以上的处理器芯片都支持段页式虚拟存储器。

10.1.4 虚拟存储器的特征

虚拟存储器具有多次性、对换性和虚拟性三大主要特征。

1. 多次性

多次性是指将一个作业分成多次调入内存运行，亦即在作业运行时没有必要将其全部加载，只需将当前要运行的那部分程序和数据加载进内存即可。以后每当要运行到尚未调入的那部分程序时，再将它调入即可。多次性是虚拟存储器最重要的特征，任何其他的存储管理方式都不具有这一特征。因此，也可以认为虚拟存储器是具有多次性特征的存储器系统。

2. 对换性

对换性是指允许在作业的运行过程中进行换入和换出，亦即在进程运行期间，允许将那些暂不使用的程序和数据从内存调至外存的对换区（换出），待以后需要时再将它们从外存调至内存（换入）。甚至还允许将暂时不运行的进程调至外存，待它们又具备运行条件时再调入内存。换入和换出能有效地提高内存利用率。可见，虚拟存储器具有对换性特征。

3. 虚拟性

虚拟性是指能够从逻辑上扩充内存容量，使用户所看到的内存容量远大于实际内存容量。这是虚拟存储器所表现出的重要特征，也是实现虚拟存储器的重要目的。

值得说明的是，虚拟性是以多次性和对换性为基础的，或者说，仅当系统允许将作业分多次调入内存并能将内存中暂时不运行的程序和数据调换至磁盘上时，才有可能实现虚拟存储器。而多次性和对换性又必须建立在离散分配的基础上。

内存管理中的机制与策略分离

在内存管理中，仍然可以采用机制与策略分离的原则。这种分离的一个典型示例如

图 10.3 所示。

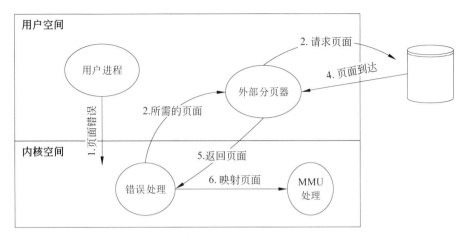

图 10.3 内存管理中的机制与策略分离

其中内存管理系统划分为三个部分:

(1) 低层的 MMU 处理。

(2) 作为内核中的错误处理部分。

(3) 运行在用户空间的外部分页器。

所有关于 MMU 工作的细节都封装在 MMU 处理中,它与机器体系架构有关。当移植到不同的平台上时,需要根据不同的机器重新编写相关代码。页面错误处理部分是与机器无关的代码,主要包含大多数分页机制。策略部分由外部分页器来实现。

当一个进程启动的时候,外部分页器负责设置进程的页映射,并在磁盘中分配必要的后备存储空间。随着进程的运行,它可能会将更多的对象映射到地址空间中,因此会再次调用外部处理器。一旦进程运行,它有可能会产生页面错误。错误处理器能够理解究竟需要哪一个逻辑地址,并将相关信息发送给外部分页器,告诉它问题所在。外部分页器从磁盘中读取所需的页面,并将它复制到自身地址空间中,然后告诉错误处理页面的位置。错误处理则从外部分页器的地址空间中获取页面,并告诉 MMU 处理器将它置于用户合适的地址空间中,这样重新启动用户进程。

此实现将页面置换算法驻留的位置保持开放。将其放在外部分页器中是最干净的方法,但是这种方法存在一些问题。其中最主要的是,外部分页器无权访问所有页面的访问位和修改位,而这些位在许多页面置换算法中都发挥重要作用。因此,需要某种机制来将该信息传递给外部分页器,否则页面置换算法必须置于内核中。

在后一种情况下,故障处理程序通过将其映射到外部分页器的地址空间中或将其包含在消息中,来告知外部分页器已选择将其逐出的页面并提供数据。无论哪种方式,外部分页器都将数据写入磁盘。

此实现的主要优势是模块化的代码和更大的灵活性;主要缺点是多次穿越用户与内核的边界所带来的额外开销,以及在系统各部分之间发送各种消息的开销。目前,该主题存在很大争议,但是随着计算机的速度越来越快,软件变得越来越复杂,从长远来看,牺牲一些性能来获得更可靠的软件可能对于大多数实施者都是可以接受的。

10.2 请求分页存储管理

请求分页系统是建立在基本分页基础上的,为了能支持虚拟存储器功能而增加了请求调页功能和页面置换功能。相应地,每次调入和换出的基本单位都是长度固定的页面,这使得请求分页系统在实现上要比请求分段系统要简单(后者在换进和换出时是可变长度的段)。因此,请求分页便成为目前最常用的一种实现虚拟存储器的方式。

按需分页系统类似于具有交换功能的分页系统(见图 10.4),其中进程驻留在辅助存储(通常是磁盘)中。当想要执行一个进程时,将其交换到内存中。但是,使用了惰性交换器,只在需要的时候将页交换到内存中,而不是将整个进程交换到内存中。由于现在将进程视为页面序列而不是一个大的连续地址空间,因此使用交换器(Swapper)这一术语在技术上是不正确的。交换器可操纵整个进程,而分页器(Pager)则与进程的单个页面有关。因此,在按需分页中使用的是分页器,而不是交换器。

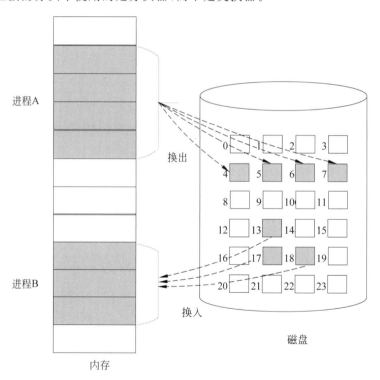

图 10.4 请求分页中页面的换入与换出

当要换入(Swap In)一个进程时,分页器(Pager)会针对该进程被换出之前还会使用到哪些页面做出预测。然后分页器将这些页面换入内存,而不是换入所有进程页面。因此,它避免了读入无论如何都不会使用的内存页面,从而减少了交换时间和所需的物理内存量。

使用此方案,需要某种形式的硬件支持,以区分内存中的页面和磁盘上的页面。为此,可以使用某个标识有效或无效的比特位方案。当此位设置为"有效"时,关联的页面既合法又在内存中。如果该位设置为"无效",则该页面无效(即不在进程的逻辑地址空间中)或在磁盘上。照常设置进入内存的页面的页面表条目,但是当前不在内存中的页面的页面表条目被简单地标记为无效或包含磁盘上页面的地址。这种情况如图 10.5 所示。

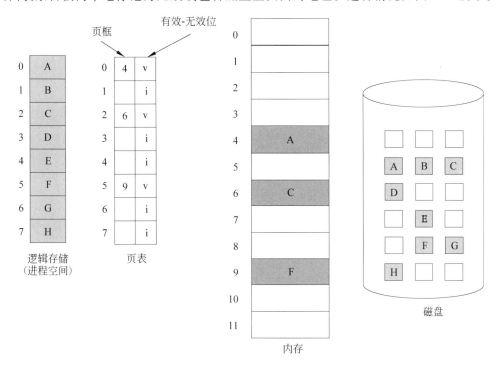

图 10.5　有些页不在内存中的页表

注意,如果进程从不访问某页,那么将某个页面标记为无效,进程不会受到什么影响。因此,如果预测准确,只将实际访问的页面加载到内存中,那么进程运行就如同它所有页面都在内存中一样。当进程执行并访问驻留在内存中的页面时,执行将正常进行。

但是,如果该进程尝试访问未在内存中的页面会发生什么呢? 访问到标记为无效的页面会导致页面错误(Page Fault)。分页硬件在通过分页表转换地址时会注意到无效位被设置,从而导致触发操作系统的一个异常。造成此异常的原因是操作系统没能将所需的页面调入内存。

处理此页面错误的过程如图 10.6 所示。

(1) 检查进程的内部表(通常与进程控制块保存在一起),以确定引用的内存是有效的还是无效的。

(2) 如果无效意味着尚未把该页面加载到内存中,则现在将其置入。

(3) 找到一个空闲页框(例如,从空闲页框列表中选取一个)。

(4) 调度磁盘操作,将所需要的页面读入到新分配的页框中。

(5) 磁盘读取完成后,将修改与进程一起保存的内部表以及页表,以指示该页现在已

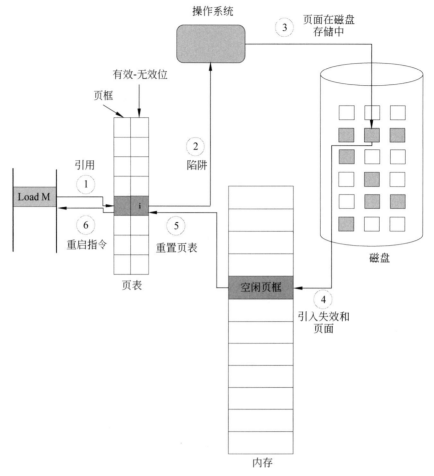

图 10.6　处理页面错误的过程

在内存中。

（6）重新启动陷阱中断的指令。现在，进程可以访问该页面，就像它一直在内存中一样。

极端情况下，可以开始执行一个没有页面在内存中的进程。当操作系统将指令指针设置为第一个时，该页面立即出错。将该页面放入内存后，该进程将继续执行，并根据需要进行故障处理，直到将其需要的每个页面都置于内存中为止。到那时，它可以执行而不再有任何故障。这种方案是纯粹的按需分页，即除非需要，否则不会将页面放入内存中。

从理论上讲，某些程序可以在执行每条指令时访问几个新的内存页面（一个页面用于指令，许多页面用于数据），这可能导致每条指令出现多个页面错误。这种情况将导致无法接受的系统性能。幸运的是，对正在运行的进程的分析表明，这种行为极不可能发生。程序倾向于引用局部性，这使得按需分页具有合理的性能。

支持按需分页的硬件与用于分页和交换的硬件相同，包括：

（1）页表。该表可以通过有效-无效位或保护位的特殊值将条目标记为无效。

（2）辅助存储。该存储保存不在主内存中的那些页面。辅助存储通常是高速磁盘。它称为交换设备，用于此目的的磁盘部分称为交换空间。

10.2.1　地址转换机制

请求分页系统中的地址转换机制在分页系统地址转换机制的基础上添加了某些功能，用以实现虚拟存储器，如产生和处理缺页中断，以及从内存中换出一页等。

图 10.7 给出了请求分页系统中的地址转换过程。在进行地址转换时，首先检索快表，试图从中找出所要访问的页。若找到，便修改页表项中的访问位。对于写指令，还须将修改位设置成"1"，然后利用页表项中给出的物理块号和页内地址形成物理地址。地址转换过程到此结束。

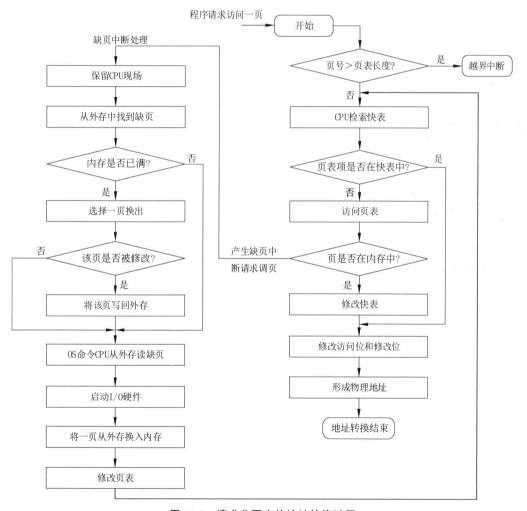

图 10.7　请求分页中的地址转换过程

如果在快表中未找到该页的页表项，应到内存中去查找页表，再根据找到的页表项中的状态位 P 来了解该页是否已调入内存。若该页已调入内存，这时应将此页的页表项写入快表。当快表已满时,应先调出按某种算法确定的页的页表项,然后再写入该页的页表项。若该页尚未调入内存,这时应产生缺页中断,请求操作系统从外存把该页调入内存。

一个虚拟存储系统不可能免于页面故障。由于请求分页系统的性质,必然会出现页面故障。但是,页面故障的数量越多,系统的性能就越差。因此,页面故障的数量应该少些为好。因此,在请求分页的情况下,有效内存访问时间直接受页面错误率的影响。如果P是页面错误的概率,则页面有效内存访问时间的计算公式如下:

有效内存访问时间(EAT)=P(页面故障率)×页面故障服务时间+(1−P)
×访问内存位置的间

【例 10.1】 在一个按需分页的系统中,分页装置的平均延迟时间为4ms,寻找时间为4.5ms,数据传输时间为0.06ms。磁盘具有一个等待进程队列。因此,平均等待时间为5ms。如果内存访问时间为180ns,页面故障率(PFR)为9%,那么系统的有效访问时间是多少? 如果页面故障率为20%,那么对有效访问时间的影响有多大?

$$页面故障服务时间 = 4 + 4.5 + 0.06 + 5 = 13.56(ms)$$
$$内存访问时间 = 180ns = 0.00018(ms)$$

(1) 当 PFR=9%时,
$$\begin{aligned} EAT &= (0.09 \times 13.56) + [(1 - 0.09) \times 0.00018] \\ &= 1.2204 + 0.0001638 \\ &= 1.2205638(ms) \end{aligned}$$

(2) 当 PFR=20%时,
$$\begin{aligned} EAT &= (0.2 \times 13.56) + [(1 - 0.2) \times 0.00018] \\ &= 2.712 + 0.000144 \\ &= 2.712144(ms) \end{aligned}$$

可以看出,随着页面故障率的提升,EAT 也随之增加。因此,在 EAT 与 PFR 之间存在一个正相关。

【例 10.2】 在一个按需分页系统中,如果所请求的页面驻留在内存中,则需要花费250ns来满足内存访问。如果所请求的页面不在内存中,并且在内存中有一个空的页框或者被替换的页面未被修改过,那么需要花费 10ms。这类请求占所有请求的3%。否则,如果没有空的页框,且所替换的页面发生了修改,则需要花费 20ms。这类请求占所有请求的7%。如果系统的 PFR 为 10%,那么 EAT 为多少?

$$\begin{aligned} EAT &= 0.9 \times 0.00025 + 0.03 \times 10 + 0.07 \times 20 \\ &= 0.000225 + 0.3 + 1.4 \\ &= 1.700225(ms) \end{aligned}$$

【例 10.3】 在一个按需分页系统中,当所请求的页面在驻留集中,需要使用180ns来满足一个内存访问。如果所请求的页面不在驻留集中,那么请求需要花费7ms。如果PFR 为8%,则 EAT 为多少? EAT 要达到 400μs 的话,PFR 的值为多少? 将所有单位都转化为微秒(μs)。

(1) PFR=8%,
$$EAT = 0.92 \times 0.18 + 0.08 \times 7000$$

$$=0.1104+560$$
$$=560.1104(\mu s)$$
$$=0.560110(4ms)$$

（2）EAT 要达到 $400\mu s$，

$$EAT=400=(1-PFR)\times0.18+PFR\times7000$$
$$400=0.18-PFR\times0.18+PFR\times7000$$
$$400=0.18+6999.82\times PFR$$
$$399.82=6999.82\times PFR$$
$$PFR=5.7\%$$

10.2.2 内存分配策略和分配算法

在为进程分配内存时，将涉及三方面问题：一是最小物理块数的确定，二是物理块的分配策略与置换策略，三是物理块的分配算法。

1. 最小物理块数的确定

这里所说的最小物理块数是指能保证进程正常运行所需的最少物理块数。当系统为进程分配的物理块数少于此值时，进程将无法运行。进程应获得的最少物理块数与计算机的硬件结构有关，取决于指令的格式、功能和寻址方式。对于某些简单的机器，若是单地址指令且采用直接寻址方式，则所需的最少物理块数为 2。其中，一块是用于存放指令的页面，另一块则是用于存放数据的页面。如果该机器允许间接寻址，则至少要求有三个物理块。对于某些功能较强的机器，其指令长度可能是两个或多于两个字节，因而其指令本身有可能跨两个页面，且源地址和目标地址所涉及的区域也都可能跨两个页面。

2. 物理块的分配策略与置换策略

在请求分页系统中，可采取固定分配和可变分配两种内存分配策略。其中前者指的是某个进程所分配到的物理块数量是固定的，后者指的则是某个进程所分配到的物理块数量是可变的。在进行置换时，也可采取全局置换和局部置换两种不同的策略。前中前者指的是当某个进程执行过程中出现缺页故障时，替换的页面可以是其他进程在物理内存中的页面；后者则指的是当某个进程执行过程中出现页面故障时，替换的页面只能是本进程在内存中的其他页面。根据分配策略和置换策略的组合，可以形成如下三种适用的策略。

（1）固定分配，局部置换（Fixed Allocation，Local Replacement）。基于进程的类型（交互型或批处理型等），或者根据程序员或程序管理员的建议，为每个进程分配一定数目的物理块，在整个运行期间都不再改变。采用该策略时，如果进程在运行中发现缺页，则只能从该进程在内存的页面中选出一个页换出，然后再调入一页，以保证分配给该进程的内存空间不变。

这种策略的困难在于难以确定为每个进程分配多少个物理块。若太少，会频繁地出现缺页中断，降低了系统的吞吐量。若太多，又必然使内存中驻留的进程数目减少，进而可能造成 CPU 空闲或其他资源空闲的情况，而且在实现进程对换时，会花费更多的时间。

（2）可变分配，全局置换（Variable Allocation，Global Replacement）。它是最易于实现的一种物理块分配和置换策略，已用于若干个操作系统中。在采用这种策略时，先为系统中的每个进程分配一定数目的物理块，而操作系统自身也维护一个空闲物理块队列。当某进程发现缺页时，由系统从空闲物理块队列中取出一个物理块分配给该进程，并将欲调入的（缺）页加载进其中。这样，凡产生缺页故障的进程都将获得新的物理块。仅当空闲物理块队列中的物理块用完时，操作系统才能从内存中选择一页调出，该页可能是系统中任一进程的页。这样，自然又会使那个进程的物理块减少，进而使其缺页率增加。

（3）可变分配，局部置换（Variable Allocation，Local Replacement）。基于进程的类型或根据程序员的要求，为每个进程分配一定数目的物理块，但当某进程发现缺页时，只允许从该进程在内存的页面中选出一页换出，这样就不会影响其他进程的运行。如果进程在运行中频繁地发生缺页中断，则系统须再为该进程分配若干额外的物理块，直至该进程的缺页率减少到适当程度为止。反之，若一个进程在运行过程中的缺页率特别低，则此时可适当减少分配给该进程的物理块数，但不应引起其缺页率的明显增加。

从排列组合来看，似乎还有一种固定分配全局置换的策略，然而，实际上这种策略是不现实的。采用固定分配策略，意味着给进程分配的物理内存是固定的，如果出现页面故障，只能替换本进程中的其他页面，因此只能进行局部置换，而不能进行全局置换。

3. 物理块的分配算法

在采用固定分配策略时，可采用下述几种算法将系统中可供分配的所有物理块分配给各个进程。

（1）平均分配算法。它将系统中所有可供分配的物理块平均分配给各个进程。例如，当系统中有 100 个物理块并且有 5 个进程在运行时，每个进程可分得 20 个物理块。这种方式貌似公平，但实际上是不公平的，因为它未考虑到各进程本身的大小。如有一个进程其大小为 200 页，却只分配给它 20 个块，这样，它必然会有很高的缺页率。而另一个进程只有 10 页，却有 10 个物理块闲置未用。

（2）按比例分配算法。这是根据进程的大小按比例分配物理块的算法。如果系统中共有 n 个进程，每个进程的页面数为 S_i，则系统中各进程页面数的总和为：

$$S = \sum_{i=1}^{n} S_i$$

又假定系统中可用的物理块总数为 m，则每个进程所能分到的物理块数为 b_i，将有：

$$b_i = \frac{S_i}{S} \times m$$

b_i 应该取整，并且必须大于最少物理块数。

（3）考虑优先级的分配算法。在实际应用中，为了照顾到重要的、紧迫的作业能尽快地完成，应为它分配较多的内存空间。通常采取的方法是把内存中可供分配的所有物理块分成两部分：一部分按比例地分配给各进程；另一部分则根据各进程的优先级，适当地增加其相应份额后分配给各进程。在有的系统（如重要的实时控制系统）中，则可能是完全按优先级来为各进程分配其物理块的。

10.2.3　调页策略

实现虚拟存储器能给用户提供一个容量很大的存储空间,但当主存空间已装满而又要加载新页时,必须按一定的算法把已在主存中的一些页面调出去,这称为页面置换。页面置换就是用来确定应该淘汰哪些页的算法,也称页面淘汰算法。算法的选择很重要,如果选用的算法不合适,就会出现如下现象:即刚被淘汰的页面立即又要用,因而又要把它调入,而调入不久再次被淘汰,淘汰不久再被调入,如此反复。这使得整个系统的页面调度非常频繁,以至于大部时间都花在来回调度页面上。这种处理器花费大量时间用于对换页面而不是执行计算任务的现象叫做"抖动"(Thrashing),又称"颠簸",一个好的调度算法应减少和避免抖动现象。

1. 调入页面的时机

为了确定系统将进程运行时所缺失的页面调入内存的时机,可采取预调页策略或请求调页策略。

(1) 预调页策略。如果进程的许多页是存放在外存的一个连续区域中,则一次调入若干个相邻的页会比一次调入一页更高效些。但如果调入的一批页面中的大多数都未被访问,则又是低效的。可采用一种以预测为基础的预调页策略,将那些预计在不久之后便会被访问的页面预先调入内存。如果预测较准确,那么,这种策略显然是很有吸引力的。但遗憾的是,目前预调页的成功率仅约为 50%。故这种策略主要用于进程的首次调入时,由程序员指出应该先调入哪些页。

(2) 请求调页策略。当进程在运行中需要访问某部分程序和数据时,若发现其所在的页面不在内存中,便立即提出请求,由操作系统将其所需页面调入内存。由请求调页策略所确定调入的页是一定会被访问的,再加之请求调页策略比较易于实现,故在目前的虚拟存储器中大多采用此策略。但这种策略每次仅调入一页,故须花费较大的系统开销,增加了磁盘 I/O 的启动频率。

2. 确定从何处调入页面

请求分页系统中的外存分为两部分,一部分是存放文件的文件区,而另一部分是存放对换页面的对换区。通常,对换区采用连续分配方式,而文件区则采用离散分配方式。因此对换区的磁盘 I/O 速度比文件区的高。每当发生缺页请求时,系统应从何处将缺页调入内存,可分成如下三种情况。

(1) 系统拥有足够的对换区空间。这时可以全部从对换区调入所需页面,以提高调页速度。为此,在进程运行前,便须将与该进程有关的文件从文件区复制到对换区。

(2) 系统缺少足够的对换区空间。这时凡是不会被修改的文件都直接从文件区调入。而当换出这些页面时,由于它们未被修改而不必再将它们换出,以后再调入时,仍从文件区直接调入。但对于那些可能被修改的部分,在将它们换出时,便须调到对换区,以后需要时再从对换区调入。

(3) UNIX 方式。由于与进程有关的文件都放在文件区,故凡是未运行过的页面都应从文件区调入。而对于曾经运行过但又被换出的页面,由于它们存放在对换区,因此下次应从对换区调入它们。由于 UNIX 系统允许页面共享,因此,某进程所请求的页面有可能已被其他进程调入内存,此时也就无须再从对换区调入。

3. 页面调入过程

每当程序所要访问的页面未在内存中时,便向 CPU 发出一个缺页中断。中断处理程序首先保留 CPU 环境,分析中断原因后转入缺页中断处理程序。

(1) 该程序通过查找页表,得到该页在外存中的物理块。如果此时内存能容纳新页,则启动磁盘 I/O 将所缺之页调入内存,然后修改页表。

(2) 如果内存已满,则须先按照某种置换算法从内存中选出一页准备换出。

(3) 如果该页未被修改过,可不必将该页写回磁盘。但如果此页已修改过,则必须将它写回磁盘,然后再把所缺的页调入内存,并修改页表中的相应表项,置其存在位为"1",并将此页表项写入快表中。

(4) 在将所缺的页调入内存后,利用修改后的页表来形成所要访问数据的物理地址,再去访问内存数据。

整个页面的调入过程对用户是透明的。

10.2.4　页面置换算法

在进程运行过程中,若其所要访问的页面不在内存中而内存已无空闲空间时,为了保证该进程能正常运行,系统必须从内存中调出一页程序或数据送到磁盘的对换区中。但应将哪个页面调出,须根据一定的算法来确定。通常,把选择换出页面的算法称为页面置换算法(Page-Replacement Algorithms)。置换算法的好坏将直接影响到系统的性能。随机替换的页面可能会影响系统的性能。假设在进程执行中经常使用某个页面,如果用随机方法置换了该页面,则可能很快需要再次使用该页面,那么需要再次将该页面从磁盘中换入到内存中,从而导致更多的页面故障并降低系统性能。因此,并不是简单地置换任何页面,要观测内存中页面的使用情况,并且应该选择对系统性能影响最小的页面进行置换。选择内存中要置换的最佳页面策略称为页面置换算法。

页面置换增加了开销,因为其带来了两次页面传输,一次是页面换入,另一次是页面换出。因此,这两次页面传输将增加页面故障服务时间,从而增加开销。如果知道页面是否已修改,则可以减少此开销。

某些页面可能已修改,而某些页面可能未修改。此外,某些页面可能是只读的。如果尚未修改页面并将其选择为牺牲者页面(victim page),则无需置换它。因为它的副本已经在磁盘上,所以可以简单地用另一个页面覆盖它。以此方式可以减少 1 个页面的传送时间。这是通过在硬件的每个页面(见表 10.1)或页框中包含一个修改位或一个脏位(dirty bit)来实现的。只要页面有变化,修改位就由硬件置位。如果修改位被置位,则表明自从内存中读取页面以来页面已被修改。如果修改位未设置,则表示该页面尚未修改,置换无需换出该页面即可覆盖它。此机制减少了页面故障服务时间。

表 10.1　带有有效位和修改位的页表

	页面	有效位	修改位
0	页面 0 的基址		
1	页面 1 的基址		
2	页面 2 的基址		
3	页面 3 的基址		
4	页面 4 的基址		
5	页面 5 的基址		

一个好的页面置换算法应具有较低的页面更换频率。从理论上讲,应将那些以后不再会访问或较长时间内不会访问的页面调出。目前存在着许多种置换算法,它们都试图更接近于理论上的目标。下面介绍几种常用的置换算法。算法的评估标准应具有最低的页面故障率(PFR),产生较少页面故障的算法将被认为是一种好的页面置换算法。要选择一种算法,可考虑在进程执行中哪个内存引用导致了页面故障。因此,要评估算法,它必须具有特定的内存引用串,又称为引用串,算法将在此引用串上运行。引用串可以人工生成,也可以从实际运行的进程中获取快照。然而,形如实际存储器地址的引用串对于算法的评估是不便的。因此,以页面的形式考虑内存引用。引用串中使用包含内存引用的页。这样,很容易知道内存引用产生页面故障的页。

对于页面置换算法的实验评估,重要的是要知道内存中可用的页框数。页框的数量在产生页面故障的数量和系统性能方面起着重要的作用。页框的数量越多,出现页面故障的可能性就越小,就越可能提高系统性能。这是因为随着页框数量的增加,可以在内存中容纳更多数量的所需页面。因此,所需的页面通常会放在内存中,从而减少了页面故障的数量。因此,通常期望随着页框数量的增加,将页面故障的数量减小到最低水平,如图10.8 所示。

页面置换算法必须满足以下要求:

(1) 该算法不得置换在不久的将来可能引用的页面,这称为不干扰程序的引用局部性。

(2) 页面故障率(PFR)不应随内存大小的增加而增加。

1. 最佳置换算法

最佳置换算法是由贝拉迪(Belady)于 1966 年提出的一种理论上的算法,它所选择的被淘汰页面将是以后永不使用的,也或许是在最长(未来)时间内不再被访问的页面。采用最佳置换算法,通常可保证获得最低的缺页率。但由于人们目前还无法预知一个进程在内存的若干个页面中,哪一个页面是未来最长时间内不再被访问的,因而该算法在实际中是无法实现的,但可以利用该算法去评价其他算法。

【例 10.4】　假设系统为进程分配的页框(块)数为 3,且系统的页面访问序列如下:
7,0,1,2,0,3,0,4,2,3,0,3,2,1,2,0,1,7,0,1

采用最佳置换算法,页面置换情况如何?缺页中断次数为多少?页面置换次数为

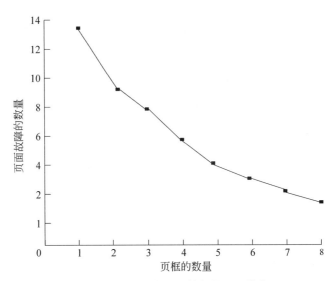

图 10.8   页面故障率和页框数量之间的关系

多少？

进程运行时,先将 7、0、1 三个页面加装进内存中。以后,当进程要访问页面 2 时,将会产生缺页中断。此时操作系统根据最佳置换算法,将选择页面 7 予以淘汰。这是因为页面 0 将作为第 5 个被访问的页面,页面 1 是第 14 个被访问的页面,而页面 7 则是在第 18 次页面访问时才需调入。下次访问页面 0 时,因它已在内存中而不必产生缺页中断。当进程访问页面 3 时,又将引起页面 1 被淘汰。因为在现有的 1、2、0 三个页面中,以后将最晚才会访问它。图 10.9 给出了采用最佳置换算法时的置换图。由图中可看出,采用最佳置换算法发生了 9 次缺页中断(假设最初的内存为空)以及 6 次页面置换。

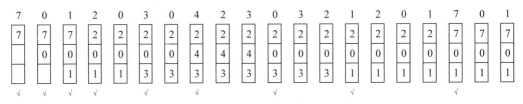

图 10.9   利用最佳页面置换算法时的置换图

值得一提的是,在例 10.4 这样的情形下,系统采用的是固定分配局部置换的策略。

2. 先进先出页面置换算法

先进先出(FIFO)页面置换算法总是淘汰最先进入内存中的页面,即选择将在内存中驻留时间最久的页面予以淘汰。该算法实现简单,只需把一个进程已调入内存的页面按先后次序链接成一个队列,并设置一个指针,称为替换指针,使它总是指向最旧的页面。但该算法与进程实际运行的规律不相适应,因为在进程中,有些页面经常访问,比如,含有全局变量、常用函数、例程等的页面,FIFO 置换算法并不能保证这些页面不被淘汰。

【例 10.5】 假设系统为进程分配的页框(块)数为 3,且系统的页面访问序列如下:

7,0,1,2,0,3,0,4,2,3,0,3,2,1,2,0,1,7,0,1

采用 FIFO 置换算法,页面置换情况如何？缺页中断次数为多少？页面置换次数为多少？

采用 FIFO 置换算法进行页面置换(见图 10.10)。当进程第一次访问页面 2 时,将把第 7 页换出,因为它是最先被调入内存的。在第一次访问页面 3 时,又将把第 0 页换出,因为它在现有的 2、0、1 三个页面中是最老的页。由图 10.10 可以看出,利用 FIFO 置换算法时,共有 15 次缺页中断(假设初始内存为空)以及 12 次页面置换,比最佳置换算法正好多一倍。

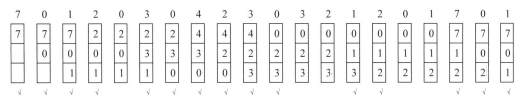

图 10.10　利用 FIFO 置换算法时的置换图

【例 10.6】　在页框数量分别为 3 或 4 两种情形下使用 FIFO 算法计算页面故障数量。页面访问序列如下:

$$4,3,2,1,4,3,5,4,3,2,1,5$$

(1)当页框数量为 3 时,其访问序列如图 10.11 所示,页面故障次数为 9。

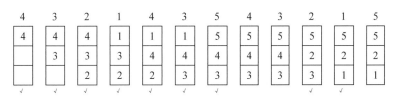

图 10.11　当页框数为 3 时的访问序列

(2)当页框数量为 4 时,其访问序列如图 10.12 所示,页面故障次数为 10。

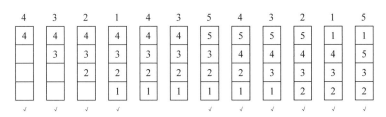

图 10.12　当页框数为 4 时的访问序列

贝拉迪异常(Belady's Anomaly)

在例 10.6 中,页框大小为 3 时,页面故障数为 9;而页框大小为 4 时,页面错故障数为 10。这与既定原则相反,即页面故障数随着内存中页框数的增加而减少。研究人员贝拉迪(Belady)观察到了这种异常,因此该异常也称为贝拉迪异常(Belady's Anomaly)。这种异常行为在某些引用串中会出现,但并非总是如此。因此,该异常降低了置换算法的可靠性。

3. 最近最久未使用置换算法

FIFO 置换算法性能之所以较差,是因为它所依据的条件是各个页面调入内存的时间,而页面调入的先后并不能反映页面的使用情况。最近最久未使用(LRU)置换算法是根据页面调入内存后的使用情况进行决策的。由于无法预测各页面将来的使用情况,只能利用"最近的过去"来模拟"最近的将来",因此 LRU 置换算法是选择将最近最久未使用的页面予以淘汰。该算法赋予每个页面一个访问字段,用来记录一个页面自上次访问以来所经历的时间 t,当须淘汰一个页面时,选择将现有页面中 t 值最大的即最近最久未使用的页面予以淘汰。

【**例 10.7**】 假设系统为进程分配的页框(块)数为 3,且系统的页面访问序列如下:

$$7,0,1,2,0,3,0,4,2,3,0,3,2,1,2,0,1,7,0,1$$

采用 LRU 置换算法,页面置换情况如何?缺页中断次数为多少?页面置换次数为多少?

利用 LRU 置换算法对上例进行页面置换的结果如图 10.11 所示。当进程第一次访问页面 2 时,由于页面 7 是最近最久未被访问的,故将它置换出去。当进程第一次访问页面 3 时,第 1 页成为最近最久未使用的页,故将它换出。由图中可以看出,前 5 个时间的图像与最佳置换算法时的相同,但这并非是必然的结果。因为,最佳置换算法是从"向后看"的观点出发的,即它依据以后各页的使用情况来做出判断;而 LRU 置换算法则是"向前看"的,即根据各页以前的使用情况来判断,而页面过去和未来的走向之间并无必然的联系。

由图 10.13 可以看出,利用 LRU 置换算法时,共有 12 次缺页中断(假设初始内存为空)以及 9 次页面置换。

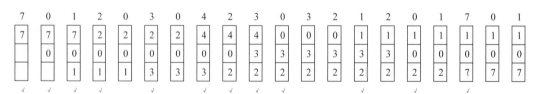

图 10.13 利用 LRU 置换算法时的置换图

4. 二次机会页面置换算法

二次机会(SC)页面置换算法是 FIFO 算法的改进。尽管 FIFO 算法性能不佳,但它是一种开销很小的算法。FIFO 算法的主要缺点是:即使页面正在使用中,由于到达时间的缘故,也可能会被替换。这意味着在 FIFO 算法中不考虑页面的使用。如果添加了有关系统中对某个页面的使用信息,则可以提升 FIFO 算法的性能,甚至可以接近 LRU。

为此,需要一些额外的位来保留信息。引用位或使用位用于提供页面是否已使用的信息(见表 10.2)。此信息放入到页表条目中。最初,页面的所有引用位都置为 0,以指示该页面未使用。在引用页面时,相应页面的引用位的状态将更改为 1,以指示该页面正在使用中。换句话说,每当将页面加载到内存中时,其引用位为 0。仅当引用该页面时才设置该位。

表 10.2　具有引用位的页表

	页面	有效位	M 位	计数器	引用位
0	页面 0 的基址				
1	页面 1 的基址				
2	页面 2 的基址				
3	页面 3 的基址				
4	页面 4 的基址				
5	页面 5 的基址				

借助于每个页框的引用位设计了一种算法,为正在使用的页面提供第二次机会。换句话说,引用位为 1 的页面将不会被替换,并且有第二次机会驻留内存。这样,不会替换经常使用的页面。该算法是通过将其引用位重置为 0 并将到达时间重置为当前时间来实现的。因此,具有第二次机会的页面将不会被替换,除非所有其他页面都已被替换。通常,FIFO 列表通过队列维护。因此,此页面由操作系统追加到页面队列的末尾。如果某个页面频繁被使用,则其引用位始终设置为 1,并且永远不会被替换。可能存在内存中所有页面都被使用的情况,这样该算法就退化为 FIFO 算法。在这种情况下,它将扫描所有页面,然后再次到达第一页。

二次机会算法流程如下所示。

1. 设置对应页的引用位为 0。

2. 检查队列(根据页框数,队列最大长度就是所分配的页框数)。

　　2a. 如果队列未满:

　　　　2aI. 如果页面在队列中,则将其对应的引用位设置为 1;

　　　　2aII. 如果页面不在队列中,那么将它置于队尾。

　　2b. 如果队列已满:

　　　　2bI. 如果页面在队列中,则将其对应的引用位设置为 1;

　　　　2bII. 如果页面不在队列中,从队首开始查找队列的元素。如果该元素的引用位为 1,则将其引用位设置为 0,并将它移至队尾;如果元素的引用位为 0,则将其移出队列,并将新页面插入队尾。

【例 10.8】　假设系统为进程分配的页框(块)数为 3,且系统的页面访问序列如下:
$$7,0,1,2,0,3,0,4,2,3,0,3,2,1,2,0,1,7,0,1$$

采用二次机会置换算法,页面置换情况如何? 缺页中断次数为多少? 页面置换次数为多少?

最开始的时候,页框为空,队列为空。当访问第一个页面 7 的时候,由于队列中的页面为空,队列为空,因此将页面 7 直接置入第一个页框中,同时插入到队列中。此时,队列中只有一个页面 7。然后,访问第二个页面 0,同样,还有空闲的页框,因此将页面 0 直接放入第二个页框中,并插入到队列中。此时的队列中有两个页面,分别为 7 和 0。同样地,访问第三个页面 1 后,页框和队列的数量都已满,此时的队列为 7、0、1,如图 10.14 所示。

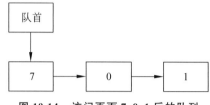

图 10.14　访问页面 7、0、1 后的队列

当访问第四个页面 2 的时候,页框已满,因此需要置换一个页面。采用二次机会置换算法,首先查看队列,由于队列已满,因此从队首开始进行检查,队首是页面 7,其引用位为 0,因此从队列中移除该页面,并将新页面 2 插入队列的队尾,此时的队列为 0、1、2,如图 10.15 与图 10.16 所示。

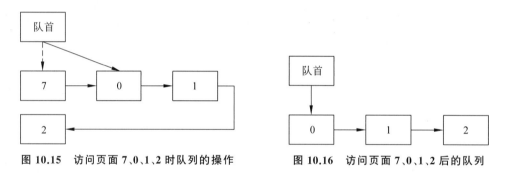

图 10.15　访问页面 7、0、1、2 时队列的操作　　　**图 10.16　访问页面 7、0、1、2 后的队列**

当访问第五个页面 0 的时候,此时该页面在页框中,因此不需要进行置换,然而必须将该页面的引用位置 1,如图 10.17 所示。

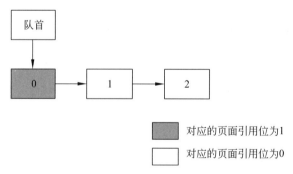

图 10.17　访问页面 7、0、1、2、0 时队列的操作

当访问第六个页面 3 的时候,由于该页面不在页框中且页框已满,因此需要进行置换。此时查看队列,发现队首的页面 0 的引用位为 1,因此,将该页面的引用位置 0,同时将该页面移至队尾,如图 10.18 所示。

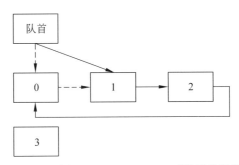

图 10.18 访问页面 7、0、1、2、0、3 时队列的操作

然后,继续沿着队列方向查找,访问页面 1,由于页面 1 的引用位为 0,因此将此页面从队列中移除,并将新页面 3 插入队尾,如图 10.19 与图 10.20 所示。

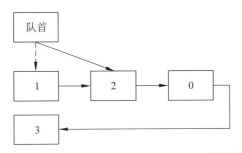

图 10.19 访问页面 7、0、1、2、0、3 时队列的操作

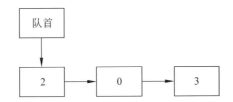

图 10.20 访问页面 7、0、1、2、0、3 时队列的操作

按照二次置换算法,依次访问页面序列,直到最终队列如图 10.21 所示。最后在队列中的页面为 0、1、7,同时页面 0 和 1 引用位都置 1,页面 7 引用位置 0。

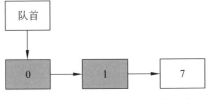

图 10.21 访问所有页面后的队列

页面访问置换如图 10.22 所示。可以看出,利用二次机会算法时,共有 11 次缺页中断(假设初始内存为空)以及 8 次页面置换。

7	0	1	2	0	3	0	4	2	3	0	3	2	1	2	0	1	7	0	1
7	7	7	2		2		2	4	4	3		3	3	3		3	0	0	0	0	0
	0	0	0		0		0	0	0	0		0	0	1		1	1	1	1	1	7
		1	1		1		3	3	3	2		2	2	2		2	2	2	2	7	7

7	7	7	0	0	2	2	0	4	0	0	0	0	2	2	1	0	0	0
0	0	1	1	1	0	0	3	0	2	2	2	3	3	3	2	1	1
	1	2	2	3	3	4	2	3	3	3	1	1	0	0	7	7	7

图 10.22 利用二次机会置换算法时的置换图

5. 简单时钟置换算法

以队列数据结构来实现二次机会算法,当出现引用位为 1 的页面时,可能需要将该页面的引用位置 0,同时将页面移至队尾,这会导致效率降低。为此,比使用一般队列更好的办法是采用一个循环队列。循环队列和此前的队列一样,存储每个页面的引用位,不过所不同的是,现在有一个指针指示循环队列中的下一页。该循环队列称为时钟。每当出现页面故障时,都会检查时钟针所指向的页面。如果所检查的页面引用位为 1,则将其重置为 0,即给该页面第二次机会,并且将指针的位置前进到下一页。否则,如果引用位为 0,则将页面替换为新的页面,并将该页面的引用位设置为 1,同时使指针前进到队列中的下一页。有可能队列中所有页面的引用位都为 1,在这种情况下,指针会逐个扫描所有页面并将所有页面的引用位都重置为 0。最后,它到达循环队列中最初访问的第一页,但这一次该页的引用位已经为 0,因此可以置换该页。简单时钟置换算法如下所示。

```
简单时钟置换算法 Clock_Replacement
begin
    while (replacement page not found) do
        if(used bit for current page=0)        //如果当前页面的引用位为 0
        then                                    //则替换该页面
            replace current page
        else                                    //否则将引用位置 0
            reset used bit
        end if
        advance clock pointer                   //旋转到下一页
    end while
end
```

【例 10.9】 假设系统为进程分配的页框(块)数为 3,且系统的页面访问序列如下:

7,0,1,2,0,3,0,4,2,3,0,3,2,1,2,0,1,7,0,1

采用简单时钟置换算法,页面置换情况如何? 缺页中断次数为多少? 页面置换次数为多少?

当访问前 3 个页面 7、0、1 时,情形如图 10.23～图 10.28 所示。

当访问第 4 个页面 2 的时候,由于页框已满,因此进行页面置换,调用简单时钟置换算法,此时的时钟指针指向页框 1(即页面 7)。由于此时每个页面的引用位都为 1,因此时钟指针会旋转一圈,具体情形如下。

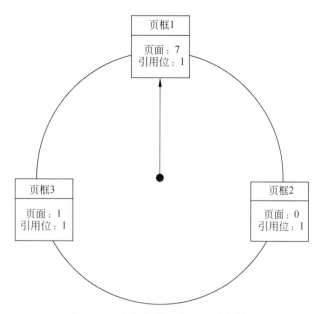

图 10.23　当访问前 3 个页面时的情形

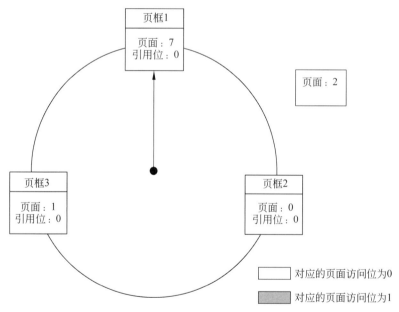

图 10.24　当访问第 4 个页面时的情形（1）

然后,此时,由于页面 7 的引用位为 0,因此选择替换该页面,同时旋转时钟指针。

当访问第 5 个页面 0 时,由于该页面存在于页框中,因此将其引用位置 1(此时并不用调用置换算法)。

当访问第六个页面 3 时,出现页面故障,因此调用简单时钟置换算法,此时时钟指针指向页框 2(页面 0)。由于该页面引用位为 1,因此将其引用位置 0,并旋转时钟指针。

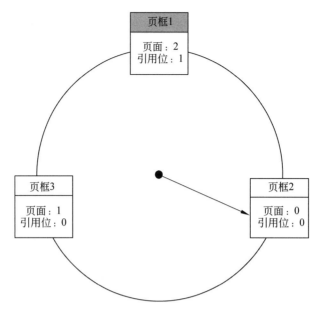

图 10.25   当访问第 4 个页面时的情形（2）

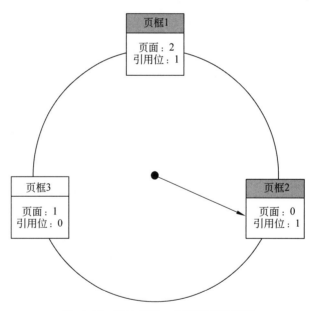

图 10.26   当访问第 5 个页面时的情形

然后，页框 3（页面 1）的引用位为 0，因此将其置换，由页面 3 替换，并旋转指针。

最终，页面访问置换如图 10.29 所示。可以看出，利用简单时钟置换算法时，共有 14 次缺页中断（假设初始内存为空）以及 11 次页面置换。

6. 改进时钟页面置换算法（或最近未使用页面置换算法）

如果将修改位与引用位组合起来，则可使时钟页面替换算法更强大、更高效。对于页

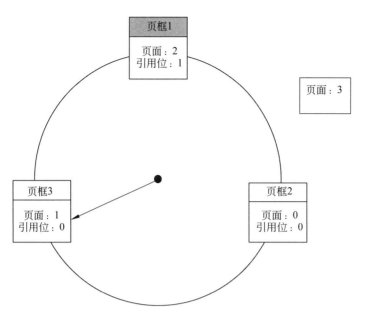

图 10.27　当访问第 6 个页面时的情形(1)

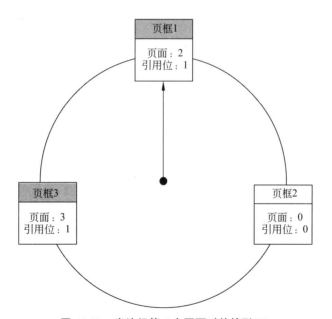

图 10.28　当访问第 6 个页面时的情形(2)

面置换,应该将这两个位组合在一起,并且可以设计一种算法,以替换近期既未使用也未被修改的页面,该算法称为修改时钟页面置换算法或最近未使用算法(NRU)。修改过的页面在页面置换时要回写入磁盘,以便保存页面中所做的更改。可以利用引用位和修改位的组合来影响页面访问和修改。这些位的组合如表 10.3 所示,其中 R 为引用位,M 为修改位,R 位和 M 位由硬件设置。引用页面时,R 位置 1;如果页面修改过,则将 M 位置 1。

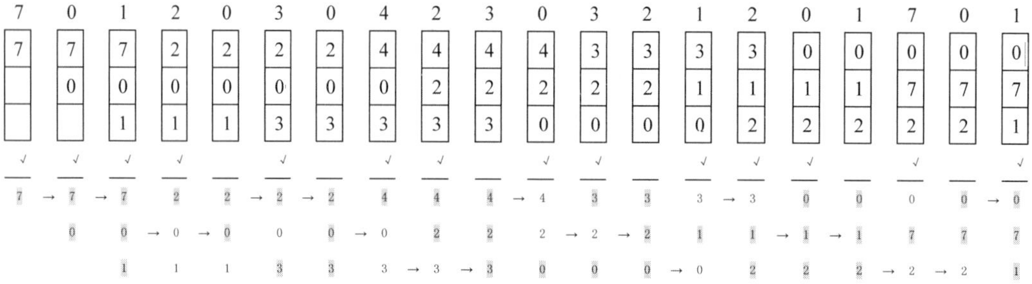

```
7   0   1   2   0   3   0   4   2   3   0   3   2   1   2   0   1   7   0   1
7   7   7   2   2   2   2   4   4   4   4   3   3   3   3   0   0   0   0   0
    0   0   0   0   0   0   0   0   0   2   2   2   1   1   1   1   1   7   7
        1   1   1   3   3   3   2   2   0   0   0   0   2   2   2   2   2   1
√   √   √   √       √       √   √       √       √       √   √           √
7 → 7 → 7   2   2 → 2   2                   3           0   0       0 → 0
    0 → 0 → 0   0   0 → 0       2 → 2       1   1 → 1 → 1       7   7
    1   1   1   3   3 → 3 → 3   0   0 → 0   2   2   2 → 2 → 2   1
```

图 10.29 简单时钟置换算法置换图

表 10.3 R 与 M 位的组合

类 别	R 位	M 位	含 义
0	0	0	页面近期未使用,也未修改过
1	0	1	页面近期未使用,但修改过
2	1	0	页面近期使用过,但未修改过
3	1	1	页面近期使用过,且修改过

对于页面置换,将不考虑最近使用或修改过的页面。因此,表 10.3 中的第 2 类和第 3 类对于页面置换算法无效。

因此,可以考虑第 0 类和第 1 类。在这两种情况下,第 0 类更适合置换,因为它最近没有使用过并且未被修改。因此,对时钟算法进行了改进,以便指针扫描页面,替换 R=0 和 M=0 的第 1 个页面。注意,在此步骤中,任何页面的 R 位都不会被修改。如果找到了这样的页面,则该算法将快速执行,因为不需要将要替换的页面传输到硬盘上,从而减少了所需的 I/O 时间。另一方面,如果找不到所需的页面,则指针会再次扫描时钟,但是这次更改了策略,即 R=0 和 M=1。如果找到了这样的页面,就替换它。否则,将 R 位复位,并且指针前进到下一页。该过程一直持续到获得所需页面为止。如果未发现所需页面,则再次扫描队列,这次将找到满足上述两种策略之一的页面。在修改时钟算法中,可能需要执行循环队列的多次扫描,以提高算法的性能。该算法如下所示。

1. 找到时钟指针的当前位置。

2. 扫描页面。如果找到 R=0 且 M=0 的页面,则将其替换。否则,移至下一页。重复此步骤,直到队列结束(在此步骤中,不更改任何位的状态)。

3. 再次扫描队列。如果找到 R=0 且 M=1 的页面,则将其替换。否则,将更改页面引用位的状态,并移至下一页。重复此步骤,直到队列结束,然后转到步骤 1。

如表 10.3 所示,有可能发生某个页面最近没有被引用但却被修改过的情况。假设找到一个指针所指向的页面,其 R=1 且 M=1。根据图 10.24 中给出的算法,R 位的状态更改为 0,以区分最近引用的和较早引用的。因此,有可能在时钟的指针回到此页面时,其 R 位为 0,而 M 位仍为 1。这是因为 R 位的状态仅在算法中改变,而 M 位未改动过。因此,可能出现某个页面的 R 位为 0,而 M 位为 1。

【例 10.10】　一个循环队列如图 10.30 所示,使用引用位(R)和修改位(M)。

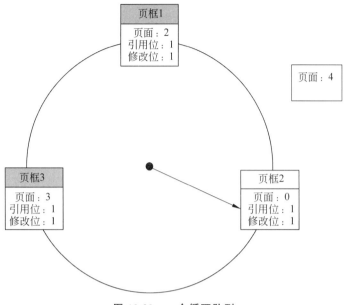

图 10.30　一个循环队列

指针当前定位在页面 0,其引用位和修改位均为 1。因此根据 NRU 算法,不进行替换,将该页框对应的引用位置 0,并将指针旋转到下一页。可以发现,循环队列中的所有引用位和修改位都为 1。因此,算法扫描完一圈之后,将所有页框对应的引用位都置 0,并回到初始的指针位置,即页面 0 的位置。此时,再次扫描,会发现页框 2(页面 0)的引用位为 0,则将其置换。置换后的情形如图 10.31 所示。

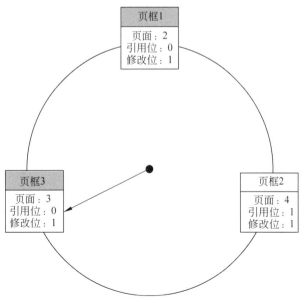

图 10.31　页框置换后的情形

【例 10.11】 假设系统为进程分配的页框(块)数为 3,且进程的页面访问序列如下:

$$2,3,2,1,5,2,4,5,3,2,5,2,1,3,3,5$$

分别采用最优置换、先进先出置换、最近最久未使用置换(LRU)与简单时钟置换算法,计算各算法的缺页中断次数。

(1) 最优置换算法的缺页中断如图 10.32 所示。

2	3	2	1	5	2	4	5	3	2	5	2	1	3	3	5
2	2	2	2	2	2	4	4	4	2	2	2	1	1	1	1
	3	3	3	3	3	3	3	3	3	3	3	3	3	3	3
			1	5	5	5	5	5	5	5	5	5	5	5	5
✓	✓		✓	✓		✓			✓			✓			

图 10.32　最优置换算法的缺页中断

缺页中断次数:7 次。

(2) 先进先出置换算法的缺页中断如图 10.33 所示。

2	3	2	1	5	2	4	5	3	2	5	2	1	3	3	5
2	2	2	2	5	5	5	5	3	3	3	3	1	1	1	1
	3	3	3	3	2	2	2	2	2	5	5	5	3	3	3
			1	1	1	4	4	4	4	4	2	2	2	2	5
✓	✓		✓	✓	✓	✓		✓		✓	✓	✓	✓		✓

图 10.33　先进先出置换算法的缺页中断

缺页中断次数:12 次。

(3) 最近最久未使用的缺页中断如图 10.34 所示。

2	3	2	1	5	2	4	5	3	2	5	2	1	3	3	5
2	2	2	2	2	2	2	2	3	3	3	3	1	1	1	1
	3	3	3	5	5	5	5	5	5	5	5	5	3	3	3
			1	1	1	4	4	4	2	2	2	2	2	2	5
✓	✓		✓	✓		✓		✓	✓			✓	✓		✓

图 10.34　最近最久未使用的缺页中断

缺页中断次数:10 次。

(4) 简单时钟置换算法的缺页中断如图 10.35 所示。

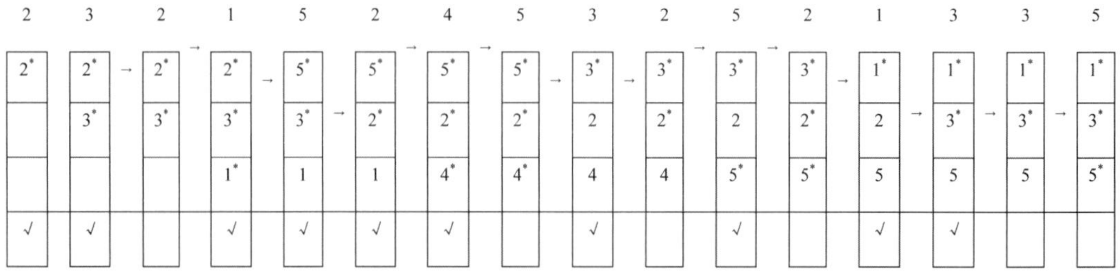

2	3	2	1	5	2	4	5	3	2	5	2	1	3	3	5
2*	2*	2*	2*	5*	5*	5*	5*	3*	3*	3*	3*	1*	1*	1*	1*
	3*	3*	3*	3	2*	2*	2*	2	2*	2	2*	2	3*	3*	3*
			1*	1	1	4*	4*	4	4	5*	5*	5	5	5	5*
✓	✓		✓	✓	✓	✓		✓		✓		✓	✓		

图 10.35　简单时钟置换算法的缺页中断

缺页中断次数：10 次。

10.3 抖 动

对于没有"足够"页框的任何进程，如果该进程没有获得进程运行所需的页框数，它将发生页面错误。此时，它必须替换某些页面。但是，由于其所有页面都处于活动状态，因此可能会替换立即将再次需要的页面，从而导致它很快一次又一次地出错。这种高频页面置换称为抖动（Thrashing）。如果进程花费的页面置换时间比执行时间多，那么进程就处于抖动状态。

10.3.1 抖动的原因

抖动会导致严重的性能问题。考虑以下情形，它基于早期分页系统的实际行为。操作系统监视 CPU 利用率，如果 CPU 利用率太低，将通过向系统引入新的进程来提高多道并发程度。使用全局页面替换算法，它并不考虑替换的页面归属于哪个进程。现在假设页面进入了一个新的阶段并且需要更多页框，它开始出现故障，并从其他进程获得页框。但是，这些进程也需要这些页面，因此也会出错，并再次从其他进程获得页框。这些故障过程必须使用分页设备换入或者换出页面。当进程等待分页设备时，CPU 利用率降低。

CPU 调度程序看到 CPU 使用率下降，将会提高多道程序的并发度。新进程尝试通过从运行进程中获取页框来开始运行，从而导致更多的页面错误和更长的分页设备队列。结果导致 CPU 利用率进一步下降，并且 CPU 调度程序试图进一步提高多道程序的并发度。这样便发生了抖动，导致系统吞吐量急剧下降，页面错误率大大增加，结果导致有效的存储器访问时间增多。这样将不会完成任何工作，因为这些进程将所有时间都花在分页上。

图 10.36 展示了抖动现象，其中横轴表示多道程序的并发度，纵轴表示 CPU 利用率。随着多道程序并发度的提高，CPU 利用率也会提高，尽管速度要慢一些，直到达到最大值为止。如果进一步提高多道程序的并发度，则会发生抖动，CPU 利用率将急剧下降。因此，为了提高 CPU 利用率并停止抖动，必须降低多道程序的并发度。

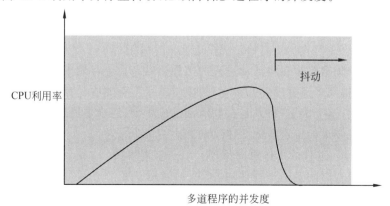

图 10.36 抖动现象

可以通过局部替换算法（或优先级替换算法）来限制抖动的影响。使用局部替换，如果一个进程开始抖动，它将无法从另一个进程中获取页框并导致后者也发生抖动。但是，问题并未完全解决。如果进程发生抖动，则大多数情况下它们将位于分页设备的队列中。由于分页设备的平均队列较长，因此页面错误的平均服务时间将增加。因此，即使对于没有抖动的进程，有效访问时间也会增加。为了防止抖动，必须为进程提供所需数量的页框。但是如何知道它需要多少页框呢？有几种技术可以处理这个问题。工作集策略是其中一种，它从查看进程实际使用多少页框开始。这种方法定义了进程执行的局部性模型。

局部性模型指出，随着进程的执行，它会从一个局部域转移到另一个局部域。位置集是一组活动使用的页面集合，进程通常由可能重叠的几个不同位置集组成。

例如，当调用一个函数时，它定义了一个新的局部域。在该局部域中，内存引用指向函数调用的指令及其局部变量和全局变量的子集。当退出该函数时，由于该函数的局部变量和指令不再处于活动状态，因此进程会离开该局部域。稍后可能会返回该局部域。

因此，局部性是由程序结构及其数据结构所定义的。局部性模型指出，所有程序都将展示此基本内存引用结构。如果对任何类型的数据的访问都是随机的而不是模式化的，则缓存将无用。

假设为进程分配了足够的页框以容纳其局部域，直到所有这些页面都在内存中为止，不然进程将会出错。然后，它不会再出错了，直到其局部域发生变化。如果没有分配足够的页框来容纳当前局部域大小，则该进程将会抖动，因为它无法将其正在使用的所有页面都保留在内存中。

10.3.2　工作集模型

如前所述，工作集模型（Working Set Model）基于局部性假设。该模型使用参数来定义工作集窗口，其思想是检查最新的页面引用，最新页面引用中的页面集就是工作集。如果页面正在使用中，它将在工作集中。如果不再使用它，将在其上次引用之后从工作设置的时间单位中调出它。因此，工作集类似于程序局部域。

丹宁认为，要使程序有效运行，必须在主存储中维护其工作页面集。否则，由于程序反复从辅助存储设备请求页面，可能会发生过多的页面置换行为，称为抖动。一种流行的经验法则是，可以通过为进程提供足够的页框以容纳其虚拟空间的一半来避免抖动。不幸的是，像这样的规则常常导致过度保守的虚拟存储管理，最终限制了可以有效共享主存储的进程数量。

工作集存储管理策略旨在将活动进程的工作集维持在主存储中。将新进程添加到活动的进程集中（即提高多道程序的并发度）的决定基于主存储中是否有足够的空间来容纳新进程的工作页面，这个决定（特别是在新启动的进程中）通常是通过试探法来做出的，因为系统不可能事先知道给定进程的工作集的大小。

如图 10.37 所示，进程的工作页面集 $W(t, w)$ 是进程在 $t-w$ 到 t 的时间间隔内该进程引用的页面集。进程时间是指进程使用 CPU 的时间。变量 w 称为工作集窗口大小，确定 w 应该多大对工作集存储管理策略的有效运行至关重要。图 10.38 说明了工作集大小如何随 w 的增大而增大。这是工作集的数学定义的结果，而不是经验上可观察到的工作集大小。进程的实际工作集是必须在主存储中的页面集,以保证进程能有效执行。

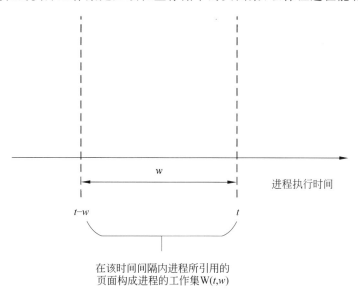

在该时间间隔内进程所引用的
页面构成进程的工作集W(t,w)

图 10.37 进程页面工作集的定义

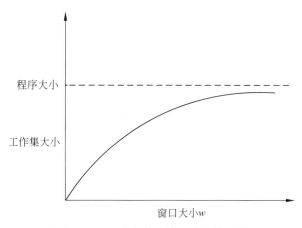

图 10.38 工作集作为窗口大小的函数

工作集会随进程执行而改变。有时会添加或删除页面,有时当进程进入某个执行阶段时会需要完全不同的工作集,那样工作集便会发生较大变化。因此,有关进程初始工作集的大小和内容的任何假设不一定适用于该进程执行一段时间后的后续工作集,这使工作集策略下的精确存储管理变得复杂。

图 10.39 显示了在工作集存储管理策略下运行的进程如何使用主存储。首先,由于进程的工作集中每次需要一个页面,进程逐渐接收到足够的存储空间来保存其工作集。此时,由于进程引用其工作集中的页面,因此其存储使用情况趋于稳定。最终,该进程将过渡到下一个工作集,如从第一个工作集到第二个工作集的曲线所示。初始,曲线上升到第一个工作集中的页面数以上,因为进程在新工作集中正在快速需求新的页面。系统无

法知道此过程是扩展其工作集还是更改工作集。一旦进程在下一个工作集中稳定下来,系统将在窗口中看到较少的页面引用,并将该进程的主存储分配减少到其第二个工作集中的页面数。每次在工作集之间发生过渡时,此先升后降曲线显示系统如何适应过渡。

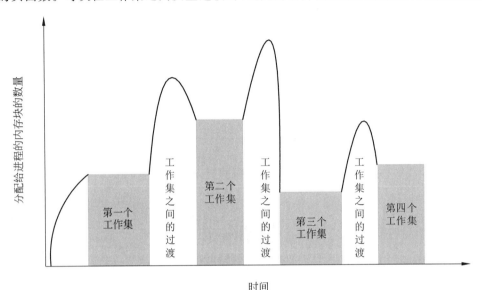

图 10.39   在工作集存储管理下内存分配

图 10.39 说明了工作集存储管理策略的困难之一,即工作集是瞬态的,并且进程的下一个工作集可能与其当前的工作集大不相同。存储管理策略必须仔细考虑这一事实,以防止过度使用主存储以及由此而导致的抖动。此外,实施真正的工作集存储管理策略可能会产生大量开销,尤其是因为工作集的组成可以并且确实会快速变化。

10.3.3   基于页面故障频率的页面替换

进程在分页环境中的执行状况的一个测度是其页面错误率。不断出错的进程可能会出现抖动,因为它们的页框太少,无法在主存储中维护其工作集。几乎不会出错的进程实际上可能具有太多的页框,因此它们可能会阻碍系统上其他进程的进度。理想情况下,进程应在这些极端情况的中间某个状态运行。页面故障频率(PFF)算法根据进程出错的频率调整进程的驻留页面集。

PFF 观察到上一次页面错误与当前页面错误之间的时间间隔。如果该时间间隔大于阈值上限,那么将释放该间隔中所有未引用的页面。如果时间间隔小于阈值下限,则进入的页面将成为该进程的常驻页面集成员。

PFF 的优点在于,它可以根据进程的行为变化动态地调整进程的驻留页面集。如果进程切换到更大的工作集,则它将频繁出现故障,PFF 将为其提供更多的页框。一旦累积了新的工作集,页面错误率就会下降,PFF 会保留驻留的页面集甚至减少它。

显然,PFF 正确有效运行的关键是将阈值保持在适当的值。PFF 相比工作集页面替换的优点是,它仅在每个页面出现故障后才调整常驻页面集,而工作集机制必须在每个存储引用之后运行。

本 章 小 结

存储器管理应该是操作系统实现过程中最复杂的一个部分,那么多并发进程同时共处一个内存空间,而存储器管理所需要做的是让这些进程都各自拥有一个在逻辑上独立的"个体空间"。存储器管理大体上分成基本存储管理和虚拟存储管理,其中,基本存储管理是指如何将实际的物理内存分配给进程,使得进程能够有效地执行;而虚拟存储是通过将外存虚拟内存的方式,在逻辑上扩充存储空间。

以请求分页为例讨论虚拟存储的实现方式。请求分页的实现需要页表和地址映射机制的支持。此外,在请求分页存储过程中需要进行页面置换。

最佳置换算法是一种理论上的算法,它假定能够获取完整的内存访问序列,因此它选择将后面不再被访问或者最久才会被访问的页面进行淘汰。

先进先出页面置换算法指的是淘汰最先进来的页面。该算法的优点是实现起来比较简便,然而其显著的缺点便是没有考虑页面的使用情况,也没有根据以往的经验对页面淘汰进行优化。

最近最久未使用置换算法指的是选择最近最久未被使用的页面进行淘汰,该算法假设刚被使用过的页面此后也很有可能会被使用。

二次机会页面置换算法则是更有序地基于页面的使用情况来进行页面淘汰,该算法将驻留于内存的页面组成一个队列,为每个页面设置一个访问位。当访问过页面之后,就将该访问位置 1。在选择淘汰页面的时候,会给予访问位为 1 的页面第二次机会,同时将该页面插入队列的队尾。

二次机会页面置换算法在页面组织的数据结构上会产生较大的开销,简单时钟页面置换算法针对该问题进行了优化,将页面组织为一个循环队列,并采用一个指针来指向队列中的元素,按顺序去访问页面。

习　　题

1. 页和块(页框)之间有什么区别?

2. 分页系统中的虚拟地址 a 相当于一对 (p,w),其中 p 是页号,w 是页中的字节号。令 z 是一页中的字节总数,请给出 p 和 w 关于 z 和 a 的函数。

3. 请描述物理地址与虚拟地址的区别?

4. 对于以下每个十进制虚拟地址,计算 4 KB 页面和 8 KB 页面的虚拟页面编号和偏移量:20000、32768、60000。

5. 英特尔 8086 处理器没有 MMU 或不支持虚拟内存。然而,一些公司出售了包含未修改的 8086 CPU,却能够进行分页。它们是如何做到的呢(提示:请考虑 MMU 的逻辑位置)?

6. 分页的虚拟内存需要哪种硬件支持才能工作?

7. 如果一条指令花费 1ns 的时间,而页面错误又花费 $n$ns 的时间,如果每 k 条指令发生一次页面错误,则给出有效指令时间的公式。

8. 机器具有 32 位地址空间和 8KB 页面。页表完全由硬件组成,每个条目只有一个 32 位字。当进程开始时,将页表从内存中复制到硬件中,每 100ns 一个字。如果每个进程运行 100ms(包括加载页表的时间),那么多少比例的 CPU 时间将用于加载页表?

9. 假设一台机器具有 48 位虚拟地址和 32 位物理地址。

(1) 如果页面为 4KB,则如果页面中只有一个,那么单级页面表中有多少个条目?请加以说明。

(2) 假设同一系统具有包含 32 个条目的 TLB(转换后备缓冲区)。此外,假设程序包含适合一页的指令,并且它从跨越数千页的数组中顺序读取长整数元素。TLB 在这种情况下的效果如何?

10. 如果页面引用 99% 的时间内由 TLB 处理的,则只有 0.01% 的概率会导致页面错误,那么有效的地址转换时间是多少?

11. 假设一台机器具有 38 位虚拟地址和 32 位物理地址。

(1) 与单级页表相比,多级页表的主要优点是什么?

(2) 对于两级页表,已具有 16KB 的页和 4 字节的条目,应为顶层页表字段分配多少位,以及为下一页表字段分配多少位?请加以说明。

12. 具有 32 位地址的计算机使用两级页表。虚拟地址分为 9 位顶层页表字段,11 位第二层页表字段和偏移量。请问页面有多少,地址空间有多少?

13. 一台计算机具有 32 位虚拟地址和 4KB 页面。程序和数据一起放在最低的页面(0~4095)中,堆栈放在最高的页面。如果使用传统(一级)分页,则页表中需要多少个条目?两级分页需要多少个页表项?

14. 一台计算机的进程在其地址空间中具有 1024 页,将其页表保存在内存中。从页表中读取字所需的开销为 5ns。为了减少这种开销,计算机具有一个 TLB,其中包含 32 个(虚拟页面,物理页面框架)对,并且可以在 1ns 内进行查找。需要什么命中率才能将平均开销减少到 2ns?

15. 如何在硬件中实现 TLB 所需的关联存储设备?这种设计对可扩展性有何影响?

16. 一台机器具有 48 位虚拟地址和 32 位物理地址,页面为 8KB,请问单级线性页表需要多少个条目?

17. 一名编译器设计课程的学生向教授提出了一个编写编译器的项目,该项目将产生可用于实现最佳页面置换算法的页面引用列表。这可能吗?为什么?有什么方法可以提高运行时的页面置换效率?

第 11 章

文 件 管 理

操作系统是计算机资源的管理者,操作系统除了管理处理器、存储和设备等这些硬件资源之外,还管理信息(软件)资源,其中后者通常是以文件的形式存在的。

文件存储对于不同的系统有所不同,但是通常都有如下方面的考虑。

1. 联机存储

对于涉及信息检索的应用而言,必然需要访问大规模的数据。如果没有联机存储,由用户自身来管理数据是不实际的。很少有用户能够容忍在程序运行过程中,通过输入和输出设备来输入程序和数据。

2. 信息共享

在某些系统中,用户期望能够共享信息。例如,在一个交易处理系统中,可能许多独立的程序会使用到同一个数据库。在大多数通用系统中,用户也都期望安装程序能够提供库程序集合,例如,编辑器、编译器以及有用的过程,这些对于所有用户而言都是通用的。如果信息以这种方式共享,必然需要长时间存储在一个联机存储中。

出于经济性考量,持久化存储通常放置在辅助存储设备(例如,磁盘和磁带等)中会更有效。文件系统旨在以一种方便用户的方式为组织和访问数据提供方法。

用户将数据组织在任意大小的文件中。每个文件是一个数据集合,它可以是一个程序、一组过程,也可以是实验结果。文件是由文件系统存储和操纵的逻辑单元,存储文件的媒介通常被划分为固定长度的块,文件系统必须将合理数量的块分配给每个文件。

通常,一个文件系统的需求如下:

(1) 允许创建和删除文件。

(2) 允许访问文件进行读写操作。

(3) 进行自动管理辅助存储空间。文件在辅助存储空间中的具体位置对于用户而言是透明的。

(4) 允许通过符号名来引用文件。由于用户并不知道也不希望知道文件的物理地址,要引用文件只需要引用它们的名字即可。

(5) 保护文件免于系统故障。

(6) 允许在合作进程之间进行文件共享,同时阻止未授权进程的非法访问。

11.1　文件系统概述

在计算机中,单击新建文件,然后输入需要新建的文件名称,在目录中便会出现一个文件。在建立文件的过程中,需要为这个文件命名,同时也可以设置文件的各种属性,包括文件的权限及其共享属性等。

对于新建的文件,只需记住它的存放地址(例如 D：\blcu\os),下次想要读取或者修改该文件的时候,按照这个地址便可以访问到这个文件。而且,正如所预期的,这个文件的各种属性以及文件的状态应该和上次访问的时候是一致的。

文件系统可以视为用户视角与计算机物理视角之间的一种映射,如图 11.1 所示。从用户的视角来看,似乎计算机的外存是一个巨大的文件柜,其中有序地摆放各种文件。从计算机的视角来看,无论是什么样的文件,最终都是以 01 符号串的形式存储在外存设备(硬盘、U 盘等)中。那么,操作系统是如何将这些散列在外存设备中的 01 符号串以文件的形式进行存储、读取和访问的呢?

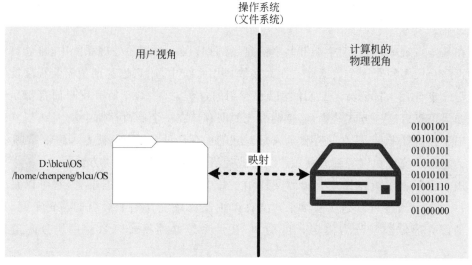

图 11.1　文件系统在用户与计算机物理视角之间的映射

11.1.1　文件及文件系统

操作系统为信息存储提供一个统一的逻辑视角,文件就是操作系统从存储设备的物理存储中抽象出来的一个逻辑存储单元。操作系统将文件映射到物理设备,文件定义为记录在外部存储介质上的一组相关信息的命名集合。从用户的视角,文件是外部存储的最小分配,也就是说数据只能够以文件的形式才能写入外部存储。而文件系统是对文件实施管理、控制与操作的一组软件。

1. 文件命名

文件保存在外部存储介质上,为了方便用户使用,每个文件都有一个名称,即文件名。

文件名是文件的标识,用户通过文件名来使用文件而不必关心文件存储方法、物理位置以及访问方式等。文件系统的基本功能就是实现文件的按名存取。

各种文件系统的文件命名方式不尽相同,文件名的长度因系统而异。例如,FAT12采用的是 8.3 命名规则,即规定文件名为 8 个字符,外加句点和 3 个字符的扩展名。NTFS(New Technology File System)的文件名则可以达到 255 个字符,而 EXT2(一种Linux 文件系统)的文件名则没有长度限制。

2. 文件属性

文件属性是对文件进行说明的信息。文件包括两部分内容:一是文件内容,二是文件属性。文件属性主要包括文件创建日期、文件长度、文件权限和文件存放位置等,这些信息主要被文件系统用来管理文件,不同的文件系统通常有不同种类和数量的文件属性。下面简要讨论一些常用的文件属性。

(1)文件名。文件名是标识文件的符号名称,它是以人可读的形式保存的唯一信息。文件名也是文件最基本的属性。

(2)文件标识。在文件系统内部有一个唯一的标签(通常是一个数)来标识文件。文件标识通常用于文件的机器识别。

(3)文件类型。文件类型用于系统支持不同类型的文件。

(4)文件物理位置。文件物理位置是一个指向设备及该设备上的文件位置的指针。

(5)文件大小。文件大小是文件的当前大小,通常以字节、字或者块为单位。

(6)文件权限。文件权限是与文件相关的访问控制信息,它决定谁能够读、写或者执行文件。

(7)文件拥有者。操作系统通常是多用户的,不同的用户拥有各自不同的文件,对这些文件的操作权限也不同。通常文件创建者对自己所创建的文件拥有一切权限,而对其他用户所创建的文件则拥有有限的权限。

(8)文件时间。文件时间包括最初创建时间、最后一次的修改时间、最后一次的执行时间和最后一次的读取时间等。

为了能对一个文件进行正确的存取,必须为文件设置用于描述和控制文件的数据结构,称之为文件控制块(FCB)。文件管理程序可借助文件控制块中的信息,对文件施以各种操作。文件与文件控制块一一对应,而人们把文件控制块的有序集合称为文件目录,即一文件控制块就是一个文件目录项。通常,也可以把一个文件目录看做是一个文件,称为目录文件。

3. 文件控制块

为了能对系统中的大量文件施以有效的管理,在文件控制块中通常应含有三类信息,即基本信息、存取控制信息及使用信息。

(1)基本信息类。基本信息类包括:

①文件名,指用于标识一个文件的符号名。在每个系统中,每一个文件都必须有唯一的名字,用户利用该名字存取文件。

②文件物理位置,指文件在外存上的存储位置,它包括存放文件的设备名、文件在外存上的起始盘块号以及文件长度,指示文件所占用的盘块数或字节数。

③文件逻辑结构,指示文件是流式文件还是记录式文件或记录数;文件是定长记录还是变长记录等。

④文件的物理结构,指示文件是顺序文件,还是链接式文件或索引文件。

(2) 存取控制信息类。存取控制信息类包括文件主的存取权限、核准用户的存取权限以及一般用户的存取权限。

(3) 使用信息类。使用信息类包括文件的建立日期和时间、文件上一次修改的日期和时间及当前使用信息(这项信息包括当前已打开该文件的进程数、是否被其他进程锁住、文件在内存中是否已被修改但尚未复制到盘上)。应该说明,对于不同操作系统的文件系统,由于功能不同,可能只含有上述部分信息。

图 11.2 给出了 MS-DOS 中的文件控制块,其中含有文件名、文件所在的第一个盘块号、文件属性、文件建立日期和时间及文件长度等。FCB 的长度为 32 个字节,对于 360 KB 的软盘,总共可包含 112 个 FCB,共占 4 KB 的存储空间。

文件名	扩展名	属性	备用	时间	日期	第一块号	盘块数

图 11.2　MS-DOS 的文件控制块

4. 文件系统模型

从用户视角而言,文件系统与用户或者程序之间通过文件系统接口进行交互(见图 11.3),在文件系统接口之下,封装了对对象操纵和管理的软件集合,这些软件旨在处理文件系统中的各类对象。

(1) 文件系统的层次模型。文件系统的传统模型为层次模型,该模型由许多不同的层组成,每一层都会使用下一层的功能特性来创建新的功能,为上一层服务。每一层都在下层的基础上向上层提供更多的功能,由下至上逐层扩展,从而形成一个功能完备、层次清晰的文件系统。

层次模型的分层方法有很多种。图 11.4 所示的是一种常用的 4 层模型。该模型包括基本 I/O 控制层、基本文件系统层、文件组织模块层和逻辑文件系统层。

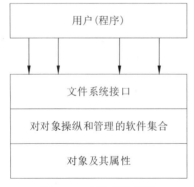

图 11.3　文件系统模型

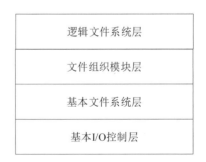

图 11.4　文件系统的层次模型图

基本 I/O 控制层由设备驱动程序和中断处理程序组成,实现内存和磁盘系统之间的信息传输。基本文件系统层主要向相应的设备驱动程序发出读写磁盘物理块的一般命令。文件组织模块层负责对具体文件以及这些文件的逻辑块和物理块进行操作。逻辑文件系统层使用目录结构为文件组织模块提供所需的信息，并负责文件的保护和安全。

(2) 文件管理功能。更进一步，从文件管理功能的视角，文件系统组成如图 11.5 所示，我们从左到右观察该图。

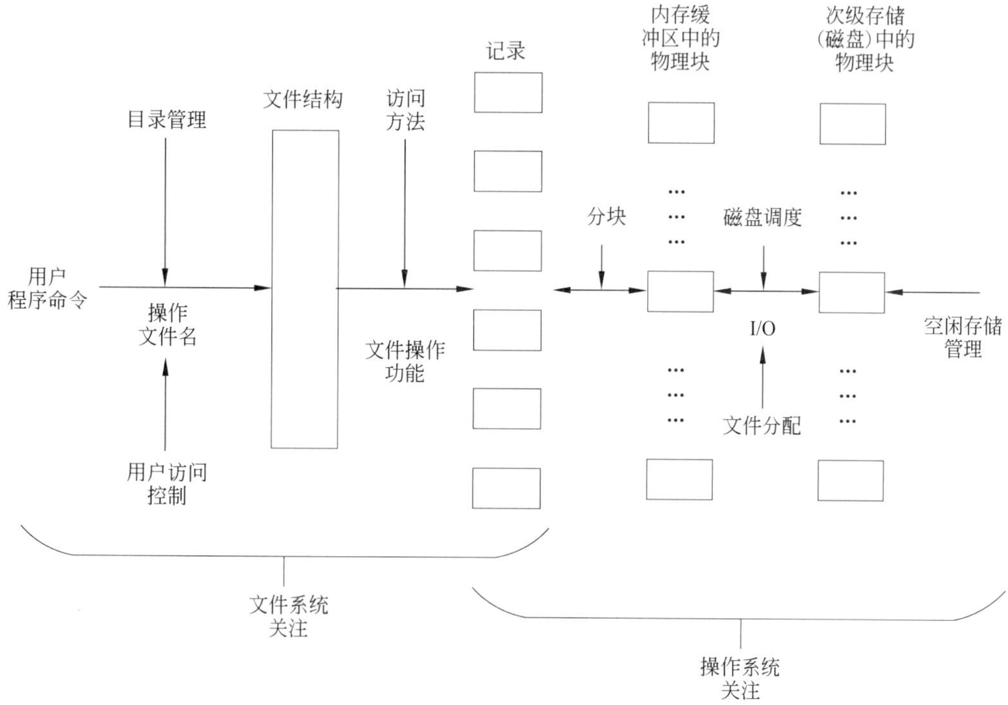

图 11.5　文件管理功能视角下的文件系统组成

用户和应用程序通过用于创建和删除文件以及对文件执行操作的命令来与文件系统交互。在执行任何操作之前，文件系统必须识别并找到所选文件，这需要使用某种目录来描述所有文件的位置及其属性。此外，大多数共享系统都强制执行用户访问控制，只允许授权用户以特定方式访问特定文件。

用户或应用程序可以对文件执行的基本操作是在记录级别执行的。用户或应用程序将文件视为具有组织记录的某种结构，例如顺序结构(例如，人员记录按姓氏的字母顺序存储)。因此，为了将用户命令转换为特定的文件操作命令，必须采用适合于该文件结构的访问方法。

用户和应用程序关注的是记录或字段，而 I/O 是以块为基础完成的。因此，文件的记录或字段必须组织为块进行输出，或者在输入时进行解块。要支持文件的块 I/O，需要几个功能，必须管理辅助存储。这涉及将文件分配给辅助存储上的空闲块并管理空闲存储，以便了解可用于新文件和文件增长的块。此外，必须调度单个块 I/O 请求。磁盘调度和文件分配都与性能优化有关，因此需要一起考虑这些功能。此外，优化将取决于文件的结构和访问模式。

因此，从性能的角度开发最佳的文件管理系统是一项极其复杂的任务。

图 11.5 建议将文件管理系统作为一个单独的系统实用程序所关注的问题,并将其与操作系统关注的问题区分开来,交叉点是记录处理。这种划分是任意的,不同系统采用不同方法。

5. 常用文件系统

随着操作系统的不断发展,越来越多功能强大的文件系统不断涌现。这里,列出一些具有代表性的文件系统。

(1) EXT2:Linux 最常用的文件系统,设计成易于向后兼容,所以新版的文件系统代码无需改动就可以支持已有的文件系统。

(2) NFS:网络文件系统,允许多台计算机之间共享文件系统,易于从网络中的计算机上存取文件。

(3) HPFS:高性能文件系统,是 IBM OS/2 的文件系统。

(4) FAT:经过 MS-DOS、Windows 3.x、Windows 98、Windows NT、Windows 2000、Windows XP 和 OS/2 等操作系统的不断改进,它已经发展成为包含 FAT12、FAT16 和 FAT32 的庞大家族。

(5) NTFS:NTFS 是 Microsoft 公司为了配合 Windows NT 的推出而设计的文件系统,为系统提供了极大的安全性和可靠性。

思 考 题

除了上述提到的常见文件系统之外,你还能列举出其他一些文件系统吗?

11.1.2 文件、记录和数据项

1. 数据项

在文件系统中,数据项是最低级的数据组织形式,可把它分成以下两种类型。

(1) 基本数据项。这是用于描述一个对象的某种属性的字符集,是数据组织中可以命名的最小逻辑数据单位,即原子数据,又称为数据元素或字段。它的命名往往与其属性一致。例如,用于描述一个学生的基本数据项有学号、姓名、年龄、所在班级等。

(2) 组合数据项。它是由若干个基本数据项组成的,简称组项。例如,经理便是个组项,它由正经理和副经理两个基本项组成。又如,工资也是个组项,它可由基本工资、工龄工资和奖励工资等基本项所组成。基本数据项除了数据名外,还应有数据类型。因为基本项仅是描述某个对象的属性,根据属性的不同,需要用不同的数据类型来描述。例如,在描述学生的学号时,应使用整数,描述学生的姓名则应使用字符串(含汉字);描述性别时,可用逻辑变量或汉字。可见,由数据项的名字和类型两者共同定义了一个数据项的"型",而表征一个实体在数据项上的数据则称为"值"。例如,学号/30211、姓名/王有年、性别/男等。

2. 记录

记录是一组相关数据项的集合,用于描述一个对象在某方面的属性。一个记录应包含哪些数据项取决于需要描述对象的哪个方面。而一个对象由于所处的环境不同可视作不同的对象。例如,对于一个学生,当把他作为班上的一名学生时,对他的描述应使用学

号、姓名、年龄及所在班级,也可能还包括他所学过的课程的名称、成绩等数据项。但若把学生作为一个医疗对象时,描述他的数据项则应使用诸如病历号、姓名、性别、出生年月、身高、体重、血压及病史等项。在诸多记录中,为了能唯一地标识一个记录,必须在记录的各个数据项中确定出一个或几个数据项,把它们的集合称为键(key)。或者说,键是唯一能标识一个记录的数据项。通常,只需用一个数据项作为键。例如,前面的病历号或学号便可用来从诸多记录中标识出唯一的记录。然而有时找不到这样的数据项,只好把几个数据项定为能在诸多记录中唯一地标识出某个记录的键。

3. 文件

文件是指由创建者所定义的、具有文件名的一组相关元素的集合,可分为有结构文件和无结构文件两种。在有结构的文件中,文件由若干个相关记录组成;而无结构文件则被看成是一个字符流。文件在文件系统中是一个最大的数据单位,它描述了一个对象集。例如,可以将一个班的学生记录作为一个文件。一个文件必须要有一个文件名,它通常是由一串 ASCII 码或(和)汉字构成的,名字的长度因系统而异。如在有的系统中把名字规定为 8 个字符,别的系统中又规定可用 14 个字符。用户利用文件名来访问文件。

此外,文件应具有自己的属性,属性可以包括如下。

(1) 文件类型。可以从不同的角度来规定文件的类型,如源文件、目标文件及可执行文件等。

(2) 文件长度。文件长度指文件的当前长度,长度的单位可以是字节、字或块,也可能是最大允许的长度。

(3) 文件的物理位置。该项属性通常是用于指示文件在哪一个设备上以及在该设备的哪个位置的指针。

(4) 文件的建立时间。这是指文件最后一次的修改时间等。

图 11.6 给出了文件、记录和数据项之间的层次关系。

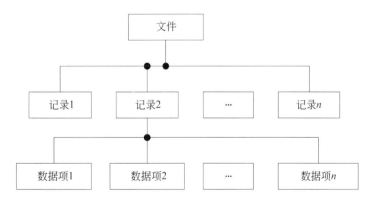

图 11.6　文件、记录和数据项之间的层次关系

11.1.3　文件类型

为了有效、方便地组织和管理文件,常按照不同的角度对文件进行分类。文件分类方法有很多,这里介绍几种常用的分类方法。

1. 按用途分类

（1）系统文件：由系统软件构成的文件。包括操作系统内核、编译程序文件等。这些通常都是可执行的二进制文件，只允许用户使用，不允许用户修改。

（2）库文件：由标准的和非标准的子程序库构成的文件。标准的子程序库通常称为系统库，提供对系统内核的直接访问，而非标准的子程序库则是提供满足特定应用的库。库文件又分为两大类：一类是动态链接库，另一类是静态链接库。

（3）用户文件：用户自己定义的文件，如用户的源程序、可执行程序和文档等。

2. 按性质分类

（1）普通文件：系统所规定的普通格式的文件，例如字符流组成的文件，它包括用户文件、库函数文件、应用程序文件等。

（2）目录文件：目录文件包含普通文件与目录的属性信息的特殊文件，主要是为了更好地管理普通文件与目录。

（3）特殊文件：在 Linux 系统中，所有的输入/输出设备都被看作是特殊的文件，甚至在使用形式上也和普通文件相同。通过操作特殊文件可完成相应设备的操作。

3. 按保护级别分类

（1）只读文件：允许授权用户读，但不能写。

（2）读写文件：允许授权用户读和写。

（3）可执行文件：允许授权用户执行，但不能读写。

（4）不保护文件：用户具有一切权限。

4. 按文件数据的形式分类

（1）源文件：源代码和数据构成的文件。

（2）目标文件：源程序经过编译程序编译但尚未连接成可执行代码的目标代码文件。

（3）可执行文件：编译后的目标代码由连接程序连接后形成的可以运行的文件。

表 11.1 按上述分类方法做了一个归纳总结。除了以上的分类方法外，还可以按照文件的其他属性进行分类。由于各种系统对文件的管理方式不同，因而对文件的分类方法也有很大的差异，但是其根本目的都是为了提高文件的处理速度以及更好地实现文件的保护和共享。

表 11.1　文件分类

分 类 维 度	类　　型
按用途分类	系统文件
	库文件
	用户文件
按性质分类	普通文件
	目录文件
	特殊文件

续表

分 类 维 度	类　　型
按保护级别分类	只读文件
	读写文件
	可执行文件
	不保护文件
按文件数据的形式分类	源文件
	目标文件
	可执行文件

11.1.4　文件的操作

为了方便用户使用文件系统,文件系统通常向用户提供各种调用接口。用户通过这些接口来对文件进行各种操作,这些操作可以分为两大类:一类是对文件自身的操作,例如,建立文件、打开文件、关闭文件、读写文件等;另一类是对记录的操作(最简单的记录可以是一个字符),例如,查找文件中的字符串以及插入和删除记录等。以下是一些常用的文件操作。

(1) 创建文件。创建文件时,系统首先为新文件分配所需的外存空间,并且在文件系统的相应目录中建立一个目录项,该目录项记录了新文件的文件名及其在外存中的地址等属性。

(2) 删除文件。当已经不再需要某个文件时,便可以把它从文件系统中删除,这时执行的是与创建新文件相反的操作。系统先从目录中找到要删除的文件项,使之成为空项,紧接着回收该文件的存储空间,用于下次分配。

(3) 打开文件。在开始使用文件时,首先必须打开文件。通过打开文件,可以检验文件的授权许可,并获得访问文件的句柄,例如:

```
fd=fopen("myfile",R)
```

执行上述文件打开调用,系统会执行如下行为(见图 11.7):

① 文件系统读取当前目录,发现"myfile"在磁盘维护的文件列表中位于条目 18 的位置。

② 将条目 18 的数据结构从磁盘中读取到内核的打开文件表中。它包括文件的各类属性,例如所有者、访问权限以及文件块列表。

③ 检查用户的访问权限与文件的许可,确认允许该用户读取该文件。

④ 将用户变量 fd 指向打开文件表对应的条目。它作为一个句柄告诉系统在接下来的读写操作中访问哪个文件,并且证明已经获得该文件的访问权限,然而又不需要用户代码实际去访问内核数据。

(4) 定位文件。通过文件定位改变读写指针的位置,则可以从文件的任意位置开始

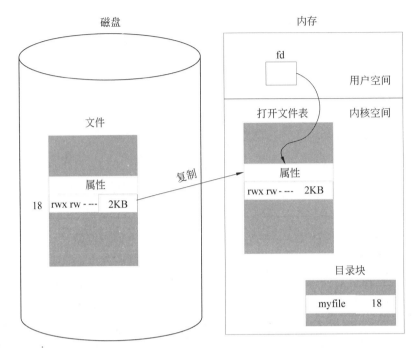

图 11.7 打开文件示意图

读写,为文件提供随机存取的能力。例如:

```
fseek(fd,2000)
```

表示将 fd 所指向的文件定位到 2000 字节位置。

(5)读文件。通过读文件,将位于外部存储介质上的数据读入到内存缓冲区,例如:

```
buf=fread(fd, 500)
```

表示从 fd 所指向的文件中读取 500 个字节的内容放入缓冲区 buf 中。其中,参数 fd 通过指向内核的打开文件表来标识打开的文件。使用 fd,系统能够获得文件的访问权限。文件系统将指定的数据内容从硬盘块中读取到内核的缓冲区中。由于该过程需要花费一些时间,操作系统通常会阻塞 fread,直到操作完成。当操作完成后,磁盘会中断 CPU,通知数据传送已经完成,fread 系统调用便会恢复,同时将对应的数据存储到 buf 所指向的用户缓冲区中。相关操作如图 11.8 所示。

(6)写文件。通过写指针,将内存缓冲区中的数据写入到位于外部存储介质上的文件中。例如:

```
fseek(fd,2000)
fwrite(fd,buf,500)
```

表明将 fd 所指向的文件定位在 2000 处,然后将 buf 缓冲区的 500 个字节内容写入 fd 所指向的文件中。

假设当前的文件共占有两个物理块,分别为 3 和 8,每个物理块 1024 个字节。那么

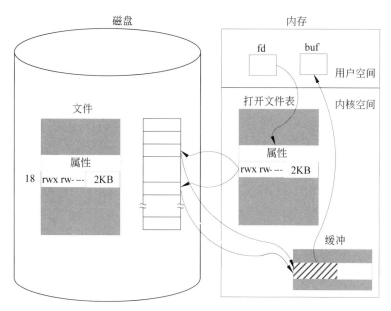

图 11.8　读文件示意图

当调用 fseek(fd,2000)后,文件定位在第二个块的某个位置。磁盘的读写都是一整块一整块地操作。因此要写入第二个块,则必须首先将整个第二个块读入内核缓冲区,然后使用新数据将 2000~2048 的位置都覆盖掉,如图 11.9 所示。

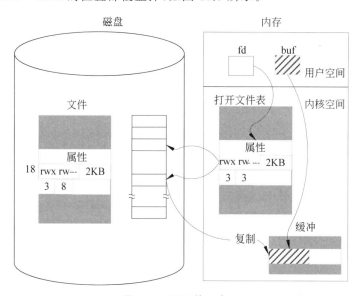

图 11.9　写文件示意图

然而,还有剩余的数据需要写入。由于当前文件只有两个物理块,因此需要从空闲块中分配第三个块给文件。假定物理块 2 为空闲块并分配给文件,由于该块为新块,在修改它的时候并不需要将它读入到缓冲区中,而只需要在缓冲区中分配一个"块",假定它代表块 2,然后将数据复制到缓冲区,并将它写入磁盘即可,如图 11.10 所示。

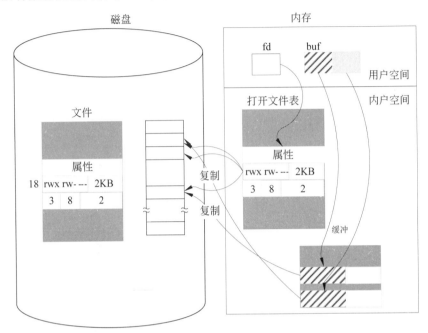

图 11.10　写文件示意图(新分配块)

(7) 关闭文件。在完成文件使用后,应该关闭文件。这不但是为了释放内存空间,而且也因为许多系统常常限制可以同时打开的文件数。

(8) 系统维护文件的位置。你可能注意到 fread 系统调用返回一个缓冲区地址用于将数据放置于用户内存中,但是并没有表明数据读取的起始偏移位置。这反映的是文件常见的顺序读写操作,即每次访问从上一次结束的位置开始。操作系统维护着当前的偏移(通常称为文件指针),在每次结束的时候对它进行更新。如果需要随机访问,进程能够通过使用 fseek 系统调用将文件指针设置到所期望的位置。

以 Linux 为例,上述实现使用了三张表来保留打开文件的数据(见图 11.11)。

第一张表是内核 i 节点(Inode)表,它包含打开文件的 i 节点。每个文件在这张表中最多出现一次。该数据本质上与磁盘上的 i 节点相同,即包含涉及文件的一般信息,例如所有者、授权、修改时间和磁盘块列表等。

第二张表是打开文件表。每当打开一个文件,就会为它分配表中的一项。这些项包含三部分数据:

(1) 表示文件被打开用于读或写。

(2) 存储文件当前访问位置的偏移,通常也称为文件指针。

(3) 指向文件 i 节点的指针。

一个文件可以被相同或者不同的进程打开多次,因此存在多个打开文件项指向相同的 i 节点。这些数据被 fread 和 fwrite 系统调用所使用,首先确保访问是授权许可的,然后找到它应该从哪个偏移位置开始访问。

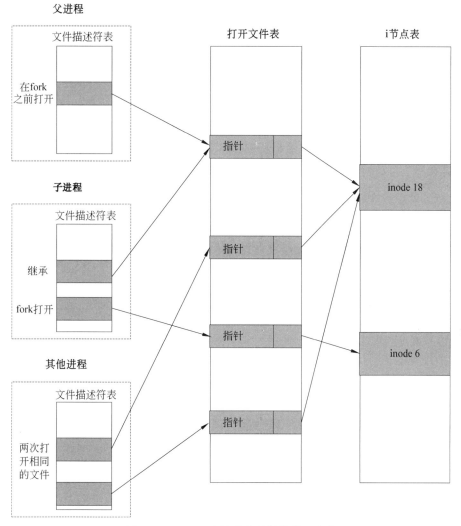

图 11.11　Linux 中涉及文件操作的三张表

　　第三张表是文件描述符表。在操作系统中对于每个进程都有一个独立的文件描述符表。当打开文件的时候,系统在打开进程的文件描述符表中找到一个未被使用的槽,用于存储它在打开文件表中创建的新项的指针。槽的索引是 fopen 系统调用的返回值,用于获取文件的句柄。前三个索引值通常预先分配给标准输入、标准输出和标准出错信息。

11.2　文件的逻辑结构

　　文件组织结构分为文件的逻辑结构(File Logical Structure)和文件的物理结构(File Physical Structure)。前者是从用户的观点出发,所看到的是独立于文件物理特性的文件组织形式,是用户可以直接处理的数据及其结构,后者则是文件在外存上的具体存储结构。

文件的逻辑结构分为两种形式：记录式文件和流式文件。记录式文件在逻辑上总是被看成一组顺序的记录集合，它是一种有结构的文件组织，又分成定长记录文件和变长记录文件。而流式文件又称无结构文件，是指文件内部不再划分记录，它是由一组相关信息组合成的有序字符流。这种文件的长度直接按字节计算。

文件的物理结构则是指文件在外部存储介质上的存放形式，也叫文件的存储结构，它对文件的存取方法有较大的影响。文件在逻辑上看都是连续的，但在物理介质上存放时却不一定连续。

对文件逻辑结构所提出的基本要求首先是能提高检索速度，即在将大批记录组成文件时，应有利于提高检索记录的速度和效率；其次是便于修改，即便于在文件中增加、删除和修改一个或多个记录；第三是降低文件的存储费用，即减少文件占用的存储空间，不要求大片的连续存储空间。

在选择文件组织的时候，需要遵从如下准则：

（1）短的访问时间。

（2）易于更新。

（3）存储的经济性。

（4）易于维护。

（5）可靠性。

这些准则的相对优先级依赖于使用文件的应用。例如，如果一个文件只是以批处理的方式处理，每次都访问所有的记录，那么快速访问和检索单个记录并不是主要的考量。存储在 CD-ROM 上的文件从不更新，因此易于更新并不是一个问题。

这些准则也可能彼此冲突。例如，考量存储的经济性，数据应该有最小的冗余；而另一方面，冗余是提高访问速度的主要方法。

11.2.1 文件逻辑结构的类型

文件的逻辑结构可分为两大类：一类是有结构文件，这是指由一个以上的记录构成的文件，故又把它称为记录式文件；另一类是无结构文件，这是指由字符流构成的文件，故又称为流式文件。

1. 有结构文件

在记录式文件中，每个记录都用于描述实体集中的一个实体，各个记录有着相同或不同数目的数据项。记录的长度可分为定长和变长两类。

（1）定长记录。这是指文件中所有记录的长度都是相同的，所有记录中的各数据项都处在记录中相同的位置，具有相同的顺序和长度。文件的长度用记录数目表示。对定长记录的处理方便、开销小，所以这是目前较常用的一种记录格式，被广泛用于数据处理中。

（2）变长记录。这是指文件中各记录的长度不相同。产生变长记录的原因可能是由于一个记录中所包含的数据项数目并不相同，如书的著作者、论文中的关键词等；也可能是由于数据项本身的长度不定，例如，病历记录中的病因和病史、科技情报记录中的摘要等。不论是哪一种，在处理前，每个记录的长度是可知的。

根据用户和系统管理上的需要,可采用多种方式来组织这些记录,形成下述的几种类型:

(1)顺序文件。这是由一系列记录按某种顺序排列所形成的文件,其中的记录通常是定长记录,因而能用较快的速度查找文件中的记录。

(2)索引文件。当记录为可变长度时,通常为之建立一张索引表,并为每个记录设置一个表项,以加快检索记录的速度。

(3)索引顺序文件。这是上述两种文件构成方式的结合,它为文件建立一张索引表,为每一组记录中的第一个记录设置一个表项。

2. 无结构文件

大量的数据结构和数据库采用的是有结构的文件形式,而大量的源程序、可执行文件、库函数等所采用的是无结构的文件形式,即流式文件,其长度以字节为单位。对流式文件的访问是采用读/写指针来指示下一个要访问的字符。可以把流式文件看做是记录式文件的一个特例。

11.2.2　堆

堆(Pile)是最简单的文件组织形式。数据按它们到达的顺序收集,每个记录由一串数据构成。堆的目的仅仅是累积大量数据并加以保存。堆中按照时间顺序存储可变长的记录,也包含可变域集合,如图 11.12 所示。记录可以有不同的域,或者记录也可以有相同的域,但它们出现的顺序却不同。因此,每个域应该是自描述的,包括域名和域值。每个域的长度由分界符隐含确定,或者明确地作为一个子域被包含,又或者作为该域类型的默认长度。

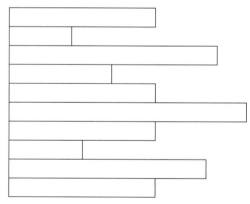

图 11.12　堆文件结构

由于堆文件没有结构,因而对记录的访问是穷举搜索。也就是说,如果想找到包括某一特定域和特定值的记录,则需要检查堆中的每一条记录,直到找到想要的记录或者搜索完整个文件为止。如果想查找包括某一特定域和特定值的所有记录,则必须搜索整个文件。

当数据在处理前收集并存储或者当数据难以组织时,会用到堆文件。当保存的数据大小和结构不同时,这种类型的文件空间使用情况很好。此外,堆文件很适合穷举搜索,且易于修改。然而,除了极少应用场景外,大多数应用都不适合采用堆文件。

11.2.3　顺序文件

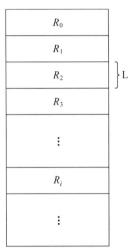

图 11.13　顺序文件结构

　　顺序文件是最常用的文件结构。在顺序文件中,记录都采取固定格式。所有记录都等长,包含相同顺序、相同数量的固定长度域。由于每个域的长度和位置是已知的,只需要存储域的值。每个域的域名和域的长度是文件结构的属性(见图 11.13)。

　　一个特殊的域(通常是每个记录中的第一个域)称为键域(Key Field)。键域唯一标识记录,不同记录的键值总是不同的。此外,记录以键顺序存储,即对于文本键,是以字母顺序存储;对于数字键,则是以数字顺序存储。

　　顺序文件通常在批处理应用中使用,如果涉及处理所有记录,顺序文件是最优的。顺序文件的组织形式是唯一既易于存储在磁带又易于存储在磁盘上的文件类型。

　　对于涉及单个记录的查询或者更新的交互式应用,顺序文件的性能很差。顺序文件的搜索需要键值匹配。如果整个文件或者文件的大部分可以一次性加载到内存中,可以有更有效的搜索技术。然而,在一个大的顺序文件中访问一个记录,将涉及相当的处理和延迟。添加数据到文件中也是有许多问题。典型地,顺序文件以记录的顺序进行存储。也就是说,文件在磁带或者磁盘中的物理组织直接匹配文件的逻辑组织。在这种情况下,通常放置新的记录在一个单独的堆文件中,称为日志文件或者交易文件。定期对文件进行批更新,将日志文件与主文件进行融合从而产生符合正确键顺序的新文件。

　　物理组织顺序文件的另一种方式是将它组织为链表(linked list),在每个物理块中存储一个或者多个记录。磁盘中的每个块包含指向下一个块的指针。插入新记录涉及指针操作,但是并不需要新的记录占有特定物理块位置。这样,牺牲特定的处理和开销,可以获得额外的便捷。

11.2.4　索引顺序文件

　　应对顺序文件劣势的一个主流方法是索引顺序文件(Index Sequential File)。索引顺序文件维护顺序文件的关键特性,即基于键域组织记录。此外,增加了两个额外特征,一是对文件建立索引来支持随机访问,另一个是溢出文件(Overflow File)。索引提供查询能力来快速到达所期望记录的周边。溢出文件与顺序文件中使用的日志文件相似,但是其中的记录通过其前辈记录中的指针就能定位。

　　在索引顺序结果中,最简单的形式是使用单级索引。这种情形中的索引是一个简单的顺序文件。索引文件中的每个记录包含两个域,一个是键域,它与主文件中的键域相同。另一个是指向主文件的指针。要发现特定域,可以搜索索引来发现等于或者小于所期望键值的最高键域。然后通过指针所指向的主文件位置在主文件中继续搜索。

假设包含 100 万个记录的顺序文件,要检索一个特定的键值平均需要 50 万次访问。现在构造一个包含 1000 个条目的索引,这 1000 个键几乎平均分布在主文件中。现在平均需要 500 次索引访问以及 500 次主文件访问才能找到记录。平均搜索的长度从 50 万降低到 1000。

在文件中增加记录的方式如下:主文件中的每个记录包含一个额外的域,对于应用是不可见的,它是指向溢出文件的指针。当将一个新记录插入到文件时,它将添加到溢出文件中。在主文件中,更新新记录的逻辑前序记录,使得它包含一个指向溢出文件中的新记录的指针。如果直接前序记录自身也在溢出文件中,那么在那个记录中的指针也将更新。索引顺序文件以批处理方式与溢出文件融合。

索引顺序文件极大缩减了访问单个记录的时间,并且不需要牺牲文件的顺序特性。要顺序处理整个文件,主文件的记录按顺序处理直到发现一个指向溢出文件的指针,然后继续访问溢出文件,直到遇到一个空指针。

为了提供更高的访问效率,可以使用多级索引。最低层的索引文件被视为顺序文件,在此基础上创建高层索引文件。再次考虑 100 万条记录。构造 1 万个条目的底层索引,在此文件基础上再构造 1000 个条目的高层索引文件。搜索从高层索引开始,平均需要 50 次访问,然后在搜索底层搜索 50 次,从而找到对应的主文件,再次搜索需要 50 次,因此将 50 万次缩减到 150 次。

索引顺序文件可能是最常见的一种逻辑文件形式。它有效地解决了变长记录文件不便于直接存取的缺点,而且所付出的代价也不算太大。它是顺序文件和索引文件相结合的产物。它将顺序文件中的所有记录分为若干个组(例如,50 个记录为一个组);为顺序文件建立一张索引表,在索引表中为每组中的第一个记录建立一个索引项,其中含有该记录的键值和指向该记录的指针。索引顺序文件如图 11.14 所示。

在对索引顺序文件进行检索时,首先也是利用用户(程序)所提供的键以及某种查找算法去检索索引表,找到该记录所在记录组中第一个记录的表项,从中得到该记录组中第一个记录在主文件中的位置。然后,再利用顺序查找法去查找主文件,从中找到所要求的记录。

如果在一个顺序文件中所含有的记录数为 N,则为检索到具有指定键的记录,平均须查找 $N/2$ 个记录。但对于索引顺序文件,则为能检索到具有指定键的记录,平均只要查找 $\sqrt{N}$ 个记录,因而其检索效率 S 比顺序文件约提高 $\sqrt{N}/2$ 倍。例如,有一个顺序文件含有 10 000 个记录,平均须查找的记录数为 5000 个。但对于索引顺序文件,则平均只须查找 100 个记录。可见,它的检索效率是顺序文件的 50 倍。

但对于一个非常大的文件,为找到一个记录而须查找的记录数目仍然很多,例如,对于一个含有 10^6 个记录的顺序文件,当把它作为索引顺序文件时,为找到一个记录,平均须查找 1000 个记录。为了进一步提高检索效率,可以为顺序文件建立多级索引,即为索引文件再建立一张索引表,从而形成两级索引表。例如,对于一个含有 10^6 个记录的顺序文件,可先为该文件建立一张低级索引表,每 100 个记录为一组,故低级索引表应含有 10^4 个表项,而每个表项中存放顺序文件中每个组的第一个记录的记录键值和指向该记录的指针,然后再为低级索引表建立一张高级索引表。这时,也同样是每 100 个索引表项

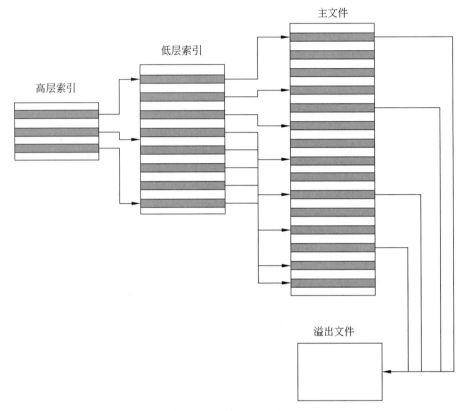

图 11.14 索引顺序文件

为一组,故具有 10^2 个表项。这里的每个表项中存放的是低级索引表每组中第一个表项的键和指向该表项的指针。此时,为找到一个具有指定键的记录,所须查找的记录数平均为 $50+50+50=150$,或者可表示为 $(3/2)\sqrt[3]{N}$。其中,N 是顺序文件中记录的个数。注意,在未建立索引文件时所需查找的记录数平均为 50 万个;对于建立了一级索引的顺序索引文件,平均需查找 1000 次;对于建立两级索引的顺序索引文件,平均只需查找 150 次。

【例 11.1】 在一个含有 10^6 条(100 万条)记录的文件中,检索一条记录。

(1) 采用顺序结构,平均需要检索的记录数是:
$$10^6/2 = 500\,000$$
(2) 采用索引顺序结构,平均需要检索的记录数是:
$$\sqrt{10^6} = 10^3 = 1000$$

11.2.5 索引文件

索引顺序文件保留有顺序文件的一个局限性,即有效处理只限于基于文件的单个域。例如,当基于非键域的其他属性来搜索记录时,索引顺序文件或者顺序文件都是无效的。在一些应用中需要通过各种属性灵活地执行搜索。

　　要获得这种灵活性,需要一个采用多索引的结构,给每个需要搜索的域建立一个索引。在一般的索引中,抛弃了顺序性和单个键的概念,只通过索引才能访问记录。结果是现在放置记录的位置没有约束,只要至少一个索引指向该记录即可。此外可以采用可变长记录(见图 11.15)。

　　使用两类索引。一个是穷尽索引,为主文件中的每个记录包含一个条目。索引自身组织成顺序文件以易于搜索。一个是部分索引,包含记录感兴趣域的条目。使用可变长度记录,一些记录将不包含所有域。当增加一个新纪录到主文件中时,必须更新所有的索引文件。

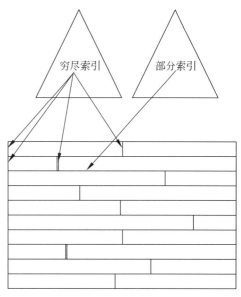

　　对于定长记录文件,如果要查找第 i 个记录,可直接根据下式计算来获得第 i 个记录相对于第一个记录首址的地址:

$$A_i = i \times L$$

图 11.15　索引文件示意图

　　然而,对于可变长度记录的文件,要查找其第 i 个记录时,需顺序地查找每个记录,从中获得相应记录的长度 L_i,然后才能按下式计算出第 i 个记录的首址。假定在每个记录前用一个字节指明该记录的长度,则

$$A_i = \varphi_{j=0..i-1} L_i + i$$

　　可见,对于定长记录,除了可以方便地实现顺序存取外,还可较方便地实现直接存取。然而,对于变长记录就较难实现直接存取了,因为用直接存取方法来访问变长记录文件中的一个记录是十分低效的,其检索时间也很难令人接受。

　　为了解决这一问题,可为变长记录文件建立一张索引表,对主文件中的每个记录,在索引表中设有一个相应的表项,用于记录该记录的长度 L 及指向该记录的指针(指向该记录在逻辑地址空间的首址)。由于索引表是按记录键排序的,因此,索引表本身是一个定长记录的顺序文件,从而也就可以方便地实现直接存取。图 11.16 给出了索引文件(Index File)的组织形式。

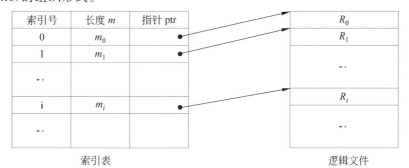

图 11.16　索引文件的组织

在对索引文件进行检索时,首先是根据用户(程序)提供的键,并利用折半查找法去检索索引表,从中找到相应的表项;再利用该表项中给出的指向记录的指针值,去访问所需的记录。而每当要向索引文件中增加一个新记录时,便须对索引表进行修改。由于索引文件可以有较快的检索速度,故它主要用于对信息处理的及时性要求较高的场合。使用索引文件的主要问题是,它除了有主文件外,还须配置一张索引表,而且每个记录都要有一个索引项,因此提高了存储代价。

11.2.6　哈希文件

哈希文件利用 Hash 函数(或称散列函数),可将记录键值转换为相应记录的地址。但为了能实现文件存储空间的动态分配,通常由 Hash 函数所求得的并非是相应记录的地址,而是指向一个目录表相应表目的指针,该表目的内容指向相应记录所在的物理块,如图 11.17 所示。例如,若令 K 为记录键值,用 A 作为通过 Hash 函数 H 进行转换所形成的该记录在目录表中对应表目的位置,则有关系 $A = H(K)$。通常,把 Hash 函数作为标准函数存于系统中,供存取文件时调用。

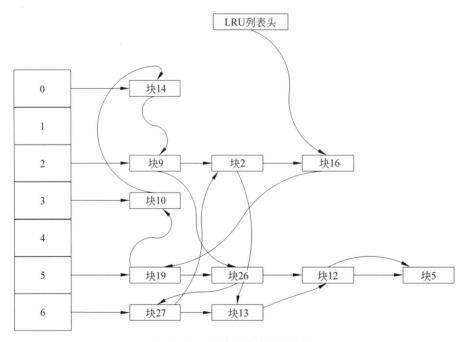

图 11.17　哈希文件的逻辑结构

几种不同的文件逻辑结构性能对比如表 11.2 所示。

表 11.2　文件的逻辑结构的性能等级

文件方法	空间		修改		检索		
	属性		记录大小		单个记录	子集	穷举
	可变	固定	相等	大于			
堆	A	B	A	E	E	D	B
顺序	F	A	D	F	F	D	A
索引顺序	F	B	B	D	B	D	B
索引	B	C	C	C	A	B	D
哈希	F	B	B	F	B	F	E

A 表示优秀,非常适合这个目标 O(r)

B 表示好 O($o \times r$)

C 表示足够 O($r \log n$)

D 表示需要额外的努力 O(n)

E 表示需要特别努力才可能 O($r \times n$)

F 表示根本不适合这个目标 O($n > 1$)

其中,r 表示结果的大小,o 表示溢出的记录数,n 表示文件中的记录数。

11.3　文件分配管理

文件管理的主要功能之一是:如何在外部存储介质上为创建文件而分配空间,为删除文件而回收空间以及对空闲空间进行管理。文件分配涉及几个问题:

(1) 创建新文件时,一次性分配给文件的最大空间是多少?

(2) 将空间作为一个或多个连续单元分配给文件,将其称为部分(portion)。也就是说,一个部分是一组连续的已分配块。一个部分的大小可以是单个块甚至整个文件。文件分配应使用多大的部分呢?

(3) 使用哪种数据结构或表来跟踪分配给文件的部分? 这种结构的一个示例是在 DOS 和某些其他系统上出现的文件分配表(FAT)。

上述三个问题归结起来的核心是怎样才能有效地利用外存空间以及如何提高对文件的访问速度。目前,常用的文件分配方法有连续分配、链接分配和索引分配三种。通常,在一个系统中,仅采用其中的一种方法来为文件分配外存空间,文件的物理结构直接与外存分配方式有关。在采用不同的分配方式时,将形成不同的文件物理结构。例如,采用连续分配方式时的文件物理结构将是顺序式的文件结构;链接分配方式将形成链接式文件结构;而索引分配方式则将形成索引式文件结构。

11.3.1　连续分配

连续分配(Continuous Allocation)在创建文件时将在磁盘上分配连续的块。在连续文件分配中,当进程访问文件块时,磁头没有或只有最小的移动。在磁盘上,假设文件存储在一个磁道上,但在下一个轨道上继续。要访问其他磁道上的块,只需要从一个磁道移动到下一磁道即可。因此,寻道时间将最少,从而可以改善通过读取多个块来访问文件的时间和 I/O 性能。

连续分配通过文件分配表(FAT)来实现,FAT 定义文件的起始地址和长度。起始地址是文件开始所在块的地址,此后的块数定义了文件的长度。由于文件分配是连续的,因此长度足以指示存储文件所需的块数。

【例 11.2】 某个文件分配表 FAT 如下。

文 件 名	起 始 地 址	长 度
D:/OS/FileA	2	5
D:/OS/FileB	10	2
D:/OS/FileC	18	6
D:/OS/FileD	7	3

为了实现上述 FAT 中所示的文件分配,连续分配情形如图 11.18 所示。其中 FileA 从块地址 2 开始,由于其长度为 5,因此连续消耗块 2、3、4、5 和 6。同样,FileB 占用块 10 和 11。类似地,所有其他文件都会占用磁盘上的连续空间。

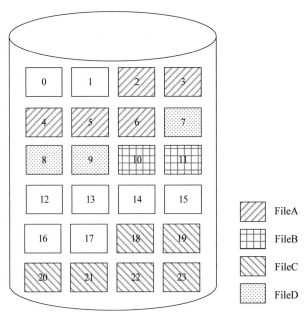

图 11.18 连续存储分配

连续文件分配易于实现。文件的起始地址只需要一次磁盘寻道,此后,就不需要因为查找下一个块而产生的寻道或者延迟,可以通过一次操作从磁盘读取整个文件。因此,连续分配的文件适用于顺序文件和直接访问文件。对于直接访问,需要起始地址和块号。要访问起始地址为 s 的第 n 个块,可以访问块 $s+n$ 即可。

连续分配是一种预分配策略。问题是要确定文件需要多少空间。实际上,文件所有者并不知道文件的大小。可能会出现两种情况:为文件分配的空间太小或太大。在第一种情况下,用户可能无法执行该程序,在第二种情况下,将浪费空间并导致碎片。此外,可能存在一些外部碎片形式的空间,这些空间不足以作为存储文件的连续空间。可以通过紧致方法减少碎片,但这非常耗费时间。

【例 11.3】 在图 11.18 中,如果删除 FileD,则会释放它所使用的盘块,即图 11.19 所示的块 7、8 和 9。假设此时需要创建另一个文件,该文件的长度为 9。尽管磁盘上可用的空闲块数足够(块编号 0~1、7~9、12~17),然而由于块不连续而导致碎片,因此无法将它们分配给新文件。然而,如果通过紧致,则磁盘上的块将成为连续的,并可以分配给新文件,如图 11.20 所示。但是,在这种情况下,需要在 FAT 中更改每个文件的起始地址。

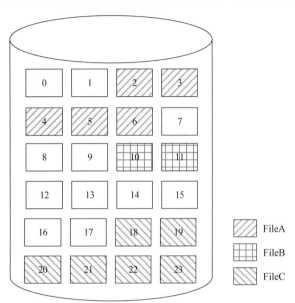

图 11.19 磁盘空间的连续分配

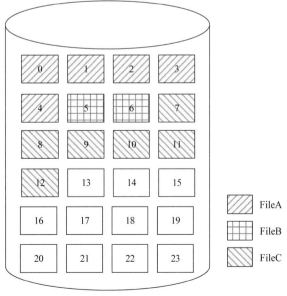

图 11.20 紧致操作后的结果

文 件 名	起 始 地 址	长 度
D:/OS/FileA	0	5
D:/OS/FileB	5	2
D:/OS/FileC	7	6

11.3.2 链接分配

如同内存管理一样,连续分配所存在的问题在于,必须为一个文件分配连续的磁盘空间。如果在将一个逻辑文件存储到外存上时,并不要求为整个文件分配一块连续的空间,而是可以将文件加载到多个离散的盘块中,这样也就可以消除上述缺点。在采用链接分配(Chained Allocation)方式时,可通过在每个盘块上的链接指针将同属于一个文件的多个离散的盘块链接成一个链表,并把这样形成的物理文件称为链接文件。

由于链接分配是采取离散分配方式,消除了外部碎片,故而显著提高了外存空间的利用率。又因为是根据文件的当前需要为它分配必需的盘块,当文件动态增长时,可动态地再为它分配盘块,故而无需事先知道文件的大小。此外,对文件的增、删和改也十分方便。

【例 11.4】 文件分配表 FAT 如下。

文 件 名	起 始 地 址	长 度
D:/OS/FileA	2	5
D:/OS/FileB	3	2
D:/OS/FileC	4	6
D:/OS/FileD	5	3

以 FileA 为例,采用链接分配它在磁盘中的存储分配如图 11.21 所示。

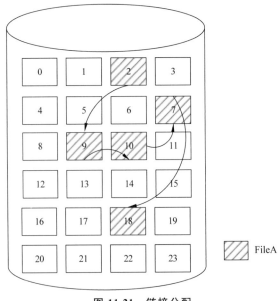

图 11.21 链接分配

FAT 全称为文件分配表(见图 11.22),它是 Microsoft 公司的 DOS 系统中所采用的文件系统,是用于分配磁盘空间的主要数据结构。FAT 保存在磁盘的开头,其中包含每个磁盘块的条目(在较新的版本中,每个连续磁盘块的群集都被分配为一个单元)。构成文件的条目以链的形式彼此链接,每个条目都保存着下一个磁盘块的编号。最后一个用全 1 的特殊标记表示(图 11.22 中的 FF)。未使用的块标记为 0,并且不应使用的坏块也带有特殊标记(图 11.22 中为−1)。

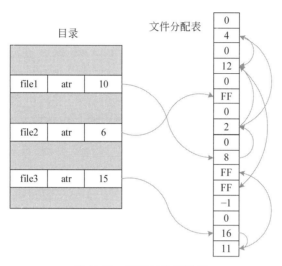

图 11.22　FAT 结构示意图

FAT 文件系统的成功与遗留问题

FAT 文件系统是指 DOS 操作系统中采用的文件系统,其最初旨在将数据存储在软盘上。因此,简单和节省空间是两个主要考虑因素。结果将文件名限制为 8.3 格式,即名称不能超过 8 个字符,后缀不超过 3 个字符。此外,指针为 2 个字节,因此表大小限制为64K 个条目。

这种结构的问题在于每个表条目代表磁盘空间的分配单位。对于小型磁盘,可以使用 512 字节的分配单元。实际上,对于最大 512×64K＝32MB 的磁盘,这是可以的。但是,当有更大的磁盘可用时,必须将它们划分为相同的 64K 分配单元。结果,分配单元大大增加。例如,分配 256MB 需要 4K 单元,这导致磁盘空间使用效率低下,因为即使是小文件也必须分配至少一个单元。

但是设计很难更改,因为有太多的系统和太多的软件依赖于它。

11.3.3　索引分配

链接分配方式虽然解决了连续分配方式所存在的问题,但又出现了下述另外两个问题。

(1) 不能支持高效的直接存取。要对一个较大的文件进行直接存取,须首先在 FAT 中顺序地查找许多盘块号。

（2）FAT 需占用较大的内存空间。由于一个文件所占用盘块的盘块号是随机地分布在 FAT 中的,因而只有将整个 FAT 调入内存,才能保证在 FAT 中找到一个文件的所有盘块号。

当磁盘容量较大时,FAT 可能要占用数兆字节以上的内存空间,这是令人难以接受的。事实上,在打开某个文件时,只需把该文件占用的盘块的编号调入内存即可,完全没有必要将整个 FAT 调入内存。为此,应将每个文件所对应的盘块号集中地放在一起。索引分配方法就是基于这种想法所形成的一种分配方法。它为每个文件分配一个索引块（表）,再把分配给该文件的所有盘块号都记录在该索引块中,因而该索引块就是一个含有许多盘块号的数组。在建立一个文件时,只需在为之建立的目录项中填上指向该索引块的指针即可。

【例 11.5】　文件分配表如下。

文　件　名	索　引　块
D:/OS/FileA	13
D:/OS/FileB	6
D:/OS/FileC	22
D:/OS/FileD	11

采用索引分配的方式,其存储如图 11.23 所示。

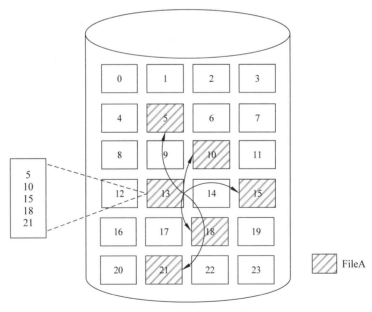

图 11.23　索引分配方式

索引分配方式支持直接访问。当要读文件的第 i 个盘块时,可以方便地直接从索引块中找到第 i 个盘块的盘块号。此外,索引分配方式也不会产生外部碎片。当文件较大时,索引分配方式无疑要优于链接分配方式。

　　索引分配方式的主要问题是:可能要花费较多的外存空间。每当建立一个文件时,便须为之分配一个索引块,将分配给该文件的所有盘块号记录于其中。但在一般情况下,总是中、小型文件居多,甚至有不少文件只需 1～2 个盘块,这时如果采用链接分配方式,只需设置 1～2 个指针。如果采用索引分配方式,则同样仍须为之分配一个索引块。通常是采用一个专门的盘块作为索引块,其中可存放成百甚至上千个盘块号。可见,对于小文件采用索引分配方式时,其索引块的利用率将是极低的。

1. 多级索引分配

　　当 OS 为一个大文件分配磁盘空间时,如果所分配出去的盘块的盘块号已经装满一个索引块时,OS 便为该文件分配另一个索引块,用于将以后继续为之分配的盘块号记录于其中。以此类推,再通过链指针将各索引块按序链接起来。显然,当文件太大而导致其索引块太多时,这种方法是低效的。此时,应为这些索引块再建立一级索引,称为第一级索引,即系统再分配一个索引块,作为第一级索引的索引块,将第一块、第二块……等索引块的盘块号填入到此索引表中,这样便形成了两级索引分配方式。如果文件非常大,还可用三级、四级索引分配方式。

　　图 11.24 给出了两级索引分配方式下各索引块之间的链接情况。如果每个盘块的大小为 1KB,每个盘块号占 4 个字节,则在一个索引块中可存放 256 个盘块号。这样,在采用两级索引时,最多可包含的存放文件的盘块的盘块号总数 $N=256\times256=64K$ 个盘块号。由此可得出如下结论:采用两级索引时,所允许的文件最大长度为 64MB。倘若盘块的大小为 4KB,在采用单级索引时所允许的最大文件长度为 4MB;而在采用两级索引时所允许的最大文件长度可达 4GB。

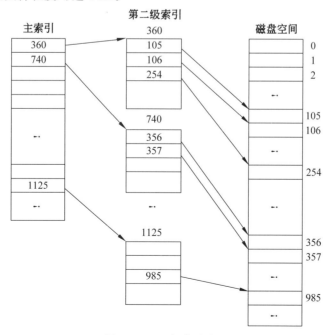

图 11.24　两级索引分配

2. 混合索引分配方式

混合索引分配方式是指将多种索引分配方式相结合而形成的一种分配方式。例如，系统既采用了直接地址，又采用了一级索引或两级索引分配方式，甚至还采用了三级索引分配方式。这种混合索引分配方式已在 Linux 系统中采用。在 Linux 的索引结点中，共设置了 13 个地址项，即 iaddr(0)~iaddr(12)，如图 11.25 所示。它们都把所有的地址项分成两类，即直接地址和间接地址。

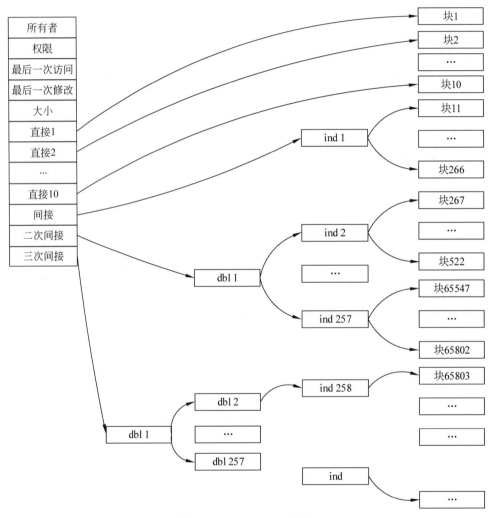

图 11.25 inode 结构示意图

Linux inode 包含层次结构索引。在 Linux 文件中，文件由称为 inode 的结构表示。Inode 代表"索引节点(index node)"，因为除其他文件元数据外，它还包括磁盘块的索引。

索引以层次化的方式组织。首先，有几个(例如 10 个)直接指针，它们列出了文件的前面几个块。这样，对于小文件，所有必需的指针都包含在索引节点中，并且一旦将 inode 读入内存，就可以全部找到它们。由于小文件比大文件更常见，因此效率很高。

　　如果文件较大,导致直接指针不足,则可以使用间接指针。间接指针指向带有额外指针的块,而块中的每个指针又指向文件数据块。仅在需要时才分配间接块,譬如文件大于10 个块。例如,假设块为 1024 字节(1 KB),每个指针为 4 字节。然后,这 10 个直接指针提供对最大 10 KB 的访问。间接块包含 256 个额外指针,总共 266 个块(266KB)。

　　如果文件大于 266 个块,则系统将使用二次间接指针,该指针指向间接指针块,每个间接指针都指向另一个直接指针块。二次间接块具有 256 个指向间接块的指针,因此它表示总共 65536 个块。使用它,文件大小可能会增加到 64 MB 以上。如果这还不够,还可以使用三次间接指针,它指向一个二次间接指针块。

　　上述分配方式的主要对比情况如表 11.3 所示。

表 11.3　分配方法的对比

	连续分配	链式分配	索引分配	
需要预分配?	必须	可能	可能	
固定或者可变大小?	可变	固定	固定	可变
部分大小	大	小	小	中等
分配频度	一次性	从低到高	高	低
分配的时间	中等	长	短	中等
文件分配表大小	一个条目	一个条目	大	中等

11.4　文 件 命 名

　　文件的一个显著特征是有名字。通常将文件组织在目录中,但从内部而言,文件(以及目录)由包含属性的数据结构所表征。命名(Naming)实际上就是从名字到内部表征的映射。

11.4.1　目录管理

　　通常,在现代计算机系统中,都要存储大量的文件。为了能对这些文件实施有效的管理,必须对它们加以妥善组织,这主要是通过文件目录实现的。文件目录也是一种数据结构,用于标识系统中的文件及其物理地址,供检索时使用。对目录管理的要求如下。

　　(1) 实现"按名存取"。即用户只须向系统提供所需访问文件的名字,便能快速准确地找到指定文件在外存上的存储位置。这是目录管理中最基本的功能,也是文件系统向用户提供的最基本的服务。

　　(2) 提高对目录的检索速度。通过合理地组织目录结构的方法,可加快对目录的检索速度,从而提高对文件的存取速度。这是在设计一个大、中型文件系统时所追求的主要目标。

　　(3) 文件共享。在多用户系统中,应允许多个用户共享一个文件。这样就须在外存中只保留一份该文件的副本,供不同用户使用,以节省大量的存储空间,并方便用户和提高文件利用率。

(4) 允许文件重名。系统应允许不同用户对不同文件采用相同的名字,以便于用户按照自己的习惯给文件命名和使用文件。

访问文件的基本问题是将符号文件名映射到辅助存储中的具体物理位置。映射是通过文件目录来实现的,该目录基本上是一个包含有关命名文件位置信息的表。由于目录是通过访问文件的机制,因此很自然地在其中包含了一些防止未经授权访问的方法。

目前观察到可以通过将目录分为两级来立即采取安全措施,如图 11.26 所示。在较高级别,主文件目录(MFD)包含系统中每个用户的指向该用户的用户文件目录(UFD)的指针。在较低级别,每个 UFD 都包含单个用户文件的名称和位置。由于只能通过 MFD访问 UFD,因此可以通过在 MFD 级别进行简单的身份检查来确保用户文件的隐私。而且,由于文件的全名可以被视为用户名(或数字)与文件的单独名称的串联,因此不同的用户可以对文件使用相同的名称而不会引起混淆。

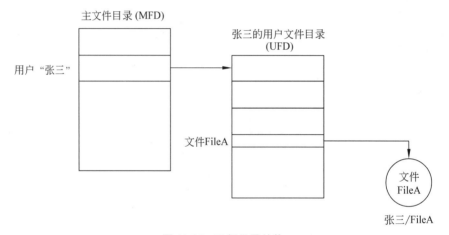

图 11.26　二级目录结构

例如,图 11.26 中所示的文件的个人名称是 FileA,其全名是张三/fileA。实际上,不一定总是需要指定文件的全名,因为归档系统可以将请求访问权限的人的身份用作第一个组件的默认值。仅当一个用户请求访问另一个用户的文件时,才需要用引号将该名称括起来。

每个 UFD 中的信息通常包括以下内容:

(1) 文件名。

(2) 文件在辅助存储中的物理位置。该条目的形式取决于文件的存储方式。

(3) 文件类型(字符、可重定位的二进制文件、二进制可执行文件和库等)。保留此信息主要是为了方便用户,也为了方便系统组件和程序(例如加载程序或编辑器)的使用,这些文件和程序可用于对文件进行操作。例如,打印后台处理程序可以使用文件类型来防止尝试打印可执行程序文件的内容,这样的尝试很可能是用户犯错误的结果。就归档系统而言,每个文件只是一个字节字符串(甚至位)。

(4) 访问控制信息(例如"只读")。

（5）管理信息（最后更新时间或最后复制时间）。该信息除了使用户感兴趣外，还需要为系统活动提供数据，并且保留重复副本以防止硬件故障。

一些系统采用上述的两级目录结构。许多其他系统（例如 MS-DOS、UNIX 和 VMS）将概念扩展到多级结构中，其中目录条目可以指向文件或其他目录（见图 11.27）。在所存储的数据具有树状分类或用户按层次结构（例如部门内项目团队中的个人）分组的情况下，多级结构很有用。在后一种情况下，可以通过随着树的进一步演化而进行越来越严格的检查来应用分级保护机制。与在两级系统中一样，可以通过将文件的全名视为其单独名称与访问路径上目录名称的连接来解决冲突的文件名。在某些系统中，主文件目录称为根目录。

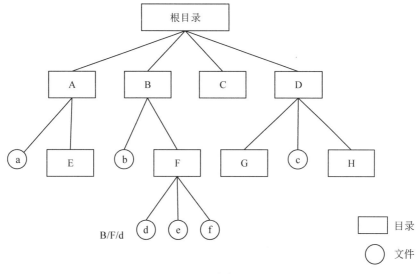

图 11.27 多级目录

多级系统的缺点在于指向任何特定文件的路径长度以及跟随路径通过各个目录所必须进行的磁盘访问次数。通过利用将连续文件访问定向到同一目录中文件的趋势，可以在某种程度上减轻这种情况。一旦通过树形结构建立了到特定目录的路由，则可以将该目录指定为当前目录，后续文件引用仅需引用单个文件名。通过完全引用文件名来更改当前目录。

另一个效率考虑因素是在每个目录中组织信息的方式。最简单的方法是将目录划分为固定大小的槽，每个槽均包含有关单个文件的信息。

每当创建文件时，都会使用下一个空槽。删除文件后，该槽将标记为空闲。这导致目录可能比较大，尤其是如果它在过去某个时间拥有大量条目的情况下。另一个问题是文件名的最大长度与许多目录条目中所导致的浪费空间之间的权衡。

当要在目录中查找文件时，通常使用简单的线性扫描，大目录自然不能很好地执行。已经采用了各种解决方案来减轻这个问题，其中一种是使用树形结构按排序顺序维护目录。

系统通过文件的完整路径来识别文件，即文件名与访问该目录所经过的目录列表的连接,这总是从专有根目录开始。假设给出了完整路径/A/B/c,要找到此文件,需要执行以下操作(见图 11.28)。

目录树的逻辑结构

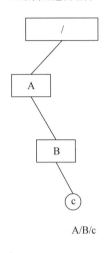

A/B/c

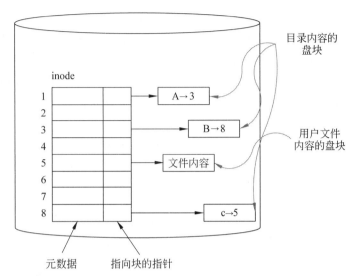

图 11.28 通过 inode 的目录管理

(1) 读取根目录/的索引节点(假定它是索引节点列表中的第一个),并使用它查找存储其内容的磁盘块,即其中的子目录和文件列表。

(2) 读取这些块并搜索条目 A,这将/A 映射到其 inode,假设这是 3 号 inode。

(3) 读取 inode 3(代表/A),并使用它查找其块。

(4) 读取块并搜索子目录 B,假设它已映射到 inode 8。

(5) 读取 inode 8,现在知道它表示/A/B。

(6) 读取/A / B 的块,然后搜索条目 c。这将提供所要查找的/A/B/c 的索引节点,其中包含保存该文件内容的块列表。

(7) 要实际获得对/A/B/c 的访问权限,需要读取其 inode 并验证访问权限是否合适。实际上,应该在涉及读取 inode 的每个步骤中完成此操作,以验证是否允许用户查看此数据。

11.4.2 链接

文件可以具有多个名称。从用户定义的名称字符串到 inode 的映射称为链接(Link)。原则上,可以将多个字符串映射到同一 inode,这将导致文件具有多个名称。而且,如果名称出现在不同的目录中,它将具有多个不同的路径。

在 Linux 下,为什么通过 unlink()便能删除文件? 这是因为通过 link()的系统调用在文件系统树中进行输入的新方法来执行的。系统调用 link()有两个参数:一个旧的路径名和一个新的路径名。当将新文件名"链接"到旧文件名时,本质上是在创建另一种引用同一文件的方式。命令行程序 ln 用于执行此操作,如下所示。

```
prompt>echo hello>file
prompt>cat file
hello
prompt>ln file file2
prompt>cat file2
hello
```

在这里,创建了一个文件,文件中包含"hello"一词,文件名为"file2"。然后,使用 ln 程序创建指向该文件的硬链接。之后,可以通过打开 file 或 file2 来检查文件。

链接的工作方式是,它仅在要创建链接的目录中创建另一个名称,并将其引用到原始文件的相同 inode 号(即低级名称),这不会以任何方式复制文件。现在有两个文件名(file 和 file2),它们都指向同一个文件。通过打印每个文件的索引节点号,甚至可以在目录本身中看到它:

```
prompt>ls -i file file2
67158084 file
67158084 file2
prompt>
```

通过将-i 标志传递给 ls,它将打印出每个文件的 inode 号(以及文件名)。因此,可以看到链接实际上做了什么:只需对相同的 inode 号(在本示例中为 67158084)进行新引用即可。

现在,可能已经明白为什么称 unlink()为 unlink()。创建文件时,实际上做两件事。首先,构建一个结构(inode),该结构实际上将跟踪有关该文件的所有相关信息,包括文件的大小、其块在磁盘上的位置等。其次,再将人们可读的名称链接到该文件,并将该链接放置到目录中。

在创建文件硬链接之后,原始文件名(file)和新创建的文件名(file2)之间没有区别。实际上,它们都只是指向有关文件的基础元数据的链接,可以在 inode 号 67158084 中找到。

要从文件系统中删除文件,可以调用 unlink()。在上面的示例中,可以删除 file,并且仍然可以轻松访问该文件。

```
prompt>rm file
removed 'file'
prompt>cat file2
hello
```

这之所以起作用,是因为当文件系统取消链接文件时,它会检查 inode 号内的引用数。该引用数(有时称为链接数)使文件系统可以跟踪有多少个不同的文件名链接到该特定 inode。调用 unlink()时,它将删除人类可读名称(正在删除的文件)与对应 inode 号之间的"链接",并减少引用数。只有当引用数为零时,文件系统才会释放 inode 和相关的数据块,从而真正"删除"文件。

可以使用 stat()查看文件的引用数。下面通过一个示例来说明创建和删除指向文件的硬链接时的含义。在此示例中,将创建指向同一个文件的三个链接,然后将其删除。观察链接数情况的变化。

```
prompt>echo hello>file
prompt>stat file
... Inode: 67158084 Links: 1 ...
prompt>ln file file2
prompt>stat file
... Inode: 67158084 Links: 2 ...
prompt>stat file2
... Inode: 67158084 Links: 2 ...
prompt>ln file2 file3
prompt>stat file
... Inode: 67158084 Links: 3 ...
prompt>rm file
prompt>stat file2
... Inode: 67158084 Links: 2 ...
prompt>rm file2
prompt>stat file3
... Inode: 67158084 Links: 1 ...
prompt>rm file3
```

还有另一种类型的链接也很有用,将它称为符号链接(symbolic link),有时也称为软链接(soft link)。事实证明,硬链接在某种程度上受到限制,例如无法为目录创建一个硬链接,因为担心会在目录树中形成循环。此外也不能够为其他磁盘分区中的文件创建硬链接,因为 inode 号仅在特定文件系统中是唯一的,跨文件系统则不一定。因此,创建了一种称为符号链接的新型链接。

要创建这样的链接,可以使用相同的程序,但带有-s 标志。

```
prompt>echo hello>file
prompt>ln -s file file2
prompt>cat file2
hello
```

软链接似乎与硬链接看起来几乎一样,现在可以通过 file 访问原始文件,也可以通过符号链接名 file2 访问原始文件。

但是,除了表面相似性之外,符号链接实际上与硬链接完全不同。第一个区别是符号链接实际上是完全不同类型的文件。前面已经讨论过常规文件和目录,而符号链接是第三种文件类型。符号链接上的统计信息显示了所有内容。

```
prompt>stat file
... regular file ...
prompt>stat file2
... symbolic link ...
```

运行 ls 也揭示了这一事实。如果仔细查看 ls 输出的长格式的第一个字符串,会发现最左边一栏中的第一个字符是-(对于常规文件)、d(对于目录)和 l(对于软链接)。还可以看到符号链接的大小(在这种情况下为 4 个字节),以及链接指向的内容(名为 file 的文件)。

```
prompt>ls -al
drwxr-x---2 remzi remzi 29 May 3 19:10 ./
drwxr-x---27 remzi remzi 4096 May 3 15:14 ../
-rw-r-----1 remzi remzi 6 May 3 19:10 file
lrwxrwxrwx 1 remzi remzi 4 May 3 19:10 file2 ->file
```

file2 为 4 个字节的原因是:符号链接的形成方式是将链接到的文件的路径名保存为链接文件的数据。由于已链接到名为 file 的文件,因此链接文件 file2 很小(4 个字节)。如果链接到更长的路径名,链接文件将更大。

```
prompt>echo hello>alongerfilename
prompt>ln -s alongerfilename file3
prompt>ls -al alongerfilename file3
-rw-r-----1 remzi remzi 6 May 3 19:17 alongerfilename
lrwxrwxrwx 1 remzi remzi 15 May 3 19:17 file3 ->alongerfilename
```

最后,由于符号链接的创建方式,使得悬空引用成为可能。

```
prompt>echo hello>file
prompt>ln -s file file2
prompt>cat file2
hello
prompt>rm file
prompt>cat file2
cat: file2: No such file or directory
```

在此示例中可以看到,与硬链接完全不同,删除名为 file 的原始文件会使链接指向不再存在的路径名。

11.4.3　识别文件的其他方式

文件名的主要用途在于便于文件查找。但是,如果有许多文件,并且已经积累了多年,就可能会忘记选择的名称。并且名称通常被限制为非常短,这样,使用文件名来识别文件可能并不是最佳的选择。

1. 通过关联识别文件

一种可选的方式是通过关联来识别文件,具体来说,可能会根据当时的工作情况来考虑文件。因此,与此上下文相关联将使所需文件易于查找。

实现关联的一个简单界面方式是采用所谓的"生命流"(lifestream)。通过生命流,文件将根据它们的使用时间依次显示,最新的文件显示在最前面。用户可以使用鼠标在时间上向后或向前移动并查看不同的文件。[①]

---

① E. Freeman and D. Gelernter. *Lifestreams*:*a storage model for personal data*. SIGMOD Record 25(1), pp. 80-86,Mar 1996.

更复杂一些的界面是日历文件访问机制,它是由理光研究中心开发的。该界面是一个日历,每天都有一个框,按照周、月和年来组织。每个框都包含有关当天预定活动的信息,例如会议和截止日期。它还包含当天访问的文档文件首页的缩略图。因此,在查找文件时,可以通过搜索讨论该文件的会议来找到它。基于理光是复印机和其他办公设备的制造商这一事实,它不仅包括我们在计算机上查看或编辑的文档,还包括我们使用的所有文档。在一项为期3年的使用试验中,使用该系统的38%的用户访问的文档只有一个星期的历史,这表明在许多情况下,即使是相对较新的文档,用户也比传统界面更喜欢该界面。

2. 搜索

另一种替代命名的方法是使用关键词搜索。这基于 Web 搜索引擎的成功,Web 搜索引擎为数十亿 Web 页面建立了索引,并在查询时提供了相关页面的列表。原则上,可以对文件系统中的文件执行相同的操作。当然,问题在于如何对文件进行排名并在顶部显示最相关的文件。

Mac 界面的创建者杰夫·拉斯金(Jef Raskin)就提倡反对使用文件名,而主张使用搜索过程。[①]

本 章 小 结

本章讨论了文件系统的各个方面。从外部看,文件系统是文件和目录及其上操作的集合。可以读取和写入文件,也可以创建和销毁目录,还可以在目录之间移动文件。大多数现代文件系统都支持分层目录系统,其中目录可能具有子目录,子目录下还可能具有子目录,如此这般,无穷嵌套。从内部看,文件系统看起来完全不同。文件系统设计者必须关心如何分配存储空间,以及系统如何跟踪哪个块与哪个文件一起使用。

文件在组织上可以分成逻辑组织和物理组织。逻辑组织指的是文件的逻辑结构,通常包括堆、顺序文件、索引顺序文件、索引文件和哈希文件,实际上在现实中的可能是几种类型的组合。

文件的物理组织指的是文件如何在辅助存储中存储,也可以称为分配管理。常见的分配管理方式包括连续分配、链接分配和索引分配,其中在 Linux 系统中使用的节点(inode)是一种典型的混合索引分配方式。

习　　题

1. 文件管理的主要功能是什么?
2. 简述文件系统的层次结构。
3. 常见的文件操作都有哪些?

① J. Raskin. *The Humane Interface：New Directions for Designing Interactive Systems*. Addison-Wesley, 2000.

4. 请比较不同文件物理组织方式的优缺点。

5. 随机存取方法的特点是什么? 它对存储设备有哪些要求?

6. 请以 Linux 文件系统为例说明组合空间分配策略。

7. 常用的文件目录结构有哪些? 对目录有哪些操作? 试用 Linux 的相应命令说明这些操作。

8. 如果一个文件的权限是 755,这代表什么含义?

9. 如何提高文件的性能? 如何平衡文件的性能与可靠性?

10. 简述文件系统的三种写入设计方式。

11. 请简要说明 VFS 原理及其重要地位。

12. 某文件系统以硬盘作为文件存储器,物理块大小为 512B。有文件 A 包括 590 个逻辑记录,每个记录占 255B,每个物理块存放 2 个记录。文件 A 在该多级目录中的位置如下图所示,每个目录项占 127B,根目录内容常驻内存。

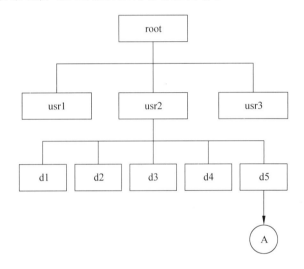

(1) 若文件采用链表分配方式,如果要将文件 A 全部读入内存,至少要访问多少次硬盘? 最多需要访问多少次硬盘?

(2) 若文件采用连续分配方式,如果需要读取逻辑记录号为 480 的记录,至少需要访问多少次硬盘? 最多需要访问多少次硬盘?

13. 设文件索引节点中有 7 个地址项,其中 4 个地址项是直接地址索引,2 个地址项是一级间接地址索引,1 个地址项是二级间接地址索引。每个地址项大小为 4B,若磁盘索引块和磁盘数据块大小均为 256B,请计算可表示的单个文件最大长度。

14. 为支持 CD-ROM 中视频文件的快速随机播放,播放性能最好的文件数据块组织方式是(　　)。

    A. 连续结构

    B. 链式结构

    C. 直接索引结构

    D. 多级索引结钩

15. 某文件系统空间的最大容量为 $4\text{TB}(2^{20})$，以磁盘块为基本分配单位。磁盘块大小为 1KB。文件控制块(FCB)包含一个 512B 的索引表区。请回答下列问题。

(1) 假设索引表区仅采用直接索引结构，索引表区存放文件占用的磁盘块号，则索引表项中的块号最少占多少字节？可支持的单个文件最大长度是多少字节？

(2) 假设索引表区采用如下结构：第 $0\sim7$ 字节采用<起始块号，块数>格式表示文件创建时预分配的连续存储空间，其中起始块号占 6B，块数占 2B；剩余 504 字节采用直接索引结构，一个索引项占 6B，则可支持的单个文件最大长度是多少字节？为了使单个文件的长度达到最大，请指出起始块号和块数分别所占字节数的合理值并说明理由。

16. 某磁盘文件系统使用链接分配方式组织文件，簇大小为 4KB。目录文件的每个目录项包括文件名和文件的第一个簇号，其他簇号存放在文件分配表 FAT 中。

(1) 假定目录树如下图所示，各文件占用的簇号及顺序如下表所示，其中 dir 和 dir1 是目录，file1 和 file2 是用户文件。请给出所有目录文件的内容。

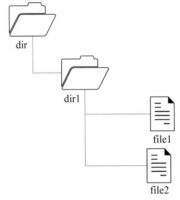

文件名	簇号
dir	1
dir1	48
file1	100、106、108
file2	200、201、202

(2) 若 FAT 的每个表项仅存放簇号，占 2 个字节，则 FAT 的最大长度为多少字节？该文件系统支持的最大文件长度是多少？

(3) 系统通过目录文件和 FAT 实现对文件的按名存取，说明 file1 的 106、108 两个簇号分别存放在 FAT 的哪个表项中。

(4) 假设仅 FAT 和 dir 目录文件已读入内存，若需将文件 dir/dir1/file1 的第 5000 个字节读入内存，则要访问哪几个簇？

结　束　语

图灵在其 1936 年的论文中[①]，引入了一个计算装置，后人称之为"图灵机"。图灵所给出的原始计算装置极其简单，它由一条无穷长的纸带、一个读写头和一张指令表组成。纸带上布满了一个个方格，方格上可以有或者没有标记，读写头在方格上可以左移或者右移一格，也可以在当前方格上打上或者擦除标记。读写头根据一个指令表以及它当前所处方格的状态来决定下一步如何操作。从自动机的视角，可以将图灵机看成由一组有限的输入状态、有限的输入符号集、一个初始状态和一个转换函数组成。我们选择至少一个输入状态是特殊的，将其称为停机状态。并定义转换函数，使得一旦机器达到暂停状态就不再有可能的转换。与有限自动机不同，图灵机的输入数据是在有限但无界的磁带上给出的。一种特殊形式的图灵机是通用图灵机。当给定其他图灵机的描述和输入数据集时，通用图灵机能够模拟其他任何图灵机。

从某种意义上而言，进程就如同一台图灵机，而操作系统就如同一台通用图灵机。在这种观点下，文字处理器以及文本输入和输出格式化文档就是图灵机的一个很好的例子。而通用图灵机能够"运行"其他任何图灵机及其相关输入。事实上，当我们说计算设备是通用的时，通常意味着设备具有模拟任何其他计算设备的能力。

将操作系统视为一种通用图灵机，便可以重新审视操作系统的各种功能。操作系统之所以采用各种"虚拟"，实质上就是为其他图灵机（进程）的运行构建环境。此外，操作系统不仅能模拟其他任意图灵机，它还能支撑多个图灵机的并发运行。

无论是从理论上，还是从工程实践上，对操作系统的研究都是攀登软件理论和软件工程的最顶峰。或许有人会认为操作系统基础理论的研究在 20 世纪 70 年代或者 80 年代都已经成熟了，时至今日似乎没有太多的可研究内容。然而，我认为并非如此。总结分析操作系统的发展历程，我们不难发现，操作系统的发展本身就是伴随着人机交互的发展而来。近些年，随着云计算、泛在计算、周边智能、代理智能、认知智能和区块链技术的发展，随着计算不断渗透到人类社会的方方面面，人机融合的需求日益迫切。例如，在云计算和边缘计算协同的情况下，进程之间的透明迁移和智能调度对于操作系统提出了新的挑战。在机器人操作系统方面，多传感进程之间如何实现感知融合？这个问题就跳出了传统的进程间通信范畴。在代理智能与数字孪生中，作为个人代理相对于传统的进程概念的内涵要丰富很多，因此可能要进一步抽象和丰富进程的内涵。以上这些挑战和困难从某种

① 　Alan Turing. *On Computable Numbers，with an Application to the Entscheidungsproblem*[J]. Alan Turing His Work & Impact，1936，s2-42(1)：13-115.

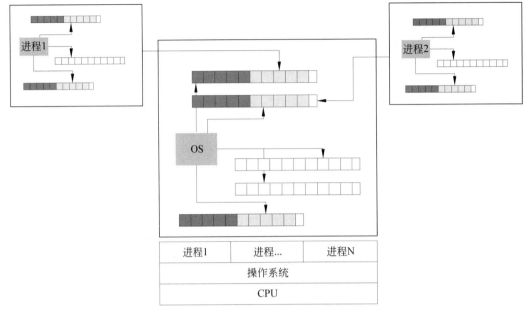

将操作系统视为通用图灵机

意义上都提出了新的操作系统研究范式。

当然,对操作系统的思考不仅仅局限在技术层面,从形而上而言,操作系统也非常值得研究与分析,当然这应该是另一个话题了。然而无论如何,从个人角度而言,学习操作系统更重要的是总结操作系统的知识,更新自己大脑中的那个"操作系统"。

参考文献与扩展阅读

A.1 一般性文献

P. Brinch Hansen. Operating System Principles. Prentice-Hall，1973.

A. N. Habermann. Introduction to Operating System Design. SRA，1976.

E. G. Coffman and P. J. Denning. Operating Systems Theory. Prentice-Hall，1973.

A. C. Shaw. The Logical Design of Operating Systems. Prentice-Hall，1974.

A M.Lister. Fundamentals of Operating Systems[M]. Macmillan，1984.

William Stallings. Operating system Internals and Design Principle (6th Edition) [M]. Prentice Hall；6 edition. 2008.

汤小丹,梁红兵,哲凤屏 等. 计算机操作系统，四版. 西安：西安电子科技大学出版社,2014.

A.2 案 例 研 究

R. F. Rosin. Supervisory and Monitor Systems. Computer Surveys，Volume 1，Number 1，（March 1969），pages 37-54.

F. J. Corbato，M. M. Dagget，and R. C. Daley. An Experimental Time-Sharing System. AFIPS Conference Proceedings 21，（1962 SJCC），pages 335-344；reprinted in S. Rosen. Programming Systems and Languages. McGraw-Hill，1967，pages 683-698.

B. W. Lampson，W. W. Lichtenberger，and M. W. Pirtle. A User Machine in a Time-Sharing System. Proceedings of the IEEE，Volume 54，Number 12，（December 1966），pages 1766-1774.

F. J. Corbato，J. H. Saltzer，and C. T. Clingen. MULTICS - The First Seven Years. AFIPS Conference Proceedings 40，（1972 SJCC），pages 571-583；reprinted in P. A. Freeman，（Editor），Software Systems Principles：A Survey，SRA，1975，pages 556-577.

A. S. Lett and W. L. Linigsford. TSS/360：A Time-Shared Operating System. AFIPS Conference Proceedings 33，（1968 FJCC），pages 15-28.

M. T. Alexander. Organization and Features of the Michigan Terminal Systems. AFIPS Conference Proceedings 40，（1972 SJCC），pages 585-591.

J. H. Howard. A Large-Scale Dual Operating System. ACM 1973 National Conference，（October 1973），pages 242-248.

P. J. Denning. Third Generation Computer Systems. Computing Surveys，Volume 3，Number 4，（December 1971），pages 175-216.

K. Sevcik，J. Atwood，M. Grushcow，R. Holt，J. Horning，and D. Tsichritzis. Project SUE as a

Learning Experience. AFIPS Conference Proceedings 41，(1972 FJCC)，pages 331-338.

B. H. Liskov. The Design of the Venus Operating System. CACM，Volume 15，Number 3，(March 1972)，pages 144-149；reprinted in P. A. Freeman，(Editor)，Software Systems Principles：A Survey，SRA，1975，pages 542-552.

S. Lauesen. A Large Semaphore Based Operating System. CACM，Volume 18，Number 7，(July 1975)，pages 377-389.

F. Baskett，J. H. Howard，and J. T. Montague. Task Communication in DEMOS. Sixth Symposium on Operating Systems Principles，West Lafayette，Indiana，(November 1977)，pages 23-31.

D. M. Ritchie and K. Thompson. The UNIX Time-Sharing System. CACM，Volume 17，Number 7，(July 1974)，pages 365-375.

B. W. Lampson and H. Sturgis. Reflections on an Operating System Design. CACM，Volume 19，Number 5，(May 1976)，pages 251-265.

W. Wulf，R. Lewis，and C. Pierson. Overview of the HYDRA Operating System Development. Fifth Symposium on Operating Systems Principles，Austin，Texas，(October 1975)，pages 122-131.

R. Levin，E. Cohen，W. Corwin，F. Pollack，and W. Wulf. Policy/Mechanism Separation in HYDRA. Fifth Symposium on Operating Systems Principles，Austin，Texas，(October 1975)，pages 132-140.

D. G. Bobrow，J. D. Burchfiel，D. L. Murphy，and R. S. Tomlinson. TENEX，A Paged Time-Sharing System for the PDP-10. CACM，Volume 15，Number 3，(March 1972)，pages 135-143.

R. H. Thomas. JSYS-Traps - A TENEX Mechanism for Encapsulation of User Processes. AFIPS Conference Proceedings 44，(1975 NCC)，pages 351-360.

R. H. Thomas. A Resource Sharing Executive for the ARPANET. AFIPS Conference Proceedings 42，(1973 NCC)，pages 135-163.

D. R. Cheriton，M. A. Malcolm，L. S. Melen，and G. R. Sager. Thoth，A Portable Operating System. CACM，Volume 22，Number 2，(February 1979)，pages 105-114.

A.3 死 锁

J. E. Murphy. Resource Allocation with Interlock Detection in a Multi-Task System. AFIPS Conference Proceedings 38，(1968 FJCC)，pages 1169-1176.

A. N. Habermann. Prevention of System Deadlocks. CACM，Volume 12，Number 7，(July 1969)，pages 373-378.

R. C. Holt. Comments on Prevention of System Deadlocks. CACM，Volume 14，Number 1，(January 1971)，pages 36-38.

E. G. Coffman，M. J. Elphick，and A. Shoshani. System Deadlocks. Computing Surveys，Volume 3，Number 2，(June 1971)，pages 67-78；reprinted in P. A. Freeman，(Editor)，Software Systems Principles：A Survey，SRA，1975，pages 153-166.

J. A. Howard. Mixed Solutions to the Deadlock Problem. CACM，Volume 16，Number 7，(July 1973)，pages 427-430.

A. N. Habermann. A New Approach to Avoidance of System Deadlocks. in Operating Systems，Lecture Notes in Computer Sciences，Volume 16，Springer-Verlag，Berlin，1974，pages 163-170.

R. DeVillers. Game Interpretation of the Deadlock Avoidance Problem. CACM，Volume 20，Number 10，（October 1977），pages 741-746.

A.4　同　　步

P. Brinch Hansen，Operating System Principles，Prentice-Hall，1973，pages 55-122.

L. Lamport. A New Solution of Dijkstra's Concurrent Programming Problem. CACM，Volume 17，Number 8，（August 1974），pages 453-455.

P. J. Courtois，F. Heymans，and D. L. Parnas. Concurrent Control with "Readers" and "Writers". CACM，Volume 14，Number 10，（October 1971），pages 667-668.

L. Lamport. Concurrent Reading and Writing. CACM，Volume 20，Number 11，（November 1977），pages 806-811.

C. A. R. Hoare. Monitors：An Operating System Structuring Concept. CACM，Volume 17，Number 10，（October 1974），pages 549-557；Corrigendum CACM，Volume 18，Number 2，（February 1975），page 95.

A. N. Habermann. Synchronization of Communicating Processes. CACM，Volume 15，Number 3，（March 1972），pages 171-176.

J. H. Howard. Proving Monitors. CACM，Volume 19，Number 5，（May 1976），pages 273-278.

C. A. R. Hoare. Communicating Sequential Processes. CACM，Volume 21，Number 8，（August 1978），pages 666-677.

D. P. Reed and R. K. Kanodia. Synchronization with Eventcounts and Sequences. CACM，Volume 22，Number 2，（February 1979），pages 115-123.

W. S. Ford. Implementation of a Generalized Critical Region Construct. IEEE Transactions on Software Engineering，Volume SE-4，Number 6，（November 1978），pages 449-455.

J. R. McGraw and G. R. Andrews. Access Control in Parallel Programs. IEEE Transactions on Software Engineering，Volume SE-5，Number 1，（January 1979），pages 1-9.

P. Kammerer. Excluding Regions. Computer Journal 20，Number 2，（1977），pages 128-131.

L. Lamport. Time，Clocks and the Ordering of Events in a Distributed System. CACM，Volume 21，Number 7，（July 1978），pages 558-564.

J. L. Baer. A Survey of Some Theoretical Aspects of Multiprocessing. Computing Surveys，Volume 5，Number 1，（March 1973），pages 31-80.

A.5　CPU 调度

P. Brinch Hansen，Operating System Principles，Prentice-Hall，1973，pages 193-224.

T. C. Hu. Parallel Sequencing and Assembly Line Problems. Operations Research，Volume 9，Number 6，（November 1961），pages 841-848.

R. L. Graham. Bounds on Multiprocessing Timing Anomolies. SIAM Journal of Applied Mathematics，Volume 17，Number 2，（March 1969），pages 416-429.

B. W. Lampson. A Scheduling Philosophy for Multiprocessing Systems. CACM，Volume 11，Number 5，（May 1968），pages 347-360.

E. G. Coffman and L. Kleinrock. Computer Scheduling Methods and Their Countermeasures. AFIPS Conference Proceedings 32，(1968 SJCC)，pages 11-21.

L. Kleinrock. A Continuum of Time Sharing Scheduling Algorithms. AFIPS Conference Proceedings 36，(1970 SJCC)，pages 453-458.

J. C. Browne，J. Lan, and F. Baskett. The Interaction of Multiprogramming Job Scheduling and CPU Scheduling. AFIPS Conference Proceedings 41，(1972 FJCC)，pages 13-21.

S. W. Sherman，F. Baskett，and J. C. Browne. Trace-Driven Modeling and Analysis of CPU Scheduling in a Multiprogramming System. CACM，Volume 15，Number 12，（December 1972），pages 1063-1069.

R. R. Muntz. Scheduling and Resource Allocation in Computer Systems. in P. A. Freeman，（Editor），Software Systems Principles：A Survey，SRA，1975，pages 269-304.

P. J. Denning，K. C. Kahn，J. Leroudier，D. Potier，and R. Suri. Optimal Multiprogramming. Acta Informatica，Volume 7，(1976)，pages 197-216.

M. Ruschitzka and R. S. Fabry. A Unifying Approach to Scheduling. CACM，Volume 20，Number 7，(July 1977)，pages 469-476.

S. H. Bokhari. Dual Processor Scheduling with Dynamic Reassignment. IEEE Transactions on Software Engineering，Volume SE-5，Number 4，(July 1979)，pages 341-348.

A.6　内　存　管　理

L. A. Belady，R. A. Nelson，and G. S. Shedler. An Anomaly in Space-Time Characteristics of Certain Programs Running in a Paging Machine. CACM，Volume 12，Number 6，（June 1969），pages 349-353.

E. Balkovich，W. Chiu，L. Presser，and R. Wood. Dynamic Memory Repacking. CACM，Volume 17，Number 3，(March 1974)，pages 133-136.

P. J. Denning. Virtual Memory. Computing Surveys，Volume 2，Number 3，（September 1970），pages 153-189；reprinted in P. A. Freeman，（Editor），Software Systems Principles：A Survey，SRA，1975，pages 204-256.

C. A. R. Hoare and R. M. McKeag. A Survey of Store Management Techniques. in C. A. R. Hoare and R. H. Perrott，（Editors），Operating Systems Techniques，Academic Press，1972，pages 117-151.

P. J. Denning and G. S. Graham. Multi-programming Memory Management. Proceedings of the IEEE，Volume 63，Number 6，(June 1975)，pages 924-939.

B. G. Prieve and R. S. Fabry. VMIN - An Optimal Variable-Space Page Replacement Algorithm. CACM，Volume 19，Number 5，(May 1976)，pages 295-297.

M. A. Franklin，G. S. Graham，and R. K. Gupta. Anomalies with Variable Partition Paging Algorithms. CACM，Volume 21，Number 3，(March 1978)，pages 232-236.

P. J. Denning and D. P. Slutz. Generalized Working Sets for Segment Reference Strings. CACM，Volume 21，Number 9，(September 1978)，pages 750-759.

A.7　设　备　处　理

P. J. Denning. Effects of Scheduling on File Memory Operations. AFIPS Conference Proceedings 30，

（1967 SJCC），pages 9-22.

T. J. Teorey and T. B. Pinkerton. A Comparative Analysis of Disk Scheduling Policies. CACM，Volume 15，Number 3，（March 1972），pages 177-184.

N. C. Wilhelm. An Anomaly in Disk Scheduling：A Comparison of FCFS Seek Scheduling Using an Empirical Model for Disk Access. CACM，Volume 19，Number 1，（January 1976），pages13-17.

W. C. Lynch. Do Disk Arms Move? Performance Evaluation Review，Volume 1，Number 4，pages 3-16.

P. G. Heckel and B. W. Lampson. A Terminal Oriented Communication System. CACM，Volume 20，Number 7，（July 1977），pages 486-494.

A.8　文　件　系　统

R. C. Daley and P. G. Neumann. A General-Purpose File System for Secondary Storage. AFIPS Conference Proceedings 27（1965 FJCC），pages 213-229.

S. E. Madnick and J. W. Alsop. A Modular Approach to File System Design. AFIPS Conference Proceedings 34，（1969 SJCC），pages 1-12；reprinted in P. A. Freeman，（Editor），Software Systems Principles：A Survey，SRA，1975，pages 153-166.

A.9　实　　　现

E. W. Dijkstra. The Structure of the THE Multiprogramming System. CACM，Volume 11，Number 5，（May 1968），pages 341-346.

J. P. Buzen and U. O. Gagliardi. The Evolution of Virtual Machine Architecture. AFIPS Conference Proceedings 42，（1973 NCC），pages 291-299.

P. Brinch Hansen. The Nucleous of a Multiprogramming System. CACM，Volume 13，Number 4，（April 1970），pages 238-241，250.

D. C. Parnas. A Technique for Software Module Specification with Examples. CACM，Volume 15，Number 5，（May 1972），pages 330-336.

D. L. Parnas. On the Criteria to be Used in Decomposing Systems into Modules. CACM，Volume 15，Number 12，（December 1972），pages 1053-1058.

D. L. Parnas and D. P. Siewiorek. Use of the Concept of Transparency in the Design of Hierarchically Structured Operating Systems. CACM，Volume 18，Number 7，（July 1975），pages 441-449.

P. Brinch Hansen. The Programming Language Concurrent Pascal. IEEE Transactions on Software Engineering，Volume 1，Number 2，（June 1975），pages 199-207.

A. N. Habermann，L. Flon，and L. Cooprider. Modularization and Hierarchy in a Family of Operating Systems. CACM，Volume 19，Number 5，（May 1976），pages 266-272.

B. Randell. Operating Systems：The Problems of Performance and Reliability. IFIP 71，North-Holland，（1972），pages 281-290.